普通高等教育系列教材

流 体 力 学

主　编　于海明　邓杰文　周　岭
副主编　丁　羽　朱先勇　吴智锋　李海源
参　编　张芙娴　刘　媛　郭建永　刘国平
主　审　神会存

机械工业出版社

本书全面系统地介绍了流体力学的知识脉络和逻辑体系、基本概念、基础理论和常用分析方法以及工程应用等，内容涵盖流体静力学、流体运动学、流体动力学、流体阻力和水头损失、量纲分析和相似理论、气体射流和动力学基础、明渠流动、堰流、渗流、计算流体力学基础等。

本书可作为高等院校机械工程、车辆工程、土木工程、建筑环境与能源应用工程、水利工程等专业教材，也可作为能源与动力工程、环境工程、交通工程、核工程与核技术等专业教材或教学参考书。

本书配有电子课件，免费提供给选用本书作为教材的授课教师，需要者请登录机械工业出版社教育服务网（www.cmpedu.com）注册后下载。

图书在版编目（CIP）数据

流体力学/于海明，邓杰文，周岭主编. —北京：机械工业出版社，2021.10（2024.7重印）

普通高等教育系列教材

ISBN 978-7-111-69336-9

Ⅰ.①流… Ⅱ.①于… ②邓… ③周… Ⅲ.①流体力学-高等学校-教材 Ⅳ.①O35

中国版本图书馆 CIP 数据核字（2021）第 205112 号

机械工业出版社（北京市百万庄大街 22 号　邮政编码 100037）
策划编辑：刘　涛　　　　　责任编辑：刘　涛　李　乐
责任校对：陈　越　张　薇　责任印制：常天培
固安县铭成印刷有限公司印刷
2024 年 7 月第 1 版第 2 次印刷
184mm×260mm · 19.25 印张 · 522 千字
标准书号：ISBN 978-7-111-69336-9
定价：58.00 元

电话服务　　　　　　　　　网络服务
客服电话：010-88361066　　机　工　官　网：www.cmpbook.com
　　　　　010-88379833　　机　工　官　博：weibo.com/cmp1952
　　　　　010-68326294　　金　书　网：www.golden-book.com
封底无防伪标均为盗版　机工教育服务网：www.cmpedu.com

前　言

流体力学学科是基础学科，又是用途广泛的应用学科；既是古老的学科，又是不断发展、充满活力的学科。作为力学的一个分支，"流体力学"是高等院校许多专业重要的技术基础课，本书作为"流体力学"课程的教材，根据专业教学的要求，系统介绍了流体的力学性质，流体力学的基本概念和观点、基础理论和常用分析方法、有关的工程应用知识等；培养学生具有对简单流体力学问题的分析和求解能力，为今后学习专业课程、从事相关的工程技术和科学研究工作打下坚实的基础。

本书的主要特色是理论联系实际，精选教学内容并使之符合学生的认识规律，重视物理概念的分析和水流现象的阐述。在编写过程中，编者综合了多个版本教材的优点，拓宽了本书的专业适用面，不仅可作为机械工程、车辆工程、土木工程、建筑环境与能源应用工程、水利工程等专业教材，而且还可作为能源与动力工程、环境工程、交通工程、核工程与核技术等专业教材或教学参考书；同时，编者对本书的经典内容进行了反复推敲，使得对其的阐述更加简洁明了；书中适当引进了学科新内容。

本书共14章，第1~7章，是工程流体力学的范畴。其特点是针对一般学科的要求详细介绍了流体力学知识；第8、9章，是流体力学的核心专业内容，也是近代流体力学发展的精髓；第10~13章，详细介绍了流体力学在实际工程中的应用；第14章简单介绍了计算流体力学。

由于各院校的学时数不同，教学要求也不完全一样，因此，任课教师可根据具体情况对某些章节进行取舍。

本书由肇庆学院的于海明、邓杰文、朱先勇、刘媛、张芙娴、李海源、刘国平、郭建永、吴智锋和塔里木大学的周岭、丁羽编写，具体分工如下：于海明（第5章）、邓杰文（第8、9章）、朱先勇（第10章）、刘媛（第2、4章）、张芙娴（第 12 章）、李海源（第 7 章）、刘国平（第 1 章）、郭建永（第 11 章）、吴智锋（第 6 章）、周岭（第 13 章）、丁羽（第 3、14 章）。全书由于海明、邓杰文统稿，由神会存教授主审。

在编写本书过程中，参考了国内的流体力学教材，同时还参考了许多与流体力学相关的书籍和不知作者姓名的网上文献，在此谨向这些作者深表谢意。由于时间仓促及编者水平有限，书中难免存在错误和不妥之处，恳请读者批评指正。

编 者

2021 年 10 月

目　录

第1章

绪　　论

1.1　流体力学的发展简史、研究对象、研究方法及应用领域

1.1.1　流体力学的发展简史

流体力学的发展与其他自然科学一样，都是在生产实践中发展起来的。几千年前，为了促进治河、航运、农业、交通事业的发展，人们便开始了解水流的一些基本规律。例如，4000 多年前的大禹治水，"疏壅导滞"使滔滔洪水各归于河，表明我国古代就已经进行过大规模的治河防洪工作。又如，秦代在公元前 256—公元前 210 年间修建了都江堰、郑国渠和灵渠三大水利工程，说明当时对明渠水流和堰流已有一定的认识。再如，距今已 1400 年而依然保持完好的赵州桥，在主拱圈两边各设有两个小腹拱，既减轻了主拱的负载，又可泄洪，说明当时人们对桥涵水力学已有相当的认识。一般认为，流体力学萌芽于公元前 250 年左右希腊科学家阿基米德（Archimedes）写的《论浮体》，该文对静止时的液体力学性质第一次做了科学的总结。

16 世纪以后，随着资本主义制度的兴起，生产力得以迅速发展，自然科学如数学、力学等也发生了质的飞跃。这些都为工程流体力学的发展提出了要求和创造了条件。18 世纪，在伽利略（Galileo）、牛顿（Newton）力学基础上形成的古典流体力学（或称古典水动力学），用严格的数学分析方法建立了流体运动基本方程，为工程流体力学奠定了理论基础。但古典流体力学或由于理论的假定与实际不尽相符，或由于求解的困难，尚难以解决各种实际问题。为了满足生产发展的需要，依靠试验和实测资料而形成的实验流体力学（或称实验水力学）相应得到了发展，它为人们提供了许多计算有压管流、明渠水流、堰流等实际问题的经验公式和图表。但实验流体力学由于理论指导不足，其成果往往具有一定的局限性，难以解决各种复杂的工程问题。

19 世纪末以来，随着生产技术的发展，尤其是航空方面的理论和实验的迅速发展，加速了古典流体力学与实验流体力学的日益结合，逐渐形成了理论与实验并重的现代流体力学（或称流体力学）。现代流体力学是建立在古典流体力学的基础上的，根据古典流体力学的基本理论和现代的湍流理论、边界层理论以及量纲分析与相似理论等，结合实验、实测数据和经验公式，来探索实际流体运动的基本规律。一般将侧重于理论方面的流体力学称为理论流体力学，而侧重于应用的称为工程流体力学或应用流体力学。

近几十年来，流体力学学科随着现代生产建设的迅速发展和科学技术的进步而不断发展，研究范围和服务领域越来越广，新的学科分支也不断涌现，如今已派生出计算流体力学、环境流体力学、工业流体力学、生物流体力学等许多新的学科分支。由此可见，流体力学既是一门古老学科，又是一门富有生机的学科。

1.1.2 流体力学的研究对象

流体力学是研究流体的机械运动规律及其应用的学科，是力学学科的分支。

自然界物质常见于三种形态：固态、液态和气态。其中以液态和气态存在的物质称为流体，流体的基本特征在于其具有流动性。什么是流动性呢？诸如微风吹过平静的池水，水面因受气流的摩擦力（沿水面作用的切向力）作用而流动；斜坡上的水，因受重力沿坡面方向的切向分力而往低处流淌；……这些现象表明，流体在静止时不能承受切力，或者说任何微小的切力作用，流体都将产生连续不断的变形，这就是流动。只要切力存在，流动就持续进行。流体的这种在微小切力作用下，连续变形的特性，称为流动性。此外，流体无论静止或运动，都几乎不能承受拉力。

固体没有流动性，在剪切力的作用下可以维持平衡。所以，流动性是区别流体和固体的力学特性。

1.1.3 流体力学的研究方法

流体力学的研究方法大体上有理论、数值和实验三种。

理论方法是通过对流体物理性质和流动特征的科学抽象，提出合理的理论模型。这样的理论模型，根据物质机械运动的普遍规律，建立控制流体运动的闭合方程组，将实际的流动问题转化为数学问题，在相应的边界条件和初始条件下求解。理论研究方法的关键在于提出理论模型，并能运用数学方法求出理论结果，达到揭示运动规律的目的。但由于数学上的困难，许多实际流动问题还难以精确求解。

数值方法是在计算机应用的基础上，采用各种离散化方法（有限差分法、有限元法等），建立各种数值模型，通过计算机进行数值计算和数值实验，得到在时间和空间上许多数字组成的集合体，最终获得定量描述流场的数值解。近二三十年来，这一方法得到很大发展，已形成一个专门科学——计算流体力学。

实验方法是通过对具体流动的观察与测量，来认识流动的规律。理论上的分析结果需要经过实验验证，实验又需用理论来指导。流体力学的实验研究，包括原型观测和模型实验，而以模型实验为主。

上述三种方法互相结合，为发展流体力学理论，解决复杂的工程技术问题，奠定了基础。

1.1.4 流体力学的应用

流体力学在许多行业中都有着广泛的应用。例如，在市政建设中，有诸如城市防洪工程设计、城市给水排水管网设计、取水口的布置、水塔高度的计算、水泵的选择和井的产水量计算等；在供热通风设计中，有诸如热的供应、空气的调节、燃气的输配、排毒排湿、除尘降温的计算等；在建筑及交通土建工程中，有诸如室内给水排水设计、地基降水及抗渗设计、桥涵孔径水力设计、站场及路基排水设计、隧道及地下工程通风和排水设计、高速铁（公）路隧道洞型设计、研究解决风对高耸建筑的载荷作用等都有赖于水力分析和计算。可以说，流体力学已成为许多领域共同的专业理论基础。

随着生产的发展，还将会不断地提出新的课题。相信在今后全面建设小康社会、加快推进社会主义现代化建设的事业中，流体力学将会发挥更大的作用，科学本身也将会得到更大的发展。

1.2 作用在流体上的力

作用于流体上的力，就其物理性质而言可分为惯性力、重力、弹性力、黏滞力和表面张力等。为了便于分析流体平衡和运动的规律，流体力学将力的作用方式分为质量力（或称为体积力）和表面力两种。

1.2.1 质量力

质量力作用于流体的每个质点上，与受作用的流体质量成正比。在均质流体中，质量与体积成正比，因此质量力也必然与流体的体积成正比，所以质量力又称为体积力。流体力学中常遇到的质量力有两种：重力和惯性力。重力是地球对流体质点的引力，惯性力则是流体做加速运动时，由于惯性而使流体质点受到的作用力。单位质量的流体所受的质量力叫作单位质量力，其量纲为 $[L/T^2]$，L 为基本量纲长度，T 为基本量纲时间，因此其量纲与加速度的量纲相同。

设流体的质量为 m，所受的质量力为 F，则单位质量力为

$$f = \frac{F}{m} \tag{1-1}$$

若 F 在各坐标轴上的分力为 F_x、F_y、F_z，则相应的单位质量力 f 在三个坐标轴上的分量应为

$$f_x = \frac{F_x}{m}, f_y = \frac{F_y}{m}, f_z = \frac{F_z}{m} \tag{1-2}$$

若考虑坐标轴 z 与铅垂方向一致，并规定向上为正，则在重力场中作用于单位质量的流体上的重力在各坐标轴上的分力为

$$f_x = f_y = 0, f_z = -g \tag{1-3}$$

1.2.2 表面力

表面力作用于所取流体的表面上，与受作用的表面积成比例。表面力又可分为垂直于作用面的压力（法向力）与平行于作用面的切力。一般流体中拉力微不足道，可忽略不计，此外，静止流体中不存在切力。如图 1-1 所示，设在所取流体的表面积 ΔA 上作用的压力为 ΔP，切力为 ΔT，则作用在单位面积上的平均压应力（又叫作平均压强）为 $\bar{p} = \Delta P / \Delta A$，平均切应力为 $\bar{\tau} = \Delta T / \Delta A$。和材料力学的处理方法类似，这里引进流体的连续介质模型，则所取流体表面积上某一点的点压强（压应力）和点切应力分别为

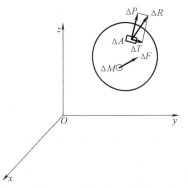

图 1-1 表面受力示意图

$$p = \lim_{\Delta A \to 0} \frac{\Delta P}{\Delta A} = \frac{dP}{dA} \tag{1-4}$$

$$\tau = \lim_{\Delta A \to 0} \frac{\Delta T}{\Delta A} = \frac{dT}{dA} \tag{1-5}$$

在国际单位制中，ΔP 和 ΔT 的单位是 N（牛顿），ΔA 的单位为 m^2（平方米），p 及 τ 的单位都为 N/m^2，或称为 Pa（帕）。

1.3 流体的主要物理性质

流体运动的规律，除与外部因素（如边界的几何条件及动力条件等）有关外，更重要的是取决于流体本身的物理性质。本书将讨论几个与流体运动有关的物理性质。

1.3.1 惯性

与固体一样，流体也具有惯性。

质量是惯性大小的度量。单位体积流体所具有的质量称为密度，以符号 ρ 表示。对于均质流体，若体积为 V 的流体具有质量 m，则

$$\rho = \frac{m}{V}$$

其中密度的单位为 kg/m^3。密度也称为体积质量。

流体的密度一般取决于流体的种类、压强和温度。对于液体，密度随压强和温度的变化很小，一般可视为常数，如在工程计算中，通常取淡水的密度为 $1000kg/m^3$，水银的密度为 $13600kg/m^3$。

在一个工程大气压的条件下，水的密度见表 1-1。表 1-2 给出了几种常见流体的密度。

表 1-1　一个工程大气压下水的密度

温度/℃	密度/(kg/m^3)	温度/℃	密度/(kg/m^3)	温度/℃	密度/(kg/m^3)
0	999.9	15	999.1	60	983.2
1	999.9	20	998.2	65	980.6
2	1000.0	25	997.1	70	977.8
3	1000.0	30	995.7	75	974.9
4	1000.0	35	994.1	80	971.8
5	1000.1	40	992.2	85	968.7
6	1000.0	45	990.2	90	965.3
8	999.9	50	988.1	95	961.9
10	999.7	55	985.7	100	958.4

表 1-2　几种常见流体的密度

流体名称	空气	水银	酒精	四氯化碳	汽油	海水
温度/℃	20	20	15	20	15	15
密度/(kg/m^3)	1.20	13550	799	1590	700~750	1020~1030

1.3.2 牛顿内摩擦定律

牛顿于 1687 年在所著《自然哲学的数学原理》一书中提出，并经后人验证：流体的内摩擦力（切力）F 与流速梯度 $\dfrac{U}{h} = \dfrac{\mathrm{d}u}{\mathrm{d}y}$ 成比例，与流层的接触面积 A 成比例，与流体的性质有关，与接

触面上的压力无关。即

$$F = \mu A \frac{\mathrm{d}u}{\mathrm{d}y} \tag{1-6}$$

以应力表示
$$\tau = \mu \frac{\mathrm{d}u}{\mathrm{d}y} \tag{1-7}$$

式（1-6）或式（1-7）称为牛顿内摩擦定律。

式中 $\mathrm{d}u/\mathrm{d}y$ 为流速在流层法线方向的变化率，称为速度梯度。为进一步说明该项的物理意义，在厚度为 $\mathrm{d}y$ 的上、下两流层间取矩形流体微团，这里微团就是质点，只是在考虑尺度效应（旋转、变形）时，习惯上称为微团（见图 1-2）。因上、下层的流速相差 $\mathrm{d}u$，经 $\mathrm{d}t$ 时间，微团除位移外，还有剪切变形 $\mathrm{d}r$，且

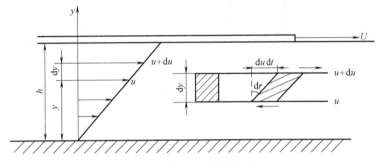

图 1-2 黏性表象

$$\mathrm{d}r \approx \tan(\mathrm{d}r) = \frac{\mathrm{d}u\,\mathrm{d}t}{\mathrm{d}y}$$

$$\frac{\mathrm{d}u}{\mathrm{d}y} = \frac{\mathrm{d}r}{\mathrm{d}t} \tag{1-8}$$

可知速度梯度 $\dfrac{\mathrm{d}u}{\mathrm{d}y}$ 实为流体微团的剪切变形速度（或剪切变形速率），牛顿内摩擦定律式（1-7）又可写成

$$\tau = \mu \frac{\mathrm{d}r}{\mathrm{d}t} \tag{1-9}$$

式（1-9）表明，黏性是流体阻抗剪切变形速度的特性。

μ 是比例系数，称为动力黏度，简称黏度，单位是 Pa·s。动力黏度是流体黏性大小的度量，μ 值越大，流体越黏，流动性越差。气体的黏度不受压强影响，液体的黏度受压强影响也很小。黏度随温度而变化，不同温度下水和空气的黏度分别见表 1-3 和表 1-4。

在分析黏性流体运动规律时，黏度 μ 和密度 ρ 经常以比的形式出现，将其定义为流体的运动黏度，即

$$\nu = \frac{\mu}{\rho} \tag{1-10}$$

运动黏度的单位为 $\mathrm{m^2/s}$。

表 1-3　不同温度下水的黏度

$t/℃$	$\mu/(10^{-3}\mathrm{Pa \cdot s})$	$\nu/(10^{-6}\mathrm{m}^2/\mathrm{s})$	$t/℃$	$\mu/(10^{-3}\mathrm{Pa \cdot s})$	$\nu/(10^{-6}\mathrm{m}^2/\mathrm{s})$
0	1.792	1.792	40	0.654	0.659
5	1.519	1.519	45	0.597	0.603
10	1.310	1.310	50	0.549	0.556
15	1.145	1.146	60	0.469	0.478
20	1.009	1.011	70	0.406	0.415
25	0.895	0.897	80	0.357	0.367
30	0.800	0.803	90	0.317	0.328
35	0.721	0.725	100	0.284	0.296

表 1-4　不同温度下空气的黏度

$t/℃$	$\mu/(10^{-3}\mathrm{Pa \cdot s})$	$\nu/(10^{-6}\mathrm{m}^2/\mathrm{s})$	$t/℃$	$\mu/(10^{-3}\mathrm{Pa \cdot s})$	$\nu/(10^{-6}\mathrm{m}^2/\mathrm{s})$
0	1.72	13.7	90	2.16	22.9
10	1.78	14.7	100	2.18	23.6
20	1.83	15.7	120	2.28	26.2
30	1.87	16.6	140	2.36	28.5
40	1.92	17.6	160	2.42	30.6
50	1.96	18.6	180	2.51	33.2
60	2.01	19.6	200	2.59	35.8
70	2.04	20.5	250	2.80	42.8
80	2.10	21.7	300	2.98	49.9

由表 1-3、表 1-4 可见，水的黏度随温度升高而减小，空气的黏度随温度升高而增大。其原因是，液体分子间的距离很小，分子间的引力即内聚力，是形成黏性的主要因素，温度升高，分子间距离增大，内聚力减小，黏度随之减小；气体分子间的距离远大于液体，分子热运动引起的动量交换，是形成黏性的主要因素，温度升高，分子热运动加剧，动量交换加大，黏度随之增大。

1.3.3　压缩性和热胀性

流体受压后体积缩小、密度增大的性质，称为流体的压缩性。流体受热后体积膨胀、密度减小的性质，称为流体的热胀性。

1. 液体的压缩性和热胀性

液体的压缩性，一般用压缩系数 α_p 来表示。设某一体积为 V 的流体，密度为 ρ，当压强增加 $\mathrm{d}p$ 时，体积减小，密度增大 $\mathrm{d}\rho$，密度增加率为 $\mathrm{d}\rho/\rho$，则 $\mathrm{d}\rho/\rho$ 与 $\mathrm{d}p$ 的比值，称为流体的压缩系数。即

$$\alpha_p = \frac{\dfrac{\mathrm{d}\rho}{\rho}}{\mathrm{d}p} \tag{1-11}$$

α_p 值越大，则流体的压缩性也越大。α_p 的单位为 Pa^{-1}。

流体被压缩时，其质量并不改变，即

$$dm = d(\rho V) = \rho dV + V d\rho = 0$$

所以

$$d\rho / \rho = -dV / V$$

故压缩系数又可以表示为

$$\alpha_p = \frac{-\dfrac{dV}{V}}{dp} \tag{1-12}$$

压缩系数 α_p 的倒数称为流体的弹性模量，以 E 表示。即

$$E = \frac{1}{\alpha_p} = \frac{dp}{\dfrac{d\rho}{\rho}} = \rho \frac{dp}{d\rho} \tag{1-13}$$

式中，E 的单位为 Pa。

表 1-5 列举了水在温度为 0℃时，不同压强下的压缩系数。

液体的热胀性，一般用体膨胀系数 α_V 来表示，与压缩系数相反，当温度增加 dT 时，液体的密度减小率为 $-d\rho / \rho$，则体膨胀系数为

$$\alpha_V = -\frac{\dfrac{d\rho}{\rho}}{dT} \tag{1-14}$$

α_V 值越大，则液体的热胀性也越大。α_V 的单位为 K^{-1}。

同理，体膨胀系数也可表示为

$$\alpha_V = \frac{dV/V}{dT} \tag{1-15}$$

表 1-5　水在温度为 0℃时不同压强下的压缩系数

压强/kPa	490	980	1960	3920	7840
α_p/Pa^{-1}	0.538×10^{-9}	0.536×10^{-9}	0.531×10^{-9}	0.528×10^{-9}	0.515×10^{-9}

从表 1-5 看出：压强每升高 98kPa（一个大气压），水的密度约增加 1/20000。在温度较低时（10~20℃），温度每增加 1℃，水的密度减小约 1.5/10000；在温度较高时（90~100℃），水的密度减小也只有 7/10000，这说明水的热胀性和压缩性是很小的，一般情况下可忽略不计。只有在某些特殊情况下，例如水击、热水采暖等问题时，才需要考虑水的压缩性及热胀性。

2. 气体的压缩性及热胀性

气体与液体不同，具有显著的压缩性和热胀性。温度与压强的变化对气体密度的影响很大。在温度不过低、压强不过高时，气体密度、压强和温度三者之间的关系，服从理想气体状态方程。即

$$\frac{p}{\rho} = RT \tag{1-16}$$

式中，p 为气体的绝对压强，单位为 Pa；T 为气体的热力学温度，单位为 K；ρ 为气体的密度，单位为 kg/m^3；R 为气体常数，单位为 $J/(kg \cdot K)$。对于空气，$R=287$；对于其他气体，在标准状态下，$R=8314/n$，其中 n 为气体的分子量。

在温度不变的等温情况下，$T=C_1$（常数），所以 $RT=$ 常数。因此，状态方程简化为 $p/\rho=$ 常

数。写成常用形式

$$\frac{p}{\rho}=\frac{p_1}{\rho_1} \tag{1-17}$$

式中，p_1、ρ_1 为原来的压强及密度；p、ρ 是其他情况下的压强及密度。式（1-17）表示在等温情况下压强与密度成正比。也就是说，压强增加，体积减小，密度增大。根据这个关系，如果把一定量的气体压缩到它的密度增加一倍时，则压强也就增加一倍；相反，如果密度减少为原来的 $\frac{1}{2}$，则压强也要减少为原来的 $\frac{1}{2}$。这一关系与实际气体的压强和密度的变化关系几乎是一致的。

但是，如果把气体压缩，压强增加到极大时，气体的密度则应该变得很大，并且根据公式的关系，似乎可以计算出在某个压强下，气体可以达到水、汞等的密度。这是不可能的，因为气体有一个极限密度，对应的压强称为极限压强。若压强超过这个极限压强时，不管这压强有多大，气体的密度再不能压缩得比这个极限密度更大。所以只有当密度远小于极限密度时，式（1-17）与实际气体的情况才是一致的。

在压强不变的定压情况下，$p=C_2$（常数），所以 $\frac{p}{R}=$ 常数。因此，状态方程简化为 $\rho T=$ 常数。写成常用的形式

$$\rho_0 T_0=\rho T \tag{1-18}$$

式中，ρ_0 是热力学温度 $T_0=273.16K\approx273K$ 时的密度；ρ、T 是其他某一情况下的密度和温度。式（1-18）表示在定压情况下，温度与密度成反比。即温度增加，体积增大，密度减小；反之，温度降低，体积缩小，密度增大。这一规律对各种不同温度下的一切气体都是适用的，特别是在中等压强范围内，对于空气及其他不易液化的气体相当准确。只有在温度降低到气体液化的程度，才有比较明显的误差。

表 1-6 列举了在压强为 101.325kPa（标准大气压——海平面上 0℃ 时的大气压强，即等于 760mmHg）下，不同温度时的空气密度。

表 1-6 在压强为 101.325kPa（标准大气压）下空气的密度

温度/℃	密度/(kg/m³)	温度/℃	密度/(kg/m³)	温度/℃	密度/(kg/m³)
0	1.293	25	1.185	60	1.060
5	1.270	30	1.165	70	1.029
10	1.248	35	1.146	80	1.000
15	1.226	40	1.128	90	0.973
20	1.205	50	1.093	100	0.947

【例 1-1】 已知压强为 98.07kPa，0℃ 时的烟气密度为 1.34kg/m³，求 200℃ 时的烟气密度。

【解】 因压强不变，故为定压情况。用 $\rho T=\rho_0 T_0$ 计算密度。

气体热力学温度与摄氏度的关系为

$$T=T_0+t=273K+t$$

$$\rho=\frac{\rho_0 T_0}{T}=\frac{1.34\times273}{273+200}kg/m^3=0.77kg/m^3$$

可见，当温度变化很大时，气体的密度也有很大的变化。

气体虽然是可压缩和热胀的，但是，具体问题也要具体分析。在分析任何一个具体流动中，主要关心的问题是压缩性是否起显著的作用。对于气体速度较低（远小于声速）的情况，在流动过程中压强和温度的变化较小，密度仍然可以看作常数，这种气体称为不可压缩气体。反之，对于气体速度较高（接近或超过声速）的情况，在流动过程中其密度的变化很大，密度已经不能视为常数的气体，称为可压缩气体。

在供热通风和燃气工程中，所遇到的大多数气体流动，速度远小于声速，其密度变化不大（当速度等于 68m/s 时，密度变化为 1%；当速度等于 150m/s 时，密度的变化也只有 10%），可当作不可压缩流体看待。也就是说，将空气认为和水一样是不可压缩流体。就是在供热系统中蒸汽输送的情况下，对整个系统来说，密度变化很大，但对系统内各管段来讲，密度变化并不显著，因此每一管段仍可按不可压缩气体计算，只不过这时不同管段的密度变化并不同罢了。

在实际工程中，有些情况需要考虑气体的压缩性，例如燃气的远距离输送等。所以，本书也粗浅地研究了可压缩气体在管中的流动。

1.3.4　表面张力特性

由于分子间的吸引力，在液体的自由表面上能够承受极其微小的张力，这种张力称为表面张力。表面张力不仅在液体与气体接触的周界面上发生，而且还会在液体与固体（汞和玻璃等），或一种液体与另一种液体（汞和水等）相接触的周界上发生。

气体并不存在表面张力。因为气体分子的扩散作用，不存在自由表面。所以表面张力是液体的特有性质。即对液体来讲，表面张力在平面上并不产生附加压力，因为在平面上力处于平衡状态，它只有在曲面上产生附加压力，以维持平衡。

因此，在工程问题中，只要有液体的曲面就会有表面张力产生的附加压力作用。例如，液体中的气泡，气体中的液滴，液体的自由射流，液体表面和固体壁面相接触处等。所有这些情况，都会出现曲面，都会引起表面张力产生附加压力的影响。不过在一般情况下，这种影响是比较微弱的。

由于表面张力的作用，如果把两端开口的玻璃细管竖立在液体中，液体就会在细管中上升或下降 h 高度，如图 1-3 及图 1-4 所示，这种现象称为毛细管现象。上升或下降取决于液体和固体的性质。表面张力的大小，可用表面张力系数 σ 表示，单位为 N/m。

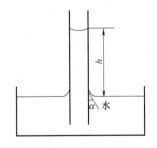

图 1-3　水-玻璃毛细管现象

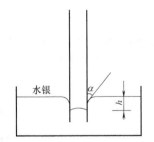

图 1-4　水银-玻璃毛细管现象

由于重力与表面张力产生的附加压力的铅直分力相平衡，所以

$$\pi r_0^2 h \rho g = 2\pi r_0 \sigma \cos\alpha$$

故

$$h = \frac{2\sigma}{r_0 \rho g}\cos\alpha \qquad (1\text{-}19)$$

式中，ρ 为液体的密度，单位为 kg/m^3；r_0 为玻璃管内径，单位为 m；σ 为液体的表面张力系数，它随液体种类和温度而异；α 为接触角，单位为 rad，表示曲面和管壁交接处，曲面的切线与管壁的夹角。

如果把玻璃细管竖立在水中，如图 1-3 所示，当水温度为 20℃时，则水在管中的上升高度

$$h = \frac{15}{r_0} \tag{1-20}$$

如果把玻璃细管竖立在水银中，如图 1-4 所示，当水温度为 20℃时，则水银在管中的下降高度

$$h = \frac{5.07}{r_0} \tag{1-21}$$

式（1-20）及式（1-21）中，h 及 r_0 均以 mm 计。可见，当管径很小时，h 就很大。所以，用来测定压强的玻璃细管直径不能太小，否则就会产生很大的误差。表面张力的影响在一般工程实际中被忽略。但在水滴和气泡的形成，液体的雾化，气液两相流的传热与传质的研究中，它将是重要的不可忽略的因素。

1.4 理想流体

实际的流体，无论液体或气体，都是有黏性的。黏性的存在，给流体运动规律的研究，带来极大的困难。为了简化理论分析，特引入理想流体概念，所谓理想流体，是指无黏性即 $\mu = 0$ 的流体。理想流体实际上是不存在的，它只是一种对物性简化的力学模型。

由于理想流体不考虑黏性，所以对流动的分析大为简化，从而容易得出理论分析的结果。所得结果，对某些黏性影响很小的流动，能够较好地符合实际；对黏性影响不能忽略的流动，则可通过试验加以修正，从而能比较容易地解决许多实际流动问题。这是处理黏性流体运动问题的一种有效方法。

【例 1-2】 如图 1-5 所示旋转圆筒黏度计，外筒固定，内筒由同步电动机带动旋转。内外筒间充入实验液体。已知内筒半径 $r_1 = 1.93cm$，外筒半径 $r_2 = 2cm$，内筒高 $h = 7cm$。实验测得内筒转速 $n = 10r/min$，转轴上扭矩 $M = 0.0045N \cdot m$，试求该实验液体的黏度。

【解】 充入内外筒间隙的实验液体，在内筒带动下做圆周运动。因间隙很小，速度近似直线分布，不计内筒端面的影响，内筒壁的切应力为

$$\tau = \mu \frac{du}{dy} = \mu \frac{\omega r_1}{\delta}$$

式中

$$\omega = \frac{2\pi n}{60}, \quad \delta = r_2 - r_1$$

扭矩

$$M = \tau A r_1 = \tau \times 2\pi r_1 h \times r_1$$

解得

$$\mu = \frac{15M\delta}{\pi^2 r_1^3 hn} = 0.952 Pa \cdot s$$

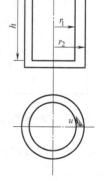

图 1-5 旋转圆筒黏度计

1.5　牛顿流体和非牛顿流体

1.5.1　流变性

牛顿内摩擦定律给出了流体在简单剪切流动条件下，切应力与剪切变形速度的关系。这种关系反映流体物料的力学性质，称为流变性。表示流变关系的曲线，称为流变曲线。

水和空气等常见流体的流变性符合牛顿内摩擦定律

$$\tau = \mu \frac{du}{dy}$$

这样的流体通称为牛顿流体。牛顿流体的动力黏度 μ，在一定的温度和压力下是常数，切应力与剪切变形速度呈线性关系。即

$$\mu = \frac{\tau}{du/dy} = \tan\theta$$

除了以水和空气为代表的流动液体外，自然界和工程中还有许多液体物料（如沥青、水泥砂浆等）的流变性不符合牛顿内摩擦定律，其流变曲线不是通过原点的直线，这样的流体通称为非牛顿流体，如图 1-6 曲线 b、c、d 所示。

对于非牛顿流体，也类似于牛顿流体，把切应力与剪切变形速度之比，定义为非牛顿流体在该剪切速度的表现黏度。表现黏度一般随剪切变形速度和剪切持续时间而变化。

1.5.2　非牛顿流体简介

非牛顿流体根据表现黏度是否和剪切持续时间有关，将其分为非时变性非牛顿流体和时变性非牛顿流体两类。下面介绍工程中常见的几种非时变性非牛顿流体。

（1）宾汉体（Bingham fluid）　也称塑性流体。其流变方程为

$$\tau = \tau_b + \eta_p \frac{du}{dy} \tag{1-22}$$

式中，τ_b 为屈服应力，单位为 N/m^2；η_p 为塑性黏度，单位为 $N \cdot s/m^2$。

宾汉体的流变曲线是切应力有初值（屈服应力）的直线（见图 1-6 曲线 b）。由图可见，宾汉体的流动特点是，施加的应力超过屈服应力 τ_b 才能流动，而流动过程中，切应力和剪切变形速度呈线性关系。宾汉体是含有固相颗粒的多相液体，作为分散相的颗粒之间，有较强的相互作用，在静止时形成网状结构，只有施加的切应力足以破坏网状结构，流动才能进行，破坏网状结构的切应力便是屈服应力。通过改变分散相表面的物理化学性质，达到推迟网状结构的形成，减弱颗粒间的联系，从而降低屈服应力，增强流动性，这一点具有很大的实用意义。宾汉体是工业上应用广泛的液体材料，如新拌水泥砂浆、新拌混凝土、上水污泥、某些石油制品、高含蜡低温原油、牙膏、油漆及中等浓度的悬浮液等。

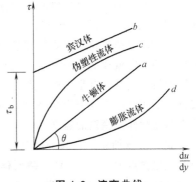

图 1-6　流变曲线

（2）伪塑性流体（Pseudoplastic fluid）　其流变方程为

$$\tau = k\left(\frac{\mathrm{d}u}{\mathrm{d}y}\right)^{n} \quad (n<1) \tag{1-23}$$

式中，k 为稠度系数，单位为 $\mathrm{N} \cdot \mathrm{s}^n/\mathrm{m}^2$；$n$ 为流变指数。

伪塑性流体的流变曲线，大体上是通过坐标原点，并向上凸的曲线（见图 1-6 曲线 c）。由图可见，伪塑性流体的流动特点是，随着剪切变形速度的增大，表现黏度降低，流动性增大，表现出流体变稀。因此，伪塑性流体又称为剪切稀化流体。

伪塑性流体是含有长链分子结构的高聚物熔体和高聚物液体，以及含有细长纤维或颗粒的悬浮液。由于长链分子或颗粒之间的物理化学作用，形成某种松散结构，随着剪切变形速度的增大，结构逐渐被破坏，长链分子沿流动方向定向排列，使流动阻力减小，表现黏度降低。多数非牛顿流体，如高分子聚合物溶液、某些原油、人的血液等，都是伪塑性流体。

（3）膨胀流体（Dilatant fluid） 其流变方程为

$$\tau = k\left(\frac{\mathrm{d}u}{\mathrm{d}y}\right)^{n} \quad (n>1) \tag{1-24}$$

式中，k 为稠度系数，单位为 $\mathrm{N} \cdot \mathrm{s}^n/\mathrm{m}^2$；$n$ 为流变指数。

膨胀流体的流变曲线大体上是通过原点并向下凹的曲线（见图 1-6 曲线 d）。由图可见，膨胀流体的流动特点是，随着剪切变形速度的增大，表现黏度增大，流动性降低，表现出流体增稠。因此，膨胀流体又称为剪切稠化流体。

对于剪切稠化，一种解释是，膨胀流体多为含很高浓度、不规则形状固体颗粒的悬浮液，此种悬浮液在低剪切变形速度时，不同粒度的颗粒排列较密，随着剪切变形速度的增大，使颗粒之间空隙增大，存在于空隙间润滑作用的液体数量不足，流动阻力增大，表现黏度增大。

特别高浓度的挟沙水流、淀粉糊、阿拉伯树胶溶液等都是膨胀流体。

随着现代工业的发展和新材料的开发，非牛顿流体力学正在成为流体力学一个新的分支。

1.6　流体质点连续介质假设

流体力学主要是研究流体的宏观运动，而研究途径有微观和宏观两种。微观途径是从研究分子和原子的运动出发，采用统计平均建立宏观物理量应满足的方程，并确定流体的宏观性质。这种途径取决于分子运动论的发展，目前应用较少。宏观的途径是先给流体建立一个宏观的"抽象化"的物质模型，然后直接应用基本物理定律来建立宏观物理量应满足的方程，并确定流体的宏观性质。这是一条常用的途径，其基础就是流体质点与连续介质假设。下面以密度这个宏观物理量为例来简单说明连续介质模型的建立。

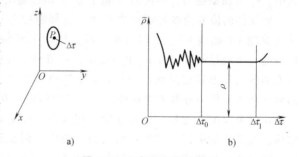

图 1-7　一点上密度的定义

如图 1-7a 所示，在某一时刻 t，在流体中取一包含点 $P(x, y, z)$ 的微元体积 $\Delta\tau$，在此体积内的流体质量为 Δm，显然，$\Delta\tau$ 内流体的平均密度为 $\bar{\rho} = \Delta m/\Delta\tau$。如果能在同一时刻，对包围点 P 的流场取大小不同的微元体积 $\Delta\tau$ 并测出相应不同的 Δm，则会有不同的 $\bar{\rho}$，结果如图 1-7b 所示。

当包围点 P 的微元体积 $\Delta\tau$ 向着某一个极限体积 $\Delta\tau_0$ 逐渐缩小时，$\bar{\rho}$ 将趋于一个确定的极限值 ρ，而且该值不再因为 $\Delta\tau$ 的微小变化而发生变化，说明此时流体的分子个性不起作用。但是，

当体积 $\Delta\tau$ 缩到小于 $\Delta\tau_0$ 时，$\bar\rho$ 将随机波动，不再具有确定的极限值，这是因为此时 $\Delta\tau$ 中所含有的分子数目太少，分子随机进出 $\Delta\tau$ 对 Δm 产生了明显影响。

由此可见，极限体积 $\Delta\tau_0$ 具有这样的特性：它在宏观上必须足够小，可以认为它是一个没有空间尺寸的几何点；同时，在微观上又必须足够大，使得它包含足够多的分子数目，分子的个别行为无所表现，只能表现大量分子的平均性质，这样在 $\Delta\tau_0$ 内进行空间和时间上的统计平均都具有确定的意义和数值。

在流体力学中，把极限体积 $\Delta\tau_0$ 中所有流体分子的总体称为流体质点，同时认为，流体是一种由无限多连续分布的流体质点所组成的物质，这就是流体的连续介质假设。大量的实际应用和实验都证明，在一般情况下，基于连续介质假设而建立的流体力学理论是正确的。

对某一种实际流动能否按连续介质假设下的理论来研究，有一个简单的判断式：$l=d=L$，其中，d 就是前面所定义的极限体积的特征尺度，例如，取 $d=10^{-3}\,\mathrm{cm}$，则 $\Delta\tau\approx10^{-9}\,\mathrm{cm}^3$，在 0℃ 和标准大气压下，在 $10^{-9}\,\mathrm{cm}^3$ 体积的气体中仍含有 2.7×10^{10} 个分子，同样体积的液体中有 3×10^{13} 个分子。由这么多分子构成一个体积足以得到与分子数无关的统计平均物理量；l 是所研究的流体分子运动的平均自由程，在标准状态下，气体的 l 约为 $10^{-7}\,\mathrm{cm}$，液体的 l 约为 $10^{-8}\,\mathrm{cm}$；L 则为所研究流动中，宏观物理量将发生显著变化的特征长度，例如，所研究的是管道中的流动，则特征长度可取管道直径或长度，如果研究的是流体绕过物体的流动，则可取物体的长度、宽度或高度等作为特征长度。

由判断式可见，如果所研究的流动问题，其宏观物理量发生显著变化的空间尺度不小于 $10^{-3}\,\mathrm{cm}$，时间尺度不小于 $10^{-6}\,\mathrm{s}$（保证分子间有足够多的碰撞次数），那么，采用连续介质假设应该是没有问题的，只是在某些特殊流动问题中，这个假设可能不成立。例如，在研究高空稀薄气体中的物体运动、血液的微细血管（直径 $<10^{-3}\,\mathrm{cm}$）中的运动、冲击波（厚度 $<10^{-4}\,\mathrm{cm}$）内气体的运动、微机电系统及纳米级器件中的流体力学问题时，就不能把流体看成是连续介质，此时必须考虑分子的运动特性，采用微观或者宏观与微观相结合的途径来研究。

本书只涉及基于流体质点和连续介质假设的流体力学理论及其问题。

习　题

选择题（单选题）

1.1　按连续介质的概念，流体质点是指：

（a）流体的分子；（b）流体内的固体颗粒；（c）几的点；（d）几何尺寸同流动空间相比是极小量，又含有大量分子的微元体。

1.2　作用于流体的质量力包括：（a）压力；（b）摩擦阻力；（c）重力；（d）表面张力。

1.3　单位质量力的国际单位是：（a）N；（b）Pa；（c）N/kg；（d）$\mathrm{m/s}^2$。

1.4　与牛顿内摩擦定律直接有关的因素是：（a）切应力和压强；（b）切应力和剪切变形速度；（c）切应力和剪切变形；（d）切应力和流速。

1.5　水的动力黏度 μ 随温度的升高：（a）增大；（b）减小；（c）不变；（d）不定。

1.6　流体运动黏度 ν 的国际单位是：（a）m^2/s；（b）$\mathrm{N/m}^2$；（c）$\mathrm{kg/m}$；（d）$\mathrm{N\cdot s/m}^2$。

1.7　理想流体的特征是：（a）黏度是常数；（b）不可压缩；（c）无黏性；（d）符合 $\dfrac{p}{\rho}=RT$。

1.8　当水的压强增加 1 个大气压时，水的密度增大约为：

（a）1/20000；（b）1/10000；（c）1/4000；（d）1/2000。

计算题

1.9　体积为 $0.5m^3$ 的油料，重量为 4410N，试求该油料的密度。

1.10　如图 1-8 所示，某液体的动力黏度为 $0.005Pa \cdot s$，其密度为 $850kg/m^3$，试求其运动黏度。为了进行绝缘处理，将导线从充满绝缘涂料的模具中间拉过。已知导线直径为 0.8mm；涂料的黏度 $\mu = 0.02Pa \cdot s$，导线与模具之间的间隙为 0.05mm，模具的直径为 0.9mm，长度为 20mm，导线的牵拉速度为 50m/s，试求所需牵拉力。

1.11　图 1-9 所示为一水暖系统，为了防止水温升高时，体积膨胀将水管胀裂，在系统顶部设一膨胀水箱。若系统内水的总体积为 $8m^3$，加温前后温差为 50℃，在其温度范围内水的体膨胀系数 $\alpha_V = 0.00051℃^{-1}$。求膨胀水箱的最小容积。

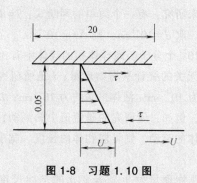

图 1-8　习题 1.10 图　　　　　　　　图 1-9　习题 1.11 图

1.12　汽车上路时，轮胎内空气的温度为 20℃，绝对压强为 395kPa，行驶后，轮胎内空气温度上升到 50℃，试求这时的压强。

第 2 章

流体静力学

2.1 流体静压强及其特性

2.1.1 流体静压强的定义

从静止或相对静止状态的均质流体中，任取一体积 V，四周流体对该体积 V 的作用力，以箭头表示，如图 2-1 所示。设用一平面 $ABCD$，将此体积分为 Ⅰ 、Ⅱ 两部分，假定将 Ⅰ 部分移去，并以等效的力代替它对 Ⅱ 部分的作用，使 Ⅱ 部分保持原有平衡。

从平面 $ABCD$ 上任取一面积为 ΔA，点 a 是该面积的中心。设力 ΔP 为移去部分作用在面积 ΔA 上的总作用力，称为面积 ΔA 上的流体静压力，ΔA 为流体静压力 ΔP 的作用面积。它们的比值，称为面积 ΔA 上的平均流体静压强，以 $\bar{p}$ 表示。即

$$\bar{p} = \frac{\Delta P}{\Delta A} \tag{2-1}$$

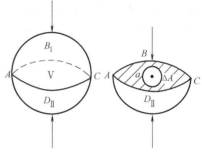

图 2-1　静止流体相互作用

当面积 ΔA 缩小至无限趋近于点 a 时，比值趋近于某一个极限值，此极限值称为点 a 处流体静压强，以 p 表示。即

$$p = \lim_{\Delta A \to a} \frac{\Delta P}{\Delta A} \tag{2-2}$$

可以看出，流体静压力和流体静压强都是压力的一种量度。它们的区别仅在于：前者是作用于某一面积上的总压力，而后者是作用在某一面积上的平均压强或某一点的压强。

流体静压强的单位为 N/m^2，在国际单位制中常用单位为帕，用符号 Pa 表示，$1Pa = 1N/m^2$；更大的单位用千帕、兆帕，用符号 kPa、MPa 表示，$1kPa = 10^3 Pa$，$1MPa = 10^3 kPa$。

2.1.2 流体静压强的特性

在第 1 章中，我们讲述了静止的流体不能承受拉力和切力，所以流体静压强的方向必然是沿着作用面的内法线方向，如图 2-2 所示。这就是流体静压强的第一个特性。由于流体内部的表面力只存在着压力，因此，流体静力学的根本问题是研究流体静压强。

其次，我们要提出这样一个问题：通过点 a 可以作无数个方向不同的微元面积 ΔA，作用于点 a 的流体静压强，是否会因方向不同而改变大小呢？

为了研究这个问题，我们在静止或相对静止的流体中，取出一个包括点 O 在内的微元四面体 $OABC$，如图 2-3 所示，并将点 O 设为坐标原点，取正交的三个边长分别为 d_x、d_y、d_z 并与 x、

y、z 坐标轴重合。设垂直于 x、y、z 三个坐标轴的面及倾斜面 ABC 上的平均压强分别为 p_x、p_y、p_z 及 p_n，为了研究这些平均压强间的相互关系，我们建立作用于微元四面体 $OABC$ 上各力的平衡关系。

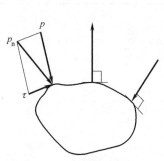

图 2-2　流体静压强方向

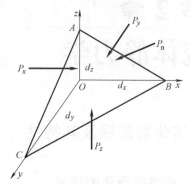

图 2-3　微元四面体平衡

作用于微元四面体 $OABC$ 上的表面力，由于流体处于静止或相对静止状态，不受拉力和切力作用，因此，表面力只有压力，用 P_x、P_y、P_z、P_n 分别表示垂直于 x、y、z 轴的平面及倾斜面上的流体静压力，其大小等于作用面积和流体静压强的乘积，即

$$P_x = p_x \cdot \frac{1}{2}\mathrm{d}y\mathrm{d}z$$

$$P_y = p_y \cdot \frac{1}{2}\mathrm{d}z\mathrm{d}x$$

$$P_z = p_z \cdot \frac{1}{2}\mathrm{d}x\mathrm{d}y$$

$$P_n = p_n \cdot \mathrm{d}A$$

其中，$\mathrm{d}A$ 为 ABC 斜面上的微元面积。

作用于微元四面体上的质量力在各轴向的分力等于单位质量力在各轴向的分力与流体质量的乘积，而流体质量又等于流体密度与微元四面体体积 $\frac{1}{6}\mathrm{d}x\mathrm{d}y\mathrm{d}z$ 的乘积。设单位质量力在 x、y、z 轴上的分力分别为 f_x、f_y、f_z，则质量力在各轴向的分力为

$$F_x = \rho \cdot \frac{1}{6}\mathrm{d}x\mathrm{d}y\mathrm{d}z \cdot f_x$$

$$F_y = \rho \cdot \frac{1}{6}\mathrm{d}x\mathrm{d}y\mathrm{d}z \cdot f_y$$

$$F_z = \rho \cdot \frac{1}{6}\mathrm{d}x\mathrm{d}y\mathrm{d}z \cdot f_z$$

微元四面体在上述两类力的作用下处于静止或相对静止状态，其外力的轴向平衡关系式可以写成

$$P_x - P_n\cos\langle \boldsymbol{n}, x \rangle + F_x = 0 \tag{a}$$

$$P_y - P_n\cos\langle \boldsymbol{n}, y \rangle + F_y = 0 \tag{b}$$

$$P_z - P_n\cos\langle \boldsymbol{n}, z \rangle + F_z = 0 \tag{c}$$

式中，$\langle \boldsymbol{n}, x \rangle$、$\langle \boldsymbol{n}, y \rangle$、$\langle \boldsymbol{n}, z \rangle$ 分别表示倾斜面外法线方向 $\boldsymbol{n}$ 与 x、y、z 轴方向的夹角。P_n 前

面的负号，是因为流体静压力在相对坐标轴上的投影与其轴正向相反。式（a）可以写为

$$p_x \cdot \frac{1}{2}\mathrm{d}y\mathrm{d}z - p_n \mathrm{d}A\cos\langle\boldsymbol{n},x\rangle + \frac{1}{6}\rho \cdot \mathrm{d}x\mathrm{d}y\mathrm{d}z \cdot f_x = 0$$

将 $\mathrm{d}A\cos\langle\boldsymbol{n},x\rangle = \frac{1}{2}\mathrm{d}y\mathrm{d}z$ 代入上式，并略去高阶无穷小量，化简移项得

$$p_x = p_n$$

同理，从式（b）、式（c）可得

$$p_y = p_n$$

$$p_z = p_n$$

由此可得

$$p_x = p_y = p_z = p_n \tag{2-3}$$

式（2-3）说明在静止或相对静止的流体中，任一点的流体静压强的大小与作用面的方向无关，只与该点的位置有关，这就是流体静压强的第二个特性。这个特性告诉我们：各点位置不同，压强可以不同；位置一定，则不管取哪个方向，压强的大小完全相等，因此，流体静压强只是空间位置的函数。这样，研究流体静压强的根本问题即研究流体静压强的分布问题，就简化为研究压强函数 $p = f(x, y, z)$ 的问题。我们将在 2.6 节中详细讨论这个函数。

2.2　流体平衡微分方程

在静止流体内，任取一点 $O'(x, y, z)$，该点压强 $p = p(x, y, z)$。以 O' 为中心作微元平行六面体，其棱边分别与坐标轴平行，相应的长度分别为 $\mathrm{d}x$、$\mathrm{d}y$、$\mathrm{d}z$（见图 2-4）。微元平行六面体各方向的作用力相平衡，下面以 x 方向为例进行说明。

表面力：只有作用在 $abcd$ 和 $a'b'c'd'$ 面上的压力。两个受压面中心点 M、N 的压强，取泰勒（Taylor）级数展开式的前两项

$$p_M = p\left(x - \frac{\mathrm{d}x}{2}, y, z\right) = p - \frac{1}{2}\frac{\partial p}{\partial x}\mathrm{d}x$$

$$p_N = p\left(x + \frac{\mathrm{d}x}{2}, y, z\right) = p + \frac{1}{2}\frac{\partial p}{\partial x}\mathrm{d}x$$

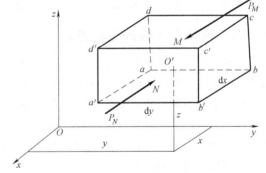

图 2-4　微元平行六面体

因为受压面是微元平面，可近似认为作用其上的压强分布是均匀的。p_M、p_N 可作为所在面的平均压强，故 $abcd$ 和 $a'b'c'd'$ 面上的压力为

$$P_M = \left(p - \frac{1}{2}\frac{\partial p}{\partial x}\mathrm{d}x\right)\mathrm{d}y\mathrm{d}z$$

$$P_N = \left(p + \frac{1}{2}\frac{\partial p}{\partial x}\mathrm{d}x\right)\mathrm{d}y\mathrm{d}z$$

作用在微元体上沿 x 方向的质量力为 $F_{Bx} = f_x\rho\mathrm{d}x\mathrm{d}y\mathrm{d}z$。流体处于平衡状态时，$x$ 方向上的合力应为零，列 x 方向平衡方程 $\sum F_x = 0$，则有

$$\left(p-\frac{1}{2}\frac{\partial p}{\partial x}\mathrm{d}x\right)\mathrm{d}y\mathrm{d}z-\left(p+\frac{1}{2}\frac{\partial p}{\partial x}\mathrm{d}x\right)\mathrm{d}y\mathrm{d}z+f_x\rho\mathrm{d}x\mathrm{d}y\mathrm{d}z=0$$

化简，同理可得 y、z 方向

$$\left.\begin{array}{l}f_x-\dfrac{1}{\rho}\dfrac{\partial p}{\partial x}=0\\[2mm]f_y-\dfrac{1}{\rho}\dfrac{\partial p}{\partial y}=0\\[2mm]f_z-\dfrac{1}{\rho}\dfrac{\partial p}{\partial z}=0\end{array}\right\}\qquad(2\text{-}4)$$

式（2-4）用一个矢量方程表示，即

$$\boldsymbol{f}-\frac{1}{\rho}\,\boldsymbol{\nabla}p=\boldsymbol{0}\qquad(2\text{-}5)$$

式中，符号 $\boldsymbol{\nabla}$ 为矢性微分算子，称哈密顿（Hamilton）算子，且

$$\boldsymbol{\nabla}=\boldsymbol{i}\,\frac{\partial}{\partial x}+\boldsymbol{j}\,\frac{\partial}{\partial y}+\boldsymbol{k}\,\frac{\partial}{\partial z}$$

式（2-4）或式（2-5）是流体平衡微分方程，由欧拉（Euler）在 1755 年导出，故又称为欧拉平衡微分方程。它给出了单位质量力与单位质量的表面力之间的关系。从中可以看出质量力的作用方向与表面力的方向是一致的。

2.3 流体静压强的分布规律

现在，根据静止流体所受质量力只为重力的特点，研究静止流体压强的分布规律。

2.3.1 液体静压强的基本方程

在静止液体中，任意取出一倾斜放置的微元圆柱体，微元圆柱体长为 Δl，端面积为 $\mathrm{d}A$，并垂直于柱轴线，如图 2-5 所示。现在我们研究倾斜微元圆柱体在质量力和表面力共同作用下的轴向平衡问题。

周围的静止液体对圆柱体作用的表面力有侧面压力及两端面的压力。根据流体静压强沿作用面的内法线分布的特性，侧面压力与轴向正交，沿轴向没有分力；柱的两端面沿轴向作用的压力为 P_1 和 P_2。

静止液体受到的质量力只有重力，而重力竖直向下作用，它与轴线的夹角为 α，可以分解为平行于轴向的分力 $G\cos\alpha$ 和垂直于轴向的分力 $G\sin\alpha$。

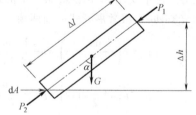

图 2-5 液体内微元圆柱体的平衡

因此，倾斜微元圆柱体轴向力的平衡，就是两端压力 P_1、P_2 及重力的轴向分力 $G\cos\alpha$ 三个力作用下的平衡。即

$$P_2-P_1-G\cos\alpha=0$$

由于微元圆柱体断面积 $\mathrm{d}A$ 极小，断面上各点压强的变化可以忽略不计，即可以认为断面上各点压强相等。设圆柱上端面的压强为 p_1，下端面的压强为 p_2，则两端的压力为 $P_1=p_1\mathrm{d}A$，$P_2=p_2\mathrm{d}A$，而圆柱体受到的重力 $G=\rho g\cdot\Delta l\cdot\mathrm{d}A$。代入上式得

$$p_1\mathrm{d}A-p_2\mathrm{d}A-\rho g\Delta l\mathrm{d}A\cos\alpha=0$$

消去 dA，并由于 $\Delta l \cdot \cos\alpha = \Delta h$，经过整理得

$$p_2 - p_1 = \rho g \Delta h \tag{2-6}$$

或写成

$$\Delta p = \rho g \Delta h$$

从式（2-6）的推证看出，倾斜微元圆柱体的端面是任意选取的，因此，可以得出普遍关系式：即静止液体中任两点的压强差等于两点间的深度差乘以密度和重力加速度。将上述压差关系式改写成压强关系式，则为

$$p_2 = p_1 + \rho g \Delta h \tag{2-7}$$

式（2-7）表示压强随深度不断增加，而深度增加的方向就是静止液体的质量力——重力作用的方向，所以，压强增加的方向就是质量力的作用方向。

现在，把压强关系式应用于求静止液体内某一点的压强。如图 2-6 所示，设液面压强为 p_0，液体密度为 ρ，该点在液面下深度为 h，则根据式（2-7）得

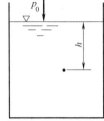

$$p = p_0 + \rho g h \tag{2-8}$$

式中，p 为液体内某点的压强，单位为 Pa；p_0 为液面气体压强，单位为 Pa；ρ 为液体的密度，单位为 kg/m³；h 为某点在液面下的深度，单位为 m。

图 2-6　开敞水箱

式（2-8）就是液体静力学的基本方程。它表示静止液体中，压强随深度按直线变化的规律。静止液体中任一点的压强由液面压强，以及该点在液面下的深度与密度和重力加速度的乘积两部分组成。从这两部分可以看出，压强的大小与容器的形状无关。因此，不论盛液体的容器的形状怎么复杂，只要知道液面压强 p_0 和该点在液面下的深度 h，就可用此式求出该点的压强。

从式（2-8）可以看出，深度相同的各点，压强也相同，这些深度相同的点所组成的平面是一个水平面，可见水平面是压强处处相等的面。因此得出结论：水平面是等压面。

从式（2-8）还可看出，液面压强 p_0 有所增减 $\pm\Delta p_0$，则内部压强 p 相应地有所增减 $\pm\Delta p$，但

$$p = p_0 + \rho g h$$

则

$$p \pm \Delta p = p_0 \pm \Delta p_0 + \rho g h$$

两式相减得

$$\Delta p = \Delta p_0$$

可见，静止液体任一边界面上压强的变化，将等值地传到其他各点（只要静止不被破坏），这就是静水压强等值传递的帕斯卡定律。该定律在水压机、液压传动、气动阀门、水力闸门等水力机械中得到广泛应用。

【例 2-1】　水池中盛水如图 2-7 所示。已知液面压强 $p_0 = 98.07\text{kPa}$，求水中点 C，以及池壁点 A、B 和池底点 D 所受的静水压强。

【解】　A、B、C 三点在同一水平面上，水深 h 均为 1m，所以压强相等。即

$$p_A = p_B = p_C = p$$

故　　$p = p_0 + \rho g h = 98.07\text{kPa} + 1000\text{kg/m}^3 \times 9.8\text{m/s}^2 \times 1\text{m}$

　　　$= 107.87\text{kPa}$

点 D 的水深是 1.6m，故

$$p_D = 98.07\text{kPa} + 1000\text{kg/m}^3 \times 9.8\text{m/s}^2 \times 1.6\text{m} = 113.75\text{kPa}$$

图 2-7　池壁和水体的点压强

关于压强的作用方向，应根据受力方向和承受压力的物质系统而定。例如 A、B、D 三点在固体壁面上，若考虑液体对固体壁面的作用，则方向如图 2-7 所示。总之，静压强的作用方向垂直于作用面的切平面且指向受力物体（流体或固体）系统表面的内法向。

液体静力学基本方程（2-8）还可以表示为另一种形式，如图 2-8 所示。设水箱水面的压强为 p_0，水中点 1、2 到任选基准面 0—0 的高度为 Z_1 及 Z_2，压强为 p_1 及 p_2，将式中的深度改为高度差后得

$$p_1 = p_0 + \rho g(Z_0 - Z_1)$$

$$p_2 = p_0 + \rho g(Z_0 - Z_2)$$

上述两式均除以 ρg 并整理后得

$$Z_1 + \frac{p_1}{\rho g} = Z_0 + \frac{p_0}{\rho g}$$

$$Z_2 + \frac{p_2}{\rho g} = Z_0 + \frac{p_0}{\rho g}$$

两式联立得

$$Z_1 + \frac{p_1}{\rho g} = Z_2 + \frac{p_2}{\rho g} = Z_0 + \frac{p_0}{\rho g}$$

水中点 1、2 是任选的，故可将上述关系式推广到整个液体，得出具有普遍意义的规律。即

$$Z + \frac{p}{\rho g} = C \text{（常数）} \tag{2-9}$$

这就是液体静力学基本方程的另一种形式，也是常用的水静压强分布规律的一种形式。这表示在同一种静止液体中，不论哪一点的 $\left(Z + \dfrac{p}{\rho g}\right)$ 总是个常数。式中 Z 为该点的位置相对于基准面的高度，称为位置水头。$\dfrac{p}{\rho g}$ 是该点在压强作用下沿测压管所能上升的高度，称为压强水头。所谓测压管是一端和大气相通，另一端和液体中某一点相接的管子，如图 2-9 所示。两水头的和 $\left(Z + \dfrac{p}{\rho g}\right)$ 称为测压管水头，它表示测压管水面相对于基准面的高度。两水头相加等于常数 $\left(\text{即 } Z + \dfrac{p}{\rho g} = C\right)$，表示同一容器的静止液体中，所有各点的测压管水头均相等。即使各点的位置

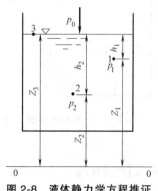

图 2-8 液体静力学方程推证

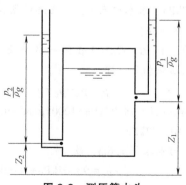

图 2-9 测压管水头

水头 Z 和压强水头 $\dfrac{p}{\rho g}$ 互不相同，但各点的测压管水头必然相等。因此，在同一容器的静止液体中，所有各点的测压管水面必然在同一水平面上。测压管水头中的压强 p 必须采用相对压强表示，相对压强的概念将在 2.4 节讲述。

2.3.2　水平面——分界面和自由面

两种密度不同且互不混合的液体，在同一容器中处于静止状态，一般是密度大的在下面，密度小的在上面，两种液体之间形成分界面。这种分界面既是水平面又是等压面。现在，我们从反面证明如下：

图 2-10 盛有 $\rho_2 > \rho_1$ 的两种不同液体，设分界面不是水平面而是倾斜面，我们在分界面上任选 1、2 两点，其深度差为 Δh，根据压差关系式，从分界面上、下两方分别求压差为

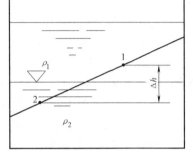

$$\Delta p = \rho_1 g \Delta h$$

$$\Delta p = \rho_2 g \Delta h$$

两式相减，得　　　　$(\rho_2 - \rho_1)\Delta h = 0$

由于液体密度不等于零，且 $\rho_2 > \rho_1$，若要满足上述关系式，则必然是 $\Delta h = 0$，即分界面是水平面，不可能是倾斜面。将 $\Delta h = 0$ 代入压差关系式，得 $\Delta p = 0$。这就证明分界面是等

图 2-10　分界面是水平面的推证

压面，所以，自由面是分界面的一种特殊形式。它既是等压面，也是水平面。事实上，水平面这个概念就是从静止的水面、湖面、池面等具体形式抽象出来的。

这里需要指出：上述规律是在同种液体处于静止、连续的条件下推导出来的。因此，液体静压强分布规律只适用于静止、同种、连续液体，如不能同时满足这三个条件，就不能用上述规律。例如，不能同时满足这三个条件的水平面就不一定是等压面。例如，图 2-11a 中 a、b 两点，虽属静止、同种，但不连续，中间被气体隔开了，所以，同在一个水平面上的 a、b 两点压强不相等。又如，图 2-11a 中 b、c 两点的压强也不相等。再如，图 2-11b 中的 d、e 两点，虽属同种、连续，但不静止，管中是流动的液体，所以，同在一个水平面上的 d、e 两点压强也不相等。

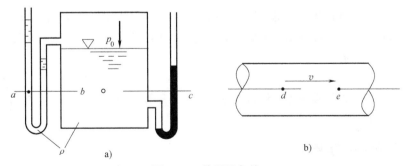

图 2-11　等压面条件

最后，还应指出，如果同一容器或同一连通器盛有多种不同密度的液体，要从某一种液体中某一点的已知压强，求另一种液体中另一点的未知压强时，必须先求出两种液体间的分界面的压强，进而求出未知的压强。如果这两种液体不是直接相连的，那么就应该求出相互连通的各段液体的分界面的压强。总之，多种液体在同一容器或连通管的条件下求压强或压差，必须注意把分界面作为压强关联的联系面。如例 2-2。

【例2-2】 密度为 ρ_a 和 ρ_b 的两种液体，装在图 2-12 所示的容器中，各液面深度如图所示。若 $\rho_b = 1000\text{kg/m}^3$，大气压强 $p_a = 98\text{kPa}$，求 ρ_a 及 p_A。

【解】 先求 ρ_a，由于自由面的压强均等于大气压强，所以，$p_1 = p_4 = p_a = 98\text{kPa}$。根据静止、连续、同种液体的水平面为等压面的规律，$p_2 = p_3$。根据题意得

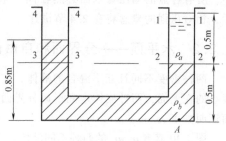

图2-12 多种液体

$$p_2 = p_a + \rho_a g \times 0.5\text{m}$$

$$p_3 = p_a + \rho_b g(0.85 - 0.5)\text{m}$$

由于 $p_2 = p_3$，故得

$$0.5\rho_a = (0.85 - 0.5)\rho_b = 0.35\rho_b$$

所以 $\rho_a = 0.7\rho_b = 0.7 \times 1000\text{kg/m}^3 = 700\text{kg/m}^3$

再求点 A 的压强 p_A。先求出分界面上的压强，然后，应用分界面是多种液体压强关系的联系面，再求出分界面以下点 A 的压强。

分界面2—2是等压面，面上各点压强相等，即

$$p_2 = p_a + \rho_a g \times 0.5\text{m} = 98\text{kPa} + 700\text{kg/m}^3 \times 9.8\text{m/s}^2 \times 0.5\text{m} = 101.43\text{kPa}$$

再根据分界面上的压强 p_2，求点 A 的压强 p_A 为

$$p_A = p_2 + \rho_b g \times 0.5\text{m} = 101.43\text{kPa} + 1000\text{kg/m}^3 \times 9.8\text{m/s}^2 \times 0.5\text{m} = 106.33\text{kPa}$$

实际上，求点 A 的压强，可以不先求出分界面上的压强，就直接以分界面为压强关系的联系面，一次就可求出点 A 的压强。即

$$p_A = p_a + \rho_a g \times 0.5\text{m} + \rho_b g \times 0.5\text{m} = 106.33\text{kPa}$$

另外，我们可以根据容器底面水平的特点，利用水平面是等压面的规律，从容器左端一次求出点 A 的压强。即

$$p_A = p_a + \rho_b g \times 0.85\text{m} = 106.33\text{kPa}$$

2.3.3 气体压强计算

以上规律，虽然是在液体的基础上提出来的，但对于不可压缩气体也仍然适用。

由于气体密度很小，在高差不大的情况下，气体产生的压强值很小，因而可以忽略 $\rho g h$ 的影响，则式（2-8）简化为

$$p = p_0$$

这表示空间各点气体压强相等，例如液体容器、测压管、锅炉等上部的气体空间，我们就认为各点的压强也是相等的。

2.3.4 水平面——等密面

前面论证了静止均质流体的水平面是等压面，现在提出一个问题，它是否也适用于静止非均质流体呢？为了回答这个问题，我们在静止非均质流体中，取轴线水平的微元圆柱体如图 2-13 所示，分析轴向受力平衡。

我们知道，作用在静止流体上的质量力只有重力，重力作用竖直向下，侧面压力垂直于轴线，所以，这两种力沿轴向均无分力。沿轴向外力的平衡，表现为两端面的压力大小相等、方向相反。又由于两端面的面积相等，则压强必然相等，即

$$p_1 = p_2$$

圆柱体轴线在水平面上的位置是任意选取的，两点压强相等，说明水平面上各点压强相等，即静止非均质流体的水平面仍然是等压面。

现在进一步问，水平面上的密度是否变化呢？为回答这个问题，我们仍然在静止非均质流体内部，选取相距为 Δh 的两个水平面，并在它们之间任选 a、b 两个铅直微元柱体，如图 2-14 所示。分别计算它们的压强差为

$$\Delta p_a = \rho_a g \Delta h, \quad \Delta p_b = \rho_b g \Delta h$$

式中，ρ_a 和 ρ_b 分别为柱体 a 和 b 的平均密度。由于两水平面是等压面，所以，两柱体的压强差相等，因而 ρ_a 必等于 ρ_b。否则，流体就不会静止，而要流动。当两等压面无限接近，即 $\Delta h \to 0$ 时，ρ_a 和 ρ_b 就变成同一等压面上两点的密度，此两点密度相等，说明水平面不仅是等压面，而且是等密度面。根据状态方程，压强、密度相等，温度也必然相等。所以，静止非均质流体的水平面是等压面、等密度和等温面。这个结论是有实际意义的，在自然界中，大气、静止水体和室内空气，它们均按密度和温度分层，是很重要的自然现象。

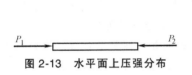

图 2-13　水平面上压强分布

图 2-14　水平面上密度分布

2.4　压强的计算基准和度量单位

在工程上，量度流体中某一点或某一空间点的压强，可以用不同的基准和度量单位。

2.4.1　压强的两种计算基准

压强有两种计算基准：绝对压强和相对压强。

绝对压强是以没有一点气体的绝对真空为零点算起的压强，以 p' 表示。当问题涉及流体本身的热力学性质，例如采用气体状态方程进行计算时，必须采用绝对压强。

相对压强是以当地同高程的大气压强 p_a 为零点起算的压强，以 p 表示，相对压强也称为表压。

采用相对压强基准，则大气压强的相对压强为零。即 $p_a = 0$。

相对压强与绝对压强相差一个当地大气压强，即

$$p = p' - p_a \tag{2-10}$$

某一点的绝对压强只能是正值，不可能出现负值。但是，某一点的绝对压强可能大于大气压强，也可能小于大气压强，而相对压强可能是正值，也可能是负值。当相对压强为正值时，称该压强为正压（即压力表读数），为负值时，称为负压。负压的绝对值又称为真空度（即真空表读数），以 p_v 表示。即当 $p < 0$ 时，有

$$p_v = -p = -(p' - p_a) = p_a - p' \tag{2-11}$$

为了区别以上几种压强，现以点 $A(p'_A > p_a)$ 和点 $B(p'_B < p_a)$ 为例，将它们的关系表示在图 2-15 上。

今后，在不会引起混淆的情况下，也可用 p 表示绝对压强。

为了理解相对压强的实际意义，现以图 2-16 所示的气体容器中的几种情况来说明：

1）假定容器的活塞打开，容器内外气体压强一致，$p_0 = p_a$，相对压强为零。容器内（或外）壁所承受的气体压强为大气压强，约等于 98kPa。但是，器壁两边同时作用着大小相等、方向相反的力，力学效应相互抵消，等于没有受力。

2）假定容器的压强 $p_0 > 0$，这个超过大气压强的部分，对器壁产生的力学效应，使器壁向外扩张。如果打开活塞，气体向外流出，而且流出的速度与相对压强的大小有关。

3）假定容器压强 $p_0 < 0$，同样，也正是这个低于大气压强的部分，才对器壁产生力学效应，使容器向内压缩。如果打开活塞，空气一定会吸入，吸入的速度也和负的相对压强大小有关。

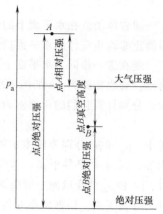

图 2-15　压强的图示

上述情况说明，引起固体和流体力学效应的只是相对压强，而不是绝对压强。

此外，绝大部分测量压强的仪表，都是与大气相通的或者是处于大气的环境中，因此工程技术中广泛采用相对压强。以后讨论所提压强，如未说明，均指相对压强。

现以图 2-17 所示开敞容器中静止流体的点 A 为例，说明相对压强的计算。设容器外与点 A 同高程的点 B 的大气压为 0，应用流体静止压强基本方程，以及分界面是压强关系的联系面，则点 A 的相对压强为

$$p_A = p_0 + \rho g h = (0 - \rho_a g h) + \rho g h = (\rho - \rho_a) g h \tag{2-12}$$

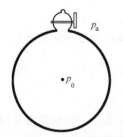

图 2-16　相对压强的力学作用

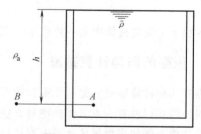

图 2-17　点 A 相对压强

如果容器中的流体为液体，我们知道，液体的密度远大于大气密度 ρ_a，在工程计算中可以忽略空气柱产生的压强变化，则点 A 的相对压强简化为

$$p_A = \rho g h \tag{2-13}$$

这说明，计算液体相对压强，可以将同高程的大气压强为 0 简化成液面大气压强为 0。这就是实际工程中最常用的计算方法。

容器中流体为气体的情况，我们将在第 3 章中全面阐述。

2.4.2　压强的度量单位

工程上常用的压强计量单位有三种。

（1）应力单位　从压强的基本定义出发，用单位面积上的力表示，即力/面积。国际单位为 N/m^2，以符号 Pa 表示。

（2）大气压单位　用大气压的倍数表示。国际上规定标准大气压用符号 atm 表示，（温度为

0℃时海平面上的压强,即 760mmHg),为 101.325kPa,即 1atm = 101.325kPa,国际上规定工程大气压用符号 at 表示,1at = 98kPa。例如,某点绝对压强为 303.975kPa,则称绝对压强为三个标准大气压,或称相对压强为两个标准大气压。

(3)液柱高度 用液柱高度来表示,常用水柱高度或汞柱高度,其单位为mH₂O、mmH₂O 或 mmHg,这种单位可从式 $p = \rho g h$ 改写成

$$h = \frac{p}{\rho g}$$

只要知道液柱密度 ρ, h 和 p 的关系就可以通过上式表现出来。因此,液柱高度也可以表示压强,例如,一个标准大气压相应的水柱高度为

$$h = \frac{101325}{1000 \times 9.8}\text{m} = 10.34\text{m}$$

相应的汞柱高度为

$$h' = \frac{101325}{13595 \times 9.8}\text{m} = 0.76\text{m} = 760\text{mm}$$

又如,一个工程大气压的水柱高度为

$$h = \frac{98000}{1000 \times 9.8}\text{m} = 10\text{m}$$

相应的汞柱高度为

$$h' = \frac{98000}{13595 \times 9.8}\text{m} = 0.736\text{m} = 736\text{mm}$$

在通风工程中常遇到较小的压强,对于较小的压强可用 mmH₂O 来表示。对于国际单位,根据 $101325\text{N/m}^2 = 10.34\text{mH}_2\text{O}$ 的关系换算为 $1\text{mmH}_2\text{O} = 9.8\text{N/m}^2 = 9.8\text{Pa}$。

三种压强的度量单位的换算见表 2-1。

表 2-1 压强度量单位的换算关系

压强单位	Pa	mmH₂O	at	atm	mmHg
换算关系	9.8	1	10^{-4}	9.67×10^{-5}	0.736
	98000	10^4	1	0.967	736
	101325	10340	1.034	1	760
	133.33	13.6	1.36×10^{-3}	3.16×10^{-3}	1

需要指出的是,在以上三种压强的量度单位中,液柱高度单位和大气压单位都不是 SI 单位,是目前尚在使用的习用非法定计量单位。按国际单位制一个量一个 SI 单位的原则,它们正逐渐被 SI 单位所取代。

【例 2-3】 封闭水箱如图 2-18 所示。自由面的绝对压强 $p_0 = 122.6\text{kPa}$,水箱内水深 $h = 3\text{m}$,当地大气压 $p_a = 88.26\text{kPa}$。求:(1)水箱内绝对压强和相对压强最大值。(2)如果 $p_0 = 78.46\text{kPa}$,求自由面上的相对压强、真空度或负压。

【解】 从压强与水深的直线变化规律可知,水最深的地方压强最大,所以,水箱底面压强最大。

(1)求压强最大值 p_A 的绝对压强最大值:以单位面积上的力表示

$$p_A' = p_0 + \rho g h = 122.6\text{kPa} + 1000\text{kg/m}^3 \times 9.8\text{m}^2/\text{s} \times 3\text{m} = 152\text{kPa}$$

以水柱高度表示

$$h = \frac{p_A'}{\rho g} = \frac{152 \text{kPa}}{1000 \text{kg/m}^3 \times 9.8 \text{m}^2/\text{s}} = 15.5 \text{m}$$

以标准大气压表示

$$\frac{152 \text{kPa} \times 1 \text{atm}}{101.325 \text{kPa}} = 1.5 \text{atm}$$

相对大气压最大值

$$p_A = p_A' - p_a = 152 \text{kPa} - 88.26 \text{kPa} = 63.74 \text{kPa}$$

或是 0.63atm，或是 6.5mH$_2$O。

（2）液面压强 $p_0 = 78.46$kPa 时，自由面上的相对压强为

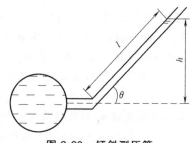

图 2-18　封闭的水箱

$$p = p_0 - p_a = 78.46 \text{kPa} - 88.26 \text{kPa} = -9.8 \text{kPa} = -0.097 \text{atm} = -1 \text{mH}_2\text{O}$$

$$p_v = p_a - p_0 = 88.26 \text{kPa} - 78.46 \text{kPa} = 9.8 \text{kPa} = 0.097 \text{atm} = 1 \text{mH}_2\text{O}$$

2.5　测压计

测压计是根据流体静力学原理设计的，因其直观、方便、经济且精度较高等优点而在工程上低压场合得到应用。下面介绍几种常用的测压计。

2.5.1　测压管

测压管是根据液柱高度来表达压强的原理而制成的简单的测量装置，如图 2-19 所示。当需要测量容器中点 A 的压强时，在过点 A 的平面容器的侧壁开一小孔，在小孔外接一直径为 5～10mm 上部开口的玻璃管，称为测压管，管内的液体与容器的液体相通。在点 A 的压强 p_A 的作用下，测压管中的液面上升直到维持平衡。此时，测压管中的液面高度 $h_A = \frac{p_A}{\gamma}$。需要指出的是，测压管只能测出点 A 的压强，液体中其他不同深度处的压强可以按静止液体压强的分布规律和等压面的原理求得。

有时为了提高测量精度，可将测压管倾斜放置，如图 2-20 所示。此时测压管读数为 l，而压强水头为 h，因为 $p = \gamma h = \gamma l \sin\theta$，$\theta$ 不同，l 与 h 的比值也不相同。θ 常做成 10°～30°。以上的测压装置所测的压强较小，精度较高，故常在实验室中应用。当需要量测的压强大于 $\frac{1}{5}$ 工程大气压时，如工作液体为水，则需 2m 以上的测压管，使用上将会很不方便，为此，在测压管中常采用容重较大而不与施测处液体相混的液体作为工作液体。

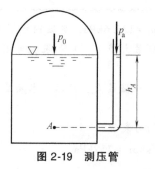

图 2-19　测压管

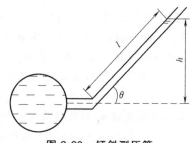

图 2-20　倾斜测压管

2.5.2　U 形测压管

U 形测压管，如图 2-21 所示，管内装有水银，它的一端与施测点 A 相连，另一端与大气相通。在点 A 的压强作用下，水银面将产生一高差 h_m，由于 U 形管底部充满水银，$N—N$ 面为等压面，若容器内的液体为水，则在 $N—N$ 面上：

U 形管的左边，$\qquad p_N = p_0 + \gamma(h_1 + h_2)$

U 形管的右边，$\qquad p_N = \gamma_m h_m$

所以 $\qquad p_0 + \gamma(h_1 + h_2) = \gamma_m h_m$

$$p_0 = \gamma_m h_m - \gamma(h_1 + h_2)$$

$$p_A = p_0 + \gamma h_1 = \gamma_m h_m - \gamma(h_1 + h_2) + \gamma h_1 = \gamma_m h_m - \gamma h_2$$

当测出 h_1、h_2、h_m 时，即可算出 p_0 和 p_A。

2.5.3　水银压差计

在实际工程中，有时并不需要具体知道某点压强的大小而是要了解某两点的压差，测量两点压差的装置称为压差计（或称比压计）。当测量较小的压差时用空气压差计、倾斜压差计，如果要测量较大的压差，则用水银压差计。

图 2-22 所示为一水银压差计示意图。A、B 两点为施测点，用 U 形管与之相连，U 形管底部装水银。在 A、B 两点压力差的作用下，水银面产生一高度 Δh，A、B 两点的压差与水银面高差分析如下：

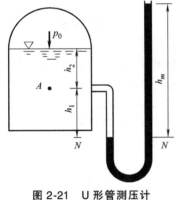

图 2-21　U 形管测压计

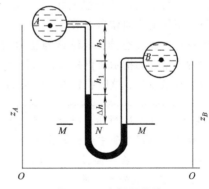

图 2-22　水银压差计

点 A 和 $M—M$ 面的压强关系为

$$p_M = p_A + \gamma_A(h_1 + h_2) + \gamma_m \Delta h$$

B、N 两点的压强关系为

$$p_N = p_B + \gamma_B(h_1 + \Delta h)$$

$M—M$ 为等压面 $\qquad p_M = p_N$

所以 $\qquad p_A + \gamma_A(h_1 + h_2) + \gamma_m \Delta h = p_B + \gamma_B(h_1 + \Delta h)$

$$p_B - p_A = \gamma_A(h_1 + h_2) + \gamma_m \Delta h - \gamma_B(h_1 + \Delta h)$$

如果 A、B 两处均为水，则

$$p_B - p_A = \gamma h_2 + \Delta h(\gamma_m - \gamma) = \gamma h_2 + \gamma \Delta h\left(\frac{\gamma_m}{\gamma} - 1\right) = \gamma h_2 + 12.6\gamma\Delta h$$

由图 2-22 知，h_2 为 A、B 两点的位置高度差，所以

$$p_B - p_A = \gamma(z_A - z_B) + 12.6\gamma\Delta h \tag{2-14}$$

如果 A、B 高度相同，即

$$p_B - p_A = 12.6\gamma\Delta h \tag{2-15}$$

对于同样的压差，如果采用水作为工作液体，则 $\gamma h = 12.6\gamma\Delta h$，于是

$$h = 12.6\Delta h \tag{2-16}$$

也就是 Δh 放大 12.6 倍才是水柱表示的压强 h。

2.5.4 金属测压计

当需要测量较大的压强时，常采用金属测压计（又称金属压力表）。这种测量仪器具有构造简单，测压范围广，携带方便，测量精度足以满足工作需要等优点，因而在工程中被广泛采用。现在常用的有弹簧管压力计，它的工作原理是利用弹簧元件在被测压强作用下产生弹性变形带动指示压力。

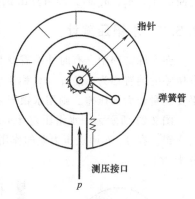

图 2-23 所示为一弹簧管压力计示意图，它的主要部分为一环形金属管。管的断面为椭圆形，开口端与测点相通，封闭端有联动杆与齿轮相连。当大气进入管中时，指针的指示值为零，当传递压力的介质进入管中时，由于压力的作用使金属管伸展，通过拉杆和齿轮带动，使指针在刻度盘上指出压强数值。压力表测出的压强是相对压强，又称表压强，习惯上称只测正压的表叫作压力表。

图 2-23 弹簧管压力计

另有一种金属真空计，其结构与压力表类似。当大气压进入管中时，指针的指示值仍是零，当传递压力的介质进入管中时，由于压强小于大气压强，金属管将发生收缩变形，这时指针的指示值为真空值。常称这种只测负压的表为真空表。

【例 2-4】 图 2-24 所示为一倒 U 形差压计（又称空气比压计），管顶部留有空气。利用阀 C 可进气或放气，以调节管中液面的高差。a 为两测点的位置高度差，h_1 为两测压管的液面高差。已知 $h_1 = 60\text{cm}$，$h = 45\text{cm}$，$h_2 = 180\text{cm}$，求 A、B 两点的水压差。

【解】 由左支管的平衡关系可得

$$p_A = p_D + \gamma h$$

由右支管的平衡关系可得

$$p_B = p_E + \gamma(h_1 + h_2)$$

所以

$$p_B - p_A = p_E + \gamma(h_1 + h_2) - (p_D + \gamma h)$$

因空气的重度很小，忽略其对液体压强的影响，认为两管液面的压强相等，即 $p_D = p_E$

故

$$p_B - p_A = \gamma(h_1 + h_2) - \gamma h = \gamma a$$

将各已知值代入得

$$p_B - p_A = 9.8\text{kN/m}^3 \times (1.8\text{m} - 0.45\text{m}) = 13.23\text{kN/m}^2$$

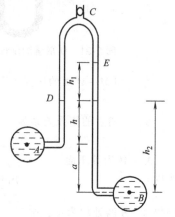

图 2-24 空气比压计

【例 2-5】 复式水银压差计如图 2-25 所示，容器 A 中水面上压力表 M 的读数为 0.5 工程大气压，$h_1 = 0.2\text{m}$，$h_2 = 0.3\text{m}$，$h = 0.5\text{m}$。该装置中倒 U 形管上部是酒精，相对密度为 0.8，求容器 B 中气体的压强 p_B。

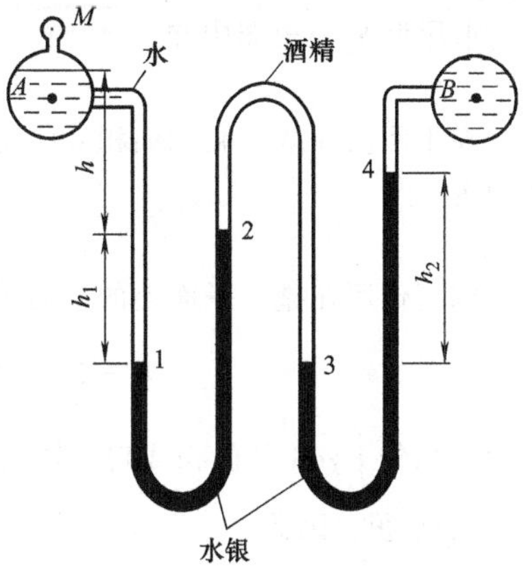

【解】 设 γ、γ_m、γ_0 分别为水、水银、酒精的重度，在水与水银分界处点 1 的压强

$$p_2 = p_1 - \gamma_m h_1 = p_M + \gamma(h + h_1) - \gamma_m h_1$$

点 3 处的压强

$$p_3 = p_2 + \gamma_0 h_1 = p_M + \gamma(h + h_1) - \gamma_m h_1 + \gamma_0 h_1$$

水银与气体分界处点 4 的压强

$$p_4 = p_3 - \gamma_m h_2 = p_M + \gamma(h + h_1) - \gamma_m h_1 + \gamma_0 h_1 - \gamma_m h_2$$

$$= p_M + \gamma(h + h_1) - \gamma_m(h_1 + h_2) + \gamma_0 h_1$$

$$= [98 \times 0.5 + 9.8(0.5 + 0.2) - 13.6 \times 9.8 \times (0.2 + 0.3) + 0.8 \times 9.8 \times 0.2]\text{kN/m}^2$$

$$= -9.212\text{kN/m}^2$$

忽略空气质量的影响　　　　$p_B = p_4 = -9.212\text{kN/m}^2$

所得的压强为负值，表明有真空存在，真空度为

$$p_{v,B} = |p_B| = 9.212\text{kN/m}^2$$

图 2-25　复式水银压差计

2.6　静止流体对平面的作用力

在工程实际中，如有确定挡水堤坝、路基、桥墩、闸门及其他水工设施的结构尺寸和强度时，不仅要知道建筑物任一点水静压强的大小和分布，而且也要知道作用在建筑物上的总压力的大小、方向和作用点。

显然，对于一个平面，总压力的方向必然垂直指向这个作用面。因为平面是由无数微元面积构成的，作用在各微元面上的力都垂直于微元平面，它们都构成了平行力系，总压力就是该平行力系的叠加，因而求平面上水静总压力的问题就只剩下求合力的大小和作用点的问题了。

求解平面上水静总压力的问题有解析法和图解法两种方法。这两种方法的原理和结论完全一样，都是根据静止液体压强的分布规律求解，实际计算中采用哪种方法应视具体情况定，下面分别介绍这两种方法。

2.6.1　解析法

解析法是根据理论力学和数学的分析方法，来求出作用在平面上的总压力 P。

1. 总压力的大小和方向

如图 2-26 所示，一倾斜放置于静止液体中有对称轴的平面 MN，平面的侧面投影为图中的左部

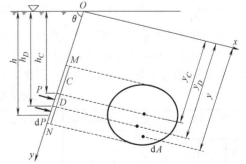

图 2-26　平面上的总压力

的粗线 MN，将平面绕其轴转 $90°$ 得其正投影如图中的右部所示。平面的延伸面与自由液面的交

线，y 轴与 x 轴垂直且平行于其纵向对称轴。该平面面积为 A，平面图形的形心为 C，其坐标为 y_c，水深为 h_c，由图中知

$$h_c = y_c \sin\theta \qquad (2\text{-}17)$$

在平面内任取一微元面积 dA，坐标为 y，它在水下的深度为 $h = y\sin\theta$，作用在该微元面积上的力为

$$dP = \gamma h dA$$

因而作用在整个平面上的合力为

$$P = \int_A dP = \int_A \gamma h dA = \int_A \gamma y\sin\theta dA = \gamma\sin\theta\int_A y dA$$

式中的积分 $\int_A y dA$ 是面积 A 对 x 轴的静面矩。由理论力学知，其值等于受压面面积 A 与形心点坐标 y_c 的乘积，因此

$$P = \gamma\sin\theta\int_A y dA = \gamma\sin\theta A y_c = \gamma h_c A = p_c A \qquad (2\text{-}18)$$

式中，p_c 为形心点的压强，也是整个受压面的平均压强。

由式（2-18）知，作用于受压面上的静水总压力等于形心点的压强与受压面面积的乘积，其方向必然垂直指向受压面。

2. 总压力的作用点

设总压力的作用点为 D，其坐标为 y_D，点 D 在液面以下的深度为 h_D。由理论力学知，合力对某轴的力矩等于各分力对该轴力矩之和。即

$$P y_D = \int_A y dP = \int_A y\gamma h dA = \int_A y\gamma y\sin\theta dA = \gamma\sin\theta\int_A y^2 dA = \gamma\sin\theta I_x$$

式中，$I_x = \int_A y^2 dA$ 为受压面积 A 对 x 轴的惯性矩。

同时 $\qquad P y_D = \gamma h_c A y_D = \gamma y_c \sin\theta A y_D$

所以 $\qquad \gamma\sin\theta I_x = \gamma y_c\sin\theta A y_D$

$$y_D = \frac{I_x}{A y_c}$$

根据惯性矩的平行移轴公式 $I_x = I_c + A y_c^2$，式中 I_c 为浸入流体的面积对通过其形心 C 且与 x 轴平行的轴的惯性矩，所以

$$y_D = \frac{I_c + A y_c^2}{A y_c} = y_c + \frac{I_c}{A y_c} \qquad (2\text{-}19)$$

因为 $\dfrac{I_c}{A y_c}$ 总大于零，故 $y_D > y_c$，说明压力的作用点总是在受压面的形心以下的图形的对称轴上。若受压面水平放置，其压力的作用点与受压面的形心重合。

以上讨论的是受压面对称轴的情况，如果碰到不对称的图形，则仍要求出作用点的横坐标 x_D，方法与求 y_D 的方法类似，由于篇幅所限这里不再叙述。几种常见的平面的 A、y_c、I_c 值见表 2-2。

表 2-2　几种常见的平面的 A、y_c、I_c 值

平面形状	面积	形心坐标	惯性矩	平面形状	面积	形心坐标	惯性矩
	bh	$\dfrac{1}{2}h$	$\dfrac{1}{12}bh^3$		$\dfrac{h}{2}(a+b)$	$\dfrac{h}{3}\dfrac{a+2b}{a+b}$	$\dfrac{h^3}{36}\dfrac{a^2+4ab+b^2}{a+b}$

（续）

平面形状	面积	形心坐标	惯性矩	平面形状	面积	形心坐标	惯性矩
三角形	$\frac{1}{2}bh$	$\frac{2}{3}h$	$\frac{1}{36}bh^3$	圆形	$\frac{1}{4}\pi d^2$	$\frac{d}{2}$	$\frac{\pi}{64}d^4$
半圆	$\frac{1}{8}\pi d^2$	$\frac{2d}{3\pi}$	$\frac{(9\pi^2-64)r^4}{72\pi}$	椭圆	$\frac{\pi}{4}bh$	$\frac{h}{2}$	$\frac{\pi}{64}bh^3$

2.6.2　图解法

对于规则的平面，特别是对矩形平面，一般来说采用图解法较为方便和形象化。图解法的步骤是先绘出压强分布图，然后根据压强分布图求总压力。

1. 压强分布图

压强分布图是在作用面上，以一定比例尺的矢量线段，按照静止压强的分布规律表示的水静压强的大小和方向的图形。对于液面为自由面的液体，如果受压面为平面，只要知道底部的深度 h，按 $p=\gamma h$ 的规律，将顶部和底部的压强直线相连便得到压强分布图（只绘剖面即可），图 2-27 所示便是一些常见的受压面的压强分布图。以上的压强分布图都是 $p>0$ 时的情形，对于 $p<0$ 时的情形同样绘制，只要把静压强的箭头方向反过来就可以了。有负压的静止液体压强分布图如图 2-28 所示。

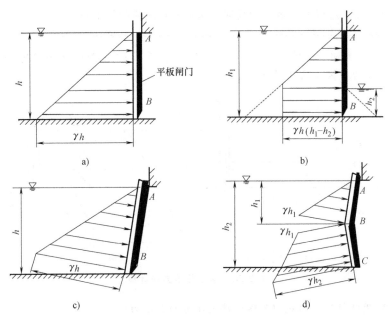

图 2-27　压强分布图

2. 图解法

对于图 2-29a 所示的直立矩形平面，压强分布图的正面如图 2-29b 所示。该直立面在液面以

下的面积为面 $ABFE$ 的面积，深度为 h，平面宽度为 b，作用在此受压面上的静水总压力实际上就是水体 $ABFEF'B'$ 所受的重力，即

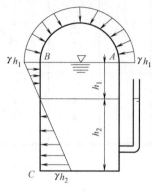

图 2-28 压强分布图

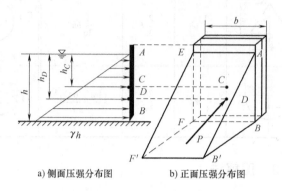

a) 侧面压强分布图　　　b) 正面压强分布图

图 2-29 直立矩形平面

$$P = \gamma V = \frac{1}{2}\gamma h^2 b = (\text{压强分布图面积 } A) \times (\text{宽度 } b) \tag{2-20}$$

总压力 P 的作用点按式 （2-19） 得

$$h_D = h_c + \frac{I_c}{A h_c} = \frac{h}{2} + \frac{\frac{1}{12}bh^3}{bh \cdot \frac{h}{2}} = \frac{2}{3}h \tag{2-21}$$

由式 （2-21） 知，总压力 P 的作用线通过压强分布图体积的重心。

【例 2-6】　一铅直矩形平板 $ABFE$ 如图 2-30 所示，板宽 $b=1.5\mathrm{m}$，板高 $h=2.0\mathrm{m}$，板顶的水深 $h_1=1\mathrm{m}$，求总压力的大小及作用点。

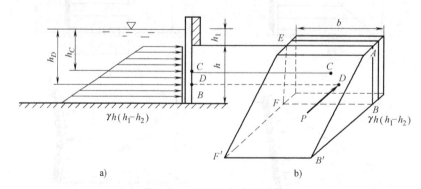

图 2-30 平面总压力的计算

【解】　（1） 用解析法　由式 （2-18） 得总压力的大小为

$$P = \gamma h_c A = \left[9.8 \times \left(1 + \frac{2}{2}\right) \times 1.5 \times 2 \right]\mathrm{kN} = 58.8\mathrm{kN}$$

由式 （2-19） 得总压力的作用点为

$$h_D = h_c + \frac{I_c}{Ah_c} = \left(1 + \frac{2}{2}\right)\text{m} + \frac{\frac{1}{12} \times 1.5 \times 2^3}{1.5 \times 2 \times \left(1 + \frac{2}{2}\right)}\text{m} = 2.17\text{m}$$

（2）用图解法　由式（2-20）得

$$P = \frac{1}{2}[\gamma h_1 + \gamma(h_1 + h)]bh = \frac{1}{2}\gamma hb(2h_1 + h) = \left[\frac{1}{2} \times 9.8 \times 2 \times 1.5 \times (2 \times 1 + 2)\right]\text{kN} = 58.8\text{kN}$$

压强分布图的重心可从表 2-2 得

$$y_C = \frac{h}{3}\frac{a + 2b}{a + b}$$

其中　　　　　　　　　$h = 2.0\text{m}, \quad a = h_1 = 1\text{m}, \quad b = h_1 + h = 1\text{m} + 2\text{m} = 3\text{m}$

所以

$$y_C = \left(\frac{2}{3}\frac{1 + 2 \times 3}{1 + 3}\right)\text{m} = \frac{7}{6}\text{m}$$

总压力的作用点的位置

$$h_D = h_1 + y_C = \left(1 + \frac{7}{6}\right)\text{m} = 2.17\text{m}$$

2.7　静止流体对曲面的作用力

图 2-31 表示曲面的压强分布图，由该图知，由于曲面各点的切平面上的内法线方向不同，按照静压强的特性，作用在曲面各点的压强并不平行，也不一定交于一点，因而不能对曲面进行简单的积分求合力，而是采用力学中的方法将这种不平行的力系分解为互相垂直的分力，因各分力均由各自的平行力系构成，通过求分力系的合力再求作用在整个曲面上的合力。

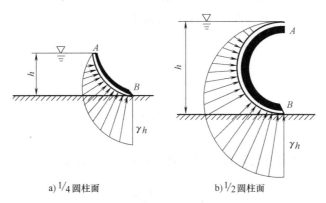

a) ¼ 圆柱面　　　　　　　　　b) ½ 圆柱面

图 2-31　曲面上的压强分布图

2.7.1　总压力的大小、方向和作用点

如图 2-32 所示的二向曲面 AB，其左侧承受水压力。曲面的侧面投影如图 2-32a 中粗线 AB，其立体图如图 2-32b 中的 ABB′A′，其母线平行于 y 轴，取 xOy 面与自由液面重合，将曲面 AB 分成许多微小曲面，各微元曲面的 dP 虽不是平行力系，但可以把 dP 分成水平和铅直两个方向的

分力 $\mathrm{d}P_x$、$\mathrm{d}P_z$，现取其中一微元曲面 ef 进行研究。

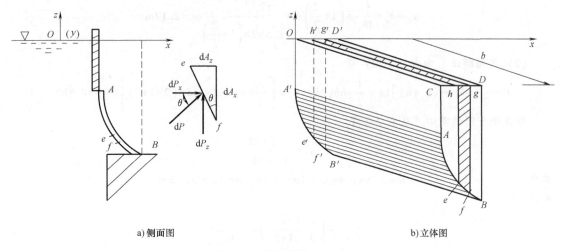

a) 侧面图　　　　　　　　　　　　　　b) 立体图

图 2-32　曲面上的总压力

由于 ef 曲面很小，可将该面当平面处理。设 ef 面的面积为 $\mathrm{d}A$，形心上的水深为 h，合力为

$$\mathrm{d}P = \gamma h \mathrm{d}A$$

$\mathrm{d}P$ 与水平面的夹角为 θ，将 $\mathrm{d}P$ 分解成水平分力和铅直分力，即

$$\left.\begin{array}{l} \mathrm{d}P_x = \mathrm{d}P\cos\theta = \gamma h \mathrm{d}A\cos\theta \\ \mathrm{d}P_z = \mathrm{d}P\sin\theta = \gamma h \mathrm{d}A\sin\theta \end{array}\right\} \tag{2-22}$$

式中，$\mathrm{d}A\cos\theta$ 为 ef 面在以法线为 x 向的铅直面的投影，以 $\mathrm{d}A_x$ 表示；$\mathrm{d}A\sin\theta$ 是 ef 在水平面的投影，以 $\mathrm{d}A_z$ 表示。于是式（2-22）可写为

$$\left.\begin{array}{l} \mathrm{d}P_x = \gamma h \mathrm{d}A_x \\ \mathrm{d}P_z = \gamma h \mathrm{d}A_z \end{array}\right\} \tag{2-23}$$

对式（2-23）进行积分得

$$\left.\begin{array}{l} P_x = \displaystyle\int_{A_x} \gamma h \mathrm{d}A_x \\ P_z = \displaystyle\int_{A_z} \gamma h \mathrm{d}A_z \end{array}\right\} \tag{2-24}$$

式中，$\displaystyle\int_{A_x} h \mathrm{d}A_x$ 为曲面 AB 的铅直投影面 A_x 对 y 轴的静面矩，其值为

$$\int_{A_x} h \mathrm{d}A_x = h_C A_x$$

其中，h_C 为 A_x 面形心点的淹没深度。所以

$$P_x = \int_{A_x} \gamma h \mathrm{d}A_x = \gamma h_C A_x = p_C A_x \tag{2-25}$$

由式（2-25）可知，作用于曲面上的水静总压力的水平分力 P_x 等于铅直投影面的形心点压强与该面积的乘积，结果与平面的分析法一致。

式 (2-23) 中的 $h\mathrm{d}A_x$ 为以 $\mathrm{d}A_x$ 为底、h 为高的柱体体积，如图 2-32b 的阴影线部分 $efghg'h'e'f'$ 所示，$\mathrm{d}P_z$ 即为该微元柱体所受的重力。$\int_{A_x} h\mathrm{d}A_x$ 为作用在曲面 AB 上的水体 $ABDCOD'B'A'$ 的体积，若以 V 表示该水体体积，$P_z = \int_{A_z} \gamma h\mathrm{d}A_z$ 即为该水体所受的重力，则

$$P_z = \gamma V \tag{2-26}$$

其中，P_z 的作用线通过水体的重心。

如果作用于曲面的介质为气体，则它的竖向分力等于压强乘以曲面的水平投影面积。

由于所讨论的面为二元曲面，故 P_x、P_z 在同一平面上，于是，作用在曲面 AB 上的总压力的大小为

$$P = \sqrt{P_x^2 + P_z^2} \tag{2-27}$$

根据力的三角形关系得总压力的方向为

$$\theta = \arctan\frac{P_z}{P_x} \tag{2-28}$$

总压力 P 的作用线必通过 P_x 与 P_z 的交点 M，点 M 不一定在曲面上，力 P 的作用线与曲面的交点即为总压力的作用点。

对于不规则曲面，不存在单一的合力，其分力也可能不在同一平面上。但对于许多实际问题只需求出各分力的大小、方向和作用点就足以满足工程的需要。

2.7.2 压力体

式 (2-26) 中的 V 为作用在曲面 AB 上的液体体积，该体积又称压力体，由图 2-32b 看出，压力体是由下面几部分围成的体积：①曲面；②液面或液面的延伸面；③通过曲面的四周边缘的铅直平面。

如果压力体由液面作为底面围成，即压力体与液体同在一侧，称为实压力体（见图 2-33a），铅直分力 P_z 的方向向下；如果压力体由液面的延伸面围成（见图 2-33b），压力体与液体各在一侧，称为虚压力体，铅直分力 P_z 的方向向上。

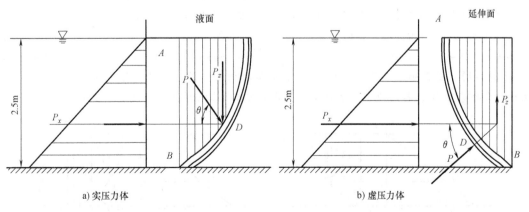

a) 实压力体   b) 虚压力体

图 2-33 压力体

对于复杂曲面的压力体，应从曲面的转弯切点处分开，分别考虑各段曲面的压力体然后再叠加，如图 2-34 所示。

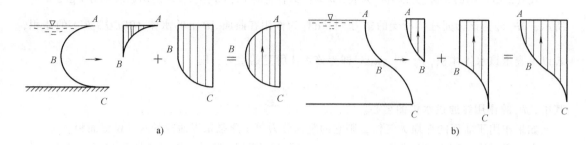

图 2-34 复杂曲面的压力体

2.7.3 浮力

根据以上的二向曲面的水静总压力的计算原理及公式，可方便得出浸没于液体中任意形状的物体所受到的总压力。

设有一球形物体浸没于液体中，如图 2-35 所示，该物体在液面以下的某一深度维持平衡。若物体的重力为 G，其铅直投影面上的力 $P_x = P_{x_1} - P_{x_2} = 0$，压力体由上半曲面形成的压力的方向向下的压力体和下半曲面形成的压力的方向向上的压力体叠加而成，图中的重叠的阴影线表示互相抵消，于是铅直方向的力为

$$P_z = \gamma V = 液体的重度 \times 物体的体积$$

P_z 的方向向上，该力又称浮力。也就是说，物体在液体中所受的浮力的大小等于它所排开同体积的水所受的重力，这就是阿基米德定律。

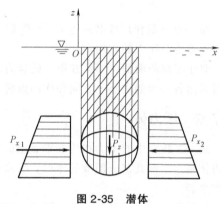

图 2-35 潜体

浮力的大小与物体所受的重力之比有下列三种情况：

1）$G > P_x$ 时，称为沉体。物体下沉，如石块在水中下沉和沉箱充水下沉；

2）$G = P_x$ 时，称为潜体。物体可在水中任何深度维持平衡，如潜水艇；

3）$G < P_x$ 时，称为浮体。物体部分露出水面，如船舶、浮标、航标等。

【例 2-7】 图 2-36 所示为一挡水曲面 AB 的两种放置方式，该曲面是半径为 2.5m 的 1/4 圆柱面、曲面宽为 3m，转轴为 O，分别求出作用在该曲面上的总压力的大小和方向。

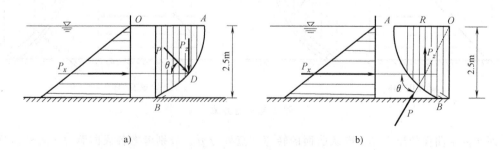

图 2-36 曲面总压力计算

【解】 先绘出图中铅直投影面上的压强分布图和压力体图（见图 2-36）。

依式（2-25）得水平方向的分力为

$$P_x = \gamma h_c A_x = \left(9.8 \times \frac{2.5}{2} \times 3 \times 2.5\right) kN = 91.875kN$$

$$P_{x,A} = P_{x,B}$$

依式（2-26）得铅直方向的分力为

$$P_z = \gamma V = \left(9.8 \times \frac{1}{4} \times 3.14 \times 2.5^2 \times 3\right) kN = 144.244kN$$

$$P_{z,A} = 144.244kN \ (\downarrow)$$

$$P_{z,B} = 144.244kN \ (\uparrow)$$

总压力

$$P = \sqrt{P_x^2 + P_z^2} = \sqrt{91.875^2 + 144.244^2} \ kN = 171.019kN$$

P 的作用线与水平面的夹角为

$$\theta = \arctan \frac{P_x}{P_y} = \arctan \frac{144.244}{91.875} = 57.5°$$

总压力的作用线通过转轴 O 并指向曲面 AB，P 的作用线与曲面的交点 D，即为水静总压力的作用点。

【例 2-8】 一蓄水容器，壁上装有三个直径 $d = 1m$ 的半球形盖，已知 $H = 2.5m$，$h = 1.5m$，求这三个盖所受的静水总压力（见图 2-37）。

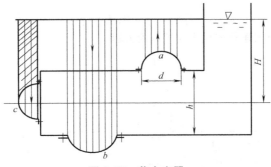

图 2-37 蓄水容器

【解】 半球形盖 a、b 为左右对称结构，故其水平方向的分力 $P_{x,a} = P_{x,b} = 0$，只有铅直方向的分力。

$$P_{z,a} = \gamma V_a = \gamma \left[\frac{\pi}{4} d^2 \left(H - \frac{h}{2}\right) - \frac{\pi}{12} d^3\right] = \left\{9.8 \left[\frac{3.14}{4} \times 1^2 \left(2.5 - \frac{1.5}{2}\right) - \frac{3.14}{12} \times 1^3\right]\right\} kN = 10.9kN \ (\uparrow)$$

$$P_{z,b} = \gamma V_b = \gamma \left[\frac{\pi}{4} d^2 \left(H + \frac{h}{2}\right) + \frac{\pi}{12} d^3\right] = \left\{9.8 \left[\frac{3.14}{4} \times 1^2 \left(2.5 + \frac{1.5}{2}\right) + \frac{3.14}{12} \times 1^3\right]\right\} kN = 27.567kN \ (\downarrow)$$

半球形盖 c 水平方向的分力为

$$P_{x,c} = \gamma h_c A = \gamma H \frac{\pi d^2}{4} = \left(9.8 \times 2.5 \times \frac{1}{4} \times 3.14 \times 1^2\right) kN = 19.233kN$$

铅直方向的分力为

$$P_{z,c} = \gamma V_e = \gamma \frac{\pi d^3}{12} = \left(9.8 \times \frac{1}{12} \times 3.14 \times 1^3\right) kN = 2.564 kN(\downarrow)$$

所以半球形盖 c 所受的总压力为

$$P = \sqrt{P_x^2 + P_z^2} = \sqrt{19.233^2 + 2.564^2} \, kN = 19.403 kN$$

2.8 液体的相对压强

在前几节中讨论了作用在流体上的质量力只有重力时流体的平衡。下面分别讨论等加速水平运动容器中和等角速旋转容器中液体的相对平衡。

2.8.1 加速直线运动中液体相对平衡

图 2-38 所示为装着液体的在水平轨道上以等加速度 a 自左向右运动的罐车，液面上气体的压强为 p_0。

罐车的等加速运动必然带动其中的液体也做等加速运动，液体与罐车达到相对平衡后，液面与水平面便形成倾斜角 α。把参考坐标系选在罐车上，坐标原点取在液面不变化的中心点 O，z 轴铅直向上，x 轴沿水平加速度方向。当应用达郎贝尔原理去分析液面对非惯性参考坐标系 Oxz 的相对平衡时，作用在液面某质点 M 上的质量力，除了考虑铅直向下的重力外，还要虚加上一个大小等于液体质点的质量加速度、方向与加速度方向相反的惯性力，所以作用在单位质量液面上的质量力为

$$f_x = -a, \quad f_y = 0, \quad f_z = -g$$

下面分别求出液体静压强分布规律和等压面方程。

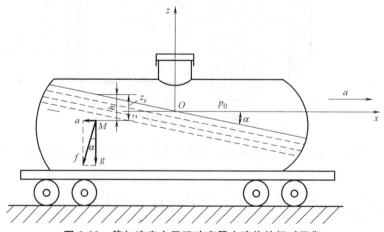

图 2-38 等加速度水平运动容器中液体的相对平衡

1. 流体静压强分布规律

将单位质量力的分力代入压强差公式得

$$dp = \rho(-a dx - g dz)$$

将此式积分，得

$$p = -\rho(ax + gz) + C$$

为了确定积分常数 C，应用边界条件：当 $x=0$，$z=0$ 时，$p=p_0$，代入上式，得 $p_0=C$，于是

$$p = p_0 - \rho(ax+gz) \tag{2-29}$$

这就是等加速水平运动容器中液体的静压强分布公式。该公式表明，压强 p 不仅随质点的铅直坐标 z 变化，而且还随坐标 x 变化。

2. 等压面方程

将单位质量力的分力代入等压面微分方程得

$$a\mathrm{d}x + g\mathrm{d}z = 0$$

积分上式，得

$$ax + gz = C \tag{2-30}$$

这就是等压面方程。等加速度水平运动容器中液体的等压面是斜平面。不同的常数 C 代表不同的等压面，故等压面是一簇平行的斜面。由式（2-30）可得等压面对 x 方向的倾斜角为

$$\alpha = -\arctan\frac{a}{g} \tag{2-31}$$

可见，等压面与质量力的合力相互垂直。

在自由液面上，当 $x=0$，$z=0$ 时，积分常数 $C=0$；如果令自由液面上某点的铅直坐标为 z_s，则自由液面方程为

$$ax + gz_s = 0 \tag{2-32}$$

或

$$z_s = -\frac{a}{g}x \tag{2-33a}$$

将式（2-32）代入流体静压强分布公式（2-29），得

$$p = p_0 + \rho g(z_s - z) = p_0 + \rho gh \tag{2-33b}$$

可以看出，等加速度水平运动容器中液体的静压强公式（2-33b）与静止流体中的静压强公式（2-29）完全相同，即液体内任一点的静压强等于自由液面上的压强加上深度为 h、密度为 ρ 的液体所产生的压强。

2.8.2 等角速度旋转的液体相对平衡

前面主要讨论了流体处于绝对静止状态的平衡规律。本节将讨论流体处于相对平衡状态时的情况，此时流体除了受重力外，还受其他质量力的情况。流体相对于地球像刚体一样做变速运动，但相对于跟随流体一起运动的某一运动坐标系是静止的。这种情况称为相对平衡或相对静止。根据达朗贝尔原理，把惯性力假想地加在液体上。则质量力除了重力外还包括惯性力。此时可以把运动的问题作为静平衡问题来处理。由于流体内部质点没有相对位移，故黏性力为 0。因此作用于流体上的表面力只有压力。工程中，经常遇到的流体随容器做等加速直线运动，或绕容器中心轴做等角速度旋转等都属于相对平衡问题。下面以流体绕中心轴做等角速度旋转的情况为例，分析其平衡规律。

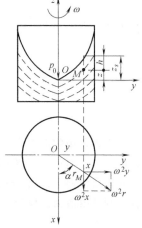

图 2-39　等角速度旋转容器中液体的相对平衡

如图 2-39 所示，盛有液体的容器绕铅直轴 z 以等角速度 ω 旋转。由于液体有黏性，液体便被容器带动而随着容器旋转。当旋转稳定后，液面呈现如图所示的曲面。此后液体就如同刚体一样保持原状随同容器一起旋转，形成液面对容器（即非惯性参考坐标系 $Oxyz$）的相对平衡。根

据达郎贝尔原理，作用在液体质点上的质量力，除了铅直向下的重力外，还需要加上一个大小等于液体质点的质量乘以向心加速度，方向与向心加速度相反的离心惯性力。

在液体中任取某质点 M，点 M 到旋转轴的半径为 r，铅直高度为 z。从图 2-39 可知：$x = r\cos\alpha$，$y = r\sin\alpha$，则作用在单位质量液体上的质量力为

$$f_x = \omega^2 r\cos\alpha = \omega^2 x$$

$$f_y = \omega^2 r\sin\alpha = \omega^2 y$$

$$f_z = -g$$

下面分别求出流体静压强分布规律和等压面方程。

1. 流体静压强分布规律

将单位质量力的分力代入压强差公式得

$$dp = \rho(\omega^2 x dx + \omega^2 y dy - g dz)$$

积分上式，得

$$p = \rho\left(\frac{\omega^2 x^2}{2} + \frac{\omega^2 y^2}{2} - gz\right) + C$$

或

$$p = \rho g\left(\frac{\omega^2 r^2}{2g} - z\right) + C \tag{2-34}$$

根据边界条件：当 $r = 0$，$z = 0$ 时，$p = p_0$，可求出积分常数 $C = p_0$，于是得

$$p = p_0 + \rho g\left(\frac{\omega^2 r^2}{2g} - z\right) \tag{2-35}$$

这就是等角速度旋转容器中液体的静压强分布公式。该公式表明，在同一高度上，液体的静压强与质点所在的半径的二次方成正比。

2. 等压面方程

将单位质量力的分力代入等压面微分方程得

$$\omega^2 x dx + \omega^2 y dy - g dz = 0$$

积分上式，得

$$\frac{\omega^2 x^2}{2} + \frac{\omega^2 y^2}{2} - gz = C$$

或

$$\frac{\omega^2 r^2}{2} - gz = C \tag{2-36}$$

此方程是抛物面方程。不同的常数 C 代表不同的等压面，故等角速度旋转容器中液面相对平衡时，等压面是一簇绕 z 轴的旋转抛物面。

在自由液面上，当 $r = 0$，$z = 0$ 时，可得积分常数 $C = 0$，如果令 z_s 为自由液面上某点的垂直坐标，则自由液面方程为

$$\frac{\omega^2 r^2}{2} - gz_s = 0$$

或

$$z_s = \frac{\omega^2 r^2}{2g} \tag{2-37}$$

此式说明，自由液面上某点的垂直坐标与旋转角速度的二次方和质点所在半径的二次方成正比。

将式（2-37）代入式（2-35），可得

$$p = p_0 + \rho g(z_s - z) = p_0 + \rho g h \tag{2-38}$$

可以看出，绕垂直轴等角速度旋转容器中液体的静压强公式（2-38）与静止流体中静压强公式完全相同，即液体中任一点的静压强等于自由液面上的压强加上深度为 h、密度为 ρ 的液体所产生的压强。

下面分析两个实例：

1）如图 2-40 所示，半径为 R、中心开口并通大气的圆筒内装满液体。当圆筒绕铅直轴 z 以等角速度 ω 旋转时，液体虽借离心惯性向外甩，但由于受容器顶盖的限制，液面并不能形成旋转抛物面。此时因边界条件同推导式（2-35）时一样，故液面内各点的静压强分布仍为

$$p = p_a + \rho g \left(\frac{\omega^2 R^2}{2g} - z \right)$$

作用在顶盖上各点的计示压强仍按抛物面规律分布，如图中箭头所示。顶盖中心 O 处的流体静压强 $p = p_a$。顶盖边缘点 B 处的流体静压强 $p = p_a + \rho \dfrac{\omega^2 R^2}{2}$。可见，边缘点 B 处的流体静压强最大。旋转角速度 ω 越高，边缘处的流体静压强越大。离心铸造机和其他离心机械就是根据这一原理设计的。

2）如图 2-41 所示，半径为 R、边缘开口并通大气的圆筒内装满液体。当圆筒绕铅直轴 z 以等角速度 ω 旋转时，液体虽借离心惯性向外甩，但由于在容器内部产生真空而把液体吸住，以致液体跑不出去。此时边界条件为：当 $r = R$，$z = 0$ 时，$p = p_a$，由式（2-34）得积分常数 $C = p_a - \rho \omega^2 R^2 / 2$，代入式（2-34），得

$$p = p_a - \rho g \left[\frac{\omega^2 (R^2 - r^2)}{2g} + z \right]$$

可见，尽管液面没有形成旋转抛物面，但作用在顶盖上各点的流体静压强仍按抛物面规律分布。顶盖边缘点 B 处的流体静压强 $p = p_a$，顶盖中心点 O 的流体静压强为

$$p = p_a - \rho \frac{\omega^2 R^2}{2}$$

顶盖中心点 O 处的真空为

$$p_v = p_a - p = \rho \frac{\omega^2 R^2}{2}$$

可见，旋转角速度 ω 越高，中心处的真空越大。离心水泵和离心风机都是利用中心处形成的真空把水或空气吸入壳体，再借助叶轮旋转所产生的离心惯性增大能量后，由出口输出。

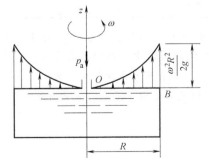

图 2-40　顶盖中心开口的容器

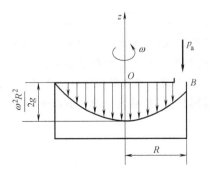

图 2-41　顶盖边缘开口的容器

还应指出，实际上许多工程设备是绕水平轴做等角速度旋转的。但是，在转速相当高的情况下，由于离心惯性力远远大于重力，用上述绕铅直轴旋转的理论去解决绕水平轴旋转的问题，还是足够精确的。只有在转速比较低时，才需要将绕水平轴与绕铅直轴旋转的问题区别开来。至于绕水平轴做等角速度旋转时流体静压强的计算公式，由于其推导过程与上述类似，这里不再赘述。

【例 2-9】 油轮的前、后舱装有相同的油，液体分别为 h_1 和 h_2，前舱长 l_1，后舱长 l_2，前后舱的宽度均为 b，如图 2-42 所示。试问在前、后舱隔板上的总压力等于零，即隔板前、后油的深度相同时，油轮的等加速度 a 应该是多少？

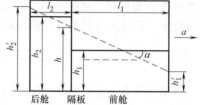

【解】 当船不动时，由于 $h_2 > h_1$，船舱的隔板受到的总压力方向是朝前的。如果油轮以加速度 a 前进，恰使前、后舱的液面形成连续的倾斜面（见图中虚线），倾斜面与水平面的夹角为 α，这时由式（2-31）有

图 2-42　求油轮加速度的示意图

$$\tan\alpha = \frac{a}{g} = \frac{h-h'}{l_1} = \frac{h'_2-h}{l_2} \tag{a}$$

因为静止时与等加速运动时油的体积是不变的，所以有以下关系式：

$$l_1 b(h_1-h'_1) = \frac{1}{2}l_1 b(h-h'_1)$$

或

$$h'_1 = 2h_1 - h \tag{b}$$

$$l_2 b(h_2-h) = \frac{1}{2}l_2 b(h'_2-h)$$

或

$$h'_2 = 2h_2 - h \tag{c}$$

将式（b）和式（c）代入式（a），可求出隔板处的液位为

$$h = \frac{h_2 l_1 + h_1 l_2}{l_1 + l_2} \tag{d}$$

联立式（a）、式（b）和式（d），即可求得所需加速度

$$a = 2g\left[\frac{h_2 l_1 + h_1 l_2}{l_1\,(l_1+l_2)} - \frac{h_1}{l_1}\right]$$

【例 2-10】 如图 2-43 所示，液体转速计由直径为 d_1 的中心圆筒和重量为 W 的活塞及与其连通的两根直径为 d_2 的细管组成，内装水银。细管中心线距圆筒中心轴的距离为 R。当转速计的转速变化时，活塞带动指针上下移动。试推导活塞位移 h 与转速 n 之间的关系式。

【解】 （1）转速计静止不动时，细管与圆筒中的液位差 a 是由于活塞的重量所致，即

$$W = \rho g \frac{\pi}{4} d_1^2 a$$

$$a = \frac{W}{\rho g \pi d_1^2/4} \tag{a}$$

（2）当转速计以角速度 ω 旋转时，活塞带动指针下降 h，两细管液面上升 b，根据圆筒中下降的体积与两细管中上升的体积相等，得

$$\frac{\pi}{4}d_2^2 \times 2b = \frac{\pi}{4}d_1^2 h$$

$$b = \frac{d_1^2}{2d_2^2}h \qquad\qquad (\text{b})$$

（3）取活塞底面中心为坐标原点，z 轴向上。根据等角速度旋转容器中压强分布公式（2-34），当 $r=R$，$z=H$ 时，$p_e=0$（不计压强），$C=\rho g[H-\omega^2 R^2/(2g)]$，故有

$$p_e = \rho g\left[\frac{\omega^2(r^2-R^2)}{2g} + H - z\right]$$

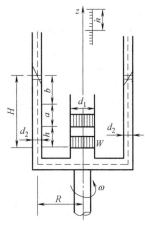

图 2-43　液体转速计

这时，活塞的重力应与水银作用在活塞底面上的压力的合力相等，故有

$$W = \int_0^{\frac{d_1}{2}} p_e \times 2\pi r\mathrm{d}r = 2\pi\rho g\int_0^{\frac{d_1}{2}}\left[\frac{\omega^2}{2g}(r^2-R^2)+H-z\right]r\mathrm{d}r = \frac{\pi d_1^2}{4}\rho g\left[\frac{\omega^2}{2g}\left(\frac{d_1^2}{8}-R^2\right)+H-z\right]$$

或

$$\frac{W}{\frac{\pi}{4}d_1^2\rho g} = \frac{\omega^2}{2g}\left(\frac{d_1^2}{8}-R^2\right)+H = \frac{\omega^2}{2g}\left(\frac{d_1^2}{8}-R^2\right)+a+b+h$$

将式（a）、式（b）代入上式，得

$$h = \frac{1}{2g}\frac{R^2-d_1^2/8}{1+d_1^2/(2d_2^2)}\omega^2$$

而 $\omega=n\pi/30$，故有

$$n = \frac{30}{\pi}\sqrt{\frac{2gh[1+d_1^2/(2d_2^2)]}{R^2-d_1^2/8}}$$

习　题

2.1　如图 2-44 所示，开敞容器盛有 $\rho_1>\rho_2$ 的两种液体，问 1、2 两测压管中的液面哪个高些？哪个和容器的液面同高？

2.2　如图 2-45 所示，在封闭管端完全真空的情况下，水银柱差 $z_2=50\mathrm{mm}$，求盛水容器液面绝对压强

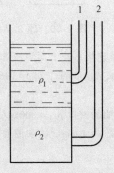

图 2-44　题 2.1 图

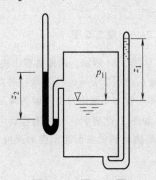

图 2-45　题 2.2 图

p_1 和水面高度 z_1。

2.3 如图 2-46 所示，测定管路压强的 U 形测压管中，已知油柱高 $h = 1.22\text{m}$，$\rho_{油} = 920\text{kg/m}^3$，水银柱差 $\Delta h = 203\text{mm}$，求真空表读数及管内空气压强 p。

2.4 图 2-47 所示为一直煤气管。为求管中静止煤气的密度，在高度差 $H = 20\text{m}$ 的两个断面装 U 形管测压计，管内装水。已知管外空气的密度 $\rho = 1.28\text{kg/m}^3$，测压计读数 $h_1 = 100\text{mm}$，$h_2 = 115\text{mm}$。与水相比，U 形管中煤气柱的影响可以忽略。求管内煤气的密度。

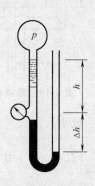

图 2-46 题 2.3 题

图 2-47 题 2.4 图

2.5 如图 2-48 所示，U 形管压差计水银面高度差 $h = 15\text{cm}$。求充满水的 A、B 两容器内的压强差。

2.6 如图 2-49 所示，U 形管压差计与容器 A 连接，已知 $h_1 = 0.25\text{m}$，$h_2 = 1.61\text{m}$，$h_3 = 1\text{m}$。求容器 A 中水的绝对压强和真空。

2.7 如图 2-50 所示，在盛有油和水的圆柱形容器的盖上加载荷 $F = 5788\text{N}$，已知 $h_1 = 30\text{cm}$，$h_2 = 50\text{cm}$，$d = 0.4\text{cm}$，油的密度 $\rho_{油} = 800\text{kg/m}^3$，水银的密度 $\rho_{Hg} = 13600\text{kg/m}^3$，求 U 形管中水银柱的高度差 H。

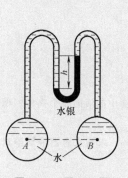

图 2-48 题 2.5 图

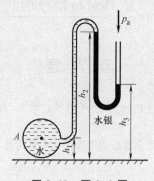

图 2-49 题 2.6 图

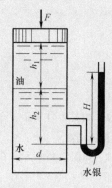

图 2-50 题 2.7 图

2.8 如图 2-51 所示，两根盛有水银的 U 形测压管与盛有水的密封容器连接。若上面测压管的水银液面距自由液面的深度 $h_1 = 60\text{cm}$，水银柱高 $h_2 = 25\text{cm}$，下面测压管的水银柱高 $h_3 = 30\text{cm}$，$\rho_{Hg} = 13600\text{kg/m}^3$，试求下面测压管水银面距自由液面的深度 h_4。

2.9 如图 2-52 所示，一封闭容器内盛有油和水，油层厚 $h_1 = 30\text{cm}$，油的密度 $\rho_{油} = 800\text{kg/m}^3$，盛有水银的 U 形测压管的液面距水面的深度 $h_2 = 50\text{cm}$，水银柱的高度低于油面 $h = 40\text{cm}$。试求油面上的计示压强。

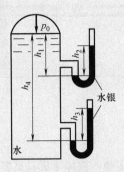

图 2-51　题 2.8 图

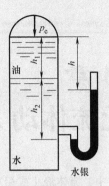

图 2-52　题 2.9 图

第 3 章

一元流体动力学基础

在自然界中，流体静止或相对静止只是一种特殊情况，而运动的流体才更具有普遍性。流体最基本的特征就是它具有流动性，因而研究流体的运动规律具有更重要、更广泛的意义。

流体运动和刚体运动不同，刚体运动时各质点间处于一种相对静止的状态，流体运动时各质点之间同时存在相对运动，并不是一个整体一致的运动。运动流体所占据的空间称为流场，表征流场内流体运动的物理量（包括速度、加速度、动水压强、切应力、密度等）称为运动要素。流体在流场内流动，会产生惯性力和黏性力，其中惯性力是由于流体质点本身的速度变化而产生的，黏性力则是由于流体质点之间存在速度差异而产生的，可见流体由静到动的两种力都是由流速产生的。因此流体动力学的基本问题是速度问题。

3.1 描述流体运动的两种方法

流体运动一般是在固体壁面所限制的空间内、外进行的。例如，空气在室内流动，水在管内流动，风绕建筑物流动。这些流动，都是在房间墙壁、水管管壁、建筑物外墙等固体壁面所限定的空间内、外进行的。我们把流体流动占据的空间称为流场，流体力学的主要任务，就是研究流场中的流动。

研究流动，存在着两种方法。一种是拉格朗日法，这是固体力学在流体力学研究里面的传承。拉格朗日法是把流场中流体看作是无数连续的质点所组成的质点系，如果能对每一质点的运动进行描述，那么整个流动就被完全确定了。

在这种思路的指导下，我们把流体质点在某一时间 t_0 时的坐标 (a, b, c) 作为该质点的标志，则不同的 (a, b, c) 就表示流动空间的不同质点。这样，流场中的全部质点，就用 (a, b, c) 变数全部描述出来。

随着时间的迁移，质点将改变位置，设 (x, y, z) 表示时间 t 时质点 (a, b, c) 的坐标，则下列函数形式

$$\left.\begin{array}{l} x = x(a, b, c, t) \\ y = y(a, b, c, t) \\ z = z(a, b, c, t) \end{array}\right\} \tag{3-1}$$

就表示全部质点随时间 t 的位置变动。如果能够写出表达式 (3-1)，那么，流体流动所有流体质点的运动就完全被确定。这种通过描述每一质点的运动达到了解流体运动的方法，就称为拉格朗日法。表达式中的自变量 (a, b, c, t)，称为拉格朗日变量。

显然全部质点的速度为

$$
\left.
\begin{aligned}
u_x &= \frac{\mathrm{d}x}{\mathrm{d}t} \\[4pt]
u_y &= \frac{\mathrm{d}y}{\mathrm{d}t} \\[4pt]
u_z &= \frac{\mathrm{d}z}{\mathrm{d}t}
\end{aligned}
\right\}
\tag{3-2}
$$

式中，u_x、u_y、u_z 分别为质点流速在 x、y、z 方向的分量，(a, b, c) 和时间变量 t 是相互独立的变量，只表达初始时刻要研究的流体质点的位置。

拉格朗日法的基本特点是追踪流体质点的运动，它的优点就是可以直接运用理论力学中早已建立的质点或质点系动力学来进行分析。但是这样的方法在数学上有很大的困难，实际上难于实现。而绝大多数的工程问题并不要求追踪质点的来龙去脉，只是着眼于流场的各固定点、固定断面或固定空间的流动。实际应用上，我们并不追踪水管中的水的各个质点的前前后后，也不探求空气中流动的空气的各个质点的来龙去脉，而是要知道：水从管中以怎样的速度流出；风经过窗户，以什么流速流入；风机抽风，工作区间风速如何分布。也就是只要知道一定地点（水龙头处）、一定断面（门、窗口断面），或一定区间（工作区间）的流动状况。

按照这个观点，流体力学研究中引入欧拉法，它着眼质点在流场中的变量分布和随时间的变化。例如对于流速，把流速 $\boldsymbol{u}$ 在各个坐标轴上的投影 u_x、u_y、u_z 表示为 x、y、z、t 四个变量的函数，即

$$
\left.
\begin{aligned}
u_x &= u_x(x, y, z, t) \\
u_y &= u_y(x, y, z, t) \\
u_z &= u_z(x, y, z, t)
\end{aligned}
\right\}
\tag{3-3}
$$

这样通过描述物理量在空间的分布来研究流体运动的方法称为欧拉法。式中变量 x、y、z、t 称为欧拉变量。

对比拉格朗日法和欧拉法的不同变量，就可以看出两者的区别：前者以 a、b、c 为变量，是以一定质点为对象；后者以 x、y、z 为变量，是以固定空间点为对象。只要对流动的描述是以固定空间、固定断面，或固定点为对象，应采用欧拉法，而不是拉格朗日法。本书以下的流动描述均采用欧拉法。

3.2　恒定流动和非恒定流动

当我们用欧拉法来观察流场中各固定点、固定断面或固定区间流动的全过程时，我们可以看出，流速经常要经历若干阶段的变化：打开龙头，破坏了静止水体的重力和压力的平衡，在打开的过程以及打开后的短暂时间内，水从喷口流出。喷口处流速从零迅速增加，到达某一流速后，即维持不变。这样，流体经历了三个阶段性质不同的过程：从静止平衡（流体静止），通过短时间的运动不平衡（喷口处流体做加速运动），达到新的运动平衡（喷口处流速恒定不变）。运动不平衡的流动，在流场中各点流速随时间变化，各点压强、黏性力和惯性力也随着速度的变化而变化。这种流速等物理量的空间分布与时间有关的流动称为非恒定流动。室内空气在打开窗户和关闭窗户瞬间的流动，河流在涨水期和落水期的流动，管道在开闭时间所产生的压力波动，都是非恒定流动。3.1 节提出的函数

$$u_x = u_x(x,y,z,t)$$
$$u_y = u_y(x,y,z,t)$$
$$u_z = u_z(x,y,z,t)$$

就是非恒定流的全面描述。这里，u 是空间和时间的函数。

运动平衡的流动，流场中各点流速不随时间变化，由流速决定的压强、黏性力和惯性力也就不随时间变化，这种流动称为恒定流动。在恒定流动中，式（3-3）简化为

$$u_x = u_x(x,y,z)$$
$$u_y = u_y(x,y,z) \tag{3-4}$$
$$u_z = u_z(x,y,z)$$

这样，描述恒定流动时，只需了解流速在空间的分布即可，这就大大简化了控制方程的复杂性。

我们以后的研究，主要是针对恒定流动。但在某些专业中常见的流动现象，例如水击现象，必须用非恒定流进行计算。工程中大多数流动，流速等参数不随时间而变，或变化甚缓，只需用恒定流计算，就能满足实用要求。

3.3　流线和迹线

在采用欧拉法描述流体运动时，为了反映流场中的流速，分析流场中的流动，常用形象化的方法直接在流场中绘出反映流动方向的一系列线条，这就是流线，如图 3-1 所示。

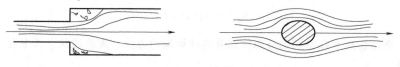

图 3-1　流线

在某一时刻，各点的切线方向与通过该点的流体质点的流速方向重合的空间曲线称为流线。而同一质点在各个不同时刻所占有的空间位置连成的空间曲线称为迹线。流线是欧拉法对流动的描绘，迹线是拉格朗日法对流动的描绘。由于流体力学中大多问题采用欧拉法研究流体运动，因此我们将侧重于研究流线。

流线的概念可以用几何直观的方法说明。流线总是针对某一瞬间时的流场绘制的。想象地从流场中某一点 a 开始，在某一时间 t，通过点 a 绘制该点的流速方向线，沿此方向线距点 a 为无限小距离取点 b，又绘出同一时刻点 b 的流速方向线，以此类推，得到点 c、d、e、f、…，我们便得到一条折线 $abcdef$…。当折线上各点距离趋于零时，便得到一条光滑曲线，这就是流线。如图 3-2 所示。

图 3-2　流线的定义

由于通过流场中的每一点都可以绘制一条流线，所以流线将布满整个流场。在流场中绘出流线簇后，流体的运动状况一目了然。某点流速的方向便是流线在该点的切线方向。流速的大小可以由流线的疏密程度反映出来，流线越密处流速越大，流线越稀疏处流速越小。

根据流线的定义，流线上任一点的速度方向和曲线在该点的切线方向重合，可以写出它的

微分方程。沿流线的流动方向取微元距离 ds，由于流速矢量 u 的方向和距离矢量 ds 的方向重合，根据矢量叉乘定义，$u \times ds = 0$，于是得到

$$\frac{\mathrm{d}x}{u_x} = \frac{\mathrm{d}y}{u_y} = \frac{\mathrm{d}z}{u_z} \tag{3-5}$$

这就是流线的微分方程。

根据流线的定义，流线有以下性质：流线不能相交（驻点处除外），也不能是折线。

在恒定流中，流线和迹线完全重合，因此，在恒定流中可以用迹线来代替流线。在非恒定流中，流线和迹线不重合。

3.4　一元流动模型

用欧拉法描述流动，虽然经过恒定流假设的简化，减少了欧拉变量中的时间变量，但还存在着 x、y、z 三个变量，是三元流动问题，问题仍然非常复杂。下面我们利用流线的性质，可以把某些流动简化为一元流动。

为此，在流场内，取任意非流线的封闭曲线 l。经过此曲线上的全部点作流线，这些流线组成的管状流面，称为流管。流管以内的流体，称为流束（见图 3-3）。垂直于流束的断面，称为流束的过流断面。当流束的过流断面无限小时，这根流束就称为元流。元流的边界由流线组成，由于流线的性质，元流外部流体不能流入，内部流体也不能流出。元流断面即为无限小，断面上流速和压强就可认为是均匀分布的，任一点的流速和压强代表了全部断面的相应值。如果从元流某起始断面，沿流动方向取坐标 s，则全部元流问题，就简化为断面流速 u 随坐标 s 而变，u 只是 s 的函数，即求 $u = f(s)$ 的问题。欧拉法中的三个变量就简化为一个变量，三元问题则简化为一元问题。

能不能将元流这个概念推广到实际流场中去，要根据流场本身的性质。在实际工程中，用以输送流体的管道流动，由于流场具有长形流动的几何形态，整个流动可以看作无数元流相加，这样的流动总体称为总流（见图 3-4）。处处垂直于总流中全部流线的断面，是总流的过流断面。断面上的流速一般是不相等的，中点的流速大，边缘的流速较小。假定过流断面流速分布如图 3-5 所示，在断面上取微元面积 dA，u 为 dA 上的流速，因为断面 A 为过流断面，u 方向必为 dA 的法线，则经过单位时间，dA 断面上任一质点的位移为 u。流入体积为 $u\mathrm{d}A$，以 $\mathrm{d}Q_V$ 表示，即

$$\mathrm{d}Q_V = u\mathrm{d}A$$

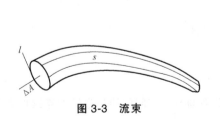

图 3-3　流束

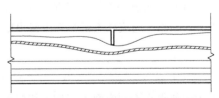

图 3-4　元流是总流的一个微分流动

而单位时间流过全部断面 A 的流体体积 Q_V 是 $\mathrm{d}Q_V$ 在全部断面上的积分，即

$$Q_V = \int_A u\mathrm{d}A \tag{3-6}$$

式（3-6）称为该断面的体积流量，简称流量。以后如不加说明，所说断面均指过流断面。

单位时间内流过断面的流体质量，称为该断面的质量流量，用符号 Q_m 表示。其定义式为

$$Q_m = \int_A \rho u \mathrm{d}A \tag{3-7}$$

若是不可压缩液体，则有

$$Q_m = \rho Q_V$$

流量是一个重要的物理量，它具有普遍的实际意义。例如通风，就是输送一定流量的空气到被通风的地区。供热就是输送一定流量的带热流体到需要热量的地方去。管道设计问题既是流体输送问题，也是流量问题。

流量既然有实际意义，我们就从计算流量的要求出发，来定义断面平均流速：

$$v = \frac{Q_V}{A} = \frac{\int_A u \mathrm{d}A}{A} \tag{3-8}$$

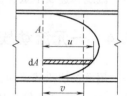

图 3-5 断面平均流速

这样，流量公式可简化为

$$Q_V = Av \tag{3-9}$$

图 3-5 绘出了实际断面流速和平均流速的对比。图中虚线的均匀流速分布，可用来代替实线的实际流速分布。这样，流动问题就简化为断面平均流速如何沿流向变化的问题。如果以总流某一起始断面沿流动方向取坐标 s，则断面平均流速是 s 的函数，即 $v = f(x)$。流速问题简化为一元问题。

3.5 连续性方程

现在我们由质量守恒定律出发，研究流体在总流中沿流向 s 变化的规律。

在总流中取面积为 A_1 和 A_2 的 1、2 两个断面，探讨两断面间流动空间（即两端面为 1、2 断面，中部为管壁侧面所包围的全部空间）的质量守恒（见图 3-6）。设 A_1 的平均速度为 v_1，A_2 的平均速度为 v_2，则 $\mathrm{d}t$ 时间内流入断面 1 的质量为 $\rho_1 A_1 v_1 \mathrm{d}t = \rho_1 Q_{V_1} \mathrm{d}t = Q_{m_1} \mathrm{d}t$，流出断面 2 的质量为 $\rho_2 A_2 v_2 \mathrm{d}t = \rho_2 Q_{V_2} \mathrm{d}t = Q_{m_2} \mathrm{d}t$。在恒定流时两断面间流动空间内流体质量不变，流动是连续的，根据质量守恒定律流入断面 1 的流体质量必等于流出断面 2 的流体质量，即

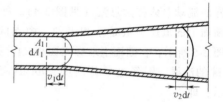

图 3-6 总流的质量守恒

$$Q_{m_1} = Q_{m_2}$$

$$\rho_1 Q_{V_1} \mathrm{d}t = \rho_2 Q_{V_2} \mathrm{d}t$$

消去 $\mathrm{d}t$，便得出不同断面上密度不相同而反映两断面间流动空间的质量守恒的连续性方程

$$\rho_1 Q_{V_1} = \rho_2 Q_{V_2} \tag{3-10}$$

或

$$\rho_1 v_1 A_1 = \rho_2 v_2 A_2 \tag{3-11}$$

当流体不可压缩时，密度为常数，$\rho_1 = \rho_2$。因此，不可压缩流体的连续性方程为

$$Q_{V_1} = Q_{V_2} \tag{3-12}$$

或

$$v_1 A_1 = v_2 A_2 \tag{3-13}$$

对于可压缩流体，

$$\left.\begin{array}{l} dQ_{m_1} = dQ_{m_2} \\ \rho_1 dQ_{V_1} = \rho_2 dQ_{V_2} \\ \rho_1 u_1 dA_1 = \rho_2 u_2 dA_2 \end{array}\right\} \tag{3-14}$$

对于不可压缩流体，

$$\left.\begin{array}{l} dQ_{V_1} = dQ_{V_2} \\ u_1 dA_1 = u_2 dA_2 \end{array}\right\} \tag{3-15}$$

式（3-12）、式（3-13）、式（3-15）都是描述不可压缩流体恒定流的连续性方程。方程表明：在不可压缩流体一元流动中，平均流速与断面积成反比。

由于断面 1、2 是任意选取的，对任意断面，即

$$\left.\begin{array}{l} Q_{V_1} = Q_{V_2} = \cdots = Q_V \\ v_1 A_1 = v_2 A_2 = \cdots = vA \end{array}\right\} \tag{3-16}$$

流速与任意断面面积有下列关系：

$$v_1 : v_2 = A_2 : A_1 \tag{3-17}$$

从式（3-17）可以看出，连续性方程确立了总流各断面平均流速沿流线的变化规律。

单纯依靠连续性方程，并不能求出断面平均流速的绝对值，但它们的相对比值可完全确定。所以，只要总流的流速量已知，或任一断面的流速已知，则其他任何断面的流速均可算出。

【**例 3-1**】　图 3-7 所示的管段，$d_1 = 2.5\text{cm}$，$d_2 = 5\text{cm}$，$d_3 = 10\text{cm}$。（1）当流量为 4L/s 时，求各管段的平均流速。（2）旋动阀门，使流量增加至 8L/s 时或使流量减少至 2L/s 时，平均流速如何变化？

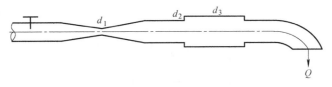

图 3-7　例 3-1 图

【**解**】　（1）根据连续性方程，有

$$Q_V = v_1 A_1 = v_2 A_2 = v_3 A_3$$

$$v_1 = \frac{Q_V}{A_1} = \frac{4 \times 10^{-3}}{\frac{\pi}{4} \times (2.5 \times 10^{-2})^2} \text{m/s} = 8.15\text{m/s}$$

$$v_2 = v_1 \frac{A_1}{A_2} = v_1 \left(\frac{d_1}{d_2}\right)^2 = \left[8.15 \times \left(\frac{2.5 \times 10^{-2}}{5 \times 10^{-2}}\right)^2\right] \text{m/s} = 2.04\text{m/s}$$

$$v_3 = v_1 \left(\frac{d_1}{d_3}\right)^2 = \left[8.15 \times \left(\frac{2.5 \times 10^{-2}}{10 \times 10^{-2}}\right)^2\right] = 0.51\text{m/s}$$

（2）各断面流速比例保持不变，流量增加至 8L/s 时，即流量增加 2 倍，则各段流速也增加

2 倍，即

$$v_1 = 16.32\text{m/s}, \ v_2 = 4.08\text{m/s}, \ v_3 = 1.02\text{m/s}$$

流量减少至 2L/s 时，即流量减小为原来的 1/2，流速也为原来的 1/2，即

$$v_1 = 4.08\text{m/s}, \ v_2 = 1.02\text{m/s}, \ v_3 = 0.255\text{m/s}$$

以上所列连续性方程，只反映了两断面之间的质量守恒。应当注意，这个质量守恒的观点，还可以推广到任意空间。三通管的合流与分流，车间的自然换气，管网的总管流入与流出，都可以从质量守恒和流动连续的观点，提出连续性方程的相应形式。例如，三通管在分流和合流时，根据质量守恒定律，显然可扩广为

分流时，
$$Q_{V_1} = Q_{V_2} + Q_{V_3}$$
$$v_1 A_1 = v_2 A_2 + v_3 A_3$$

合流时，
$$Q_{V_1} + Q_{V_2} = Q_{V_3}$$
$$v_1 A_1 + v_2 A_2 = v_3 A_3$$

【例 3-2】 断面为 50cm×50cm 的送风管，通过 a、b、c、d 四个 40cm×40cm 的送风口向室内输送空气（见图 3-8）。送风口气流平均流速均为 5m/s，求通过送风管 1—1、2—2、3—3 各断面的流速和流量。

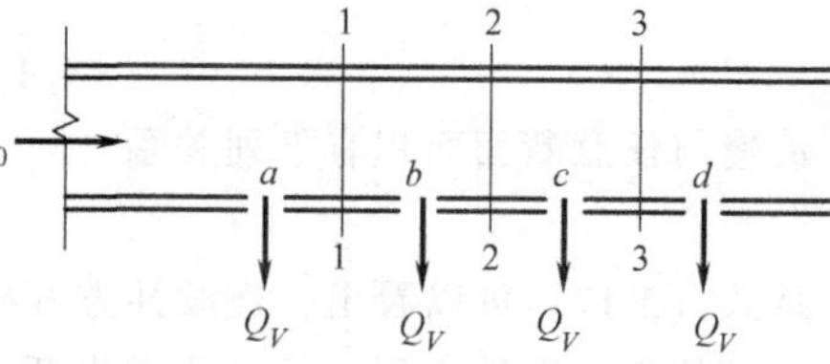

【解】 每一送风口流量

$$Q_V = (0.4 \times 0.4 \times 5)\,\text{m}^3/\text{s} = 0.8\text{m}^3/\text{s}$$

则通过断面 1—1、2—2、3—3 的空气流量为

$$Q_{V_1} = 3Q_V = (3 \times 0.8)\,\text{m}^3/\text{s} = 2.4\text{m}^3/\text{s}$$

$$Q_{V_2} = 2Q_V = (2 \times 0.8)\,\text{m}^3/\text{s} = 1.6\text{m}^3/\text{s}$$

$$Q_{V_3} = Q_V = (1 \times 0.8)\,\text{m}^3/\text{s} = 0.8\text{m}^3/\text{s}$$

图 3-8 例 3-2

各断面流速

$$v_1 = \frac{2.4}{0.5 \times 0.5}\text{m/s} = 9.6\text{m/s}$$

$$v_2 = \frac{1.6}{0.5 \times 0.5}\text{m/s} = 6.4\text{m/s}$$

$$v_3 = \frac{0.8}{0.5 \times 0.5}\text{m/s} = 3.2\text{m/s}$$

【例 3-3】 图 3-9 所示的氨气压缩机用直径 $d_1 = 76.2\text{mm}$ 的管子吸入密度 $\rho_1 = 4\text{kg/m}^3$ 的氨气，经压缩后，由直径 $d_2 = 38.1\text{mm}$ 的管子以 $v_2 = 10\text{m/s}$ 的速度流出，此时密度增至 $\rho_2 = 20\text{kg/m}^3$。求：（1）质量流量；（2）流入流速 v_1。

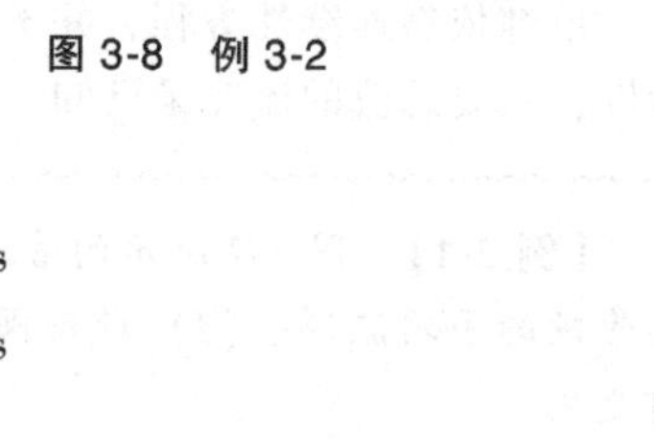

【解】 （1）可压缩流体的质量流量为

$$Q_m = \rho_2 v_2 A_2 = \left[20 \times 10 \times \frac{\pi}{4} \times (0.0381)^2 \right]\text{kg/s} = 0.228\text{kg/s}$$

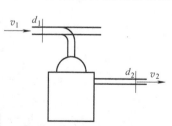

图 3-9 气流经过压缩机

（2）根据连续性方程

$$\rho_1 v_1 A_1 = \rho_2 v_2 A_2 = 0.228 \text{kg/s}$$

$$v_1 = \frac{0.228}{4 \times \dfrac{\pi}{4} \times (0.0762)^2} \text{m/s} = 12.499 \text{m/s}$$

3.6　恒定元流能量方程

连续性方程是运动学方程，它只给出了沿一元流长度上，断面流速的变化规律，不涉及力和能。所以它只能决定流速的相对比例，却不能给出流速的绝对数值。如果需要求出流速的绝对值，还必须从动力学着眼，考虑力的作用下，流体是按照什么规律运动的。

下面从功能原理出发，取不可压缩理想无黏流体恒定流动作为力学模型，推证元流的能量方程。

在流场中选取元流如图 3-10 所示。在元流上沿流向取 1、2 两断面，两断面的高程和面积分别为 Z_1、Z_2 和 dA_1、dA_2，两断面的流速和压强分别为 u_1、u_2 和 p_1、p_2。

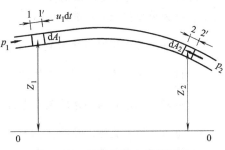

图 3-10　元流能量方程的推证

dt 时间内断面 1、2 分别移动 $u_1 dt$、$u_2 dt$ 的距离，到达断面 1′、2′。

压力做功，包括断面 1 所受压力 $p_1 dA_1$，所做的正功为 $p_1 dA_1 u_1 dt$，以及断面 2 所受压力 $p_2 dA_2$，所做的负功为 $p_2 dA_2 u_2 dt$。做功的正或负，根据压力方向和位移方向是否一致而确定。元流侧面压力和流段正交，不产生位移，不做功。所以压力做功为

$$p_1 dA_1 u_1 dt - p_2 dA_2 u_2 dt = (p_1 - p_2) dQ_V dt \tag{a}$$

微元流段所获得的能量，可以对比流段在 dt 时段前后所占有的空间。流段在 dt 时段前后所占有的空间虽然有变动，但 1′、2 两断面间空间内，因为是恒定流，流体的状态并未发生改变。在这段空间内的流体，同一位置被流体轮流占据，所以该段空间内的流体位能不变。同时由于流动的恒定性，各点流速不变，动能也保持不变。所以，能量的增加，就是用流体离开原位置 1-1′所减少的能量和流体占据的新位置 2-2′所增加的能量来计算。

由于流体不可压缩，新旧位置 1-1′、2-2′所占据的体积等于 $dQ_V dt$，质量等于 $\rho dQ_V dt = \dfrac{\rho g dQ_V dt}{g}$。根据能量定义，动能为 $\dfrac{1}{2} m u^2$，位能为 mgz。所以，动能增加为

$$\frac{\rho g dQ_V dt}{g}\left(\frac{u_2^2}{2} - \frac{u_1^2}{2}\right) = \rho g dQ_V dt\left(\frac{u_2^2}{2g} - \frac{u_1^2}{2g}\right) \tag{b}$$

位能的增加为

$$\rho g dQ_V dt (Z_2 - Z_1) \tag{c}$$

根据压力做功等于机械能量增加的原理，则式（a）＝式（b）＋式（c）。即有

$$(p_1 - p_2) dQ_V dt = \rho g dQ_V dt (Z_2 - Z_1) + \rho g dQ_V dt\left(\frac{u_2^2}{2g} - \frac{u_1^2}{2g}\right) \tag{d}$$

消去 dt，并按断面分别列入等式两边，有

$$\left(p_1+\rho gZ_1+\rho g\frac{u_1^2}{2g}\right)\mathrm{d}Q_V=\left(p_2+\rho gZ_2+\rho g\frac{u_2^2}{2g}\right)\mathrm{d}Q_V \tag{3-18}$$

式（3-18）称为总能量方程。该式表示全部流量的能量平衡方程。

将式（3-18）除以$\rho g\mathrm{d}Q_V$，得出受单位重力作用的流体的能量方程，或简称为单位能量方程，即

$$\frac{p_1}{\rho g}+Z_1+\frac{u_1^2}{2g}=\frac{p_2}{\rho g}+Z_2+\frac{u_2^2}{2g} \tag{3-19}$$

这就是理想不可压缩流体恒定元流能量方程，又称为伯努利方程。在方程的推导过程中，两断面的选取是任意的。所以，很容易把这个关系推广到元流的任意断面。即对元流的任意断面，有

$$\frac{p}{\rho g}+Z+\frac{u^2}{2g}=常数 \tag{3-20}$$

式中，各项值都是断面值，它的物理意义、水头名称和能量解释分析如下：

Z是断面对于选定基准面的高度，水力学中称为位置水头，表示受单位重力作用的流体的位置势能，称为单位位能或势能。

$\frac{p}{\rho g}$是断面压强作用时流体沿测压管所能上升的高度，水力学中称为压强水头，表示压力做功所能提供给受单位重力作用的流体的能量，称为单位压能。

$\frac{u^2}{2g}$是以断面流速u为初速的铅直上升射流所能达到的理论高度，水力学中称为流速水头，表示受单位重力作用的流体的动能，称为单位动能。

前两项相加，表示断面测压管水面相对于基准面的高度，称为测压管水头，以H_p表示，即

$$H_p=\frac{p}{\rho g}+Z \tag{3-21}$$

式（3-21）表明，受单位重力作用的流体具有的势能称为单位势能。

将三项相加，有

$$H=\frac{p}{\rho g}+Z+\frac{u^2}{2g} \tag{3-22}$$

H称为总水头，表明受单位重力作用的流体具有的总能量，称为单位总能量。

能量方程说明，理想不可压缩流体恒定元流中，各断面总水头相等，受单位重力作用的流体的总能量保持不变。

元流能量方程，确立了一元流动中，动能和势能、流速和压强相互转换的普遍规律。此计算理论流速和压强的公式，在水力学和流体力学中，有极其重要的理论分析意义和极其广泛的实际运算作用。

现在以毕托管为例说明元流能量方程的应用。

毕托管是广泛用于测量水流和气流的一种仪器，如图3-11所示。管前端开口正对气流或水流。a端内部有流体通路与上部a'端相通。管侧有多个开口b，它的内部也有流体通路与上部b'端相通。当测定水流时，a'、b'两管水面差h_v即反映a、b两处压差。当测

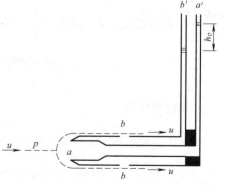

图 3-11　毕托管的原理

定气流时，a'、b' 两端接液柱差压计，以测定 a、b 两处的压差。

液体流进 a 端开口，水流最初从开口处流入，沿管上升，a 端压强受上升水柱的作用而升高，直到该处质点流速降低到零，其压强为 p_a，然后由 a 分路，流经 b 端开口，流速恢复原有速度 u，压强也降至原有的压强。

沿 ab 流线写元流能量方程，有

$$\frac{p_a}{\rho g} + 0 = \frac{p_b}{\rho g} + \frac{u^2}{2g}$$

得出

$$u = \sqrt{2g \frac{p_a - p_b}{\rho g}} \tag{3-23}$$

由管的靠口端液柱差 h_v，测定 $\dfrac{p_a - p_b}{\rho g}$，速度为

$$u = \varphi \sqrt{2g h_v} \tag{3-24}$$

式中，φ 为经实验校正的流速系数，它与管的构造和加工情况有关，其值近似等于 1。

若毕托管测定的是气体，则根据液体压差计所量得的压差，$p_a - p_b = \rho' g h_v$，代入式（3-23）计算气流速度

$$u = \varphi \sqrt{2g \frac{\rho'}{\rho} h_v} \tag{3-25}$$

式中，ρ' 为液体压差计所用液体的密度；ρ 为流动气体本身的密度。

【例 3-4】　用毕托管测定：（1）风道中的空气流速；（2）管道中的水流速。两种情况均测得水柱 $h_v = 3\mathrm{cm}$。空气的密度 $\rho = 1.20\mathrm{kg/m^3}$；$\varphi$ 值取 1。

【解】　（1）风道中的空气流速

$$u = \sqrt{2g \times \frac{1000}{1.20} \times 0.03} \, \mathrm{m/s} = 22.1 \mathrm{m/s}$$

（2）管道中的水流速

$$u = \sqrt{2g \times 0.03} \, \mathrm{m/s} = 0.766 \mathrm{m/s}$$

实际流体的流动中，流体具有黏性，黏性力做负功，使能量沿流向不断衰减。以符号 h'_{l1-2} 表示元流 1、2 两断面间单位能量的衰减。h'_{l1-2} 称为水头损失。则单位能量方程（3-19）将改变为

$$\frac{p_1}{\rho g} + Z_1 + \frac{u_1^2}{2g} = \frac{p_2}{\rho g} + Z_2 + \frac{u_2^2}{2g} + h'_{l1-2} \tag{3-26}$$

3.7　过流断面的压强分布

结合元流能量方程和连续性方程，可以算出压强沿流线的变化。为了从元流能量方程推出总流能量方程，还必须进一步研究压强在垂直于流线方向，即压强在过流断面上的分布问题。

对压强进行分析，涉及影响流体的三个力：惯性力、表面力和黏性力。重力是惯性力的一种，方向大小不变。黏性力和惯性力都与质点流速有关。所以，首先要研究流速的变化。

流速是矢量，有方向和大小的变化。一个质点，从一种直径的管子流入另一种直径的管子，

流速大小要改变。从一个方向的管子转弯流入另一个方向的管子，流速方向要改变。前一种变化，出现了直线惯性力，引起压强沿流向变化，这一点，元流能量方程可以说明。后一种变化，出现了离心惯性力，引起压强沿断面变化，这正是我们要研究的内容。事实上，总流的流速变化，总是存在着大小的变化和方向的变化，总是出现直线惯性力和离心惯性力。

从以上分析出发，我们根据流速是否随流向变化，分为均匀流动和非均匀流动。非均匀流动又按流速随流向变化的缓急，分为渐变流和急变流，如图 3-12 所示。

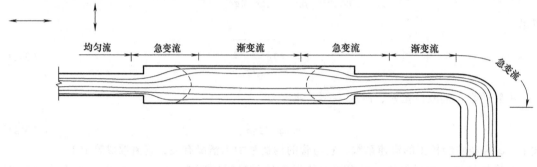

图 3-12　均匀流动和非均匀流动

同一质点流速的大小和方向沿程均不变的流动叫作均匀流动。均匀流的流线是相互平行的直线，因而它的过流断面是平面。在断面不变的直管中的流动，是均匀流动最常见的例子。

由于均匀流中不存在惯性力。和静止流体受力对比，只多一黏滞阻力，说明这种流动是重力、压力和黏滞阻力的平衡。但是，在均匀流过流断面上，黏滞阻力对垂直于流动方向的过流断面上的压强的变化不起作用，所以在过流断面上只考虑重力和压力的平衡，和静止流体所考虑的一致。

为了进一步说明，我们任取轴线 $n—n$ 位于均匀流断面的微元柱体为隔离体（见图 3-13），分析作用于隔离体上的力在 $n—n$ 方向上的分力。柱体长为 l，横断面面积为 ΔA，铅直方向的倾角为 α，两断面的高程为 Z_1 和 Z_2，压强为 p_1 和 p_2。我们可以从以下三步来分析流体受力情况。

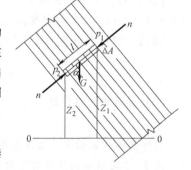

图 3-13　均匀流断面上微元
柱体的平衡

1）柱体重力在 $n—n$ 方向上的分力为 $G\cos\alpha = \rho g \Delta A \cos\alpha$。

2）作用在柱体两端的压力为 $p_1\Delta A$ 和 $p_2\Delta A$，侧表面压力垂直于 $n—n$ 轴，在 $n—n$ 轴上的投影为零。

3）作用在柱体两端的切力垂直于 $n—n$ 轴，在 $n—n$ 轴上的投影为零；由于小柱体端面积无限小，在小柱体任一断面的周线上关于轴线对称的两点上的切应力可认为大小相等，而方向相反，因此，柱体侧面切力在 $n—n$ 轴上投影之和也为零。

因此，微元柱体的受力平衡为

$$p_1\Delta A + \rho g l \Delta A \cos\alpha = p_2\Delta A$$

但

$$l\cos\alpha = Z_1 - Z_2$$

则

$$p_1 + \rho g(Z_1 - Z_2) = p_2$$

$$Z_1 + \frac{p_1}{\rho g} = Z_2 + \frac{p_2}{\rho g}$$

从而得到一个结论就是，均匀流过流断面上的压强分布服从水静力学规律。

如图 3-14 所示的均匀流过流断面上，想象地插上若干测压管。同一断面上测压管水面将在同一水平面上，但不同断面有不同的测压管水头（比较图中断面 1 和断面 2）。这是因为黏性阻力做负功，使下游断面的水头降低了。

实际情况下，许多流动虽然不是严格的均匀流，但接近于均匀流，这种流动称为渐变流。渐变流的流线近乎平行直线，流速沿流线变化所形

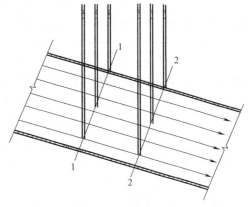

图 3-14　均匀流过流断面上的压强分布

成的惯性力小，可忽略不计。过流断面可认为是平面，在过流断面上，压强分布也可认为服从于流体静力学规律。也就是说，渐变流可近似地按均匀流处理。

【例 3-5】 水在水平长管中流动，在管壁点 B 安置测压管（见图 3-15）。测压管中水面 C 相对于管中点 A 的高度是 30cm，求点 A 的压强。

【解】 在测压管内，从 C 到 B，整个水柱是静止的，压强服从于流体静力学规律。从 B 到 A，水虽是流动的，但 B、A 两点同在一渐变流过流断面上，因此，A、C 两点压差，也可以用静力学公式来求，即

$$p_A = \rho g h = (1000 \times 9.8 \times 0.3)\,\mathrm{Pa} = 2940\mathrm{Pa}$$

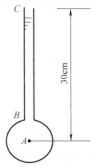

图 3-15　测压管

【例 3-6】 水在倾斜管中流动，用 U 形水银压力计测定点 A 压强。压力计所指示的读数如图 3-16 所示，求点 A 压强。

【解】 因 A、B 两点在均匀流同一过流断面上，其压强分布应服从流体静力学分布。U 形管中流体是静止的，所以从点 A 经点 B 到点 C，压强均按流体静压强分布。因此，可以从点 C 开始直接推得点 A 压强。即有

$$0 + 0.3\mathrm{m} \times \rho'g - 0.6\mathrm{m} \times \rho g = p_A$$
$$P_A = 0.3\mathrm{m} \times 13.6 \times 1000\mathrm{kg/m^3} \times 9.8\mathrm{m/s^2} -$$
$$0.6\mathrm{m} \times 1000\mathrm{kg/m^3} \times 9.8\mathrm{m/s^2} = 34.104\mathrm{kPa}$$

这里要指出，在图中用流体静力学方程不求出管壁上 E、D 两点的压强，尽管这两点和点 A 在同一水平面上，但它们的压强不等于点 A 压强。因为测压管和点 B 相接，利用它只能测定和点 B 同在一过流断面上任一点的压强，而不能测定其他点的压强。也就是说，流体静力学关系只存在于每一个

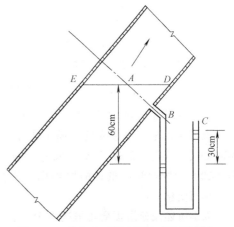

图 3-16　均匀流过流断面上的压强测定

渐变流断面上，而不能推广到不在同一断面的空间中去。图中点 D 在点 A 的下游断面上，可得压强将低于点 A；点 E 在点 A 的上游断面，压强将高于点 A。

流速沿流向变化显著的流动，称为急变流动。急变流动是渐变流动的对立概念，这两者之间没有明显的分界，而是要根据不同的流动情况，在具体问题中，考虑惯性力引起的影响是否可以忽略不计。流体在弯管中的流动，流线呈显著的弯曲，是典型的流速方向变化的急变流问题。在这种流动的断面上，离心力沿断面作用。和流体静压强的分布相比，沿离心力方向压强增加，例如在图 3-17 所示的断面上，沿弯曲半径的方向，测压管水头增加，流速则沿离心力方向减小。

流体通过水箱上的孔口的流动，如图 3-18 所示，是典型的流速大小发生变化的急变流动。当孔口边缘为锐缘时，流线在边缘处也呈现显著的弯曲。边缘点 A 和大气相连，压强为零；沿离心力方向，压强迅速提高，流速急剧降低；到达孔口流束中心，流速接近于零，而压强几乎达到水箱底部压强值。孔口处的压强水头分布曲线如图 3-18 所示。

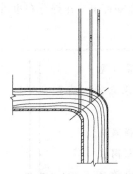

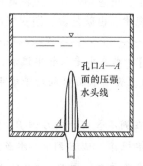

图 3-17　弯曲段断面上的压强分布　　　　**图 3-18　锐缘孔的出流**

在明渠中，当水流绕曲面流动时，根据流线弯曲的方向，判断出离心惯性力引起附加压强的方向，可以绘出此种急变流段的压强分布。图 3-19 所示为水流沿向上凸曲面和向下凹曲面流动时压强分布和均匀流时压强分布（服从静力学分布）的比较。图中虚线表示静力学分布。

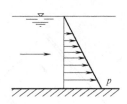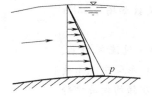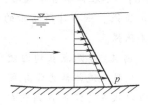

图 3-19　明渠断面的压强分布

急变流断面压强的不均匀分布，在实际中也有应用。弯管流量计就是利用急变流断面上压差与离心力相平衡，而离心力又与速度的二次方成正比这个原理设计的。图 3-20 所示为弯管流量计的原理图。流量的大小，随 h_v 的大小而变化。

以上所述流速沿程变化情况的分类，不是针对流动的全体，而是指总流中某一流段。一般来说，流动的均匀和不均匀、渐变和急变，是交替出现于总流中的，共同组成流动的总体。

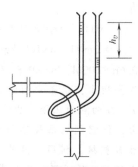

图 3-20　弯管流量计的原理图

3.8　恒定总流能量方程

前面已经提出了元流能量方程。现在进一步把它推广到总流，以得出工程实际中，对平均流速和压强计算极为重要的总流能量方程。

在图 3-21 所示的总流中，选取两个渐变断面 1—1 和 2—2。总流既然可以看作无数元流之和，那么总流的能量方程就应当是元流能量方程（3-26）在两断面范围内的积分，即

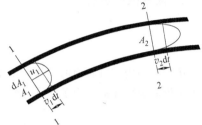

图 3-21　总流能量方程的推证

$$\int_{A_1}\left(p_1 + \rho g Z_1 + \rho g \frac{u_1^2}{2g}\right)\mathrm{d}Q_V = \int_{A_2}\left(p_2 + \rho g Z_2 + \rho g \frac{u_2^2}{2g}\right)\mathrm{d}Q_V +$$

$$\int_{Q_V}\rho g h'_{l1-2}\mathrm{d}Q_V \qquad\qquad (\text{a})$$

现在将以上七项，按能量性质分为三种类型，下面分别讨论各类型的积分。

1. 势能积分

$$\int (p + \rho g Z)\,\mathrm{d}Q_V = \int\left(\frac{p}{\rho g} + Z\right)\rho g\,\mathrm{d}Q_V$$

表示单位时间内通过断面的流体势能。由于断面在渐变流段，根据 3.7 节的论证，$\frac{p}{\rho g}+Z$ 在断面上保持不变，可以提到积分符号外。则两断面的势能积分可写为

$$\int (p_1 + \rho g Z_1)\,\mathrm{d}Q_V = \left(\frac{p_1}{\rho g} + Z_1\right)\int \rho g\,\mathrm{d}Q_V = \left(\frac{p_1}{\rho g} + Z_1\right)\rho g Q_V \qquad\qquad (\text{b})$$

$$\int (p_2 + \rho g Z_2)\,\mathrm{d}Q_V = \left(\frac{p_2}{\rho g} + Z_2\right)\int \rho g\,\mathrm{d}Q_V = \left(\frac{p_2}{\rho g} + Z_2\right)\rho g Q_V \qquad\qquad (\text{b}')$$

2. 动能积分

$$\int_{Q_V} \rho g \frac{u^2}{2g}\mathrm{d}Q_V = \int_A \rho g \frac{u^3}{2g}\mathrm{d}A = \frac{\rho g}{2g}\int_A u^3\mathrm{d}A$$

表示单位时间通过断面的流体动能。建立方程的目的，是要求出断面平均流速、压强和位置高度的沿程变化规律，简化速度分布的规律。因此，必须使平均流速 v 出现在方程内。为此，断面动能也应当用 v 表示，即以 $\frac{\rho g}{2g}\int_A v^3\mathrm{d}A$ 来代替 $\frac{\rho g}{2g}\int_A u^3\mathrm{d}A$。但实际上 $\int_A v^3\mathrm{d}A$ 并不等于 $\int_A u^3\mathrm{d}A$，为此，需要乘以修正系数

$$\alpha = \frac{\int u^3\mathrm{d}A}{\int v^3\mathrm{d}A} = \frac{\int u^3\mathrm{d}A}{v^3 A} \qquad\qquad (\text{c})$$

称为动能修正系数。有了修正系数，两断面动能可写为

$$\frac{\rho g}{2g}\int_{A_1} u_1^3\mathrm{d}A = \frac{\rho g}{2g}\int_{A_1}\alpha_1 v_1^3\mathrm{d}A = \frac{\alpha_1 v_1^2}{2g}\rho g Q_V \qquad\qquad (\text{d})$$

$$\frac{\rho g}{2g}\int_{A_2} u_2^3 \mathrm{d}A = \frac{\rho g}{2g}\int_{A_2} \alpha_1 v_2^3 \mathrm{d}A = \frac{\alpha_1 v_2^2}{2g}\rho g Q_V \qquad (\mathrm{d}')$$

α 值根据流速在断面上分布的均匀性来决定。流速分布均匀，$\alpha=1$；流速分布得越不均匀，α 值越大。在管流的湍流流动中，$\alpha=1.05\sim1.1$。在实际工程计算中，一般情况下常取 α 等于 1。

3. 能量损失积分

$$\int_{Q_V} \rho g h'_{l1-2} \mathrm{d}Q_V$$

表示单位时间内流过断面的流体克服 1—2 流段的阻力做功所损失的能量。总流中各元流能量损失也是沿断面变化的。为了计算方便，设 h_{l1-2} 为平均单位能量损失，则

$$\int_{Q_V} \rho g h'_{l1-2} \mathrm{d}Q_V = h_{l1-2}\rho g Q_V \qquad (\mathrm{e})$$

现在将以上各个积分值代入原积分式（a），得到

$$\left(Z_1 + \frac{p_1}{\rho g} + \frac{\alpha_1 v_1^2}{2g}\right)\rho g Q_V = \left(Z_2 + \frac{p_2}{\rho g} + \frac{\alpha_2 v_2^2}{2g}\right)\rho g Q_V + h_{l1-2}\rho g Q_V \qquad (3\text{-}27)$$

这就是总流能量方程。式（3-27）表明，若以两断面之间的流段作为能量守恒运算的对象，则单位时间流入上游断面的能量，等于单位时间流出下游断面的能量，加上流段所损失的能量。

如用 $H = Z + \dfrac{p}{\rho g} + \dfrac{\alpha v^2}{2g}$ 表示断面全部单位机械能量，则两断面能量间能量的平衡可表示为

$$H_1 \rho g Q_V = H_2 \rho g Q_V + h'_{l1-2}\rho g Q_V \qquad (3\text{-}28)$$

现将式（3-27）各项除以 $\rho g Q_V$，得出受单位重力作用的流体的能量方程

$$Z_1 + \frac{p_1}{\rho g} + \frac{\alpha_1 v_1^2}{2g} = Z_2 + \frac{p_2}{\rho g} + \frac{\alpha_2 v_2^2}{2g} + h_{l1-2} \qquad (3\text{-}29)$$

式中，Z_1、Z_2 为选定的 1、2 渐变流断面上任一点相对于选定基准面的高程；p_1、p_2 为相应断面同一选定点的压强；v_1、v_2 为相应断面的平均流速；α_1、α_2 为相应断面的动能修正系数；h_{l1-2} 为 1、2 两断面间的平均单位水头损失。

这就是实用上极其重要的恒定总流能量方程，或恒定总流伯努利方程。

p_1 和 p_2，对液体流动和一般情况下的气体流动，同时用相对压强时，式（3-29）的形式不变。

特殊情况下的气体流动，见 3.11 节。

水头损失 h_{l1-2} 一般分为沿管长均匀发生的均匀流损失（称为沿程水头损失）和局部障碍（如管道弯头、各种接头、闸阀、水表等）引起的急变流损失（称为局部水头损失）。两种损失均为流速水头的倍数，具体计算将在下章讨论。

恒定总流能量方程，在应用上有非常重要的意义和很大的灵活性及适应性。

1）方程的推导是在恒定流前提下进行的。客观上虽然并不存在绝对的恒定流，但多数流动，流速随时间变化缓慢，由此所导致的惯性力较小，方程仍然适用。

2）方程的推导又是以不可压缩流体为基础的。但它不仅适用于压缩性极小的液体流动，也适用于工程应用上所碰到的大多数压力梯度不大的气体流动。只有当压强变化较大，流速甚高时，才需要考虑气体的可压缩性。

3) 方程的推导是将断面选在渐变流段。这在一般条件下是要遵守的,特别是断面流速甚大时,更应严格遵守。例如,管路系统进口处在急变流段,一般不能选作列能量方程的断面。但在某些问题中,断面流速不大,离心惯性力不显著,或者断面流速项在能量方程中所占比例很小,也允许将断面选在急变流处,近似地求流速或压强。

4) 方程的推导是在两断面间没有能量输入或输出的情况下提出的。如果有能量的输出(例如中间有水轮机或汽轮机)或输入(例如中间有水泵或风机),则可以将输入的单位能量项 H_i 加在方程(3-29)的左边(即研究对象的上游),有

$$Z_1+\frac{p_1}{\rho g}+\frac{\alpha_1 v_1^2}{2g}+H_i = Z_2+\frac{p_2}{\rho g}+\frac{\alpha_2 v_2^2}{2g}+h_{l1-2} \tag{3-30}$$

或将输出的单位能量项 H_0 加在方程(3-29)的右边(即研究对象的下游),有

$$Z_1+\frac{p_1}{\rho g}+\frac{\alpha_1 v_1^2}{2g}=Z_2+\frac{p_2}{\rho g}+\frac{\alpha_2 v_2^2}{2g}+H_0+h_{l1-2} \tag{3-31}$$

以维持系统与外界能量交换的平衡。将单位能量乘以 $\rho g Q_v$,回到总能量的形式,则换算为功率。在外界对流体做功情况下,流体机械的输入功率为 $P_i=\rho g Q_v H_i$。在流体对外界做功情况下,流体机械的输出功率 $P_0=\rho g Q_v H_0$。

5) 方程的推导是根据两断面间没有分流或合流的情况下推得的。如果两断面间有分流或合流,有如下推论。

若1、2断面间有分流,如图3-22所示,纵然分流点是非渐变流断面,而离分流点稍远的1、2或3断面都是均匀流或渐变流断面,可以近似认为各断面通过流体的单位能量在断面上的分布是均匀的。而 $Q_{V_1}=Q_{V_2}+Q_{V_3}$,即 Q_{V_1} 的流体一部分流向2断面,一部分流向3断面。无论流到哪一个断面的流体,在1断面上单位能量都是 $Z_1+\frac{p_1}{\rho g}+\frac{v_1^2}{2g}$,只不过流到2断面时产生

图 3-22 流动分流

的单位能量损失是 h_{l1-2},而流到3断面的流体的单位能量损失是 h_{l1-3} 而已。能量方程是两断面间单位能量的关系,因此可以直接建立1断面和2断面的能量方程:

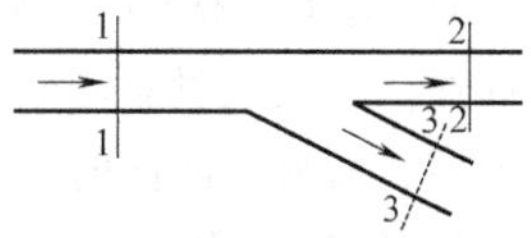

$$Z_1+\frac{p_1}{\rho g}+\frac{\alpha_1 v_1^2}{2g}+H_i = Z_2+\frac{p_2}{\rho g}+\frac{\alpha_2 v_2^2}{2g}+h_{l1-2}$$

或1断面和3断面的能量方程:

$$Z_1+\frac{p_1}{\rho g}+\frac{\alpha_1 v_1^2}{2g}=Z_3+\frac{p_3}{\rho g}+\frac{\alpha_3 v_3^2}{2g}+H_0+h_{l1-3}$$

可见,两断面间虽分出流量,但能量方程的形式并不改变。自然,分流对单位能量损失 h_{l1-2} 的值是有影响的。

同样,可以得出合流时的能量方程。

6) 由于方程的推导用到了均匀流过流断面上的压强分布规律,因此,断面上的压强 p 和位置高度 Z 必须取同一点的值,但该点可以在断面上任取。例如在明渠流中,该点可取在液面,也可取在渠底等,但必须在同一点取值。

3.9 能量方程的应用

能量方程在解决流体力学问题上有决定性的作用,一般和连续性方程联立,全面地解决一

元流动的断面流速和压强的计算。

一般来讲，实际工程要解决的问题，不外乎三种类型：一是求流速，二是求压强，三是求流速和压强。这里，求流速是主要的，求压强必须在求流速的基础上，或在流速已知的基础上进行。其他问题，例如流量问题、水头问题、动量问题，都是和流速、压强相关联的。

求流速的一般步骤是：分析流动、划分断面、选择基准面、写出方程。

1）分析流动，要明确流动总体，就是要把需要研究的局部流动和流动总体联系起来。例如图 3-23 的上图中水从大水箱 A 经管道 B 流入水箱 C，下图中气体从静压箱 A 经管道 B 流入大气 C。我们研究的对象是管中水流和气流，但是应当把管中的水流和气流这些局部和总体联系起来。也就是说，要把管中水流和上游水箱 A 的水体以及下游水箱 C 的水体联系起来；要把管中气流和上游静压箱 A 的气体以及下游大气 C 联系起来。图中的 A、B、C 三部分构成不可分离的流动总体。这就是说，为求流速压强而划分的断面，不仅可以划在 B 管中，而且可以划在水箱水体中、静压箱中，还有大气中。

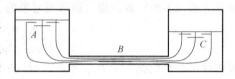

图 3-23　管中水流和气流

2）划分断面，是在分析流动的基础上进行的。两断面应划分在压强已知或压差已知的渐变流段上，应使我们所需要的未知量出现在方程中。

3）选择基准面时，要选择一个基准水平面作为方程中 Z 值的依据。基准水平面原则上可任意选择。一般通过总流的最低点，或通过两断面中较低一断面的形心，这样就使一个断面的 Z 值为零，而另一断面的 Z 值保持正值。

4）写出方程，就是选择适当的方程，并将各已知数代入。如果方程中出现两个流速项，则应用连续性方程联立。能量方程要根据实际要求来选择，流体是气体还是液体，是否考虑损失。

最后解出方程，求出流速和压强。一般是先求出流速水头和压强水头。这是因为，水头值本身就有它自己的力学意义。另一方面，由于水头损失一般表为流速水头的倍数，求出流速水头，就易于计算各段损失。

应当注意，若断面取在管流出口以后，流体便不受固体边壁的约束。流动由有压流转变为整个断面都处于大气中的射流。根据射流的周边直接和大气相接的边界条件，断面上各点压强可假定为均匀分布，并且都等于外界大气压强。此时断面上的压强分布不再服从静力学规律，即在射流断面上压强分布图形不是梯形，而是矩形，如图 3-24a 所示。选取管流出口断面列能量方程时，应选断面中心点作为列写能量方程的代表点，它的位置高度代表整个断面位能的平均值。

当断面取在有压管流中时，断面上压强分布图形是梯形（服从静力学分布），如图 3-24b 所示。

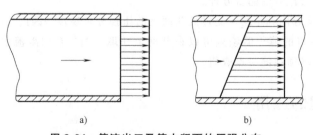

a)　　　　　　　　　　b)

图 3-24　管流出口及管中断面的压强分布

【例 3-7】   如图 3-25 所示，用直径 $d = 100\text{mm}$ 的管道从水箱中引水。如果水箱中的水面恒定，水面高出管道出口中心的高度 $H = 4\text{m}$，管道的损失假设沿管长均匀发生，$h_1 = 3\dfrac{v^2}{2g}$。求：(1) 通过管道的流速 v 和流量 Q_v；(2) 管道中点 M 的压强 p_M。

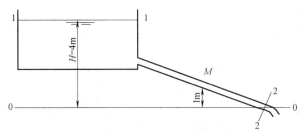

图 3-25   管中流速和压强的计算

【解】   整个流动是从水箱水面通过水箱水体经管道流入大气中，它和大气相接的断面是水箱水面 1—1 和出流断面 2—2，这就是我们取断面的对象。基准水平面 0—0 通过出口断面形心，是流动的最低点。

(1) 写 1—1、2—2 的能量方程

$$Z_1 + \frac{p_1}{\rho g} + \frac{\alpha_1 v_1^2}{2g} = Z_2 + \frac{p_2}{\rho g} + \frac{\alpha_2 v_2^2}{2g} + h_{l1-2}$$

其中，$Z_1 = 4\text{m}$，$Z_2 = 0$，$\dfrac{p_1}{\rho g} = 0$，因 2—2 断面为射流断面，则 $\dfrac{p_2}{\rho g} = 0$，1—1 断面的速度水头损失即水箱中的速度水头，对于管流而言常称为行进流速水头。当水箱断面积比管道面积大得多时，水面流速较小，流速水头数值更小，相对于管中流动，一般可忽略不计，则

$$\frac{\alpha_1 v_1^2}{2g} \approx 0, \quad \frac{\alpha_1 v_2^2}{2g} = \frac{\alpha v^2}{2g}, h_{l1-2} = 3\frac{v^2}{2g}$$

取 $\alpha = 1$，代入能量方程，解得

$$\frac{v^2}{2g} = 1\text{m}$$

$$v = 4.43\text{m/s}$$

$$Q_v = vA = \left(4.43 \times \frac{3.14 \times 0.1^2}{4}\right)\text{m}^3/\text{s} = 0.0348\text{m}^3/\text{s}$$

(2) 为求点 M 的压强，必须在点 M 取断面。另一断面取在和大气相通的水箱水面或管流出口断面，现在选择在出口断面。则

$$Z_1 = 1\text{m}, \frac{p_1}{\rho g} = \frac{p_M}{\rho g}, \frac{\alpha_1 v_1^2}{2g} = 1\text{m}$$

$$Z_2 = 0, \frac{p_2}{\rho g} = 0, \frac{\alpha_2 v_2^2}{2g} = 1\text{m}, h_{l1-2} = \frac{1}{2} \times 3\frac{v^2}{2g} = 1.5\text{m}$$

代入能量方程，得

$$1\text{m} + \frac{p_M}{\rho g} + 1\text{m} = 0 + 0 + 1\text{m} + 1.5\text{m}$$

$$\frac{p_M}{\rho g} = 0.5\text{m}, \quad p_M = 4.904\text{kPa}$$

根据上述的流动分析，只要我们能在流动中，选择两压强已知或压差已知的断面，就有可能算出流速。文丘里流量计就是利用这个原理，在管道中造成流速差，引起压强变化，通过压差的量测来求出流速和流量。

文丘里流量计如图 3-26 所示，是由一段渐缩管、一段喉管和一段渐扩管前后相连所组成。将它连接在主管中，当主管水流通过此流量计时，由于喉管断面缩小，流速增加，压强相应降低，用压差计测定压强水头的变化 Δh，即可计算出流速和流量。

取 1、2 两渐变流断面，写出理想流体能量方程

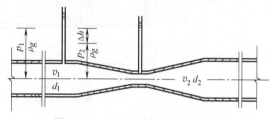

图 3-26　文丘里流量计的原理图

$$0 + \frac{p_1}{\rho g} + \frac{v_1^2}{2g} = 0 + \frac{p_2}{\rho g} + \frac{v_2^2}{2g}$$

移项得

$$\frac{p_1}{\rho g} - \frac{p_2}{\rho g} = \frac{v_2^2}{2g} - \frac{v_1^2}{2g} = \Delta h$$

出现两个流速，和连续性方程联立，有

$$v_1 \times \frac{\pi}{4}d_1^2 = v_2 \times \frac{\pi}{4}d_2^2$$

$$\frac{v_2}{v_1} = \left(\frac{d_1}{d_2}\right)^2$$

代入能量方程

$$\left(\frac{d_1}{d_2}\right)^4 \frac{v_1^2}{2g} - \frac{v_1^2}{2g} = \Delta h$$

解出流速

$$v_1 = \sqrt{\frac{2g\Delta h}{\left(\dfrac{d_1}{d_2}\right)^4 - 1}}$$

流量为

$$Q_V = v_1 \frac{\pi}{4}d_1^2 = \frac{\pi}{4}d_1^2 \sqrt{\frac{2g\Delta h}{\left(\dfrac{d_1}{d_2}\right)^4 - 1}}$$

但 $\dfrac{\pi}{4}d_1^2 \sqrt{\dfrac{2g}{\left(\dfrac{d_1}{d_2}\right)^4 - 1}}$ 只和管径 d_1 和 d_2 有关，对于一定的流量计，它是一个常数，以 K 表示。

即令

$$K = \frac{\pi}{4}d_1^2 \sqrt{\frac{2g}{\left(\dfrac{d_1}{d_2}\right)^4 - 1}} \tag{3-32}$$

则
$$Q_V = K \sqrt{\Delta h}$$

由于推导过程采用了理想流体的力学模型，忽略了黏性力的作用，求出的流量值较实际要大。为此，乘以 μ 值来修正。μ 值根据实验确定，称为文丘里流量系数。它的值在 $0.95 \sim 0.98$ 之间。则

$$Q_V = \mu K \sqrt{\Delta h} \tag{3-33}$$

【例 3-8】　设文丘里管两管直径分别为 $d_1 = 200\text{mm}$，$d_2 = 100\text{mm}$，测得两断面压差 $\Delta h = 0.5\text{m}$，流量系数 $\mu = 0.98$，求流量。

【解】
$$K = \left[\frac{\pi}{4} \times 0.2^2 \sqrt{\frac{2 \times 9.8}{\left(\frac{200}{100}\right)^4 - 1}} \right] \text{m}^2/\text{s} = 0.036 \text{m}^2/\text{s}$$

$$Q_V = (0.98 \times 0.036 \times \sqrt{0.5}) \text{m}^3/\text{s} = 0.0249 \text{m}^3/\text{s} = 24.9 \text{L/s}$$

在文丘里流量计的喉管中，或在某些水流的局部区域中，由于出现巨大的流速，会发生压强在该处局部显著地降低，可能达到和水温相应的汽化压强，这时水迅速汽化，使一部分液体转化为蒸汽，出现了蒸汽气泡的区域，气泡随水流流入压强较高的区域而破灭，这种现象称为空化。空化限制了压强的继续降低和流速的增大，减小了流通面积，从而限制了流量的增加，影响到测量的准确性。空化现象在设计中是必须注意避免的。空化对水力机械的有害作用称为气蚀。

【例 3-9】　如图 3-27 所示，大气压强为 97kPa，收缩段的直径应当限制在什么数值以上，才能保证不出现空化。水温为 40℃，不考虑损失。

【解】　已知水温为 40℃时，$\rho = 992.2 \text{kg/m}^3$，汽化压强 $p' = 7.38 \text{kPa}$，从而求出

$$\frac{p_a}{\rho g} = \frac{97}{992.2 \times 9.8} \text{mm} = 10 \text{m}$$

$$\frac{p'}{\rho g} = \frac{7.38}{992.2 \times 9.8} \text{mm} = 0.76 \text{m}$$

图 3-27　不出现空化的计算例子

列水面和出口断面的能量方程时，为了不出现空化，以 40℃时水的汽化压强 p' 作为最小压强值，求出对应的收缩段直径 d_c。当收缩段直径大于 d_c 时，收缩段压强一定大于 p'，可以避免产生汽化。能量方程为

$$10\text{m} + 10\text{m} = 3\text{m} + \frac{v_c^2}{2g} + 0.76\text{m}, \quad \frac{v_c^2}{2g} = 16.24\text{m}$$

列水面和出口断面的能量方程

$$\frac{v^2}{2g} = 10\text{m}$$

根据连续性方程，得

$$\frac{v_c}{v} = \frac{d^2}{d_c^2}$$

则

$$\left(\frac{v_c}{v}\right)^2 = \frac{16.24}{10} = \frac{150^4}{d_c^4}$$

得

$$d_c = 133\text{mm}$$

3.10 总水头线和测压管水头线

用能量方程计算一元流动，能够求出水流某些个别断面的流速和压强。但并未回答一元流的全线问题。现在，用总水头线和测压管水头线来求得这个问题的图形表示。

总水头线和测压管水头线，直接在一元流上绘出，以它们距基准面的铅直距离，分别表示相应断面的总水头和测压管水头，如图 3-28 所示。它们是在一元流的流速水头已算出的基础上绘出的。

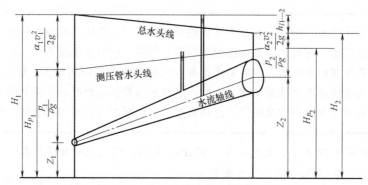

图 3-28 总水头线和测压管水头线

位置水头、压强水头和流速水头之和，即 $H = Z + \dfrac{p}{\rho g} + \dfrac{v^2}{2g}$，称为总水头。

能量方程写为上下游两断面总水头 H_1、H_2 的形式是

$$H_1 = H_2 + h_{l1-2}$$

或

$$H_2 = H_1 - h_{l1-2}$$

即每一个断面的总水头，等于上游断面总水头减去两断面之间的水头损失。根据这个关系，从最上游断面起，沿流向依次减去水头损失，求出各断面的总水头，一直到流动结束。将这些总水头，以水流本身高度的尺寸比例，直接点绘在水流上，这样连成的线，就是总水头线。由此可见，总水头线是沿水流逐段减去水头损失绘出来的。

在绘制总水头线时，须注意区分沿程损失和局部损失在总水头线上表现形式的不同。沿程损失假设为沿管线均匀发生，表现为沿管长倾斜下降的直线。局部损失假设为在局部障碍处集中作用，一般地表现为在障碍处铅直下降的直线。对于渐扩管或渐缩管等，也可近似处理成损失在它们的全长上均匀分布，而非集中在一点。

测压管水头是同一断面总水头与流速水头之差，即

$$H_p = H - \frac{v^2}{2g} \tag{3-34}$$

根据这个关系，从断面的总水头减去同一断面的流速水头，即得该断面的测压管水头。将各断面的测压管水头连成的线，就是测压管水头线。所以，测压管水头线是根据总水头线减去流速水头绘出的。

【**例 3-10**】　水流由水箱经前粗后细的管道流入大气中。大小管断面的面积比为 2∶1。全部水头损失的计算参见图 3-29。求：（1）流速 v_2；（2）绘总水头线和测压管水头线；（3）根据水头线求点 M 的压强 p_M。

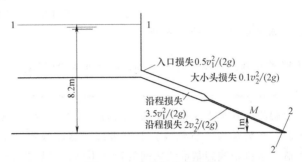

入口损失 $0.5v_1^2/(2g)$
大小头损失 $0.1v_2^2/(2g)$
沿程损失 $3.5v_1^2/(2g)$
沿程损失 $2v_2^2/(2g)$

图 3-29　水头损失的计算

【**解**】　（1）选取水面 1—1 及出口断面 2—2，基准面通过管轴出口。则

$$p_1 = 0, \; Z_1 = 8.2\mathrm{m}, \; v_1 = 0$$
$$p_2 = 0, \; Z_2 = 0$$

写能量方程

$$8.2\mathrm{m} + 0 + 0 = 0 + 0 + \frac{v_2^2}{2g} + h_{l1-2}$$

根据图 3-29 得

$$h_{l1-2} = 0.5\frac{v_1^2}{2g} + 0.1\frac{v_2^2}{2g} + 3.5\frac{v_1^2}{2g} + 2\frac{v_2^2}{2g}$$

由于两管断面积之比为 2∶1，则两管流速之比为 1∶2，即 $v_2 = 2v_1$，则 $\dfrac{v_2^2}{2g} = 4\dfrac{v_1^2}{2g}$。代入得

$$h_{l1-2} = 3.1\frac{v_2^2}{2g}$$

则

$$8.2 = 4.1\frac{v_2^2}{2g}$$

得到

$$\frac{v_2^2}{2g} = 2\mathrm{m}, \; v_2 = 6.25\mathrm{m/s}, \; \frac{v_1^2}{2g} = 0.5\mathrm{m}$$

（2）现在从 1—1 断面开始绘总水头线，水箱水静水面 $H = 8.2\mathrm{m}$，总水头线就是水面线。入口处局部损失为 $0.5\dfrac{v_1^2}{2g} = 0.5 \times 0.5\mathrm{m} = 0.25\mathrm{m}$。则 1—$a$ 铅直向下长度为 0.25m。从 A 到 B 的沿程损失为 $3.5\dfrac{v_1^2}{2g} = 1.75\mathrm{m}$，则 b 低于 a 的铅直距离为 1.75m。以此类推，直至水流出口，图 3-30 中 1—a—b—b_0—c 即为总水头线。

测压管水头线在总水头线之下，距总水头线

的铅直距离：在 $A—B$ 管段为 $\dfrac{v_1^2}{2g}=0.5\mathrm{m}$，在 $B—C$

管段的距离为 $\dfrac{v_2^2}{2g}=2\mathrm{m}$。由于断面不变，流速水头

不变，两管段的测压管水头线，分别与各管段的

总水头线平行。图 3-30 中 $1—a'—b'—b_0'—c'$ 即为

测压管水头线。

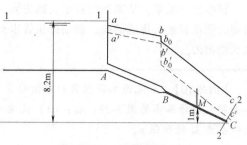

图 3-30 水头线的绘制

（3）测量图中测压管水头线至 BC 管中点的

铅直距离，从而得出点 M 的压强。实际量得 $\dfrac{p_M}{\rho g}=1\mathrm{m}$，从而 $p_M=9807\mathrm{Pa}$。

从上例可以看出，绘制测压管水头线和总水头线之后，图形上出现四根有能量意义的线，即总水头线、测压管水头线、水流轴线（管轴线）和基准线。这四根线的相互铅直距离，反映了沿程各断面的各种水头值。水流轴线到基准线之间的铅直距离，就是断面的位置水头；测压管水头线到水流轴线之间的铅直距离，就是断面的压强水头；而总水头线到测压管水头线之间的铅直距离，就是断面的流速水头。

3.11　恒定气流能量方程

前面已经讲到，总流能量方程为

$$Z_1+\frac{p_1}{\rho g}+\frac{\alpha_1 v_1^2}{2g}=Z_2+\frac{p_2}{\rho g}+\frac{\alpha_2 v_2^2}{2g}+h_{l1-2}$$

虽然它是在不可压缩流动模型基础上提出的，但在流速不高（小于 68m/s），压强变化不大的情况下，同样可以应用于气体。

现在我们来证明，对于液体，使用绝对压强还是相对压强计算，结果都一样。根据 3.6 节式（a）中压强 p_1 和 p_2 应为绝对压强。这样，式（3-29）可改写为

$$p_1'+\rho g Z_1+\frac{\rho v_1^2}{2}=p_2'+\rho g Z_2+\frac{\rho v_2^2}{2}+p_{l1-2} \qquad (\text{a})$$

其中，取 $\alpha_1=\alpha_2=1$，$p_{l1-2}=\rho g h_{l1-2}$ 为两断面间的压强损失。

式（a）中，两断面压强写为 p_1'、p_2'，表示它们是绝对压强，以与以后的相对压强 p_1、p_2 相区别。液体在管中流动时，由于液体的密度远大于空气的密度，一般可以忽略大气压强因高度不同的差异。此时绝对压强 $p_1'=p_a+p_1$，$p_2'=p_a+p_2$。将 p_1'、p_2' 代入式（a）中消去 p_a 后得

$$\rho g Z_1+p_1+\frac{\rho v_1^2}{2}=\rho g Z_2+p_2+\frac{\rho v_2^2}{2}+p_{l1-2} \qquad (\text{b})$$

比较式（a）、式（b）可知，证明对于液体流动，能量方程中的压强用绝对压强或相对压强皆可。

对于气体流动，特别是在高差较大，气体密度和空气密度不等的情况下，必须考虑大气压强因高度不同的差异。如图 3-31 所示，设断面在高程 Z_1 处，大气压强为 p_a；在高程为 Z_2 的断面，大气压强将减至 $p_a-\rho_a g(Z_2-Z_1)$。式中，ρ_a 为空气密度。因而，如果 1—1 断面绝对压强 p_1' 和相

对压强 p_1 之间的关系为
$$p_1' = p_a + p_1$$

则 2—2 断面的绝对压强和相对压强的关系为
$$p_2' = p_a - \rho_a g(Z_2 - Z_1) + p_2$$

将 p_1' 和 p_2' 代入式 (a) 得

$$p_a + p_1 + \rho g Z_1 + \frac{\rho v_1^2}{2} = p_a - \rho_a g(Z_2 - Z_1) +$$

$$p_2 + \rho g Z_2 + \frac{\rho v_2^2}{2} + p_{l1-2}$$

消去 p_a 经整理得出

$$p_1 + \frac{\rho v_1^2}{2} + g(\rho_a - \rho)(Z_2 - Z_1) = p_2 + \frac{\rho v_2^2}{2} + p_{l1-2}$$

$$(3-35)$$

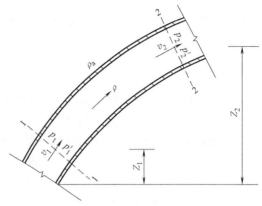

图 3-31　气流的相对压强与绝对压强

式 (3-35) 即为用相对压强表示的气流能量方程。该方程与液体能量方程相比，除各项单位为压强，表示单位体积气体的平均能量外，对应项有基本相近的意义：

　　p_1、p_2——断面 1、2 的相对压强，专业上习惯称为静压，但不能理解为静止流体的压强，它与管中水流的压强水头相对应。应当注意，相对压强是以同高程处大气压强为零点计算的，不同的高程引起大气压强的差异，已经计入方程的位压了。

　　$\dfrac{\rho v_1^2}{2}$、$\dfrac{\rho v_2^2}{2}$——流体力学中习惯称为动压，它反映断面流速无能量损失的降低至零所转化的压强值。

$g(\rho_a - \rho)(Z_2 - Z_1)$——位压。它与水流的位置水头差相对应。位压是以 2—2 断面为基准量度的 1—1 断面的单位体积位能。$g(\rho_a - \rho)$ 为单位体积气体所承受的有效浮力，气体从 Z_1 至 Z_2，顺浮力方向上升 $(Z_2 - Z_1)$ 铅直距离时，气体所损失的位能为 $g(\rho_a - \rho)(Z_2 - Z_1)$。因此 $g(\rho_a - \rho)(Z_2 - Z_1)$ 即为断面 1 相对于断面 2 的单位体积位能。式中 $g(\rho_a - \rho)$ 的正或负，表示有效浮力的方向向上或向下；$(Z_2 - Z_1)$ 的正或负表示气体向上或向下流动。位压是两者的乘积，因而可正可负。当气流方向（向上或向下）与实际作用力（重力或浮力）方向相同时，位压为正；当二者方向相反时，位压为负。

　　p_{l1-2}——1、2 两断面间的压强损失。

在讨论 1、2 断面之间管段内气流的位压沿程变化时，任一断面的位压是 $g(\rho_a - \rho)(Z_2 - Z_1)$，仍然以 2—2 断面为基准。

应当注意，气流在正的有效浮力作用下，位置升高，位压减小；位置降低，位压增大；这与气流在负的有效浮力作用下，位置升高，位压增大；位置降低，位压减小正好相反。

静压和位压相加，称为势压，以 p_s 表示。下标 s 是"势压"的第一个拼音符号。

势压与管中水流的测压管水头相对应。显然
$$p_s = p + g(\rho_a - \rho)(Z_2 - Z_1)$$

静压和动压之和，流体力学中习惯称为全压，以 p_q 表示。下标 q 表示"全压"的第一个拼音符号。则

$$p_q = p + \frac{\rho v^2}{2}$$

静压、动压和位压三项之和以 p_z 表示，称为总压，下标 z 为"总压"的第一个拼音符号，与管中水流的总水头相对应。则

$$p_z = p + \frac{\rho v^2}{2} + g(\rho_a - \rho)(Z_2 - Z_1)$$

由上式可知，存在位压时，总压等于位压加全压。位压为零时，总压就等于全压。

在大多数问题中，特别是空气在管中的流动问题，或高差甚小，或密度差甚小，$g(\rho_a - \rho)(Z_2 - Z_1)$ 可以忽略不计，则气流的能量方程简化为

$$p_1 + \frac{\rho v_1^2}{2} = p_2 + \frac{\rho v_2^2}{2} + p_{l1-2}$$

【例3-11】 密度 $\rho = 1.2 \text{kg/m}^3$ 的空气，用风机吸入直径为 10cm 的吸风管道，在喇叭形进口处测得水柱吸上高度为 $h_0 = 12\text{mm}$（见图 3-32）。不考虑损失，求流入管道的空气流量。

【解】 气体由大气中流入管道，大气中的流动也是气流的一个部分，但它的压强只有在距喇叭口相当远、流速接近零处，才等于零，此处取为 1—1 断面。2—2 断面也应该选取在接有测压管的地方，因为这是压强已知、和大气压强有联系的断面。12 mm 水柱高等于 118Pa。

取 1—1、2—2 断面，列写能量方程，得

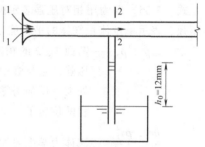

图 3-32 喇叭形进口的空气流量

$$0 + 0 = 1.2 \text{kg/m}^3 \times \frac{v^2}{2} - 118\text{Pa}$$

$$v = 14 \text{m/s}$$

$$Q_V = vA = \left(14 \times \frac{\pi}{4} \times 0.1^2\right) \text{m}^3/\text{s} = 0.11 \text{m}^3/\text{s}$$

【例3-12】 气体由静压箱 A，经过直径为 10cm，长度为 100m 的管 B 流入大气中，高差为 40m，如图 3-33 所示。沿程均匀作用的压强损失为 $p_l = 9 \frac{\rho v^2}{2}$。当（1）气体为与大气温度相同的空气时；（2）气体为 $\rho = 0.8 \text{kg/m}^3$ 的燃气时，分别求管中流速、流量及管长一半处点 B 的压强。

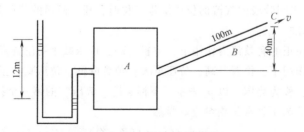

图 3-33 求管中流速及压强的例子

【解】 （1）当气体为空气时，用式（3-35）计算流速，取 A、C 断面列写能量方程。此时气

体密度 $\rho = \rho_a = 1.2 \text{kg/m}^3$。

$$1000\text{kg/m}^3 \times 9.8\text{m/s}^2 \times 0.012\text{m} + 0 = 0 + 1.2\text{kg/m}^3 \times \frac{v^2}{2} + 9 \times 1.2\text{kg/m}^3 \times \frac{v^2}{2}$$

$$v = 4.43\text{m/s}$$

$$Q_V = \left(4.43 \times \frac{\pi}{4} \times 0.1^2\right) \text{m}^3/\text{s} = 0.0348\text{m}^3/\text{s}$$

点 B 压强计算：取 B、C 两断面列写能量方程

$$p_B + 1.2\text{kg/m}^3 \times \frac{v^2}{2} = 0 + 9 \times 1.2\text{kg/m}^3 \times \frac{v^2}{2} \times \frac{1}{2} + 1.2\text{kg/m}^3 \times \frac{v^2}{2}$$

将 $v = 4.43\text{m/s}$ 代入，解得

$$p_B = 52.92\text{Pa}$$

（2）当气体为 $\rho = 0.8\text{kg/m}^3$ 的燃气时，用式（3-35）计算流速，即

$$12\text{m} \times 9.8\text{m/s}^2 + 0 + 40\text{m} \times 9.8\text{m/s}^2 \times (1.2\text{kg/m}^3 - 0.8\text{kg/m}^3) = 0 + 0.8\text{kg/m}^3 \times \frac{v^2}{2} + 9 \times 0.8\text{kg/m}^3 \times \frac{v^2}{2}$$

解得

$$v = 8.28\text{m/s}$$

$$Q_V = \left(8.28 \times \frac{\pi}{4} \times 0.1^2\right) \text{m}^3/\text{s} = 0.065\text{m}^3/\text{s}$$

则点 B 压强为

$$p_B = 9 \times 0.8\text{kg/m}^3 \times \frac{v^2}{2} \times \frac{1}{2} = (20 \times 9.8 \times 0.4)\text{Pa} = 45\text{Pa}$$

【例 3-13】　如图 3-34 所示，空气由炉口 a 流入，通过燃烧后，废气经 b、c、d 由烟囱流出。烟气 $\rho = 0.6\text{kg/m}^3$，空气 $\rho = 1.2\text{kg/m}^3$，由 a 到 c 的压强损失为 $9\frac{\rho v^2}{2}$，由 a 到 d 的损失为 $20\frac{\rho v^2}{2}$。求：（1）出口流速 v；（2）c 处静压 p_c。

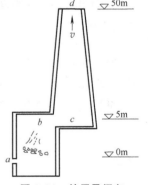

图 3-34　炉子及烟囱

【解】　（1）在进口前零高程和出口 50m 高程处两断面写能量方程

$$0 + 0 + 9.8\text{m/s}^2 \times (1.2\text{kg/m}^3 - 0.6\text{kg/m}^3) \times 50\text{m} = 20 \times 0.6\text{kg/m}^3 \times \frac{v^2}{2} +$$

$$9 \times 0.6\text{kg/m}^3 \times \frac{v^2}{2} + 0.6\text{kg/m}^3 \times \frac{v^2}{2} + 0$$

解得 $v = 5.7\text{m/s}$

（2）计算 p_c，取 c、d 断面，列写能量方程

$$0.6\text{kg/m}^3 \times \frac{v^2}{2} + p_c + (50 - 5)\text{m} \times 0.6\text{kg/m}^3 \times 9.8\text{m/s}^2 = 0 + 20 \times 0.6\text{kg/m}^3 \times \frac{v^2}{2} + 0.6\text{kg/m}^3 \times \frac{v^2}{2}$$

解得 $p_c = -68.6\text{Pa}$

3.12　总压线和全压线

为了反映气流沿程的能量变化，我们用与总水头线和测压管水头线相对应的总压线和势压线来求得其图形表示。

气流能量方程各项单位为压强单位，气流的总压线和势压线一般可选在零压线的基础上，对应于气流各断面进行绘制。管路出口断面相对压强为零，常选为 2—2 断面，零压线为过该断面中心的水平线。

在选定零压线的基础上绘总压线时，根据方程 $p_{z1} = p_{z2} + p_{l1-2}$，则

$$p_{z2} = p_{z1} - p_{l1-2} \tag{3-36}$$

即第二断面的总压等于第一断面的总压减去两断面间的压强损失。以此类推，就可求得各断面的总压。将各断面的总压值连接起来，即得总压线。

在总压线的基础上可绘制势压线。因为

$$p_z = p_s + \frac{\rho v^2}{2} \tag{3-37}$$

则

$$p_s = p_z - \frac{\rho v^2}{2} \tag{3-38}$$

即势压等于该断面的总压减去动压。将各个断面的势压连成线，便得势压线。显然，当断面面积不变时，总压线和势压线相互平行。

位压线的绘制。由方程（3-35）可知，第一断面的位压为 $g(\rho_a - \rho)(Z_2 - Z_1)$，第二断面的位压为零。1、2 断面之间的位压呈线性变化。由 1、2 两断面位压连成线。即得位压线。

绘出上述各种压线后，与液体的图示法相似，图上出现四条具有能量意义的线：总压线、势压线、位压线和零压线。总压线和势压线间铅直距离为动压；势压线和位压线间铅直距离为静压；位压线和零压线间铅直距离为位压。静压为正，势压线在位压线上方；静压为负，势压线在位压线下方。

【例 3-14】　利用例 3-12 的数据，（1）绘制气体为空气时的各种压强线，并求中点 B 的相对压强；（2）绘制气体为 $\rho = 0.8 \mathrm{kg/m^3}$ 的燃气时的各种压强线和点 B 的相对压强。

【解】　（1）当气体为空气时，由气流能量方程

$$(12 \times 9.8)\mathrm{Pa} + 0 = 0 + \frac{\rho v^2}{2} + 9\frac{\rho v^2}{2}$$

得动压

$$\frac{\rho v^2}{2} = 11.8\mathrm{Pa}$$

压强损失

$$9\frac{\rho v^2}{2} = 9 \times 11.8\mathrm{Pa} = 106.2\mathrm{Pa}$$

选取零压线 ABC，如图 3-35b 所示，并令它的上方为正。

绘总压线：A 断面全压 $p_{qA} = 118\mathrm{Pa}$，减去压强损失得 C 断面全压 $p_{qC} = 118\mathrm{Pa} - 106.2\mathrm{Pa} = 11.8\mathrm{Pa}$，将 p_{qA} 和 p_{qC} 按适当比例绘在点 a 和点 c，用直线连接 ac 的全压线。因无位压，全压线

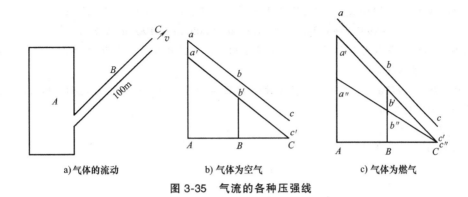

a) 气体的流动　　　　b) 气体为空气　　　　c) 气体为燃气

图 3-35　气流的各种压强线

也是总压线。

绘势压线：由势压 $p_s = p_q - \dfrac{\rho v^2}{2}$，在总压线 ac 的基础上向下减去动压 $\dfrac{\rho v^2}{2}$，即作平行于 ac 的直线 $a'c'$，则为势压线。因此时无位压，势压线也是静压线。

管路中点 B 的相对压强，直接由图上线段 Bb' 所表示的压强值求得。它在零压线上方，故点 B 的静压为正。

（2）当气体为 $\rho = 0.8\text{kg/m}^3$ 的燃气时，由能量方程

$$(12 \times 9.8)\text{Pa} + 40\text{m} \times 9.8\text{m/s}^2(\rho_a - \rho) = 0 + \frac{\rho v^2}{2} + 9\frac{\rho v^2}{2}$$

解得动压

$$\frac{\rho v^2}{2} = 276\text{Pa}$$

压强损失

$$9\frac{\rho v^2}{2} = 248.4\text{Pa}$$

选取零压线 ABC，如图 3-35c 所示。

绘总压线：A 断面的总压 $p_{zA} = 276\text{Pa}$，减去压强损失得 C 断面总压 $p_{zC} = 276\text{Pa} - 248.4\text{Pa} = 27.6\text{Pa}$。按比例绘 a、c 点，用直线连接即得总压线。

绘势压线：由总压线 ac 向下作铅直距离等于动压 $\dfrac{\rho v^2}{2}$ 的平行线，即得势压线 $a'c'$。

绘位压线：A 断面的位压为 158Pa，C 断面的位压为零，分别给出 a'' 和 c'' 点。用直线连接 $a''c''$ 即为位压线。此题中，$g(\rho_a - \rho)$ 为正，说明位压由有效浮力作用，$Z_2 - Z_1$ 为正，说明气流向上流动。气流方向和浮力方向一致，位压为正。位压随断面高程的增加而减小。

图上线段 $b''b'$ 的距离所代表的压强值即为点 B 的静压。点 B 的静压位于位压线上方，故中点 B 的静压为正。

【例 3-15】　利用例 3-13 的数据，（1）绘制气流经过烟囱的总压线、势压线和位压线。（2）求点 c 的总压、势压、静压、全压。

【解】　根据原题的数据：

a 断面位压为 294Pa；ac 段压强损失 $9\dfrac{\rho v^2}{2} = 88.2\text{Pa}$；$cd$ 段压强损失 $20\dfrac{\rho v^2}{2} = 196\text{Pa}$；动压 $\dfrac{\rho v^2}{2} = 9.87\text{Pa}$。

（1）绘总压线、势压线和位压线：选取 0 压线，标出 a、b、c、d 各点。

a 断面总压为 $p_{za} = 294\text{Pa}$，以后逐段减去压强损失值，绘制总压线 a'—c'—d'。

$$p_{zc} = 294\text{Pa} - 88.2\text{pa} = 205.8\text{Pa}, \quad p_{zd} = 205.8\text{Pa} - 196\text{Pa} = 9.8\text{Pa}$$

烟囱断面不变，各段势压低于总压的动压值相同，各段势压线与总压线分别平行，出口断面势压为零。绘出势压线 $a''b''c''d$。

a 断面位压为 294Pa，从 b 到 c 位压不变。位压值均为 $g(\rho_a - \rho) \times 45\text{m} = 264.6\text{Pa}$ 出口位压为零，绘出位压线 $a'b'''c'''d$。

（2）求点 c 各压强值

总压和势压以零压线为基础量取：

$$p_{zc} = 20.58\text{Pa}$$

$$p_{sc} = 196\text{Pa}$$

全压、静压的起算点是位压线。从点 c 所对应的位压线上 c''' 到总压线、势压线的铅直线段 $c'''c'$ 及 $c'''c''$ 分别为点 c 的全压和静压值：

$$p_{qc} = -58.8\text{Pa}$$

$$p_c = -68.6\text{Pa}$$

由图 3-36 可看出，整个烟囱内部都处于负压区。

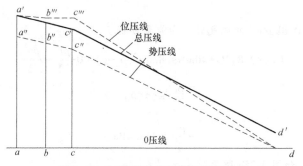

图 3-36　气流经过烟囱的各种压强线

3.13　恒定流动量方程

前述能量方程和连续性方程的主要作用是解决一元流动的流速或压强。现在我们再提出第三个基本方程，它的主要作用是要解决作用力，特别是流体与固体之间的总作用力，这就是动量方程。

在固体力学中，我们知道，物体质量 m 和速度 v 的乘积 mv 称为物体的动量。作用于物体的所有外力的合力 $\sum F$ 和作用时间 dt 的乘积 $\sum F dt$ 称为冲量。动量定理指出，作用于物体的冲量，等于物体的动量增量，即

$$\sum F dt = d(mv)$$

动量定理是矢量方程。

现将此方程用于一元流动。所考察的物质系统取某时刻两断面间的流体，参看图 3-10 和图 3-21，研究流体在 dt 时间内的动量增量和外力的关系。

为此，类似于元流能量方程的推导，在恒定总流中，取 1 和 2 两渐变流断面。两断面间流段 1—2 在 dt 时间后移动至 $1'$—$2'$。由于是恒定流，dt 时段前后的动量变化，应为流段新占有的 2—$2'$ 体积内的流体所具有的动量减去流段退出的 1—$1'$ 体积内流体所具有的动量；而 dt 前后流

段共有的空间 1′—2 内的流体，尽管不是同一部分流体，但它们在相同点的流速大小和方向相同，密度也未改变，因此，动量也相同。

仍用平均流速的流动模型，则动量增量为

$$d(m\boldsymbol{v}) = \rho_2 A_2 v_2 \cdot dt \cdot \boldsymbol{v}_2 - \rho_1 A_1 v_1 \cdot dt \cdot \boldsymbol{v}_1$$
$$= \rho Q_{V2} dt\boldsymbol{v}_2 - \rho_1 Q_{V1} dt\boldsymbol{v}_1$$

由动量定理，得

$$\sum \boldsymbol{F} \cdot dt = d(m\boldsymbol{v}) = \rho_2 Q_{V2} dt\boldsymbol{v}_2 - \rho_1 Q_{V1} dt\boldsymbol{v}_1$$
$$\sum \boldsymbol{F} = \rho_2 Q_{V2}\boldsymbol{v}_2 - \rho_1 Q_{V1}\boldsymbol{v}_1$$

这个方程是以断面各点的流速均等于平均流速这个模型来写出的。实际流速的不均匀分布使上式存在着误差，为此，以动量修正系数 α_0 来修正。α_0 定义为实际动量和按照平均流速计算的动量大小的比值。即

$$\alpha_0 = \frac{\int_A \rho u^2 dA}{\rho Q_V \boldsymbol{v}} = \frac{\int_A u^2 dA}{A\boldsymbol{v}^2} \tag{3-39}$$

α_0 取决于断面流速分布的不均匀性。不均匀性越大，α_0 越大。一般取 $\alpha_0 = 1.02 \sim 1.05$，为了简化计算，常取 $\alpha_0 = 1$。对于流速的不均匀分布，式（3-39）可写为

$$\sum \boldsymbol{F} = \alpha_{02}\rho_2 Q_{V_2}\boldsymbol{v}_2 - \alpha_{01}\rho_1 Q_{V_1}\boldsymbol{v}_1 \tag{3-40}$$

这就是恒定流动量方程。

该方程表明，将物质系统的动量定理应用于流体时，动量定理的表述形式之一是：对于恒定流动，所取流体段（简称流段，它由流体构成）的动量在单位时间内的变化，等于单位时间内流出该流段所占空间的流体动量与流入的流体动量之差；该变化率等于流段受到的表面力与质量力之和，即外力之和。

动量定理本身是针对特定的物质系统而言的，是拉格朗日的描述方法，而式（3-40）的表述中，"流出"和"流入"的流体不属于同一系统，这种表述是欧拉法的。此外，虽然我们讨论的是一元流动，实际上，这种表述对三元流动同样适用，具有普遍性。

我们将流段占有的空间称为控制体。控制体的一般定义：控制体是根据问题的需要所选择的固定的空间体积。控制体的整个表面称为控制面。图 2-4 中的微元六面体，图 2-5 中的微元圆柱体和图 3-21 中的总流段 1—2 占有的空间等都是控制体。控制体可以是有限体积，也可以无限小，形状也各异。实质上，在流体力学中，控制体是在对流动规律的拉格朗日描述转换到欧拉描述时所出现的一个概念，是欧拉法所采用的概念，在今后的章节中，还将多次用到。

动量方程（3-39）成立的条件是流动恒定，它对不可压缩流体和可压缩流体均适用。对于不可压缩流体，由于 $\rho_1 = \rho_2 = \rho$ 和连续性方程 $Q_{V_1} = Q_{V_2}$，其恒定流动量方程为

$$\sum \boldsymbol{F} = \alpha_{02}\rho Q_V \boldsymbol{v}_2 - \alpha_{01}\rho Q_V \boldsymbol{v}_1 \tag{3-41}$$

在直角坐标系中的分量式为

$$\left. \begin{array}{l} \sum F_x = \alpha_{02}\rho Q_V v_{2x} - \alpha_{01}\rho Q_V v_{1x} \\ \sum F_y = \alpha_{02}\rho Q_V v_{2y} - \alpha_{01}\rho Q_V v_{1y} \\ \sum F_z = \alpha_{02}\rho Q_V v_{2z} - \alpha_{01}\rho Q_V v_{1z} \end{array} \right\} \tag{3-42}$$

通常，在实际工程中近似取 $\alpha_{01} = \alpha_{02} = 1$。

【例 3-16】 水在直径为 10cm 的 60°水平弯管中，以 5m/s 的流速流动（见图 3-37）。弯管前端的压强为 9807Pa。如不计水头损失，也不考虑重力作用，求水流对弯管 1—2 的作用力。

【解】 （1）确定控制体。取控制体为1—2断面间弯管占有的空间。这样把受流体作用的弯管整个内表面包括在控制面内，又没有其他多余的固壁。

（2）选择坐标系。坐标系选择如图所示，x轴为弯管进口前管道的轴线，z轴为垂直方向，x-y平面为水平面。

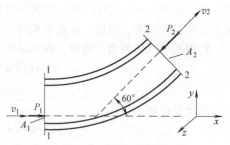

图3-37　水流对弯管的作用力

（3）流出和流入控制体的动量差。流出：$\rho Q_V v_2$；流入：$\rho Q_V v_1$。动量差：$\rho Q_V (v_2-v_1)$。由于断面面积不变，$v_1=v_2=v=5\text{m/s}$。若断面面积变化，求未知流速时，通常要运用连续性方程。

（4）控制体内流体受力分析。由于不考虑重力作用，质量力为零。表面力包括：

断面1上：$P_1=p_1 A_1$ 方向沿 x 轴正向；

断面2上：$P_2=p_2 A_2$ 方向垂直于断面2，且指向控制体内；

其余表面：R 为弯管内表面对流体的作用力。由于 R 的方向未知，可任意假设某方向。不妨设 R 在 x-y 平面上的投影方向与 x 轴的夹角为 α。

未知压强 p_2 应根据能量方程 $Z_1+\dfrac{p_1}{\rho g}+\dfrac{v_1^2}{2g}=Z_2+\dfrac{p_2}{\rho g}+\dfrac{v_2^2}{2g}$ 求出。

由于 $Z_1=Z_2$，$v_1=v_2=v$，故 $p_1=p_2=p=9807\text{Pa}$

一般地，求某一未知压强总要用到能量方程。

（5）联立动量方程并求解。根据式（3-42）得

$$\sum_{i=1}^{n} F_x = p_1 A_1 - p_2 A_2 \cos 60° - R\cos\alpha = pA(1-\cos 60°) - R\cos\alpha$$

$$= \rho Q_V (v_{2x}-v_{1x}) = \rho v_1 A_1 (v_2 \cos 60° - v_1) = \rho A v^2 (\cos 60° - 1)$$

$$\sum_{i=1}^{n} F_y = -p_2 A_2 \sin 60° + R\sin\alpha = -pA\sin 60° + R\sin\alpha$$

$$= \rho Q_V (v_{2y}-v_{1y}) = \rho v A (v_2 \sin 60° - 0) = \rho A v^2 \sin 60°$$

$$\sum_{i=1}^{n} F_z = R_z = \rho Q_V (v_{2z}-v_{1z})$$

也即

$$pA(1-\cos 60°) - R\cos\alpha = \rho A v^2(\cos 60° - 1)$$

$$-pA\sin 60° + R\sin\alpha = \rho A v^2 \sin 60°$$

$$R_z = \rho Q_V (v_{2z}-v_{1z})$$

代入数据，得

$$pA = \left(9807 \times \frac{\pi}{4} \times 0.1^2\right)\text{N} = 77.1\text{N}$$

$$77.1\text{N} \times (1-\cos 60°) - R\cos\alpha = 1000\text{kg/m}^3 \times \left(\frac{\pi}{4} \times 0.1^2\right)\text{m}^2 \times (5\text{m/s})^2 \times (\cos 60° - 1)$$

$$-77.1\text{N} \times \sin 60° + R\sin\alpha = 1000\text{kg/m}^3 \times \left(\frac{\pi}{4} \times 0.1^2\right)\text{m}^2 \times (5\text{m/s})^2 \times \sin 60°$$

$$R_z = 0$$

联立求解，得 $R=272\text{N}$，$\alpha=60°$（$R_z=0$）

（6）答案及其分析。由于水流对弯管的作用力与弯管对水流的作用力大小相等、方向相反。因此水流对弯管的作用力 F 为 $F = -R$，$F = 272N$，方向与 R 相反。

作用力 F 位于水平面内，这是由于弯管水平放置且不考虑重力作用所致。管内流体对管道的作用力的大小和方向将对管路构件的承载能力产生影响，这是工程所关注的。

例 3-16 的求解过程说明了运用动量方程的几个主要步骤。运用动量方程（3-41）的注意点是：

1）所选的坐标系必须是惯性坐标系。这是由于牛顿第二定律在惯性坐标系内成立。在求解做相对运动的问题时，应谨慎。例如，农田中旋转喷水装置的功率问题。

2）由于方程是矢量式，应首先在图上建立合适的坐标系。坐标系选择不是唯一的，但应以使计算简便为原则。

3）正确选择控制体。由于动量方程解决的是固体壁面和流体之间相互作用的整体作用力或者说作用力，因此，应使控制面既包含待求作用力的壁面，又不含其他的未知作用力的固壁，如例 3-16 中控制体不能包含弯管之外的直管段。由于往往要用到能量方程，以及总流动量方程的成立条件，因此，应使控制面上有流体进出的部分处在渐变段等。

4）必须明确地假定待求的固体壁面对流体的作用力的方向，并用符号表示，如 R。如果求解结果 R 为负值，则表示实际方向与假设的相反。计算时，R 也可用分量表示，即 (R_x, R_y)。

5）注意方程本身各项的正负及压力和速度在坐标轴上投影的正负，特别是流进动量项。

6）问题往往求的是流体对固体壁面的作用力 F，因此，最后应明确回答 F 的大小和方向。

【例 3-17】　图 3-38 所示为一有对称臂的洒水器，设总体积流量为 $Q_V = 5.6 \times 10^{-4} \mathrm{m}^3/\mathrm{s}$，已知喷嘴面积 $A = 0.93 \mathrm{cm}^2$，如不计摩擦，求它的转速。

【解】　取控制体如图中断面 1—2 之间的管内空间。

惯性坐标系为 Oxy，动坐标系（非惯性系）$O'x'y'$ 固连在洒水器上。为便于分析计算，由于洒水器等角速旋转，取两坐标系重合时的位置分析求解。

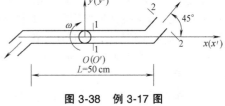

图 3-38　例 3-17 图

洒水器内水做相对运动。喷嘴出口相对流速 v_{2r} 的大小为

$$v_{2r} = \frac{Q_V/2}{A} = \frac{5.6 \times 10^{-4}/2}{0.93 \times 10^{-4}} \mathrm{m/s} = 3.0 \mathrm{m/s}$$

牵连速度 v_{2e} 大小为

$$v_{2e} = \omega r_2 = \omega \times \frac{50 \times 10^{-2} \mathrm{m}}{2} = 0.25 \mathrm{m}\omega$$

绝对速度等于相对速度和牵连速度之和。考虑到各速度的方向，喷嘴出口绝对流速 v_2 在 y 坐标轴上的投影为

$$v_{2r} \sin 45° - v_{2e} = 3.0 \mathrm{m/s} \times \sin 45° - 0.25 \mathrm{m/s} \times \omega$$

显然，在断面 1 流进的流体的速度沿 x 轴方向。

喷嘴喷水时，对洒水器有反击力的作用。在不计机械摩擦阻力矩的情况下要维持洒水器等速旋转，此反击力对转轴的矩必须为零。

设洒水器对控制体内流体的作用力 R 对转轴的矩为 M。应用动量矩定理，则有

$$M = \rho \frac{Q_V}{2}(v_{2y} - v_{1y})\frac{L}{2} = \frac{\rho}{4}Q_V L v_{2y} = 0$$

得 $$v_{2y} = 0$$

即 $$3.0\text{m/s} \times \sin 45 - 0.25\text{m} \times \omega = 0$$

解得 $$\omega = 8.5\text{rad/s}$$

洒水器转速为 $$n = \frac{\omega}{2\pi} \times 60 = 81\text{r/min}$$

习　题

3.1　直径为 150mm 的给水管道，输水量为 980.7kN/h，试求断面平均流速。

3.2　断面为 300mm×400mm 的矩形风道，风量为 2700m³/s，求平均流速。如风道出口处断面收缩为 150mm×400mm，求该断面的平均流速。

3.3　水从水箱流经直径为 $d_1 = 10\text{cm}$，$d_2 = 5\text{cm}$，$d_3 = 2.5\text{cm}$ 的管道流入大气中。当出口流速为 10m/s 时，求：（1）体积流量及质量流量；（2）d_1 及 d_2 管段的流速。

3.4　设计输水量为 2942.1kg/h 的给水管道，流速限制在 0.9～1.4m/s 之间。试确定管道直径，根据所选直径求流速，直径规定为 50mm 的倍数。

3.5　圆形风道，流量为 10000m³/h，流速不超过 20m/s。试设计直径，根据所定直径求流速。直径应当是 50mm 的倍数。

3.6　如图 3-39 所示，在直径为 d 的圆形风道断面上，用下列方法选定五个点，以测局部风速。设想用和管轴同心但不同半径的圆周，将全部断面分为中间是圆、其他是圆环的五个面积相等的部分。测点即位于等分此部分面积的周围上，这样测得的各点流速，分别代表相应断面的平均流速。（1）试计算各测点到管心的距离，表为直径的倍数。（2）若各点流速为 u_1、u_2、u_3、u_4、u_5，空气密度变为 ρ，求质量流量 Q_m。

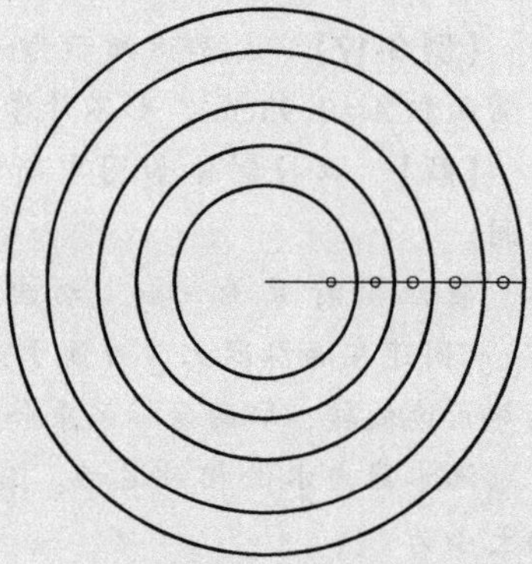

3.7　某蒸汽干管的始端蒸汽流速为 25m/s，密度为 2.62kg/m³。干管前段直径为 50mm，接出直径 40mm 支管后，干管后段直径改为 45mm。如果支管末端密度降低至 2.30kg/m³，干管后段末端密度降低至 2.24kg/m³，但两管质量流量相等，求两管末端流速。

图 3-39　题 3.6

3.8　空气流速由超声速流过渡到亚声速流时，要经过冲击波。如果在冲击波前，风道中速度 $v = 660\text{m/s}$，密度 $\rho = 1\text{kg/m}^3$；冲击波后，速度降低至 $v = 250\text{m/s}$。求冲击波后的密度。

3.9　如图 3-40 所示，管路由不同直径的两管前后相连接所组成，小管直径 $d_A = 0.2\text{m}$，大管直径 $d_B =$

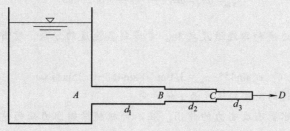

图 3-40　题 3.9图

0.4m。水在管中流动时，点 A 压强 $p_A = 70\text{kPa}$，点 B 压强 $p_B = 40\text{kPa}$，点 B 流速 $v_B = 1\text{m/s}$。试判断水在管中流动的方向，并计算水流经两断面间的水头损失。

3.10　如图 3-41 所示，油沿管线流动，A 断面流速为 2m/s，不计损失，求开口 C 管中的液面高度。

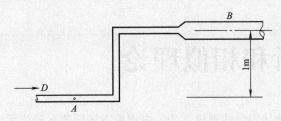

图 3-41　题 3.10 图

3.11　如图 3-42 所示，水沿管线往下流，若压力计的读数相同，求需要的小管直径 d_0，不计损失。

3.12　用水银比压计测量管中水流，过流断面中点流速 u 如图 3-43 所示。测得点 A 的比压计读数 $\Delta h = 60\text{mm}$。（1）求该点的流速 u；（2）若管中流体是密度为 0.8g/cm^3 的油，Δh 仍不变，该点流速是多大？不计损失。

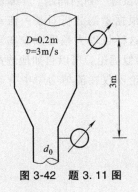

图 3-42　题 3.11 图

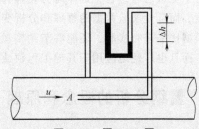

图 3-43　题 3.12 图

第4章

量纲分析和相似理论

前一章主要介绍了流体力学的理论方法，由理论方法所建立的连续性方程、伯努利方程和动量方程是在较为严格的条件下得到的，虽然可以用来求解一些工程流体力学的简单问题，但是对于大多数实际工程上所涉及的流体力学问题，这些纯理论方程有一定的局限性。例如，第3章中阐述的实际流体伯努利方程，其中的水头损失由于问题的复杂性，目前主要依靠实验研究。

对一个复杂的流动现象进行实验研究，由于实验中的可变因素很多，加之受实验条件的限制，多数不可能在实物上进行。因此，在进行一项实验时，就会碰到诸如：如何更有效地设计和组织实验，如何正确地处理数据，以及如何把模型实验结果推广到原型等一系列问题。本章的量纲分析和相似理论为这些问题的解决提供了理论依据。例如，可以根据量纲分析对某一流动现象中若干变量进行组合，选择能方便操作和测量的变量进行实验，这样可以大幅度减少实验的工作量，而且使实验数据的整理和分析变得比较容易。又如，根据相似理论，可以自如地选择合适的模型比来进行实验，还能够节约实验费用。量纲分析和相似理论不仅在流体力学中有许多应用，而且也广泛地应用于其他工程领域的研究中。

4.1 量纲分析的概念和原理

4.1.1 量纲

回顾已学过的各种物理量，例如长度、时间、质量、速度、加速度、力等，它们都由两个因素构成，一个是表示物理量的本质属性，称为量纲或因次，另一个是这个物理的度量的标准，就是物理量的单位。物理量的本质属性是唯一的，因此一个物理量只有唯一的量纲，但却可以有不同的单位度量，例如长度可以用 m、cm、ft、in 等不同的单位度量，但作为物理量的属性，它只有唯一的长度量纲。根据统一的规定：在物理量符号前面加"dim"来表示量纲，例如速度 v 的量纲表示为 $\dim v$。

由于许多物理量的量纲之间有一定的联系，在量纲分析中常需选定少数几个物理量的量纲作为基本量纲，其他的物理量的量纲就都可以由这些基本量纲导出，称为导出量纲。基本量纲应当是相互独立的，即不能互相表达。在工程流体力学中常用长度、时间、质量（L、T、M）作为基本量纲，于是就有如下的导出量纲：

速度　$u = \dfrac{\mathrm{d}l}{\mathrm{d}t}$,　$\dim u = \mathrm{LT}^{-1}$

加速度　$a = \dfrac{\mathrm{d}u}{\mathrm{d}t}$,　$\dim a = \mathrm{LT}^{-2}$

密度　$\rho = \dfrac{\mathrm{d}m}{\mathrm{d}v}$,　$\dim \rho = \mathrm{ML}^{-3}$

力　$F = ma = m \dfrac{\mathrm{d}^2 l}{\mathrm{d}t^2}$，$\dim F = \mathrm{MLT}^{-2}$

压强　$p = \dfrac{\mathrm{d}P}{\mathrm{d}A}$，$\dim p = \mathrm{ML}^{-1}\mathrm{T}^{-2}$

对于任何物理量（如以 q 表示），其量纲可写作

$$\dim q = \mathrm{M}^{\alpha}\mathrm{L}^{\beta}\mathrm{T}^{\gamma} \tag{4-1}$$

该式称为量纲公式。式中，α、β、γ 是由物理量的性质所决定的指数。

4.1.2　无量纲量

在量纲分析中，通常把一个物理过程中那些彼此互相独立的物理量称为基本量，其他物理量可由这些基本量导出，称为导出量。基本量与导出量之间可以组成新的量，这个量的量纲为 1，也称为无量纲量。无量纲量具有如下的特点：量纲表示式（4-1）中的指数均为零，没有单位；量值与所采用的单位制无关，故无量纲量也称为无量纲数。

由于基本量是彼此互相独立的，这就说明它们之间不能组成无量纲量，由此可以给出基本量独立性的判断条件。

设 A、B、C 为三个基本量，它们成立的条件是 A^x、B^y、C^z 的幂乘积不是无量纲量，即

$$(\dim A)^x (\dim B)^y (\dim C)^z = \mathrm{M}^0 \mathrm{L}^0 \mathrm{T}^0 = 1 \tag{4-2}$$

的非零解不存在。采用式（4-1）来表示物理量 A、B、C 的量纲。

$$\dim A = \mathrm{L}^{\alpha_1} \mathrm{M}^{\beta_1} \mathrm{T}^{\gamma_1}$$

$$\dim B = \mathrm{L}^{\alpha_2} \mathrm{M}^{\beta_2} \mathrm{T}^{\gamma_2}$$

$$\dim C = \mathrm{L}^{\alpha_3} \mathrm{M}^{\beta_3} \mathrm{T}^{\gamma_3}$$

代入式（4-2），关于指数有如下关系式：

$$\alpha_1 x + \alpha_2 y + \alpha_3 z = 0$$

$$\beta_1 x + \beta_2 y + \beta_3 z = 0$$

$$\gamma_1 x + \gamma_2 y + \gamma_3 z = 0$$

如果要使方程（4-2）非零解不存在，上述齐次方程组的系数行列式应满足

$$D = \begin{vmatrix} \alpha_1 & \alpha_2 & \alpha_3 \\ \beta_1 & \beta_2 & \beta_3 \\ \gamma_1 & \gamma_2 & \gamma_3 \end{vmatrix} \neq 0 \tag{4-3}$$

即表示变量 A、B、C 是互相独立的，它们可以作为基本量。例如，长度、流速及密度就可以作为基本量。读者可对这三个物理量直接用式（4-3）给予证明。

4.1.3　量纲一致性原理

在自然现象中，互相联系的物理量可构成物理方程。物理方程可以是单项式或多项式，甚至是微分方程等，同一方程中各项又可以由不同的量组成，但是各项的物理量单位必定相同，量纲也必然一致，这就是物理方程的量纲一致性原理，也叫作纲齐次性原理或量纲和谐原理。量纲一致性原理是量纲分析的理论依据。

由于物理方程的量纲具有一致性，可以用任意一项去除等式两边，使方程每一项的量纲为一致，原方程就变为量纲一致的方程，该方程所表达的物理现象与原方程相同，这一点极其重要，这也是量纲分析的另一种理论根据。例如，第 2 章学习过的流体静压强分布规律

$$p = p_0 + \rho gh$$

上式两边同除以 ρgh，则可改写为无量纲的方程

$$\frac{p}{\rho gh} - \frac{p_0}{\rho gh} = 1$$

又如，理想流体伯努利方程

$$\frac{p_1}{\rho g} + \frac{\alpha_1 v_1^2}{2g} + Z_1 = \frac{p_2}{\rho g} + \frac{\alpha_2 v_2^2}{2g} + Z_2$$

若 $\alpha_1 = \alpha_2 = 1$，也可改写为

$$\frac{Z_1 - Z_2}{v_1^2/(2g)} + \frac{p_1 - p_2}{\rho v_1^2/2} = \left(\frac{v_2}{v_1}\right)^2 - 1$$

可以验证各项也是无量纲的量。

4.2 量纲分析法

在量纲一致性原理的基础上发展起来的量纲分析法有两种：一种称为瑞利法，适用于比较简单的问题；另一种称为 π 定理，是一种具有普遍性的方法。

4.2.1 瑞利法

量纲分析的依据是量纲一致性原理。在分析一个问题时，首要的问题是充分了解流体流动的物理过程，找出影响这一过程的因素，假定一个未知的函数关系，然后运用量纲一致性原理确定物理量之间关系的结构形式。下面通过简单的例子来说明量纲分析的步骤及方法。

【例 4-1】 研究自由落体在时间 t 内经过的距离 s，实验观察后认为与下列因素有关：落体重量 W、重力加速度 g 及时间 t。试用物理方程量纲一致性原理分析自由落体下落距离公式。

【解】 首先将关系式写成幂乘积形式：

$$s = KW^a g^b t^c$$

各变量的量纲分别为 $\dim s = L$，$\dim W = MLT^{-2}$，$\dim g = LT^{-2}$，$\dim t = T$。式中 K 为由试验确定的系数。

将上式写成量纲方程　　　　$L = (MLT^{-2})^a (LT^{-2})^b (T)^c$

根据物理方程量纲一致性原理得到

$$M:0 = a$$
$$L:1 = a + b$$
$$T:0 = -2a - 2b + c$$

解得 $a = 0$，$b = 1$，$c = 2$，代入原式，得

$$s = KW^0 gt^2$$

即　　　　　　　　　　　　　$s = Kgt^2$

注意式中重量 W 的指数为零，表明自由落体下落距离与重量无关，这可能与实际观测结果不相符，那么是不是分析有错误？又如何解释？这留给读者思考。

【例 4-2】 一个球形物体在黏性流体中运动所受阻力 F_D，经实验发现与球体的尺寸、球体的运动速度（或流体速度）v、反映流体物理量性质的密度 ρ 和黏度 μ 有关。试用量纲分析法推

导阻力 F_D 的公式。

【解】　根据对影响阻力 F_D 的因素进行的合理分析，于是可以将这一问题假设为如下的函数关系：

$$F_D = f(D, v, \rho, \mu)$$

其中 D 为球体的直径。

下面依据物理方程的量纲一致性原理推导这些变量间的关系。现设 F_D 与其他各物理量呈幂乘积的关系，即

$$F_D = K D^a v^b \rho^c \mu^d$$

这里的 K 是由试验确定的系数。

用基本量纲 M、L、T 表达各物理量量纲，则有量纲方程

$$MLT^{-2} = L^a (LT^{-1})^b (ML^{-3})^c (ML^{-1}T^{-1})^d$$

由量纲一致性原理可知等号两边各量纲的指数应相等，即

$$M : 1 = c + d$$
$$L : 1 = a + c - 3c - d$$
$$T : -2 = -b - d$$

这是 4 个未知数 3 个方程的方程组，以 d 作为待定指数，分别求出 a、b、c。

$$a = 2 - d, \quad b = 2 - d, \quad c = 1 - d$$

因此

$$F_D = K D^{2-d} v^{2-d} \rho^{1-d} \mu^d$$

将等号右边的变量组合起来成为

$$F_D = K \rho D^2 v^2 \left(\frac{vD\rho}{\mu} \right)^{-d}$$

可以证明 $\dfrac{Dv\rho}{\mu}$ 为无量纲的量，在流体力学中为雷诺数（Reynolds number），记为 Re，那么

$$F_D = \varphi(Re) \rho D^2 v^2$$

变形有

$$\frac{F_D}{\rho D^2 v^2} = \varphi(Re) = C_D$$

量纲分析结果表明运动的球形物体所受流体阻力等于一个系数 C_D 乘上 $\rho D^2 v^2$，系数 C_D 是雷诺数（Re）的函数，这个系数需要通过实验确定。分析结果还说明：实验测定系数 C_D 时，只要改变速度的大小就能找出 C_D 与 Re 的关系，由此可见量纲分析对流体力学的实验具有重要指导作用。

以上介绍的量纲分析方法是直接运用量纲一致性原理的分析方法。通常情况下，基本量纲只有三个，如 M、L、T，它们分别代表了流体力学中几何学、运动学、动力学三个方面的量纲，当所分析的问题中影响流动的变量有四个时，就存在一个需要待定的指数，当流动参数大于四个时，需待定的指数就相应增加，此时无论在指数的选取上还是无量纲量的组合上都有一定的困难。解决上述问题更为普遍的方法是白金汉提出的 π 定理方法。

4.2.2　π 定理

由于瑞利法解题时物理量的个数受到限制，所以美国物理学家白金汉提出的 π 定理是另一种更为普遍的量纲分析原理，即 π 定理是目前量纲分析研究方法的普遍原理。

π 定理指出，对于某个物理现象，如果涉及 n 个变量，其中有 m 个基本变量，则此 n 个变量

间的关系 $f(q_1, q_2, \cdots, q_n) = 0$，即可用 $(n-m)$ 个无量纲的 π 项函数关系来表示，即

$$F(\pi_1, \pi_2, \cdots, \pi_{n-m}) = 0$$

而这个量纲的方程仍然表达了原问题的物理关系。式中的 π_1，π_2，$\cdots$ 均为无量纲量。现举例说明 π 定理的应用方法和步骤。

【例 4-3】 用 π 定理方法重做例 4-2。

【解】 运用 π 定理再次分析例 4-2 的流动问题，首先将函数关系设为

$$f(F_D, D, v, \rho, \mu) = 0$$

其中变量 $n = 5$，选取基本变量 ρ、D、v，根据 π 定理，上式可变为

$$F(\pi_1, \pi_2) = 0$$

下面的工作是如何求出 π_1 和 π_2。由于基本变量是 ρ、D、v，那么 F_D 和 μ 就为导出量，将它们分别与基本量进行适当组合，可以找出无量纲量，即

$$\pi_1 = \rho^{a_1} D^{b_1} v^{c_1} \mu$$

$$\pi_2 = \rho^{a_2} D^{b_2} v^{c_2} F_D$$

为了确定这些指数，注意 π 是无量纲量，可以用 $M^0 L^0 T^0$ 表示，对于 π_1 有

$$M^0 L^0 T^0 = (ML^{-3})^{a_1} L^{b_1} (LT^{-1})^{c_1} (ML^{-1}T^{-1})$$

比较两边的量纲，于是有

$$M: 0 = a_1 + 1$$

$$L: 0 = -3a_1 + b_1 + c_1 - 1$$

$$T: 0 = -c_1 - 1$$

求得

$$a_1 = -1, \quad b_1 = -1, \quad c_1 = -1$$

因此

$$\pi_1 = \frac{\mu}{\rho D v} = \frac{1}{Re}$$

同理，对 π_2 分析可得

$$\pi_2 = \frac{F_D}{\rho D^2 v^2}$$

代入 $F(\pi_1, \pi_2) = 0$ 后，可表达成 $\pi_2 = F_1 \left(\dfrac{1}{\pi_1} \right)$

则有

$$\frac{F_D}{\rho D^2 v^2} = F_2(Re) = C_D$$

或表达为

$$F_D = C_D \rho D^2 v^2$$

【例 4-4】 实验证明流体在水平等直径管道中做恒定流动的压强降落值 Δp 与下列因素有关：流速 v、管径 d、管长 l、液体的密度 ρ、黏度 μ 和管壁粗糙高度 Δ。试用 π 定理分析压强降落 Δp 的表达式。

【解】 根据上述影响因素，将其写成函数关系

$$f(v, d, l, \rho, \mu, \Delta, \Delta p) = 0$$

可知变量数目 $n = 7$。由上列 7 个物理量中选取 3 个基本量：即流速 v、管径 d、液体的密度 ρ，这三个量包含了 L、T、M 三个基本量纲。根据 π 定理，上述 7 个物理量可组成 $n - m = 7 - 3 = 4$ 个无量纲的 π 数，即 π_1、π_2、π_3 和 π_4，且有关系式

$$F(\pi_1, \pi_2, \pi_3, \pi_4) = 0$$

其中，

$$\pi_1 = v^{a_1} d^{b_1} \rho^{c_1} \Delta p$$
$$\pi_2 = v^{a_2} d^{b_2} \rho^{c_2} \mu$$
$$\pi_3 = v^{a_3} d^{b_3} \rho^{c_3} l$$
$$\pi_4 = v^{a_4} d^{b_4} \rho^{c_4} \Delta$$

将各 π 数方程写成量纲形式

$$\dim \pi_1 = (LT^{-1})^{a_1} L^{b_1} (ML^{-3})^{c_1} (ML^{-1}T^{-2})$$

$$L: a_1 + b_1 - 3c_1 - 1 = 0$$
$$T: -a_1 - 2 = 0$$
$$M: c_1 + 1 = 0$$

联立方程后解得

$$a_1 = -2, \ b_1 = 0, \ c_1 = -1$$

所以

$$\pi_1 = \frac{\Delta p}{\rho v^2}$$

同理

$$\dim \pi_2 = (LT^{-1})^{a_2} L^{b_2} (ML^{-3})^{c_2} (ML^{-1}T^{-1})$$

比较两边的指数可得

$$a_2 = -1, \ b_2 = -1, \ c_2 = -1$$

所以

$$\pi_2 = \frac{\mu}{\rho v d}$$

因为 l 和 Δ 都是长度量纲，很容易判别得

$$\pi_3 = \frac{l}{d}$$

以及

$$\pi_4 = \frac{\Delta}{d}$$

这样的函数关系可写成

$$F\left(\frac{\Delta p}{\rho v^2}, \frac{\mu}{\rho v d}, \frac{l}{d}, \frac{\Delta}{d} \right) = 0$$

或

$$\frac{\Delta p}{\rho v^2} = F_1\left(\frac{\mu}{\rho v d}, \frac{l}{d}, \frac{\Delta}{d} \right)$$

试验证明压强降落值与管长 l 成正比，故有

$$\frac{\Delta p}{\rho v^2} = \frac{l}{d} F_2\left(\frac{\mu}{\rho v d}, \frac{\Delta}{d} \right)$$

注意到 $\dfrac{dv\rho}{\mu}$ 为雷诺数 Re，则上式变为

$$\frac{\Delta p}{\rho g} = F_3\left(Re, \frac{\Delta}{d} \right) \frac{l}{d} \frac{v^2}{2g}$$

令 $F_3\left(Re, \dfrac{\Delta}{d} \right) = \lambda$，称为沿程损失系数。

4.2.3 量纲分析法的讨论

以上所介绍的量纲分析法只是从物理方程量纲的一致性原理出发，对相互联系的物理量之间进行分析，分析所得到的物理方程是否符合客观规律，很大程度上还依赖于确定所研究问题的影响因素，而上述的量纲分析法本身对变量的选取却不能提供指导和启示，如果多选了不重要变量，那么会使研究复杂化；如果漏选了不能忽略的影响因素，量纲分析所得到的物理方程也都是错误的。所以，量纲分析的正确使用尚依赖于研究人员对所研究的流动现象要有全面和透彻的了解。

另一方面，量纲分析并没有给出流动问题的最终解，它只提供了这个解的基本结构，函数的数值关系还有待于实验确定。正如本节例题所分析的那样，虽然量纲分析的结果未能给出直接的函数关系，但它为进一步的实验研究提供了很好的依据和指导理论，所以说量纲分析是流体力学研究的重要手段之一。

4.3 流动相似原理

相似的概念最早出现于几何学中，即假如两个几何图形的对应边成一定的比例，那么这两个图形便是几何相似的。可以把这一概念推广到某个物理现象的所有物理量上。例如，对于两个流动相似，则两个流动的对应点上同名物理量（如线性长度、速度、压强、各种力等）应具有各自的比例关系。具体地，就是应满足两个流动的几何相似、运动相似和动力相似，以及初始条件和边界条件的相似。

为了便于理解和掌握相似的基本概念，定义 λ_q 表示原型与模型对应物理量 q 的比例，称之为比尺，即

$$\lambda_q = \frac{q_p}{q_m} \tag{4-4}$$

4.3.1 几何相似

如果两个流动的线性变量间存在着固定的比例关系，即原型和模型对应的线性长度的比值相等，则这两个流动具有几何相似。

如以 l 表示某一线性尺度，则有长度比尺

$$\lambda_l = \frac{l_p}{l_m} \tag{4-5}$$

由此可推得其他有关几何量的比例，例如面积 A 和体积 V，比尺分别为

$$\lambda_A = \frac{A_p}{A_m} = \frac{l_p^2}{l_m^2} = \lambda_l^2$$

$$\lambda_V = \frac{V_p}{V_m} = \frac{l_p^3}{l_m^3} = \lambda_l^3$$

4.3.2 运动相似

运动相似是指流体运动的速度场相似。也就是指两个流动各对应点（包括边界上各点）的

速度 u 的方向相同，其大小成一固定的比例尺 λ_u，即

$$\lambda_u = \frac{u_\mathrm{p}}{u_\mathrm{m}} \tag{4-6}$$

由于各相应点速度成比例，所以相应断面的平均速度有同样的比尺，即

$$\lambda_v = \frac{v_\mathrm{p}}{v_\mathrm{m}} = \lambda_u$$

注意到流速是位移对时间 t 的导数，则时间比尺为

$$\lambda_t = \frac{t_\mathrm{p}}{t_\mathrm{m}} = \frac{(l/u)_\mathrm{p}}{(l/u)_\mathrm{m}} = \frac{\lambda_l}{\lambda_u} \tag{4-7}$$

同理，在运动相似的条件下，流动中对应点处流体质点的加速度比尺为

$$\lambda_a = \frac{a_\mathrm{p}}{a_\mathrm{m}} = \frac{v_\mathrm{p}/t_\mathrm{p}}{v_\mathrm{m}/t_\mathrm{m}} = \frac{\lambda_u^2}{\lambda_l} \tag{4-8}$$

4.3.3　动力相似

若两流动对应点处流体质点所受同名力 F 的方向相同，其大小之比均成一固定的比尺 λ_F，则称这两个流动是动力相似。所谓同名力是指具有同一物理性质的力。例如重力 G、黏性力 F_μ、压力 F_p、弹性力 F_E、表面张力 F_σ 等。

如果作用在流体质点上的合力不等于零，根据牛顿定理，流体质点产生加速度，此时可根据理论力学中的达朗贝尔（d'Alembert）原理，引进流体质点惯性力，那么惯性力与质点所受诸力平衡，形式上构成封闭力多边形，这样，动力相似又可以表征为两相似流动对应点上的封闭力多边形相似。例如，假定两流动具有相似性，作用在流体上任一质点的力有重力 G、压力 F_p、黏性力 F_μ 和惯性力 F_I，如图 4-1 所示。那么两流动动力相似就要求

$$\frac{G_\mathrm{p}}{G_\mathrm{m}} = \frac{F_{p\mathrm{p}}}{F_{p\mathrm{m}}} = \frac{F_{\mu\mathrm{p}}}{F_{\mu\mathrm{m}}} = \frac{F_{I\mathrm{p}}}{F_{I\mathrm{m}}} \tag{4-9}$$

成立。式中的下标 p 和 m 分别表示原型和模型。

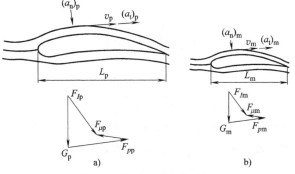

图 4-1　流动动力相似准则

4.3.4　初始条件和边界条件相似

初始条件和边界条件相似是保证相似的充分条件。在非恒定流中，初始条件相似是必需的；在恒定流中则无须初始条件相似。

边界条件相似是指两个流动相应边界性质相同，在一般情况下边界条件可分为几何学的、

运动学的和动力学的几个方面，如固体边界上法线流速为零，自由表面上的压强为大气压强等。

4.4 相似准则

4.3节讨论了流动相似的基本理论，即两流动相似，应具有几何相似、运动相似、动力相似以及初始条件和边界条件一致这些要求。满足流动相似，则长度比尺 λ_l、速度比尺 λ_u 或 λ_v、力的比尺 λ_F 等应遵循一定的约束关系，把这种表达流动相似的约束关系称为相似准则。相似准则是流体力学试验必须要考虑的理论问题。下面就来讨论工程流体力学中常见的相似准则。

一般来说，几何相似和动力相似是前提和依据，动力相似是决定两流动相似的主导因素，运动相似是几何相似和动力相似的表现。因此，在几何相似的前提下，要保证流动相似，主要看动力相似，即应满足式（4-9），把原型与模型的惯性力、黏性力、压力和重力的比作为动力相似的准则，将式（4-9）变为

$$\left(\frac{F_I}{G}\right)_p = \left(\frac{F_I}{G}\right)_m, \quad \left(\frac{F_I}{F_\mu}\right)_p = \left(\frac{F_I}{F_\mu}\right)_m, \quad \left(\frac{F_I}{F_p}\right)_p = \left(\frac{F_I}{F_p}\right)_m \tag{4-10}$$

式（4-10）给出了两流动相似时，重力 G、压力 F_p、黏性力 F_μ 应满足的关系式。以下进行分别详细讨论，推导出工程流体力学中常见的相似准数。

4.4.1 弗劳德准则

为使两流动在重力作用下的动力相似，原模型任意对应点的流体惯性力与重力之比应相等，根据动力相似的要求式（4-10）中第一式

$$\left(\frac{F_I}{G}\right)_p = \left(\frac{F_I}{G}\right)_m$$

因为惯性力和重力可以表达为

$$F_I = ma = \rho V a \propto \rho l^3 \left(\frac{l}{t^2}\right) = \rho l^2 v^2$$

$$G = mg = \rho g V = \rho g l^3$$

代入式（4-10）的第一式得

$$\left(\frac{\rho l^2 v^2}{\rho g l^3}\right)_p = \left(\frac{\rho l^2 v^2}{\rho g l^3}\right)_m$$

由此得出

$$\frac{v_p}{\sqrt{l_p g_p}} = \frac{v_m}{\sqrt{l_m g_m}} \tag{4-11}$$

式（4-11）等号两边均为无量纲量，称为弗劳德相似准数，简称弗劳德数（Froude number）。由推导过程知道弗劳德数是惯性力与重力的比值，令

$$Fr = \frac{v}{\sqrt{gl}} \tag{4-12}$$

那么原型和模型流动满足重力相似时，其关系可以表达为

$$(Fr)_p = (Fr)_m \tag{4-13}$$

或

$$\frac{\lambda_v}{\sqrt{\lambda_l \lambda_g}} = 1 \tag{4-14}$$

即原型流动和模型流动的弗劳德数相等，这就是弗劳德准则。

4.4.2 雷诺准则

当考虑原型、模型流动黏性力相似时，根据流动动力相似，应满足式（4-10）的第二式

$$\left(\frac{F_{\mathrm{I}}}{F_\mu}\right)_{\mathrm{p}} = \left(\frac{F_{\mathrm{I}}}{F_\mu}\right)_{\mathrm{m}}$$

根据第 1 章的讨论，流体黏性力可表达为

$$F_\mu = A\tau = A\mu \frac{\mathrm{d}u}{\mathrm{d}y} \propto \mu l^2 \frac{v}{l} = \mu vl$$

并将惯性力 $F_{\mathrm{I}} = \rho l^2 v^2$ 同时代入整理得出

$$\frac{v_{\mathrm{p}} l_{\mathrm{p}} \rho_{\mathrm{p}}}{\mu_{\mathrm{p}}} = \frac{v_{\mathrm{m}} l_{\mathrm{m}} \rho_{\mathrm{m}}}{\mu_{\mathrm{m}}} \tag{4-15}$$

等号两边的无量纲量已在前面提过，它就是雷诺数

$$Re = \frac{vl\rho}{\mu} = \frac{vl}{\nu} \tag{4-16}$$

它是惯性力与黏性力的比值，式（4-15）说明原型流动与模型流动黏性力相似，要求原型流动与模型流动的雷诺数相等，即

$$(Re)_{\mathrm{p}} = (Re)_{\mathrm{m}} \tag{4-17}$$

或

$$\frac{\lambda_l \lambda_v}{\lambda_\nu} = 1 \tag{4-18}$$

以上结论称为雷诺准则。

4.4.3 欧拉准则

式（4-10）中的第三式是原型和模型流动压力相似时的动力学条件，即

$$\left(\frac{F_{\mathrm{I}}}{F_p}\right)_{\mathrm{p}} = \left(\frac{F_{\mathrm{I}}}{F_p}\right)_{\mathrm{m}}$$

将 $F_{\mathrm{I}} = \rho l^2 v^2$ 和 $F_p = (\Delta p)A = (\Delta p) l^2$ 代入并整理得出

$$\left(\frac{\Delta p}{\rho v^2}\right)_{\mathrm{p}} = \left(\frac{\Delta p}{\rho v^2}\right)_{\mathrm{m}} \tag{4-19}$$

括号中的组合量也是无量纲量，称为欧拉相似准数，简称欧拉数（Euler number），即

$$Eu = \frac{\Delta p}{\rho v^2} \tag{4-20}$$

欧拉数 Eu 是流动压力与惯性力的比值。因为压强 p 和压差 Δp 的量纲相同，故式（4-19）和式（4-20）中的压差 Δp 也可以换成压强 p。

由式（4-19）式（4-20）得到流动压力相似关系为

$$(Eu)_{\mathrm{p}} = (Eu)_{\mathrm{m}} \tag{4-21}$$

或

$$\frac{\lambda_p}{\lambda_\rho \lambda_v^2} = 1 \tag{4-22}$$

式（4-21）说明：流动压力相似时，原型流动与模型流动的欧拉数相等，这就是欧拉准则。

4.4.4　其他相似准则

以上主要分析了流体力学中常见的几种受力及对应的相似准则，对于不同的流动问题和研究内容，有时还有其他不可忽视的作用力。例如，在研究水深很小的明渠和堰流，以及重力作用相对较弱的多孔介质内的流体时，流体表面张力的作用就成为不可忽视的因素。当研究可压缩流体流动时，流体的黏性力也是不可忽视的。那么，根据流动相似要求，这些力也应有相应的相似准则。

若考虑到液体运动时的表面张力作用，根据张力可表达为

$$F_\sigma = \sigma l$$

式中，σ 为表面张力系数。由液体所受的惯性力与表面张力之比，可得韦伯数（Weber number）

$$We = \frac{\rho l v^2}{\sigma}$$

依照前面同样的分析方法可得两流动表面张力相似准则，即

$$(We)_p = We_m \tag{4-23}$$

或

$$\frac{\rho_p l_p v_p^2}{\sigma_p} = \frac{\rho_m l_m v_m^2}{\sigma_m} \tag{4-24}$$

根据定义，弹性力可表达为 $F_E = KA = Kl^2$，K 为流体的体积模量。当流动受弹性力作用时，由流体所受到的惯性力与弹性力之比，可得柯西数（Cauchy number），即

$$Ca = \frac{\rho v^2}{K}$$

如果两流动弹性力相似，必须保证柯西数相等，即

$$(Ca)_p = (Ca)_m \tag{4-25}$$

或

$$\frac{\rho_p v_p^2}{K_p} = \frac{\rho_m v_m^2}{K_m} \tag{4-26}$$

因为声音在流体中传播速度（声速）$c = \sqrt{\dfrac{K}{\rho}}$，代入柯西数得

$$\sqrt{Ca} = \frac{v}{c} = Ma$$

Ma 称为马赫数（Mach number），在气流速度接近或超过声速时，要保证流动相似，还需要保证马赫数相等，即

$$(Ma)_p = (Ma)_m \tag{4-27}$$

或
$$\frac{v_p}{c_p} = \frac{v_m}{c_m} \tag{4-28}$$

前面根据动力相似推导了各种相似准则或相似准则数。除此之外，还可以由流体运动微分方程推导相似准则，其推导方法可以参见水力学或流体力学其他教材。另一类推导方法就是根据量纲分析方法。例如在本章例 4-3 中，光滑圆球在流体中运动所受阻力的相似准数就是雷诺数，相似准则为雷诺准则。

在例 4-4 中，用量纲分析推导了流体在直径管道中流动的压强降落值为

$$\frac{\Delta\rho}{\rho v^2} = \frac{l}{d} f\left(Re, \frac{\Delta}{d}\right)$$

由此知道，其相似准数为雷诺数 Re、相对粗糙度 Δ/d 和欧拉数 Eu。当原型与模型流动的雷诺数 Re 和相对粗糙度 Δ/d 分别相等时，则原型和模型流动的欧拉数自行相等。反过来也是成立的，当原型与模型流动的雷诺数 Re 和欧拉数 Eu 分别相等时，那么相对粗糙度 Δ/d 也必相等，这一点可用来进行人工加糙和率定内流壁面的糙率等问题。

4.5　相似原理应用

运用模型试验对工程中复杂的流体流动问题进行研究是科学研究中常采用的重要手段。在进行模型设计时，怎样根据原型的物理量确定模型的量值，怎样将模型试验的结果推广到原型，都需要依据流动相似原理。

4.5.1　模型律的选择

模型设计首先要选择模型律，也就是确定所要遵循的相似准则。理论上讲，流动相似要求所有作用力都相似，以下先来讨论这些相似准则之间的关系。

现在仅考虑黏性阻力与重力同时满足相似，也就是说要保证模型和原型中的雷诺数和弗劳德数一一对应相等。由式（4-18）式（4-14）分别得到

$$\lambda_v = \frac{\lambda_\nu}{\lambda_l} \tag{4-29}$$

和

$$\lambda_v = \sqrt{\lambda_l \lambda_g} \tag{4-30}$$

通常 $\lambda_g = 1$，则式（4-30）成为

$$\lambda_v = \sqrt{\lambda_l}$$

显然，要同时满足以上两个条件，必须取

$$\lambda_\nu = \lambda_v \lambda_l = \sqrt{\lambda_l} \cdot \lambda_l = \lambda_l^{3/2}$$

这就是说，要实现两流动相似，一是模型的流速应为原型流速的 $\lambda_l^{1/2}$ 倍；二是必须按 $\lambda_\nu = \lambda_l^{3/2}$ 来选择流体运动黏度的比值，但通常对后一条件难以实现。

另一方面，若模型与原型采用同一种介质，即 $\lambda_\nu = 1$，根据黏性力和重力相似，有如下的条件：

$$\lambda_\nu = \frac{1}{\lambda_l}$$

$$\lambda_\nu = \sqrt{\lambda_l}$$

显然，λ_l 与 λ_ν 的关系要同时满足以上两个条件，则 $\lambda_l = 1$，即模型不能缩小也不能放大，失去了模型实验的价值。

从上述分析可见，一般情况下同时满足两个或两个以上作用力相似是很难实现的。实际运用中，常常要对所研究的流动问题进行深入的分析，找出影响该流动问题的主要作用力，满足一个主要力的相似，而忽略其他次要力的相似。例如，对于管中的有压流动及潜体绕流等，只要流动的雷诺数不是特别大，一般其相似条件都依赖于雷诺准则。而像行船引起的波浪运动、明渠水流、绕桥墩的水流、容器壁小孔射流等则主要受重力影响，相似条件要保证弗劳德数相等。值得注意的是，这种相似是目前实验条件限制的结果，而并不是流动相似原理本身的问题。

4.5.2 模型的设计

在模型设计中，通常是根据试验场地和模型制作的条件先定出长度比尺 λ_l，再以选定的比尺 λ_l 缩小（或放大）原型的几何尺度，得出模型流动的几何边界。在一般情况下模型流动所使用的流体就采用原型流体，则流体密度比尺 λ_ρ 和黏度比尺 λ_ν 均等于 1。然后按所选用的相似准则确定相应的速度比尺，这样可按下式计算出模型流动的流量：

$$\frac{q_p}{q_m} = \frac{v_p A_p}{v_m A_m} = \lambda_v \lambda_l^2$$

或

$$q_m = \frac{q_p}{\lambda_v \lambda_l^2} \tag{4-31}$$

需要说明的是以上所述的几何相似，要求模型不论在水平方向或竖直方向均遵循同一线性比尺 λ_l，依此设计的模型称为正态模型。但是，在河流或港口水工模型中，水平长度比较大，如果竖直方向也采用这种大的线性比尺，则模型中的水流可能很小，在水深很小的水流中，表面张力的影响显著，这样模型并不能保证水流相似。为此工程上根据模型试验的目的选用水平方向和竖直方向不同的比尺，而形成了广义的"几何相似"，称这种模型为变态模型。变态模型改变了水流流速场，因此，它是一种近似模型，其近似程度取决于两种线性比尺的差值和所研究的具体内容。这说明了要正确进行模型试验还需要对所研究的工程流体力学问题有比较深入的了解，进而设计出比较接近真实的模型。

以上介绍的相似概念是同类现象中的相似问题，称为"同类相似"。相似也可存在于不同类现象之间，如力和电的相似称为"异类相似"，渗流中水电比拟试验就是异类相似的具体应用。

【例 4-5】 如图 4-2 所示，一桥墩长 $l_p = 24\text{m}$，墩宽 $b_p = 4.3\text{m}$，水深 $h_p = 8.2\text{m}$，河中水流平均流速 $v_p = 2.3\text{m/s}$，两桥墩台间的距离 $B_p = 90\text{m}$。取 $\lambda_l = 50$ 设计水工模型试验，试确定模型的几何尺寸和模型试验流量。

【解】 （1）模型的各几何尺寸，按几何相似的要求由给定的 $\lambda_l = 50$ 直接计算得到：
桥墩长

$$l_m = \frac{l_p}{\lambda_l} = 0.48\text{m}$$

桥墩宽

$$b_m = \frac{b_p}{\lambda_l} = 0.086\text{m}$$

桥墩台间距

$$B_m = \frac{B_p}{\lambda_l} = 1.80\text{m}$$

水深

$$h_m = \frac{h_p}{\lambda_l} = 0.164\text{m}$$

（2）一般水工建筑物的流体流动主要受重力作用，所以模型试验主要满足弗劳德准则。由式（4-14）得到流速比尺

$$\lambda_v = \sqrt{\lambda_g \lambda_l}$$

因 $\lambda_g = 1$，则 $\lambda_v = \sqrt{\lambda_l}$。所以模型流速为

$$v_m = \frac{v_p}{\sqrt{\lambda_l}} = 0.325\mathrm{m/s}$$

再由式（4-31）得模型流量

$$qv_m = \frac{qv_p}{\lambda_l^2 \lambda_v} = \frac{qv_p}{\lambda_l^2 \sqrt{\lambda_l}} = \frac{qv_p}{\lambda_l^{2.5}}$$

因为

$$qv_p = v_p(B_p - b_p)h_p = 1616.3\mathrm{m^3/s}$$

所以

$$qv_m = \frac{qv_p}{\lambda_l^{2.5}} = 0.0914\mathrm{m^3/s}$$

【例 4-6】　为了研究在油液中水平运动的几何尺寸较小的固体颗粒的运动特性，用放大 8 倍的模型在 15℃水中进行实验。物体在油液中运动的速度为 13.72m/s，油的密度 $\rho_{油} = 864\mathrm{kg/m^3}$，动力黏度 $\mu_{油} = 0.0258\mathrm{Pa \cdot s}$。

（1）为保证模型与原型流动相似，模型运动物体的速度应取多大？

（2）实验测定出模型运动物体的阻力为 3.56N，试推求原型固体颗粒所受阻力。

【解】　（1）因物体在液面一定深度之下运动，在忽略波浪运动的情况下，相似的条件应满足雷诺准数，即

$$\left(\frac{\rho Dv}{\mu}\right)_p = \left(\frac{\rho Dv}{\mu}\right)_m$$

由表 1-3 查得 15℃水的动力黏度 $\mu_m = 1.139 \times 10^{-3}\mathrm{Pa \cdot s}$，水的密度近似取 $\rho = 1000\mathrm{kg/m^3}$，又因为 $D_m = 8D_p$，则得

$$v_m = \frac{\rho_p}{\rho_m}\frac{D_p}{D_m}\frac{\mu_m}{\mu_p}v_p = 0.0654\mathrm{m/s}$$

（2）因为 $F \propto \rho l^2 v^2$，所以

$$\frac{F_p}{F_m} = \frac{\rho_p l_p^2 v_p^2}{\rho_m l_m^2 v_m^2} = 594.1$$

得

$$F_p = 594.1 F_m = 2115.0\mathrm{N}$$

习　　题

4.1　据牛顿内摩擦定理 $\tau = \mu\dfrac{\mathrm{d}u}{\mathrm{d}y}$，推导动力黏度 μ、运动黏度 ν 的量纲和单位。

4.2　对于完全气体，气体常数 R 与气体压强 p、密度 ρ、热力学温度 T 有关，试用瑞利法将 R 表示为 p、ρ、T 的函数关系。

4.3　矩形薄壁堰，由实验观察得知，矩形堰的过堰流量 q_v 与堰上水头 H、堰宽 b、重力加速度 g 等有关。试用瑞利量纲分析法确定堰流流量的结构公式。

4.4　证明压强差 Δp、管径 d、重力加速度 g 三个物理量是互相独立的。

4.5　有压管道流动的管壁面切应力 τ_w 与流动速度 v、管径 D、动力黏度 μ 和流体密度 ρ 有关，试用量纲分析法推导切应力 τ_w 的表达式。

4.6　实验表明完全气体的内能 e 与气体压强 p、密度 ρ、比定压热容 c_p、比定容热容 c_V 有关，试用量

纲分析法将内能 e 表示为 p、ρ、c_p、c_V 的函数关系。

4.7 设螺旋桨推进器的牵引力 F 取决于它的直径 d、前进速度 v、流体密度 ρ、流体动力黏度 μ、螺旋桨转速 n。试用量纲分析法证明牵引力可用下式表达：

$$F = \rho d^2 v^2 \varphi\left(Re, \frac{nd}{v}\right)$$

4.8 实验表明完全气体的焓 h 与气体压强 p、密度 ρ、比定压热容 c_p、比定容热容 c_V 有关，试用量纲分析法将焓 h 表示为 p、ρ、c_p、c_V 的函数关系。

4.9 图 4-2 所示的孔口出流，实验知道孔口出流的速度 v 与下列因素有关：孔口作用水头 H、孔口直径 d、重力加速度 g、液体密度 ρ、黏度 μ 及表面张力系数 σ。试用 π 定理推求孔口流量公式。

4.10 图 4-3 所示圆管流动中，由于突然收缩造成的压强降落 $\Delta p = p_1 - p_2 = f(\rho, \mu, d, v, D)$，其中 ρ 为流体密度，μ 为流体动力黏度，v 为流体平均速度。试选用 ρ、v、D 作为循环量利用 π 定理确定 Δp 与这些物理量之间的函数关系。

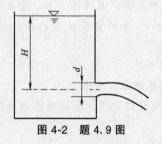

图 4-2 题 4.9 图

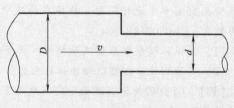

图 4-3 题 4.10 图

4.11 某一飞行物以 36m/s 的速度在空气中做匀速直线运动，为了研究飞行物的运动阻力，用一个尺寸小一半的模型在温度为 15℃的水中实验，模型的运动速度应为多少？若测得模型的运动阻力为 1450N，原型受到的阻力是多少？已知空气的动力黏度 $\mu = 1.86 \times 10^{-5} \mathrm{Pa \cdot s}$，空气密度为 $1.20 \mathrm{kg/m^3}$。

4.12 有一直径为 d、密度为 ρ 的圆球在充满密度为 ρ_1、动力黏度为 μ_1 的流体的无限空间中沉降，其沉降速度 $V = f(d, \rho, \rho_1, \mu_1 g)$，其中 g 是重力加速度。试用 π 定理方法确定球沉降速度可由下式表示出：

$$V = \sqrt{dg\left(\frac{\rho_1}{\rho} - 1\right)} f_1\left(\frac{V\rho_1 d}{\mu_1}\right)$$

其中 f、f_1 均为未知的函数（提示：选 ρ_1、d、V 为循环量）。

4.13 烟气在温度为 600℃的热处理炉中的运动情况可用水模型来进行研究。已知炉中烟气速度 $V = 8\mathrm{m/s}$，烟气在 600℃时运动黏度 $\nu = 0.94 \times 10^{-4} \mathrm{m^3/s}$，设模型与实物的比尺为 1/10，试求模型中 10℃的水应以怎样的速度运动，这两种流动才是相似的？

4.14 利用模型船进行实验，测得速度为 0.54m/s，波阻为 1.1N，若黏性不计，模型船与原型船的比尺为 1/40，试求原型船的速度、所受的波阻以及消耗的功率。

4.15 为研究闸下出流（见图 4-4），在实验室中采用比尺 $\lambda_l = 25$ 的模型进行实验，求：

（1）当原型闸门前水深 $h_p = 14\mathrm{m}$ 时，模型中相应水深 h_m；

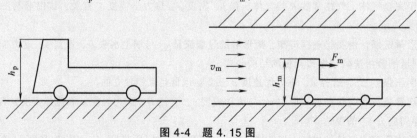

图 4-4 题 4.15 图

（2）若模型试验测得闸下出口断面平均流速 $v_m = 3.1\text{m/s}$，流量 $qv_m = 56\text{L/s}$，由此推算出原型相应流速 v_p。

（3）若模型中水流作用于闸门的力 $F_m = 124\text{N}$，则原型闸门所受的力 F_p。

4.16　如果一个球通过流体时，其运动阻力 R 是流体密度 ρ、流体动力黏度 μ、球的半径 r 及球相对于流体运动速度 V 的函数，若选 ρ、μ、r 为循环量，试用量纲分析法证明 R 可用下式表示：

$$R = \frac{\mu^2}{\rho} f\left(\frac{\rho V r}{\mu}\right)$$

4.17　有一管径为 200mm 的输油管道，油的运动黏度 $\nu = 4.0 \times 10^{-5} \text{m}^2/\text{s}$，管道内通过的原油的流量是 $0.12\text{m}^3/\text{s}$。若用直径为 50mm 的管道分别通以 20℃ 的水和 20℃ 的空气做模型实验，试求在流动相似时，模型管内通过的水和空气的流量。

4.18　加热炉回热装置的模型比例尺为实物的 1/5，已知回热装置中烟气的运动黏度 $\nu = 0.72\text{cm}^2/\text{s}$，正常流速 $V = 2\text{m/s}$，试求当流动相似时，20℃ 的空气在模型中的流速。

4.19　将高 $h_p = 1.5\text{m}$，最大速度 $v_p = 108\text{km/h}$ 的汽车，用模型在风洞中实验以确定空气阻力。风洞中最大风速为 45m/s。

（1）为了保证黏性相似，模型尺寸应为多少？

（2）在最大吹风速度时，模型所受到的阻力为 14.7N，求汽车在最大运行速度时所受的空气阻力（假设空气对原型、模型的物理特征一致）。

4.20　为确定水泵站管系的压力损失，采用比尺为 1 : 5 的模型在气流中进行实验，空气温度 $T = 27℃$，压强 $p = 100\text{kN/m}^2$，动力黏度 $\mu = 2.09 \times 10^{-6} \text{Pa} \cdot \text{s}$，已知原型水流温度 $T = 15℃$，管径 $D = 4\text{m}$，流速 $V = 0.5\text{m/s}$，试确定实验所需空气流速和体积流量，以及模型与原型压力损失的转换关系式。

4.21　密度为 1.225kg/m^3，动力黏度为 $1.8 \times 10^{-5} \text{Pa} \cdot \text{s}$ 的空气，以平均速度 2.15m/s 流过一内径为 40mm 的小管，试计算在流动相似时，水流经过此管时的体积流量。设水的动力黏度为 $1.12 \times 10^{-3} \text{Pa} \cdot \text{s}$，水的密度取 1000kg/m^3，两种流动的沿程损失系数 λ 相同，则两种流动情况下，单位长度的压力降之比是多少？

第 5 章

流动阻力和能量损失

计算能量损失是流体力学中重要的计算问题之一。确定流体流动过程中的能量变化，或确定各断面上动能、位能之间的关系，以及计算使流体流动应提供的动力大小等问题，都涉及能量损失问题。

不可压缩流体在流动过程中，流体靠损失自身所具有的机械能来克服流体之间切应力以及流体与固体壁面之间摩擦力做功，这部分能量不可逆地转化为热能。这种引起流动能量损失的阻力，与流体的黏滞性和惯性，以及固体壁面对流体的阻滞作用和扰动作用有关。因此，为了得到能量损失的规律，必须同时分析各种阻力的产生机理和特性，并且研究壁面特征的影响。

能量损失一般有两种表示方法：对于液体，通常用受单位重力作用下的流体的能量损失（或称水头损失）h_l 来表示，其量纲为长度；对于气体，则常用单位体积内的流体的能量损失（或称压强损失）p_l 来表示，其量纲与压强的量纲相同。它们之间的关系是

$$p_l = \rho g h_l$$

5.1 沿程损失和局部损失

在工程设计计算中，根据流体接触的边壁沿程是否变化，把能量损失分为两类：沿程损失 h_f 和局部损失 h_m，两者的损失机理和计算方法不同。

5.1.1 流动阻力和能量损失的分类

在边壁沿程不变的管段上（见图 5-1 中的 ab、bc、cd 段），流动阻力沿程基本不变，称这类阻力为沿程阻力。克服沿程阻力引起的能量损失称为沿程损失。图中的 h_{fab}、f_{fbc}、h_{fcd} 就是 ab、bc、cd 段的损失——沿程损失。由于沿程损失沿管段均匀分布，即与管段的长度成正比，所以也称为长度损失。

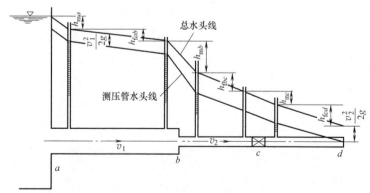

图 5-1 沿程阻力与沿程损失

由于流体流动过程中漩涡区的产生和速度的变化在边界急剧变化的区域，阻力主要集中在该区域内及其附近，这种集中分布的阻力称为局部阻力。克服局部阻力的能量损失称为局部损失。例如，图 5-1 中的管道进口、变径管和阀门等处，都会产生局部阻力。h_{ma}、h_{mb}、h_{mc} 就是相应的局部水头损失。

整个管路的能量损失等于各管段的沿程损失和各局部损失的总和。即

$$h_l = \sum h_f + \sum h_m$$

对于图 5-1 所示系统，能量损失为

$$h_l = h_{fab} + h_{fbc} + h_{fcd} + h_{ma} + h_{mb} + h_{mc}$$

5.1.2　能量损失的计算公式

能量损失的计算公式用水头损失表达时，为

沿程水头损失：
$$h_f = \lambda \frac{l}{d} \frac{v^2}{2g} \tag{5-1}$$

局部水头损失：
$$h_m = \zeta \frac{v^2}{2g} \tag{5-2}$$

用压强形式表示的损失，则为

$$p_f = \lambda \frac{l}{d} \frac{\rho v^2}{2} \tag{5-3}$$

$$p_m = \zeta \frac{\rho v^2}{2} \tag{5-4}$$

式中，l 为管长，单位为 m；d 为管径，单位为 m；v 为断面平均流速，单位为 m/s；g 为重力加速度，单位为 m/s^2；λ 为沿程阻力系数；ζ 为局部阻力系数。

5.2　层流与湍流、雷诺数

从 19 世纪初期起，通过实验研究和工程实践，人们注意到流体运动有两种结构不同的流动状态，能量损失的规律与流态密切相关。

5.2.1　两种流态

1883 年英国科学家雷诺在与图 5-2 类似的装置上进行了实验，发现了流体的运动有两种不同的流动状态，即层流和湍流。

实验时，水箱 A 内水位保持不变以提供定常水头，阀门 C 用于调节流量，容器 D 内盛有密度与水相近的染色水，经细管 E 流入玻璃管 B，阀门 F 用于控制染色水流量。

当管 B 内流体流速较小时，管内染色水保持一条直线，不与周围的水相混，染色水在管中分层流动且各层间互不干扰、互不相混。这种分层有规则的流动状态称为层流，如图 5-2a 所示。当阀门 C 逐渐开大，流速增加大到某一临界流速 v'_k 时，染色水出现摆动，呈波纹状，流体开始跃层运动，这种流动状态称为过渡状态。如图 5-2b 所示。继续增大阀门开度，流速继续增大，则染色水与周围清水相混，随机地充满了整个管道，如图 5-2c 所示。这表明液体质点的运动轨迹无规则，各部分流体相互剧烈掺混，这种流动状态称为湍流。

若实验时的流速由大变小，则上述观察到的流动现象以相反的顺序重演，但由湍流转变为层流时临界流速 v_k 小于由层流转变为湍流的临界流速 v'_k。称 v'_k 为上临界流速，v_k 为下临界

流速。

实验进一步表明：对于特定的流动装置上临界流速 v'_k 是不固定的，随着流动的起始条件和实验条件的扰动程度不同，v'_k 值可以有很大的差异；但是下临界流速 v_k 却是不变的。在实际工程中，扰动普遍存在，上临界流速 v'_k 没有实际意义。后面所指的临界流速均为下临界流速 v_k。

在管道 B 的断面 1、2 处加接两根测压管，根据能量方程，测压管的液面差即为 1、2 断面间的沿程损失。用阀门 C 调节流量，通过流量测量就可以得到沿程水头损失与平均流速的关系曲线 h_f-v。如图 5-3 所示。

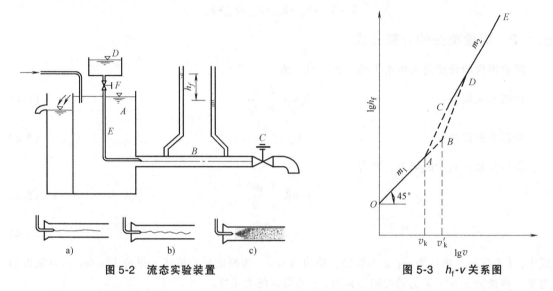

图 5-2 流态实验装置　　　　　　　　图 5-3 h_f-v 关系图

实验曲线 $OABDE$ 在流速由小变大时获得；而流速由大变小时的实验曲线是 $EDCAO$。其中 AD 部分不重合。图中点 B 对应的流速即上临界流速 v'_k，点 A 对应的是下临界流速 v_k。AC 段和 BD 段实验点分布比较紊乱，是流态不稳定的过渡区。

此外，由图 5-3 可分析得

$$h_f = Kv^m$$

流速小时即 OA 段，$m=1$，$h_f = Kv^{1.0}$，沿程损失和流速成正比。流速较大时，在 CDE 段，$m=1.75 \sim 2.0$，$h_f = Kv^{1.75 \sim 2.0}$。线段 AC 或 BD 的斜率均大于 2。

5.2.2 流态的判别准则——临界雷诺数

上述实验观察到了两种不同的流态，以及在管道 B 管径和流动介质不变的条件下得到流态与流体的平均流速 v 有关的结论。雷诺等人进一步的实验表明：流动状态不仅和流体的平均流速 v 有关，还与管径 d、流体的密度 ρ 和动力黏度 μ 等因素有关。

根据相似原理和量纲分析，以上四个参数可组合成一个无量纲量，称为雷诺数，用 Re 表示。

$$Re = \frac{vd\rho}{\mu} = \frac{vd}{\nu} \tag{5-5}$$

式（5-5）说明雷诺数与平均流速和管径成正比，与流体的运动黏度成反比。

若管径和流体的运动黏度一定，则雷诺数只随平均速度变化。则下临界流速 v_k 和上临界流速 v'_k 相对应的雷诺数分别为下临界雷诺数 Re_k 和上临界雷诺数 Re'_k。即

$$Re_{k} = \frac{v_{k}d}{\nu} = 2000$$

$$Re_{k}' = \frac{v'd}{\nu} = 4000$$

(5-6)

雷诺通过实验测得 Re_{k}' 为大于 4000 的不确定量，其数值受外界扰动而发生变化，Re_{k} 则不变，为 2000。通常

层流：$\qquad\qquad\qquad Re = vd/\nu < 2000$ (5-7)

湍流：$\qquad\qquad\qquad Re = vd/\nu > 4000$ (5-8)

在实际工程中，为简化分析起见，一般认为圆管中的流体流动，当 Re 大于 2000 时，流动为湍流；当 Re 小于 2000 时，流动为层流。

【例 5-1】　有一管径 $d = 25\text{mm}$ 的室内上水管，如管中流速 $v = 1.0\text{m/s}$，水温 $t = 10℃$。

（1）试判别管中水的流态；

（2）管内保持层流状态的最大流速为多少？

【解】　（1）10℃ 时水的运动黏度为 $\nu = 1.31 \times 10^{-6}\text{m}^2/\text{s}$

管内雷诺数为

$$Re = \frac{vd}{\nu} = \frac{1.0 \times 0.025}{1.31 \times 10^{-6}} = 19083 > 2000$$

故管中水流为湍流。

（2）保持层流的最大流速就是临界流速 v_{k}。由于

$$Re = \frac{vd}{\nu} = 2000$$

所以

$$v_{k} = \frac{2000 \times 1.31 \times 10^{-6}}{0.025}\text{m/s} = 0.105\text{m/s}$$

【例 5-2】　某低速送风管道，直径 $d = 200\text{mm}$，风速 $v = 3.0\text{m/s}$，空气温度是 30℃。

（1）试判断风道内气体的流态。

（2）该风道的临界流速是多少？

【解】　（1）30℃ 空气的运动黏度 $\nu = 16.6 \times 10^{-6}\text{m}^2/\text{s}$，管中雷诺数为

$$Re = \frac{vd}{\nu} = \frac{3.0 \times 0.2}{16.6 \times 10^{-6}} = 36144 > 2000$$

故为湍流。

（2）求临界流速 v_{k}，则有

$$v_{k} = \frac{2000 \times 16.6 \times 10^{-6}}{0.2} = 0.166\text{m/s}$$

从以上两例题可见，水和空气管路一般均为湍流。

【例 5-3】　某户内煤气管道，管径 $d = 15\text{mm}$，煤气流量 $Q_{V} = 2\text{m}^3/\text{h}$，煤气的运动黏度 $\nu = 26.3 \times 10^{-6}\text{m}^2/\text{s}$，试判别该煤气支管内的流态。

【解】　管内煤气流速

$$v = \frac{Q_V}{A} = \frac{\frac{2}{3600}}{\frac{\pi}{4} \times (0.015)^2} \mathrm{m/s} = 3.15\mathrm{m/s}$$

雷诺数为

$$Re = \frac{vd}{\nu} = \frac{3.15 \times 0.015}{26.3 \times 10^{-6}} = 1797 < 2000$$

故管中为层流。这说明某些户内管流也可能出现层流状态。

5.2.3 流态分析

层流和湍流的根本区别在于层流各流层间互不掺混，只存在黏性引起的各流层间的滑动摩擦阻力；湍流的流动参数随时间呈不规则脉动。涡旋是造成脉动的根源。除了黏性阻力，还存在着由于质点掺混，互相碰撞所造成的惯性阻力。因此，湍流阻力比层流阻力大得多。

层流到湍流的转变是与涡体的产生联系在一起的，图 5-4 所示为涡体产生的过程。

设流体原来做近似直线的层流运动。由于某种原因的干扰，流层发生波动（见图 5-4a）。于是在波峰一侧断面受到压缩，流速增大，压强降低；在波谷一侧由于过流断面增大，流速减小，压强增大。因此流层受到图 5-4b 中箭头所示的压差作用，这将使波动进一步加大（见图 5-4c），终于发展成涡体。涡体形成后，由于其一侧的旋转切线速度与流动方向一致，故流速较大，压强较小；而另一侧旋转切线速度与流动方向相反，流速较小，压强较大。于是涡体在其两侧压差作用下，将由一层转到另一层（见图 5-4d），这就是湍流掺混的原因。

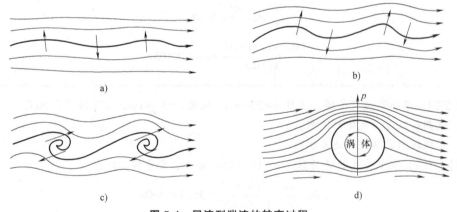

图 5-4 层流到湍流的转变过程

层流受扰动后，当黏性的稳定作用起主导作用时，扰动受到黏性的阻滞而衰减下来，流动就是稳定的。当扰动占主导作用时，黏性的稳定作用无法使扰动衰减下来，流动便变为湍流。因此，流动呈现什么流态，取决于扰动的惯性作用和黏性的稳定作用哪个起主导作用。

雷诺数反映了惯性力和黏性力之间的关系，因此可以采用雷诺数来判别流体的流态。下面的量纲分析有助于初步认识这个问题。

$$\dim(惯性力) = \dim m \dim a = \dim \rho \times \mathrm{L}^3 \frac{\mathrm{L}}{\mathrm{T}^2}$$

$$\dim(黏性力) = \dim \mu \dim A \dim\left(\frac{\mathrm{d}u}{\mathrm{d}n}\right) = \dim \mu \times \mathrm{L}^2 \frac{\dim u}{\mathrm{L}}$$

取 $L=d$，以上雷诺数就和式（5-5）一致了。

实验表明，在 $Re=1225$ 左右时，流动的核心部分就已出现线状的波动和弯曲。随着 Re 的增加，其波动的范围和强度随之增大，但此时黏性仍起主导作用，流动仍是稳定的。直至 Re 达到 2000 左右时，在流动的核心部分惯性力克服黏性力的阻滞而开始产生涡体，随之出现各流层掺混现象。当 $Re>2000$ 后，涡体越来越多，掺混也越来越强烈。直到 $3000<Re<4000$ 时，除了在邻近管壁的极小区域外，流体的流动状态均已发展为湍流。在邻近管壁的极小区域存在着一流体薄层，由于固体壁面的阻滞作用，流速较小，惯性力较小，因而仍保持为层流运动。该流层称为层流底层。管中心部分称为湍流核心。在湍流核心与层流底层之间还存在一个由层流到湍流的过渡层，如图 5-5 所示。层流底层的厚度随着 Re 数的不断加大而越来越薄，它的存在对因管壁粗糙而产生的扰动作用和流体与管壁之间的导热性有很大影响。如图 5-5 所示。

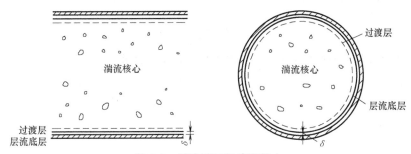

图 5-5　层流底层与湍流核心

5.3　圆管中的层流运动

本节主要讲述圆管中层流运动的规律以及从理论上导出沿程阻力系数的计算公式。

5.3.1　均匀流动方程

在第 3 章已分析过均匀流动的特点，均匀流只能发生在长直的管道或渠道这一类断面形状和大小都沿程不变的流动中，因此均匀流只有沿程损失，而无局部损失。为了导出沿程阻力系数的计算公式，首先建立沿程损失和沿程阻力之间的关系。在图 5-6 所示的均匀流中，在任选的两个断面 1—1 和断面 2—2 列能量方程

$$Z_1+\frac{p_1}{\rho g}+\frac{\alpha_1 v_1^2}{2g}=Z_2+\frac{p_2}{\rho g}+\frac{\alpha_2 v_2^2}{2g}+h_{l1-2}$$

由均匀流的性质，有

$$\frac{\alpha_1 v_1^2}{2g}=\frac{\alpha_2 v_2^2}{2g},\; h_l=h_f$$

代入上式，得

$$h_f=\left(\frac{p_1}{\rho g}+Z_1\right)-\left(\frac{p_2}{\rho g}+Z_2\right)\qquad(5-9)$$

考虑所取流段在流向上的受力平衡条件。设两断面间的距离为 l，过流断面面积为 $A_1=A_2=A$，在流向上，该流段所受的作用力有

重力分量：　　$\rho g A l \cos\alpha$

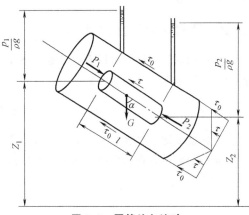

图 5-6　圆管均匀流动

端面压力：p_1A、p_2A

管壁切力：$\tau_0 l 2\pi r_0$

其中 τ_0 为管壁切应力；r_0 为圆管半径。

在均匀流中，流体质点做等速运动，加速度为零，因此，以上各力的合力为零，考虑到各力的作用方向，得

$$p_1A - p_2A + \rho g A l\cos\alpha - \tau_0 l 2\pi r_0 = 0$$

将 $l\cos\alpha = Z_1 - Z_2$ 代入整理得

$$\left(Z_1 + \frac{p_1}{\rho g}\right) - \left(Z_2 + \frac{p_2}{\rho g}\right) = \frac{2\tau_0 l}{\rho g r_0} \tag{5-10}$$

比较式（5-9）和式（5-10），得

$$h_f = \frac{2\tau_0 l}{\rho g r_0} \tag{5-11}$$

式中，h_f/l 中为单位长度的沿程损失，称为水力坡度，用 J 表示，即

$$J = \frac{h_f}{l}$$

代入式（5-11）得

$$\tau_0 = \rho g \frac{r_0}{2} J \tag{5-12}$$

式（5-11）或式（5-12）就是均匀流动方程。它反映了沿程水头损失和管壁切应力之间的关系。

如取半径为 r 的同轴圆柱形流体来讨论，可类似地求得管内任一点轴向切应力 τ 与沿程水头损失 J 之间的关系为

$$\tau = \rho g \frac{r}{2} J \tag{5-13}$$

比较式（5-12）和式（5-13），得

$$\frac{\tau}{\tau_0} = \frac{r}{r_0} \tag{5-14}$$

式（5-14）表明圆管均匀流中，切应力与半径成正比，在断面上按直线规律分布，在管壁上达到最大值，如图5-6所示。

5.3.2　沿程阻力系数的计算

圆管中的层流运动，可以看成无数无限薄的圆筒层，一个套着一个地相对滑动，各流层间互不掺混。可以证明这种轴对称的流动各流层间的切应力大小满足牛顿内摩擦定律，即

$$\tau = -\mu \frac{\mathrm{d}u}{\mathrm{d}r} \tag{5-15}$$

由于速度 u 随 r 的增大而减小，所以等式右边加负号，以保证 τ 为正。

联立均匀流动方程（5-13）和式（5-15），整理得

$$\mathrm{d}u = -\frac{\rho g J}{2\mu} r \mathrm{d}r$$

在均匀流中，J 值不随 r 而变。对上式积分，并代入边界条件：$r = r_0$ 时，$u = 0$，得

$$u = \frac{\rho g J}{4\mu}(r_0^2 - r^2) \tag{5-16}$$

可见，断面流速分布是以管中心线为轴的旋转抛物面，如图 5-7 所示。

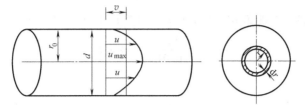

图 5-7　圆管中层流的流速分布

当 $r = 0$ 时，即在管轴上，流速最大

$$u_{max} = \frac{\rho g J}{4\mu}r_0^2 = \frac{\rho g J}{16\mu}d^2 \tag{5-17}$$

将式 (5-16) 代入平均流速定义式

$$u = \frac{Q_V}{A} = \frac{\int_A u \mathrm{d}A}{A} = \frac{\int_0^{r_0} u 2\pi r \mathrm{d}r}{A}$$

得平均流速为

$$u = \frac{\rho g J}{8\mu}r_0^2 = \frac{\rho g J}{32\mu}d^2 \tag{5-18}$$

比较式 (5-17) 和式 (5-18)，得

$$u = \frac{1}{2}u_{max} \tag{5-19}$$

即平均流速等于最大流速的一半。

根据式 (5-18)，得

$$h_f = Jl = \frac{32\mu u l}{\rho g d^2} \tag{5-20}$$

式 (5-20) 从理论上证明了层流沿程损失和平均流速成正比，将 $Re = \dfrac{\mathrm{d}u\rho}{\mu}$ 代入式 (5-20) 得

$$h_f = \frac{32\mu u l}{\rho g d^2} = \frac{64}{Re}\frac{l}{d}\frac{u^2}{2g}$$

将此式与沿程损失计算式 (5-1) 相对照，可得圆管层流的沿程阻力系数的计算式

$$\lambda = \frac{64}{Re} \tag{5-21}$$

它表明圆管层流的沿程阻力系数仅与雷诺数有关且成反比，而和管壁粗糙度无关。

由于从理论上导出了层流时流速分布的解析式，因此，根据定义式，很容易导出圆管层流运动的动能修正系数 α 和动量修正系数 α_0 分别为 $\alpha = 2$，$\alpha_0 = 1.33$。

湍流掺混使断面流速均匀分布。层流时，相对地说，分布不均匀，两个系数值较大，不能近似为 1。在第 3.8 节中已提到，在实际工程中，大部分管流为湍流，因此系数 α 和 α_0 均近似取值为 1。

工程问题中管内层流运动主要存在于某些小管径、小流量的室内管路或黏性较大的机械润滑系统和输油管路中。层流运动规律也是流体黏度测量和研究湍流运动的基础。

【例5-4】 设圆管的直径 $d=2\text{cm}$，流速 $v=12\text{cm/s}$，水温 $t=10℃$。试求在管长 $l=20\text{m}$ 上的沿程水头损失。

【解】 先判明流态，查得在 $10℃$ 时水的运动黏度 $\nu=0.013\times10^{-6}\text{cm}^2/\text{s}$。则有

$$Re=\frac{vd}{\nu}=\frac{12\times2}{0.013}=1846<2000$$

故为层流。

沿程阻力系数为

$$\lambda=\frac{64}{Re}=\frac{64}{1846}=0.0347$$

沿程损失为

$$h_\text{f}=\lambda\frac{l}{d}\frac{v^2}{2g}=\left(0.0347\times\frac{2000}{2}\times\frac{12^2}{2\times980}\right)\text{cm}=2.55\text{cm}$$

【例5-5】 在管径 $d=1\text{cm}$，管长 $l=5\text{m}$ 的圆管中，冷冻机润滑油做层流运动，测得流量 $Q_V=80\text{cm}^3/\text{s}$，水头损失 $h_\text{f}=30\text{m}$，试求油的运动黏度 ν？

【解】 润滑油的平均流速

$$v=\frac{Q_V}{A}=\frac{80}{\frac{\pi}{4}\times1^2}\text{cm/s}=102\text{cm/s}$$

沿程阻力系数为

$$\lambda=\frac{h_\text{f}}{\frac{l}{d}\frac{v^2}{2g}}=\frac{30}{\frac{5}{0.01}\frac{1.02^2}{2\times9.8}}=1.13$$

求 Re，因为是层流，$\lambda=\frac{64}{Re}$，所以

$$Re=\frac{64}{\lambda}=\frac{64}{1.13}=56.6$$

润滑油的运动黏度为

$$\nu=\frac{vd}{Re}=\frac{102\times1}{56.6}\text{cm}^2/\text{s}=1.802\text{cm}^2/\text{s}$$

5.4 湍流运动的特征和湍流阻力

本节进一步剖析和描述湍流运动特征，研究与湍流能量损失有关的阻力特性，并介绍一些和湍流有关的概念。

5.4.1 湍流运动的特征

前面已经提到湍流运动是极不规则的流动，这种不规则性主要体现在湍流的脉动现象。所

谓脉动现象，就是诸如速度、压强等空间点上的物理量随时间的变化做无规则的变化。在进行相同条件下的重复实验时，所得瞬时值不相同，但多次重复实验结果的算术平均值趋于一致，具有规律性。例如，速度的这一物理量随机脉动的频率在每秒 $10^2 \sim 10^5$ 次之间，单位时间内脉动振幅小于主流平均位移的 10%。

图 5-8 所示就是测得的在某一空间固定点上某湍流流动速度随时间的分布。由于脉动的随机性，处理湍流流动的基本手段通常采用统计平均法。统计平均法有时均法和体均法等。我们介绍比较容易测量和常用的时均法。

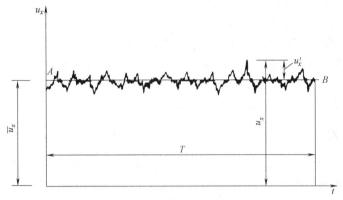

图 5-8　湍流的脉动

通过对速度分量的时间平均给出时均法的定义，以同样的方法获得其他物理量的时均值。

设 u_x 为瞬时值，用 $\overline{u}_x$ 表示平均值，则时均值 $\overline{u}_x$ 定义为

$$\overline{u}_x(x,y,z,t) = \frac{1}{T}\int_{t-T/2}^{t+T/2} u_x(x,t,z,\xi)\,\mathrm{d}\xi \tag{5-22}$$

式中，ξ 为时间积分变量；T 为平均周期，是一常数，它的取法应比湍流的脉动周期大得多，而比流动的不恒定性的特征时间又小得多，随具体的流动而定。例如，风洞实验中有时取 T 等于 1s，而海洋波 T 大于 20min。

瞬时值与平均值之差即为脉动值，用 u_x' 表示，则脉动速度为

$$u_x' = u_x - \overline{u}_x$$

或写成

$$u_x = \overline{u}_x + u_x' \tag{5-23}$$

同样地，瞬时压强、平均压强和脉动压强之间的关系为

$$p = \overline{p} + p'$$

如果湍流流动中各物理量的时均值不随时间而变，仅仅是空间点的函数，即时均流动是恒定流动，例如，此时

$$\boldsymbol{u}_x = \boldsymbol{u}_x(x,y,z)$$
$$\boldsymbol{p} = \boldsymbol{p}(x,y,z)$$

湍流的瞬时运动总是非恒定的，而平均运动可能是非恒定的，也可能是恒定的。工程上关注的总是时均流动，一般仪器和仪表测量的也是时均值。一元恒定流基本方程也适用于湍流。

湍流脉动的强弱程度用湍流度 ε 表示。湍流度的定义是

$$\varepsilon = \frac{1}{\overline{u}}\sqrt{\frac{1}{3}\left(\overline{u_x'^2} + \overline{u_y'^2} + \overline{u_z'^2}\right)} \tag{5-24}$$

式中，$\overline{u} = (\overline{u_x}^2 + \overline{u_y}^2 + \overline{u_z}^2)$。即等于速度分量脉动值的均方根与平均运动速度大小的比值。在管流、射流和物体绕流等湍流流动中，初始来流的湍流度的强弱将影响到流动的发展。

湍流可分为：

1）均匀各向同性湍流：在流场中，不同点以及同一点在不同的方向上的湍流特性都相同，主要存在于无界的流场或远离边界的流场。例如，远离地面的大气层等。

2）自由剪切湍流：边界为自由面而无固壁限制的湍流。例如自由射流，绕流中的尾流等，在自由面上与周围介质发生掺混。

3）有壁剪切湍流：湍流在固壁附近的发展受限制。如管内湍流及绕流边界层等。在湍流理论和工程应用中都有专门的著作可供参考。

湍流的脉动将引起流体微团之间的质量、动量和能量的交换。由于流体微团含有大量分子，这种交换较之分子运动强烈得多，从而产生了湍流扩散、湍流摩阻和湍流热传导等。这种特性有时是有益的，例如湍流可以强化换热器的热交换效果；但在考虑阻力时，却要设法减弱湍流摩阻。下面将分析与能量损失有关的湍流阻力的特点。

5.4.2　湍流阻力

在湍流中，一方面因时均流速不同，各流层间的相对运动，仍然存在着黏性切应力，另一方面还存在着由脉动引起的动量交换产生的惯性切应力。因此，湍流阻力包括黏性切应力。

如图 5-9 所示，任取一水平截面 A—A，设某瞬时位于低流速层点 a 处的质点以脉动流速 u'_y 向上穿过 A—A 截面到达点 a'。由于流体具有 x 方向的流速，因而有 x 方向的动量由下层传入上层。根据动量定理：动量的变化率等于作用力，使 A—A 截面上产生了 x 方向的作用力。这个单位面积上的切向作用力称为惯性切应力，用 τ_2 表示，即

$$\tau_2 = \rho u'_y (\overline{u_x} + u'_x)$$

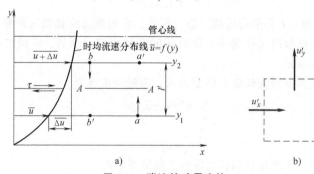

图 5-9　湍流的动量交换

τ_2 的时均值，根据式（5-22），有

$$\overline{\tau_2} = \overline{\rho u'_y (\overline{u_x} + u'_x)} = \rho \frac{1}{T} \int_{t-T/2}^{t+T/2} u'_y (\overline{u_x} + u'_x) \, \mathrm{d}\xi$$

$$= \rho \left(\frac{1}{T} \int_{t-T/2}^{t+T/2} u'_y \overline{u_x} \, \mathrm{d}\xi + \frac{1}{T} \int_{t-T/2}^{t+T/2} u'_y u'_x \, \mathrm{d}\xi \right)$$

因为 $u_y = \overline{u_y} + u'_y$，两边取时均值得

$$\overline{u_y} = \frac{1}{T} \int_{t-T/2}^{t+T/2} \overline{u_y} \, \mathrm{d}\xi + \overline{u'_y} = \overline{u_y} + \overline{u'_y}$$

所以

$$\overline{u'_y} = 0$$

故

$$\overline{\tau_2} = \rho \frac{1}{T} \int_{t-T/2}^{t+T/2} u'_y u'_x \mathrm{d}\xi = \rho \overline{u'_x u'_y} \tag{5-25}$$

接下来分析惯性切应力的方向。流体由下往上脉动时均流速小于 a' 处 x 方向的时均流速，因此当质点 a 到达 a' 处时，在大多数情况下，对该处原有的质点的运动起阻滞作用，产生与 x 轴正方向相反的脉动流速 u'_x。原处于高流速层点 b 的流体，以脉动流速 u'_y 向下运动，则 u'_y 的方向沿 y 轴的负方向，到达点 b' 时，对该处原有的质点的运动起向前推进的作用，产生正向的脉动流速 u'_x。这样正的 u'_x 和负的 u'_y 相对应，负的 u'_x 和正的 u'_y 相对应，其乘积 $u'_x u'_y$ 总是负值。此外，惯性切应力和黏性切应力的方向是一致的，下层流体（低流速层）对上层流体（高流速层）的运动起阻滞作用，而上层流体对下层流体的运动起推动作用。

为了使惯性切应力的符号与黏性切应力一致，以正值出现，故在式（5-25）中加上负号，得

$$\overline{\tau_2} = -\rho \overline{u'_x u'_y} \tag{5-26}$$

式（5-26）为流速横向脉动产生的湍流惯性切应力。它是雷诺于 1895 年首先提出的，故又称为雷诺应力。但要注意的是即使对平均流动而言，流动朝着同一方向的湍流，例如直管内流动，在三个坐标方向都存在着流速的脉动分量。因此，在其他方向上还存在惯性应力。

由于测量脉动量存在困难，所以利用脉动量直接计算惯性切应力是不可能的。再者，应用时主要关注的是平均值，因此，湍流理论主要研究脉动值和平均值之间的关系。湍流研究的方向主要有湍流的统计理论、平均量的半经验理论。这是工程中主要采用的方法。例如，1925 年普朗特提出的混合长度理论，就是经典的半经验理论。

5.4.3　混合长度理论

宏观上流体微团的脉动引起惯性切应力，这与分子微观运动引起黏性切应力十分相似。因此，普朗特假设在脉动过程中，存在着一个与分子平均自由程相当的距离 l'。微团在该距离内不会和其他微团相碰，因而保持原有的物理属性，例如保持动量不变。只是在经过这段距离后，才与周围流体相混合，并取得与新位置上原有流体相同的动量等。基于这一假定，做如下推导。

相距 l' 的两层流体的时均流速差为

$$\Delta \overline{u} = \overline{u}(y_2) - \overline{u}(y_1) = \left(\overline{u}(y_1) + \frac{\mathrm{d}\overline{u}}{\mathrm{d}y} l' \right) - \overline{u}(y_1) = \frac{\mathrm{d}\overline{u}}{\mathrm{d}y} l'$$

由于两层流体的时均流速不同，因此横向脉动动量交换的结果会引起纵向脉动。普朗特假设纵向脉动流速时均值的绝对值与时均流速差成比例，即

$$\overline{|u'_x|} \sim \frac{\mathrm{d}\overline{u}}{\mathrm{d}y} l'$$

同时，在湍流里，用一封闭边界割离出一块流体，如图 5-9a 所示。普朗特根据连续性原理认为要维持质量守恒，纵向脉动必将影响横向脉动，即 u'_x 和 u'_y 是相关的。因此 $\overline{|u'_x|}$ 与 $\overline{|u'_y|}$ 成比例，即

$$\overline{|u'_x|} \sim \overline{|u'_y|} \sim \frac{\mathrm{d}\overline{u}}{\mathrm{d}y} l'$$

$\overline{u'_x u'_y}$ 虽然与 $\overline{|u'_x|}\ \overline{|u'_y|}$ 不等，但可以认为两者成比例关系，符号相反，则

$$-\overline{u'_x u'_y} = c l'^2 \left(\frac{\mathrm{d}\overline{u}}{\mathrm{d}y} \right)$$

式中，c 为比例系数，令 $l^2 = c l'^2$，则上式可变成

$$\overline{\tau_2} = \rho l^2 \left(\frac{\mathrm{d}\overline{u}}{\mathrm{d}y}\right)^2 \tag{5-27}$$

这就是由普朗特的混合长度理论得到的以时均流速表示的湍流惯性切应力表达式，式中 l 称为混合长度。于是湍流切应力可写成

$$\tau = \tau_1 + \tau_2 = \mu \frac{\mathrm{d}\overline{u}}{\mathrm{d}y} + \rho l^2 \left(\frac{\mathrm{d}\overline{u}}{\mathrm{d}y}\right)^2$$

层流时，只有黏性切应力 τ_1，湍流时，惯性切应力 τ_2 有很大影响，如果我们将 τ_1 和 τ_2 相比，则

$$\frac{\tau_2}{\tau_1} = \frac{\rho l^2 \left(\frac{\mathrm{d}\overline{u}}{\mathrm{d}y}\right)^2}{\mu \frac{\mathrm{d}\overline{u}}{\mathrm{d}y}} = \frac{\rho l^2 \frac{\mathrm{d}\overline{u}}{\mathrm{d}y}}{\mu} \approx \rho l \frac{\overline{u}}{\mu}$$

其中，$\frac{\rho l u}{\mu}$ 是雷诺数的形式，因此 τ_2 与 τ_1 的比例与雷诺数有关。雷诺数越大，湍流流动越剧烈，τ_1 的影响就越小，当雷诺数很大时，τ_1 就可以忽略了，于是

$$\tau = \rho l^2 \left(\frac{\mathrm{d}u}{\mathrm{d}y}\right)^2 \tag{5-28}$$

为了简便起见，从这里开始，时均值不再标以时均符号。

式 (5-28) 中，混合长度 l 是未知的，要根据具体问题做出新的假定，结合实验结果才能确定。普朗特关于混合长度的假设有其局限性，但在一些湍流流动中应用普朗特半经验理论所获得的结果与实际比较一致。

将式 (5-28) 运用于圆管湍流，可以从理论上证明断面上流速分布是对数型的。有

$$u = \frac{1}{\beta} \sqrt{\frac{\tau_0}{\rho}} \ln y + C \tag{5-29}$$

式中，y 为离圆管壁的距离；β 为卡门通用常数，由实验确定；C 为积分常数。

由于湍流时流体质点相互掺混使流速趋于均匀分布，造成湍流时圆管内流速分布规律不同于层流时圆管内流速分布规律。层流时只有由于流体内分子运动产生动量交换引起的黏性切应力；而湍流切应力除了黏性切应力外，还包括流体微团脉动产生动量交换所引起的惯性切应力。由于脉动作用远大于分子运动作用，因此在湍流充分发展的流域内，惯性切应力远大于黏性切应力，也就是说，湍流切应力主要是惯性切应力。

5.5 尼古拉兹试验

普朗特半经验理论是不完善的，必须结合实验才能解决湍流阻力的计算。

尼古拉兹在人工均匀沙粒粗糙的管道中系统地测定了沿程阻力系数和断面流速分布规律。

5.5.1 沿程阻力系数及其影响因素的分析

计算沿程损失，关键在于确定沿程阻力系数 λ。由于湍流的复杂性，λ 的确定不可能像层流那样严格地从理论上推导出来。其研究途径通常有两种：一是直接根据湍流沿程损失的实测资料，综合成阻力系数 λ 的纯经验公式；二是用理论和试验相结合的方法，以湍流的半经验理论为基础，整理成半经验公式。

为了通过试验研究沿程阻力系数 λ，首先要分析 λ 的影响因素。层流的阻力是黏性阻力，理论分析已表明，在层流中，$\lambda = 64/Re$，即 λ 与 Re 有关，与管壁粗糙度无关。而湍流的阻力由黏性阻力和惯性阻力两部分组成。在一定条件下壁面的粗糙度成为产生惯性阻力的主要外因。每个粗糙点都将成为不断产生并向管中输送漩涡引起湍流流动的源泉。因此，管壁粗糙度的影响在湍流中是一个十分重要的因素。这样，湍流的能量损失一方面取决于反映流动内部矛盾的黏性力和惯性力的对比关系，另一方面又决定于流动边壁的几何条件。前者可用 Re 表示，后者则包括管长、过流断面的形状、大小以及壁面的粗糙度等。对圆管来说，过流断面的形状固定，而管长 l 和管径 d 也包括在式（5-1）中。因此边壁的几何条件中只剩下壁面粗糙度需要通过 λ 来反映。这就是说，沿程阻力系数 λ，主要取决于 Re 和壁面粗糙度这两个因素。

壁面粗糙度中影响沿程损失的具体因素仍不少。例如，对于工业管道，就包括粗糙的突起高度、粗糙的形状、粗糙的疏密和排列等因素。尼古拉兹在试验中使用了一种简化的粗糙模型。他把大小基本相同、形状近似球体的沙粒用漆汁均匀而稠密地黏附于管壁上，如图 5-10 所示。这种尼古拉兹使用的人工均匀粗糙叫作尼古拉兹粗糙。对于这种特定的粗糙形式，就可以用粗糙颗粒的突起高度 K（即相当于沙粒直径）

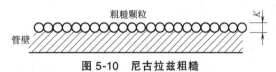

图 5-10　尼古拉兹粗糙

来表示边壁的粗糙程度。K 称为绝对粗糙度。但粗糙对沿程损失的影响不完全取决于粗糙的突起绝对高度 K，而是决定于它的相对高度，即 K 与管径 d 或半径 r_0 之比。K/d 或 K/r_0 称为相对粗糙度。其倒数 d/K 或 r_0/K 则称为相对光滑度。这样，沿程阻力系数 λ 的影响因素就是雷诺数和相对粗糙度，即

$$\lambda = f\left(Re, \frac{K}{d}\right)$$

在学习了相似原理之后，就可以认识到，Re 相等意味着主要作用力相似。而 K/d 相等，则意味着粗糙度的几何相似。如果流动的 Re 和 K/d 均相等，它们就是力学相似，所以 λ 值也就相等。

5.5.2　沿程阻力系数的测定和阻力分区图

为了探索沿程阻力系数 λ 的变化规律，尼古拉兹用多种管径和多种粒径的沙粒，得到了 $K:d = \dfrac{1}{30}:\dfrac{1}{1014}$ 的六种不同的相对粗糙度。在类似于图 5-2 所示的装置中，测量不同流量时的断面平均流速 v 和沿程水头损失 h_f。根据 $Re = \dfrac{vd}{\nu}$ 和 $\lambda = \dfrac{d}{l}\dfrac{2g}{v^2}h_f$ 两式，即可算出 Re 和 λ。把试验结果点绘在对数坐标纸上，就得到图 5-11。

根据 λ 变化的特征。图中曲线可分为五个阻力区：

第Ⅰ区为层流区。当 $Re < 2000$ 时，所有的试验点，不论其相对粗糙度如何，都集中在一根直线上。这表明 λ 仅随 Re

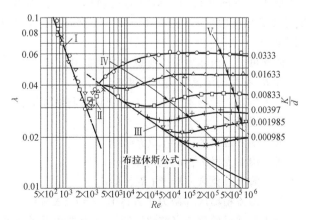

图 5-11　尼古拉兹粗糙管沿程损失系数

变化，而与相对粗糙度无关。它的方程就是 $\lambda = 64/Re$。因此，尼古拉兹试验证实了由理论分析得到的层流沿程损失计算公式是正确的。

第Ⅱ区为临界区。在 $2000 \leqslant Re \leqslant 4000$ 范围内，是由层流向湍流转变的过渡区。λ 随 Re 增大而增大，而与相对粗糙度无关。

第Ⅲ区为湍流光滑区。当 $Re > 4000$ 时，不同相对粗糙度的试验点，起初都集中在曲线Ⅲ上。随着 Re 的加大，相对粗糙度较大的管道，其试验点在较低的 Re 时就偏离曲线。而相对粗糙度较小的管道，其试验点要在较大的 Re 时才偏离光滑区。在曲线范围内，λ 只与 Re 有关而与 K/d 无关。

第Ⅳ区为湍流过渡区。在这个区域内，试验点已偏离光滑区曲线。不同相对粗糙度的试验点各自分散成一条条波状的曲线。λ 既与 Re 有关，又与 K/d 有关。

第Ⅴ区为湍流粗糙区。在此区域内不同相对粗糙度的试验点，分别落在一些与横坐标平行的直线上。λ 只与 K/d 有关，而与 Re 无关。当 λ 与 Re 无关时，由式（5-1）可见，沿程损失就与流速的二次方成正比。因此第Ⅴ区又称为阻力平方区。

以上试验表明了湍流中 λ 确实取决于 Re 和 K/d 这两个因素。但是为什么湍流又分为三个阻力区，各区的变化又是如此不同呢？这个问题可用层流底层的存在来解释。

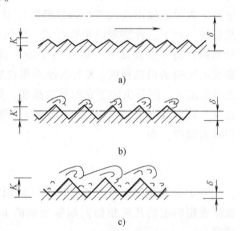

在光滑区，粗糙粒子的突起高度 K 比层流底层的厚度 δ 小得多，粗糙粒子完全被掩盖在层流底层以内（见图 5-12a），它对湍流核心的流动几乎没有影响。粗糙粒子引起的扰动作用完全被层流底层内流体黏性的稳定作用所抑制。管壁粗糙对流动阻力和能量损失不产生影响。

在过渡区，层流底层变薄，粗糙粒子开始影响到湍流核心区内的流动（见图 5-12b），加大了湍流核心区内的扰动强度，因此增加了阻力和能量损失。这时，λ 不仅与 Re 有关，而且与 K/d 有关。

图 5-12　层流底层与管壁粗糙的作用

在粗糙区，层流底层更薄，粗糙的高度大于层流底层的厚度，粗糙几乎全部暴露在湍流核心区中（见图 5-12c）。粗糙的扰动作用已经成为湍流核心区中产生惯性阻力的主要原因。Re 对湍流强度的影响和粗糙粒子对湍流强度的影响相比已微不足道了，K/d 成了影响 λ 的唯一因素。

由此可见，流体力学中所说的光滑区和粗糙区，不完全决定于管壁粗糙的突起高度 K，还取决于和 Re 有关的层流底层的厚度 δ。

综上所述，沿程阻力系数 λ 的变化可归纳如下：

Ⅰ，层流区，$\lambda = f_1(Re)$

Ⅱ，临界过渡区，$\lambda = f_2(Re)$

Ⅲ，湍流光滑区，$\lambda = f_3(Re)$

Ⅳ，湍流过渡区，$\lambda = f(Re, K/d)$

Ⅴ，湍流粗糙区（阻力平方区），$\lambda = f(K/d)$

尼古拉兹试验比较完整地反映了沿程损失系数 λ 的变化规律，揭示了影响 λ 变化的主要因素，这一试验对 λ 和断面流速分布的测定，推导湍流的半经验公式提供了可靠依据。

5.6　工业管道湍流阻力系数的计算公式

本节将集中介绍实际的工业管道沿程阻力系数的计算公式。由于尼古拉兹试验是对人工均匀粗糙管进行的，而工业管道的实际粗糙与均匀粗糙有很大不同，因此，在将尼古拉兹试验结果用于工业管道时，首先要分析这种差异以及寻求解决问题的方法。

5.6.1　光滑区和粗糙区的 λ 值

1. 当量粗糙粒子高度

图 5-13 所示为尼古拉兹粗糙管和工业管道 λ 曲线的比较。图中实线 *A* 为尼古拉兹试验曲线，虚线 *B* 和 *C* 分别为 2in[⊖] 镀锌钢管和 5in 新焊接钢管的试验曲线。由图可见，在光滑区工业管道的试验曲线和尼古拉兹曲线是重叠的。因此，只要流体的流动位于阻力光滑区，工业管道 λ 的计算就可采用尼古拉兹的试验结果。

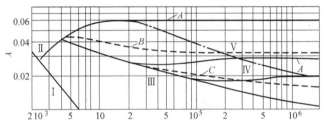

图 5-13　尼古拉兹粗糙管和工业管道 λ 曲线的比较

在粗糙区，工业管道和尼古拉兹的试验曲线均与横坐标轴平行。这存在着用尼古拉兹粗糙区公式计算工业管道的可能性。问题在于如何确定工业管道的 *K* 值。在流体力学中，把尼古拉兹粗糙作为度量粗糙的基本标准。把工业管道的不均匀粗糙折合成尼古拉兹粗糙，这样，就提出了一个当量粗糙粒子高度的概念。所谓当量粗糙粒子高度，就是指和工业管道粗糙区值 λ 相等的同直径尼古拉兹粗糙管的粗糙粒子高度。如实测出某种材料的工业管道在粗糙区时的 λ 值，将它与尼古拉兹试验结果进行比较，找出 λ 值相等的同一管径尼古拉兹粗糙管的粗糙粒子高度，这就是该种材料的工业管道的当量粗糙粒子高度。

工业管道的当量粗糙粒子高度是按沿程损失的效果来确定的，它在一定程度上反映了粗糙中各种因素对沿程损失的综合影响。

几种常用工业管道的 *K* 值，见表 5-1。

2. λ 计算公式

根据普朗特半经验理论，得到了断面流速分布的对数公式（5-29），在此基础上，结合尼古拉兹试验曲线，得到在湍流光滑区的 λ 公式为

$$\frac{1}{\sqrt{\lambda}} = 2\lg(Re\sqrt{\lambda}) - 0.8 \tag{5-30}$$

或写成

$$\frac{1}{\sqrt{\lambda}} = 2\lg\frac{Re\sqrt{\lambda}}{2.51} \tag{5-31}$$

⊖　1in（英寸）= 0.0254m（米）。——编辑注

类似地,可导得粗糙区的 λ 公式,即

$$\frac{1}{\sqrt{\lambda}} = 2\lg\frac{r_0}{K} + 1.74 \tag{5-32}$$

或写成

$$\frac{1}{\sqrt{\lambda}} = 2\lg\frac{3.7d}{K} \tag{5-33}$$

式(5-30)和式(5-32)都是半经验公式,分别称为尼古拉兹光滑区公式和粗糙区公式。此外,还有许多直接由试验资料整理成的经验公式。这里只介绍两个应用最广的公式。

光滑区的布拉休斯公式,布拉休斯于1913年在综合光滑区试验资料的基础上提出的指数公式应用最广,其形式为

$$\lambda = \frac{0.3164}{Re^{0.25}} \tag{5-34}$$

式(5-34)仅适用于 $Re < 10^5$ 的情况(见图5-11),而尼古拉兹光滑区公式可适用于更大的 Re 范围。但布拉休斯公式简单,计算方便。因此,也得到了广泛应用。

粗糙区的希弗林松公式为

$$\lambda = 0.01\left(\frac{K}{d}\right)^{0.25} \tag{5-35}$$

这也是一个指数公式,由于它的形式简单,计算方便,因此,工程上也常采用。

表5-1 工业管道当量粗糙粒子高度

管道材料	K/mm	管道材料	K/mm
钢板制风管	0.15(引自全国通用通风管道计算表)	竹风道	0.8~1.2
塑料板制风管	0.01(引自全国通用通风管道计算表)	铅管、铜管、玻璃管	0.01 光滑
矿渣石膏板风管	1.0(以下引自采暖通风设计手册)	(以下引自莫迪当量粗糙图) 0.15	
表面光滑砖风道	4.0	镀锌钢管	0.046
矿渣混凝土板风道	1.5	钢管	0.12
铁丝网抹灰风道	10~15	涂沥青铸铁管	0.25
胶合板风道	1.0	铸铁管	0.3~3.0
地面沿墙砌造风道	3~6	混凝土管	0.18~0.9
墙内砌砖风道	5~10	木条拼合圆管	

5.6.2 湍流过渡区和柯列勃洛克公式

1. 过渡区 λ 曲线的比较

由图5-13可见,在过渡区工业管道试验曲线和尼古拉兹曲线存在较大差异。这表现在工业管道试验曲线上,其过渡区曲线在较小的 Re 下就偏离光滑曲线,且随着 Re 的增加而平滑下降,

而尼古拉兹曲线则存在着上升部分。

造成这种差异的原因在于两种管道粗糙均匀性的不同。在工业管道中，粗糙度是不均匀的。当层流底层比当量粗糙粒子高度还大很多时，粗糙中的最大粗糙粒子就将提前对湍流核心内的湍流流动产生影响，使 λ 开始与 K/d 有关，实验曲线也就较早地离开了光滑线。提前多少则取决于不均匀粗糙中最大粗糙粒子的尺寸。随着 Re 的增大，层流底层越来越薄，对核心区内的流动能产生影响的粗糙粒子越来越多，因而粗糙度的作用是逐渐增加的。而尼古拉兹粗糙是均匀的，其作用几乎是同时产生的。当层流底层的厚度开始小于粗糙粒子高度之后，全部粗糙粒子开始直接暴露在湍流核心内，促使流体产生强烈的漩涡。同时，暴露在湍流核心内的粗糙粒子部分随 Re 的增长而不断加大，因而沿程损失急剧上升。这就是为什么尼古拉兹试验中过渡曲线会产生上升的原因。

2. 柯列勃洛克公式

尼古拉兹的过渡区的试验资料对工业管道不适用。柯列勃洛克根据大量工业管道试验资料，整理出工业管道过渡区曲线，并提出该曲线的方程为

$$\frac{1}{\sqrt{\lambda}} = -2\lg\left(\frac{K}{3.7d} + \frac{2.51}{Re\sqrt{\lambda}}\right) \tag{5-36}$$

式中，K 为工业管道的当量粗糙粒子高度。可由表 5-1 查得。式（5-36）称为柯列勃洛克公式（以下简称柯氏公式）。它是尼古拉兹光滑区公式和粗糙区公式的机械结合。该公式的基本特征是当比值很小时，公式右边括号内的第二项很大，相对来说，第一项很小，这样，柯氏公式就接近尼古拉兹光滑区公式。当 Re 值很大时，公式右边括号内第二项很小，公式接近尼古拉兹粗糙公式。因此，柯氏公式所代表的曲线是以尼古拉兹光滑区斜直线和粗糙区水平线为渐近线，它不仅适用于湍流过渡区，而且可以适用于整个湍流的三个阻力区。因此又可称它为湍流的综合公式。

在不使用图 5-14 所示的莫迪图，而采用湍流沿程阻力系数分区计算公式计算沿程阻力系数 λ 时碰到的一个问题是：如何根据雷诺数 Re 和相对粗糙粒子高度 K/d 建立判别实际流动所处的湍流阻力区的标准呢？

由于柯氏公式适用于三个湍流阻力分区，它所代表的曲线是以尼古拉兹光滑区斜直线和粗糙区水平线为渐近线，因此我国汪兴华教授建议：以柯氏公式（5-36）与尼古拉兹分区公式（5-31）和公式（5-33）的误差不大于 2% 为界来确立判别标准。根据这一思想，汪兴华教授导得的判别标准是

湍流光滑区 $\qquad\qquad 2000 < Re \leqslant 0.32\left(\frac{d}{K}\right)^{1.28}$

湍流过渡区 $\qquad 0.32\left(\frac{d}{K}\right)^{1.28} < Re \leqslant 1000\left(\frac{d}{K}\right)$

湍流粗糙区 $\qquad\qquad Re \geqslant 1000\left(\frac{d}{K}\right)$

由于柯氏公式广泛地应用于工业管道的设计计算中，因此这种判别标准具有实用性。

柯氏公式虽然是一个经验公式，但它是在合并两个半经验公式的基础上获得的，因此可以认为柯氏公式是普朗特理论和尼古拉兹试验结合后进一步发展到工程应用阶段的产物。这个公式在国内外得到了极为广泛的应用，我国通风管道的设计计算，目前就是以柯氏公式为基础的。

为了简化计算，莫迪以柯氏公式为基础绘制出反映 Re、K/d 和 λ 对应关系的莫迪图（见图 5-14），在图上可根据 Re 和 K/d 直接查出 λ。

此外，还有一些人为了简化计算，在柯氏公式的基础上提出了一些简化公式。如：

（1）莫迪公式

$$\lambda = 0.0055\left[1+\left(20000\frac{K}{d}+\frac{10^6}{Re}\right)^{\frac{1}{3}}\right] \qquad (5-37)$$

这是柯氏公式的近似公式。

莫迪指出，此公式在 $Re=4000\sim10^7$，$K/d\leqslant0.01$，$\lambda<0.05$ 时和柯氏公式比较，其误差不超过 5%。

（2）阿里特苏里公式

$$\lambda = 0.01\left(\frac{K}{d}+\frac{68}{Re}\right)^{0.25} \qquad (5-38)$$

这也是柯氏公式的近似公式。它的形式简单，计算方便，适用于湍流的三个区。当 Re 很小时括号内的第一项可忽略，公式实际上成为布拉休斯光滑区公式（5-34）。即

$$\lambda = 0.01\left(\frac{68}{Re}\right)^{0.25}=0.1\left(\frac{100}{Re}\right)^{0.25}=\frac{0.3164}{Re^{0.25}}$$

当 Re 很大时，括号内的第二项可忽略，公式和粗糙区的希弗林松公式（5-35）一致。

布拉休斯光滑区和尼古拉兹光滑区公式在 $Re<10^5$ 是基本一致的，而希弗林松粗糙区公式和尼古拉兹粗糙区公式也十分接近。因此阿里特苏里公式和柯氏公式基本上也是一致的。

【例5-6】 在管径 $d=100$mm，管长 $l=300$m 的圆管中，流动着 $t=10$℃ 的水，其雷诺数 $Re=80000$，试分别求下列三种情况下的水头损失。

（1）管内壁为 $K=0.15$mm 的均匀沙粒的人工粗糙管；

（2）光滑黄铜管（即流动处于湍流光滑区）；

（3）工业管道，其当量粗糙粒子高度 $K=0.15$mm。

【解】 （1）$K=0.15$mm 的人工粗糙管的水头损失。根据

$$Re<80000 \text{和} K/d=0.15/100=0.0015$$

查图5-11 得 $\lambda=0.02$。当 $t=10$℃ 时，$\nu=1.3\times10^{-6}$m²/s。由式（5-5），$Re=\dfrac{vd}{\nu}$，$80000=\dfrac{v\times0.1\text{m}}{1.3\times10^{-6}\text{m}^2/\text{s}}$ 得 $v=1.04$m/s。

由式（5-1），有

$$h_f = \lambda\frac{l}{d}\frac{v^2}{2g}=0.02\times\frac{300\text{m}}{0.1\text{m}}\times\frac{(1.04\text{m/s})^2}{2\times9.8\text{m/s}^2}=3.31\text{m}$$

（2）光滑黄铜管的沿程水头损失。在 $Re<10^5$ 时可用布拉休斯公式（5-34）

$$\lambda = \frac{0.3164}{Re^{0.25}}=\frac{0.3164}{(80000)^{0.25}}=0.0188$$

由图5-11 或图5-14 可得出基本一致的结果。

$$h_f = \lambda\frac{l}{d}\frac{v^2}{2g}=0.0188\times\frac{300\text{m}}{0.1\text{m}}\times\frac{(1.04\text{m/s})^2}{2\times9.8\text{m/s}^2}=3.11\text{m}$$

（3）$K=0.15$mm 工业管道的沿程水头损失。根据 $K=0.15$mm，$K/d=0.15/100=0.0015$，由图5-14 得 $\lambda=0.024$。

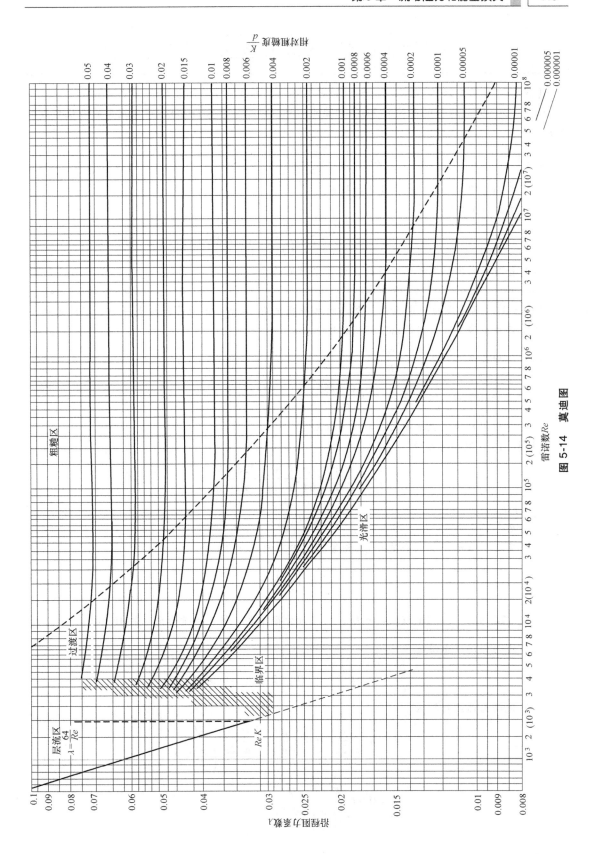

图 5-14　莫迪图

$$h_f = \lambda \frac{l}{d} \frac{v^2}{2g} = 0.024 \times \frac{300\text{m}}{0.1\text{m}} \times \frac{(1.04\text{m/s})^2}{2 \times 9.8\text{m/s}^2} = 3.97\text{m}$$

【例5-7】 在管径 $d = 300\text{mm}$，相对粗糙度 $K/d = 0.002$ 的工业管道内，运动黏度 $\nu = 1.0 \times 10^{-6}\text{m}^2/\text{s}$，$\rho = 999.23\text{kg/m}^3$ 的水以 3m/s 的速度运动。试求：管长 $l = 300\text{m}$ 的管道内的沿程水头损失 h_f。

【解】
$$Re = \frac{vd}{\nu} = \frac{3\text{m/s} \times 0.3\text{m}}{1.0 \times 10^{-6}\text{m}^2/\text{s}} = 9 \times 10^5$$

由图 5-14 查得 $\lambda = 0.0238$，处于粗糙区。

也可用式（5-33）计算

$$\frac{1}{\sqrt{\lambda}} = 2\lg \frac{3.7d}{K} = 2\lg \frac{3.7}{0.002}, \quad \lambda = 0.0235$$

可见查图和利用公式计算所得的 λ 值是很接近的。

【例5-8】 如管道的长度不变，允许的水头损失 h_f 不变，若使管径增大一倍，不计局部损失，流量增大 n 倍，试分别讨论下列三种情况：

（1）管中流动为层流，$\lambda = \dfrac{64}{Re}$；

（2）管中流动为湍流光滑区，$\lambda = \dfrac{0.3164}{Re^{0.25}}$；

（3）管中流动为湍流粗糙区，$\lambda = 0.11(K/d)^{0.25}$。

【解】 （1）流动为层流

$$h_f = \lambda \frac{l}{d} \frac{v^2}{2g} = \frac{Re}{64} \frac{l}{d} \frac{v^2}{2g} = \frac{128vl}{\pi g} \frac{Q_v}{d^4}$$

令 $C_1 = \dfrac{128vl}{\pi g}$，则
$$h_f = C_1 \frac{Q_v}{d^4}$$

可见层流中若 h_f 不变，则流量 Q_v 与管径的四次方成正比。即

$$\frac{Q_{V2}}{Q_{V1}} = \left(\frac{d_2}{d_1}\right)^4$$

当 $d_2 = 2d_1$ 时，$\dfrac{Q_{V2}}{Q_{V1}} = 16$，$Q_{V2} = 16Q_{V1}$。层流时管径增大一倍，流量为原来的 16 倍。

（2）流动为湍流光滑区，

$$\left(\frac{Q_{V2}}{Q_{V1}}\right)^{1.75} = \left(\frac{d_2}{d_1}\right)^{4.75}, \quad Q_{V2} = 2^{\frac{4.75}{1.75}}Q_{V1} = 6.56Q_{V1}$$

（3）流动为湍流粗糙区

$$h_f = \lambda \frac{l}{d} \frac{v^2}{2g} = 0.11\left(\frac{K}{d}\right)^{0.25} \frac{l}{d} \frac{1}{2g} \frac{Q_v^2}{\left(\frac{\pi}{4}\right)^2 d^4}$$

$$= 0.11 \frac{K^{0.25}l}{2g\left(\frac{\pi}{4}\right)^2} \frac{Q_v^2}{d^{5.25}}$$

$$\left(\frac{Q_{V2}}{Q_{V1}}\right)^2=\left(\frac{d_2}{d_1}\right)^{5.25}, Q_{V2}=2^{\frac{5.25}{2}}Q_{V1}, Q_{V2}=6.17Q_{V1}$$

【例 5-9】　水箱水深 H，直径为 d 的圆管（见图 5-15）。管道进口为流线型，进口水头损失可不计，管道沿程阻力系数 λ 设为常数。若 H、d、λ 给定：（1）什么条件下 Q_V 不随 L 而变？（2）什么条件下通过的流量 Q_V 随管长 L 的加大而增加？（3）什么条件下通过的流量 Q_V 随管长 L 的加大而减小？

【解】　列水箱与管道出口断面的能量方程

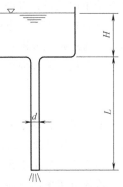

图 5-15　例 5-9 图

由

$$H+L=\left(1+\lambda\frac{L}{d}\right)\frac{v^2}{2g},$$

求得

$$v=\sqrt{\frac{2g(H+L)}{1+\frac{\lambda L}{d}}}$$

$$Q_V=\frac{\pi d^2}{4}v=\frac{\pi d^2}{4}\sqrt{\frac{2g(H+L)}{1+\frac{\lambda L}{d}}}$$

（1）流量不随管长 L 而变，可令

$$\frac{dQ_V}{dL}=0$$

可得

$$\frac{\pi d^2}{4}\frac{1}{2\sqrt{\frac{2g(H+L)}{1+\frac{\lambda L}{d}}}}\frac{\left(1+\lambda\frac{L}{d}\right)2g-2g(H+L)\frac{\lambda}{d}}{\left(1+\lambda\frac{L}{d}\right)^2}=0$$

$$1-H\frac{\lambda}{d}=0$$

此即

$$H=\frac{d}{\lambda}$$

这就是管长与流量无关的条件。

（2）流量 Q_V 随管长 L 的加大而增加

$$\frac{dQ_V}{dL}>0,\quad 1-H\frac{\lambda}{d}>0$$

即

$$H<\frac{d}{\lambda}$$

（3）流量 Q_V 随管长 L 的加大而减小

$$\frac{dQ_V}{dL}<0,\quad 1-H\frac{\lambda}{d}<0$$

即

$$H>\frac{d}{\lambda}$$

5.7 非圆管的沿程损失

以上讨论的都是圆管，圆管是最常用的断面形式，但工程上也常遇到非圆管的情况。例如通风系统中的风道，有许多就是矩形的。如果设法把非圆管折合成圆管来计算，那么根据圆管制定的上述公式和图表，也就适用于非圆管。这种由非圆管折合到圆管的方法是从水力半径的概念出发，通过建立非圆管的当量直径来实现的。

定义过流断面面积 A 和湿周 χ 之比为水力半径 R。即

$$R = \frac{A}{\chi} \tag{5-39}$$

所谓湿周，即过流断面上流体和固体壁面接触的周界。

湿周 χ 和过流断面面积 A 是过流断面中影响沿程损失的两个主要因素。在湍流中，由于断面上流速变化主要集中在邻近管壁的流层内，机械能转化为热能的沿程损失主要集中在这里。因此，流体所接触的壁面大小，也即湿周 χ 的大小，是影响能量损失的主要外因。若两种不同的断面形式具有相同的湿周 χ，平均流速相同，则 A 越大，通过流体的数量就越多，因而受单位重力作用的流体能量损失就越小。所以，沿程损失 h 和水力半径 R 成反比，水力半径 R 是一个基本上能反映过流断面大小、形状对沿程损失综合影响的物理量。

圆管的水力半径为

$$R = \frac{A}{\chi} = \frac{\frac{\pi d^2}{4}}{\pi d} = \frac{d}{4}$$

边长为 a 和 b 的矩形断面水力半径为

$$R = \frac{A}{\chi} = \frac{ab}{2(a+b)}$$

边长为 a 的正方形断面的水力半径为

$$R = \frac{A}{\chi} = \frac{a^2}{4a} = \frac{a}{4}$$

令非圆管的水力半径 R 和圆管的水力半径 $\frac{d}{4}$ 相等，即得当量直径的计算公式

$$d_e = 4R \tag{5-40}$$

当量直径为水力半径的 4 倍。

因此，矩形管的当量直径为

$$d_e = \frac{2ab}{a+b} \tag{5-41}$$

方形管的当量直径为

$$d_e = a \tag{5-42}$$

有了当量直径，只要用 d_e 代替 d，不仅可以用式 (5-1) 计算非圆管的沿程损失，即

$$h_f = \lambda \frac{l}{d} \frac{v^2}{2g} = \lambda \frac{l}{4R} \frac{v^2}{2g}$$

也可以用当量相对粗糙度 K/d_e 代入沿程阻力系数 λ 公式中求值 λ。计算非圆管的 Re 时，同样可以用当量直径 d_e 代替式中的 d。即

$$Re = \frac{vd_e}{\nu} = \frac{v \times 4R}{\nu} \tag{5-43}$$

这个 Re 也可以近似地用来判断非圆管中的流态,其临界雷诺数仍取 2000。

必须指出,应用当量直径计算非圆管的能量损失,并不适用于所有的情况。这表现在以下两方面:

1)图 5-16 所示为非圆管和圆管 λ-Re 的对比试验。试验表明,对矩形断面、方形断面、三角形断面,使用当量直径原理,所获得的试验数据结果和圆管的很接近,但长缝形断面和星形断面差别较大。非圆形断面的形状和圆形断面的偏差越小,则运用当量直径的可靠性就越大。

2)由于层流的流速分布不同于湍流,沿程损失不像湍流那样集中在管壁附近。这样单纯用湿周大小作为影响能量损失的主要外因,对层流来说并不充分。因此在层流中应用当量直径计算时,将会造成较大的误差。如图 5-16 所示。

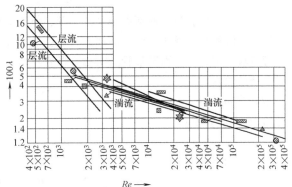

图 5-16　非圆管和圆管 λ-Re 曲线的比较

【例 5-10】　断面面积为 $A = 0.48\text{m}^2$ 的正方形管道、宽为高的三倍的矩形管道和圆形管道。求:

(1)它们的湿周和水力半径;

(2)正方形和矩形管道的当量直径。

【解】　(1)求湿周和水力半径

1)正方形管道:

边长　　　　　　　　　　$a = \sqrt{A} = \sqrt{0.48}\,\text{m} = 0.692\text{m}$

湿周　　　　　　　　　　$\chi = 4a = 4 \times 0.692\text{m} = 2.77\text{m}$

水力半径　　　　　　　　$R = \frac{A}{\chi} = \frac{0.48}{2.77}\text{m} = 0.174\text{m}$

2)矩形管道:

边长　　　　　　　　　　$a \times b = a \times 3a = 3a^2 = A = 0.48\text{m}^2$

所以　　　　　　　　　　$a = \sqrt{\frac{A}{3}} = 0.4\text{m}$

$$b = 3a = 3 \times 0.4\text{m} = 1.2\text{m}$$

湿周　　　　　　　　　　$\chi = 2(a+b) = 2(0.4\text{m}+1.2\text{m}) = 3.2\text{m}$

水力半径　　　　　　　　$R = \frac{A}{\chi} = \frac{0.48}{3.2}\text{m} = 0.15\text{m}$

3)圆形管道:

管径　　　　　　　　　　$\frac{\pi d^2}{4} = A = 0.48\text{m}^2$

$$d = \sqrt{\frac{4A}{\pi}} = \sqrt{\frac{4 \times 0.48}{3.14}}\,\text{m} = 0.78\text{m}$$

湿周 $\qquad \chi = \pi d = 3.14 \times 0.78 \mathrm{m} = 2.45 \mathrm{m}$

水力半径 $\qquad R = \dfrac{A}{\chi} = \dfrac{0.48}{2.45} \mathrm{m} = 0.196 \mathrm{m}$

或 $\qquad R = \dfrac{d}{4} = \dfrac{0.78}{4} \mathrm{m} = 0.196 \mathrm{m}$

以上计算说明,过流断面面积虽然相等,但因形状不同,湿周长短就不等。湿周越短,水力半径越大。沿程损失随水力半径的加大而减少。因此当流量和断面积等条件相同时,方形管道比矩形管道水头损失少,而圆形管道又比方形管道水头损失少。从减少水头损失的观点来看,圆形断面是最佳的。

（2）当量直径

1）正方形管道:

$$d_e = a = 0.692 \mathrm{m}$$

2）矩形管道:

$$d_e = \frac{2ab}{a+b} = \frac{2 \times 0.4 \times 1.2}{0.4 + 1.2} \mathrm{m} = 0.6 \mathrm{m}$$

【例5-11】 某钢板制风道,断面尺寸为400mm×200mm,管长80m。管内平均流速 $v = 10 \mathrm{m/s}$。空气温度 $t = 20\,^\circ\!\mathrm{C}$,求压强损失 p_f。

【解】 （1）当量直径

$$d_e = \frac{2ab}{a+b} = \frac{2 \times 0.2 \times 0.4}{0.2 + 0.4} \mathrm{m} = 0.267 \mathrm{m}$$

（2）求 Re。查表, $t = 20\,^\circ\!\mathrm{C}$ 时, $\nu = 15.7 \times 10^{-6} \mathrm{m^2/s}$, 则

$$Re = \frac{v d_e}{\nu} = \frac{10 \times 0.267}{15.7 \times 10^{-6}} = 1.7 \times 10^5$$

（3）求 K/d。钢板制风道, $K = 0.15 \mathrm{mm}$, 则

$$\frac{K}{d_e} = \frac{0.15 \times 10^{-3}}{0.267} = 5.62 \times 10^{-4}$$

查图5-14得 $\lambda = 0.0195$。

（4）计算压强损失

$$p_f = \lambda \frac{l}{d_e} \frac{\rho v^2}{2} = \left(0.0195 \times \frac{80}{0.267} \times \frac{1.2 \times 10^2}{2} \right) \mathrm{Pa} = 350 \mathrm{Pa}$$

5.8 管道流动的局部损失

各种工业管道需要安装一些阀门、弯头、三通等配件,用以控制和调节管内的流动。流体经过这些配件时,由于边壁或流量的改变,引起了流体流速的大小、方向或分布的变化。由此产生的能量损失,称为局部损失。工程上有不少管道（譬如通风和采暖管道）,局部损失往往占有很大比重,要准确掌握这类管道中的流动,就不能忽视局部损失。

引起局部损失的配件种类繁多,体形各异,其边壁的变化大多比较复杂,加以滞流本身的复杂性,多数局部阻碍的损失计算,还不能从理论上解决,必须借助于由实验得来的经验公式或系

数。虽然如此，对局部阻力和局部损失的规律进行一些定性的分析仍有必要，可以在估计不同局部阻碍的损失大小时，研究改善管道的工作条件和减少局部损失的措施，以及提出正确、合理的设计方案等方面提供定性指导。

5.8.1　局部损失的一般分析

和沿程损失相似，局部损失一般也用流速水头的倍数来表示，其计算公式为

$$h_m = \zeta \frac{v^2}{2g} \tag{5-44}$$

式中，ζ 称为局部阻力系数。由式（5-44）可以看出，求局部损失 h_m 的问题就转变为求 ζ 的问题。

实验研究表明，局部损失和沿程损失一样，不同的流态遵循不同的规律。如果流体以层流经过局部阻碍，而且受干扰后流动仍能保持层流的话，局部损失也还是由各流层之间的黏性切应力引起的。只是由于边壁的变化，促使流速分布重新调整，流体质点产生剧烈变形，加强了相邻流层之间的相对运动，因而加大了这一局部区域的水头损失。这种情况下，局部阻力系数与雷诺数成反比，即

$$\zeta = \frac{B}{Re} \tag{5-45}$$

式中，B 是随局部阻碍的形状而异的常数。此式表明，层流的局部损失也与平均流速成正比。

不过，要使局部阻碍处受边壁强烈干扰的流动仍能保持层流，只有当 Re 远比 2000 更小的情况下才有可能。这样小的 Re 在供热通风管道中很少遇到。因此，这一节主要讨论湍流的局部损失。

局部阻碍的种类虽多，如分析其流动的特征，主要是过流断面的扩大或收缩，流动方向的改变，流量的合入与分出等几种基本形式，以及这几种基本形式的不同组合。例如，经过闸阀或孔板的流动，实质上就是过流断面突缩和突扩的组合。为了探讨湍流局部损失的成因，我们选取几种典型的流动（见图 5-17），分析局部阻碍附近的流动情况。从边壁的变化缓急来看，局部阻碍又分为突变和渐变两类：图 5-17a、c、e、g 属于突变，而图 5-17b、d、f、h 属于渐变。当流体以湍流通过突变的局部阻碍时，由于惯性力处于支配地位，流体不能像边壁那样突然转折，于是在边壁突变的地方，出现主流与边壁脱离的现象。主流与边壁之间形成漩涡区，漩涡区内的流体形成大尺度漩涡，被主流不断地带走，补充进去的流体，又会产生新的漩涡，如此周而复始。边壁虽无突变，但沿流动方向出现减速增压现象的地方，也会产生漩涡区。图 5-17b 所示的渐扩管中，流速沿程减小，压强不断增加。在这样的减速增压区，流体质点受到与流动方向相反的压差作用，靠近管壁的流体质点，流速本来就小，在这一反向压差作用下，速度逐渐减小到零。随后出现了与主流方向相反的流动。就在流速等于零的地方，主流开始与壁面脱离，在出现反向流动的地方形成漩涡区。图 5-17h 所示的分流三通直通管上的漩涡区，也是由于这种减速增压过程造成的。对于渐变流的局部阻碍，在一定的 Re 范围内，漩涡区的位置及大小与 Re 有关。例如在渐扩管中，随着 Re 的增长，漩涡区的范围越大，位置越靠前。但在突变的局部阻碍中，漩涡区的位置不会变，Re 对漩涡区大小的影响也没有那样显著。

在减压增速区，流体质点受到与流动方向一致的正压差作用，它只能加速，不能减速，因此，渐缩管内不会出现漩涡区。不过，如果收缩角不是很小，紧接渐缩管之后，有一个不大的漩涡区，如图 5-17d 所示。

流体经过弯管时（见图 5-17e、f，虽然过流断面沿程不变，但弯管内流体质点受到离心力作

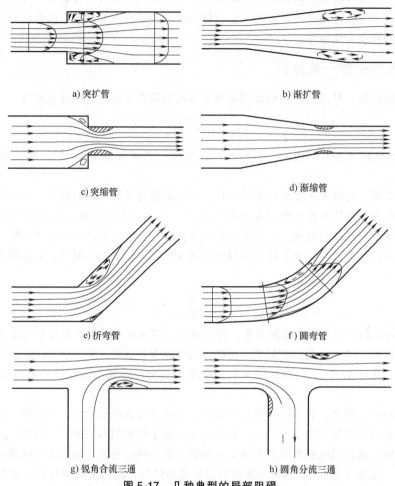

a) 突扩管 b) 渐扩管

c) 突缩管 d) 渐缩管

e) 折弯管 f) 圆弯管

g) 锐角合流三通 h) 圆角分流三通

图 5-17　几种典型的局部阻碍

用，在弯管前半段，外侧压强沿程增大，内侧压强沿程减小；而外侧流速减小，内侧流速增大。因此，弯管前半段沿外壁减速增压，也能出现漩涡区；在弯管后半段，由于惯性作用，在 Re 较大和弯管转角较大而曲率半径较小的情况下，漩涡区在内侧出现。弯管内侧的漩涡，无论是大小还是强度，一般都比外侧的大。

把各种局部阻碍的能量损失和局部阻碍附近的流动情况对照比较，可以看出，无论是改变流速的大小，还是改变流速的方向，较大的局部损失总是和漩涡区的存在相联系。漩涡区越大，能量损失也越大。如果边壁变化仅使流体质点变形和流速分布改变，不出现漩涡区，其局部损失一般都比较小。

漩涡区内不断产生漩涡，其能量来自主流，因而不断消耗主流的能量；在漩涡区及其附近，过流断面上的流速梯度加大，如图 5-17a 所示，使主流能量损失有所增加。在漩涡被不断带走并扩散的过程中，加剧了下游一定范围内的湍流脉动，从而加大了这一管段的能量损失。

事实上，在局部阻碍范围内损失的能量，只占局部损失的一部分，另一部分是在局部阻碍下游一定长度的管段上损耗掉的。这段长度称为局部阻碍的影响长度。受局部阻力干扰的流动，经过了影响长度之后，流速分布和湍流脉动才能达到均匀流动的正常状态。

对各种局部阻碍进行的大量实验研究表明，湍流的局部阻力系数 ζ 一般说来取决于局部阻碍

的几何形状、固体壁面的相对粗糙度和雷诺数。即

$$\zeta = (局部阻碍形状,相对粗糙度,Re)$$

但在不同情况下，各因素所起的作用不同。局部阻碍形状始终是一个起主导作用的因素。只有对那些尺寸较长（如圆锥角小的渐扩管或渐缩管，曲率半径大的弯管），而且相对粗糙度较大的局部阻碍才需要考虑相对粗糙度的影响。Re 对 ζ 的影响：随着 Re 由小变大，ζ 一般逐渐减小；当 Re 达到一定数值后，ζ 几乎与 Re 无关，这时局部损失与流速的二次方成正比，流动进入阻力平方区。不过，由于边壁的干扰，局部损失进入阻力平方区的 Re 远比沿程损失小。特别是突变的局部阻碍，当流动变为湍流后，很快就进入了阻力平方区。这类局部阻碍的 ζ 值，实际上只决定于局部阻碍的形状。对于渐变的局部阻碍，进入阻力平方区的 Re 要大一些，大致可取 $Re>2\times10^5$ 作为流动进入阻力平方区的临界指标。如 $Re<2\times10^5$ 还应考虑 Re 的影响，其局部阻力系数可用式（5-46）修正。

$$\zeta = \zeta'\frac{\lambda}{\lambda'} \qquad (5\text{-}46)$$

式中，ζ 为未进入阻力平方区的局部阻力系数；ζ' 为该局部阻碍在阻力平方区的局部阻力系数；λ 为与 C 同一 Re 的沿程阻力系数；λ' 为进入阻力平方区的沿程阻力系数。

比较沿程损失和局部损失的变化规律，很明显，它们十分相似。原因就在于形成这两类损失的机理本质是一样的。恩格斯在分析机械运动消失的形态时曾经指出："……摩擦和碰撞——这二者仅仅在程度上有所不同。摩擦可以看作一个跟着一个和一个挨着一个发生的一连串小的碰撞；碰撞可以看作集中于一个瞬间和一个地方的摩擦。摩擦是缓慢的碰撞，碰撞是激烈的摩擦。"这段话也适用于流体的机械能损失过程，它揭示了沿程阻力和局部阻力之间的本质联系。突露在湍流核心里的每个粗糙粒子，都是产生微小漩涡的根源，可以看成是一个个微小的局部阻碍。因此，沿程阻力可以看成是无数微小局部阻力的总和，而局部阻力也可以说是沿程阻力的局部扩大。不管它们在形式上有什么不同，本质上都是由湍流掺混作用引起的惯性阻力和黏性阻力造成的。

5.8.2　变管径的局部损失

现在分别讨论几种典型的局部损失，首先是改变流速大小的各种变管径的水头损失。

1. 突然扩大

有少数简单的局部阻碍，可以借助于基本方程求得它的阻力系数，突然扩大就是其中的一个。

图 5-18 所示为圆管突然扩大处的流动。取流束将扩未扩的 Ⅰ—Ⅰ 断面和流束扩大后流速分布与湍流脉动已接近均匀流状态的 Ⅱ—Ⅱ 断面列能量方程，如两断面间的沿程水头损失可忽略不计，则

$$h_m = \left(Z_1+\frac{p_1}{\rho g}+\frac{\alpha_1 v_1^{\,2}}{2g}\right)-\left(Z_2+\frac{p_2}{\rho g}+\frac{\alpha_2 v_2^{\,2}}{2g}\right)$$

为了确定压强与流速的关系，再对 Ⅰ、Ⅱ 两断面与管壁包围的流束写出沿流动方向的动量方程

$$\sum F = \frac{\rho g Q_v}{g}(\alpha_{0_2} v_2-\alpha_{0_1} v_1) \qquad (5\text{-}47)$$

式中，$\sum F$ 为作用在所取流体上的全部轴向外力之和，其中包括：

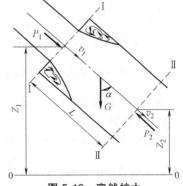

图 5-18　突然扩大

1）作用在 I 断面上的总压力 P_1。应当指出，I 断面的受压面积不是 A_1，而是 A_2。其中的环形部分位于漩涡区。观察表明，这个环形面上的压强基本符合静压强分布规律，故

$$P_1 = p_1 A_2$$

2）作用在 II 断面上的总压力

$$P_2 = p_2 A_2$$

3）重力在管轴上的投影

$$G\cos\alpha = \rho g A_2 L \frac{Z_1 - Z_2}{L} = \rho g A_2 (Z_1 - Z_2)$$

4）边壁上的摩擦阻力，该力可忽略不计。

因此，有

$$p_1 A_2 - p_2 A_2 + \rho g A_2 (Z_1 - Z_2) = \frac{\rho g Q_v}{g}(\alpha_{0_2} v_2 - \alpha_{0_1} v_1)$$

将 $Q_v = v_2 A_2$ 代入，化简后得

$$\left(Z_1 + \frac{p_1}{\rho g}\right) - \left(Z_2 + \frac{p_2}{\rho g}\right) = \frac{v_2}{g}(\alpha_{0_2} v_2 - \alpha_{0_1} v_1)$$

将上式代入能量方程，得

$$h_m = \frac{\alpha_1 v_1^2}{2g} - \frac{\alpha_2 v_2^2}{2g} + \frac{v_2}{g}(\alpha_{0_2} v_2 - \alpha_{0_1} v_1)$$

对于湍流，可取 $\alpha_{0_1} = \alpha_{0_2} = 1$，$\alpha_1 = \alpha_2 = 1$。由此可得

$$h_m = \frac{(v_1 - v_2)^2}{2g} \tag{5-48}$$

上式表明，突然扩大的水头损失等于以平均流速差计算的流速水头。

要把式（5-48）变换成计算局部损失的一般形式只需将 $v_2 = v_1 \dfrac{A_1}{A_2}$ 或 $v_1 = v_2 \dfrac{A_2}{A_1}$ 代入。即

$$h_m = \left(1 - \frac{A_1}{A_2}\right)^2 \frac{v_1^2}{2g} = \zeta_1 \frac{v_1^2}{2g}$$

$$h_m = \left(\frac{A_2}{A_1} - 1\right)^2 \frac{v_2^2}{2g} = \zeta_2 \frac{v_2^2}{2g}$$

所以，突然扩大的阻力系数为

$$\zeta_1 = \left(1 - \frac{A_1}{A_2}\right)^2 \quad \text{或} \quad \zeta_2 = \left(\frac{A_2}{A_1} - 1\right)^2 \tag{5-49}$$

突然扩大前后有两个不同的平均流速，因而有两个相应的阻力系数。计算时必须注意使选用的阻力系数与流速水头相匹配。

当液体从管道进入过流断面很大的容器中或气体流入大气时，$\dfrac{A_1}{A_2} \approx 0$，$\zeta_1 = 1$。这是突然扩大的特殊情况，称为出口阻力系数。

2. 渐扩管

突然扩大的水头损失较大，如改用图 5-19 所示的渐扩管，水头损失将大大减小。圆锥形渐扩管的形状可由扩大面积比 $n = \dfrac{A_2}{A_1} = \dfrac{r_2^2}{r_1^2}$，以及水头损失扩散角 $\alpha\left(\text{或长径比} \dfrac{l_d}{r_1}\right)$ 这两个参数来确定。

渐扩管的水头损失可认为由摩擦损失 h_f 和扩散损失两部分组成，其摩擦损失可按下式计算：

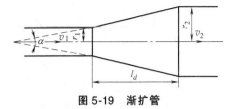

图 5-19　渐扩管

$$h_f = \frac{\lambda}{8\sin\dfrac{\alpha}{2}}\left(1-\frac{1}{n^2}\right)\frac{v_1^2}{2g} \tag{5-50}$$

式中，λ 为扩大前的管道的沿程阻力系数。

扩散损失是漩涡区和流速分布改组所形成的损失。仍沿用突然扩大的水头损失公式计算，但需乘一个与水头损失扩散角有关的系数 k，当 $\alpha \leq 20°$ 时，$k = \sin\alpha$，故

$$h_{ea} = k\left(1-\frac{1}{n}\right)^2\frac{v_1^2}{2g} \tag{5-51}$$

由此得到渐扩管的阻力系数 ζ_d 为

$$\zeta_d = \frac{\lambda}{8\sin\dfrac{\alpha}{2}}\left(1-\frac{1}{n^2}\right) + k\left(1-\frac{1}{n}\right)^2 \tag{5-52}$$

当 n 一定时，渐扩管的摩擦损失随 α 的增大和管段的缩短而减小，但扩散损失随之增大，因此在 α 角为某一值时，渐扩管的总损失必有一极值。这个最小水头损失扩散角在 $5° \sim 8°$ 范围内，所以扩散角 α 最好不超过 $10°$。

3. 突然缩小

突然缩小管路如图 5-20 所示，它的水头损失大部分发生在收缩断面 $C—C$ 后面的流段上，主要是收缩断面附近的漩涡区造成的。突然缩小的阻力系数决定于收缩面积比 A_2/A_1，其值可按下式计算，对应的流速水头为 $\dfrac{v_2^2}{2g}$。

$$\zeta = 0.5\left(1-\frac{A_2}{A_1}\right) \tag{5-53}$$

4. 渐缩管

圆锥形渐缩管如图 5-21 所示，它的形状由面积 $n = \dfrac{A_1}{A_2}$ 和收缩角 α 这两个几何参数确定。其阻力系数可由图 5-22 查得，对应的流速水头为 $\dfrac{v_2^2}{2g}$。

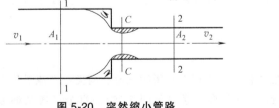

图 5-20　突然缩小管路

图 5-21　渐缩管

5. 管道进口

管道进口也是一种断面收缩，其阻力系数与管道进口边缘的情况有关。不同边缘的进口阻力系数如图 5-23 所示。

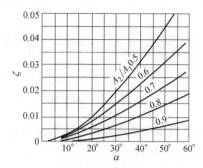

图 5-22　圆锥形渐缩管的阻力系数

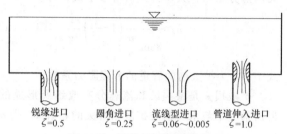

图 5-23　几种不同的管道进口

锐缘进口	圆角进口	流线型进口	管道伸入进口
$\zeta=0.5$	$\zeta=0.25$	$\zeta=0.06\sim0.005$	$\zeta=1.0$

5.8.3　弯管的局部损失

弯管是另一种典型的局部阻碍，它只改变流体流动方向，不改变平均流速的大小。流体流动方向的改变不仅使弯管的内侧和外侧可能出现如前所述的两个漩涡区，而且还会产生二次流现象。沿着弯道运动的流体质点具有离心惯性力，它使弯管外侧（图 5-24 中 E 处）压强增大，内侧（H 处）压强减小，而弯管左右两侧（F、G 处）由于靠管壁附近处流速很小，离心力也小，压强的变化不大，于是沿图中的 EFH 和 EGH 方向出现了自外向内的压强坡降。在它的作用下，弯管内产生了一对如图所示的涡流，形成二次流。这个二次流和主流叠加在一起，使通过弯管的流体质点做螺旋运动，这也加大了弯管的水头损失。

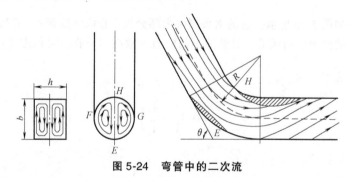

图 5-24　弯管中的二次流

在弯管内形成的二次流，消失较慢，因而加大了弯管后面的影响长度。弯管的影响长度最大可超过管径的 50 倍。

弯管与弯头阻力损失取决于它的几何形状，几何形状又取决于转角 d 和曲率半径与管径之比 R/d（或 R/b）两个参数。对于矩形断面的弯管其几何形状还决定于高宽比 h/b，具体的数值可以查阅手册及相关文献。

5.8.4　三通的局部损失

三通也是最常见的一种管道配件，它的形式很多。工程上常用的三通有两类：支流对称于总流轴线的"Y"形三通；在直管段上接出支管的"T"形三通（见图 5-25）。每个三通又都可以在分流和合流两种情况下工作。

三通的形状是由总流与支流间的夹角 α 和面积比 $\dfrac{A_1}{A_3}$、$\dfrac{A_2}{A_3}$ 这几个几何参数确定的，同时，由于三通的特征是它的流量前后有变化，因此，三通的阻力系数不仅取决于它的几何参数，还与流

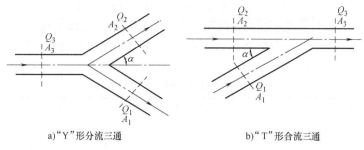

a)"Y"形分流三通　　　　　　　　　　b)"T"形合流三通

图 5-25　工程上常用的三通

量比 $\dfrac{Q_{V_1}}{Q_{V_3}}$、$\dfrac{Q_{V_2}}{Q_{V_3}}$ 有关。

三通有两个支管，所以有两个局部阻力系数。三通前后又有不同的流速，计算时必须选用与支管相应的局部阻力系数，以及和该局部阻力系数相应的流速水头。

各种三通的局部阻力系数可在有关专业手册中查得，这里仅给出 $A_1 = A_2 = A_3$ 和 $\alpha = 45°$，$\alpha = 90°$ 的 "T" 形三通的 ζ 值（见图 5-26），相应的是总管的流速水头。

合流三通的局部阻力系数常出现负值，这意味着经过三通后流体的单位能量不仅没有减少，反而增加了。合流时出现的折中现象是不难理解的。当两股流速不同的流股汇合后，它们在混合的过程中，必然会有动量交换。高速流将它的一部分动能传给了低速流束，使低速流束中的单位能量有所增加。如果低速流束获得的这部分能量超过了它在流经三通所损失的能量，低速流束的损失系数就会出现负值。至于两股流束的总能量，

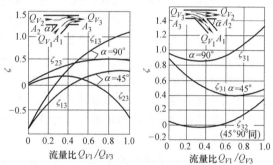

图 5-26　45°和 90°的 T 形三通的 ζ 值

则只可能减少。所以三通两个支管的阻力系数，不会同时出现负值。

5.8.5　局部阻力之间的相互干扰

局部阻碍前的断面流速分布和脉动强度对局部阻力系数 ζ 有明显的影响。而一般手册或书中给出的 ζ 值是在截取局部阻碍前后都有足够长的直管段，测量的值是在进入局部阻碍前和流出局部阻碍后足够长的距离处，流动具有或恢复均匀流流速分布与脉动强度的条件下测得的。测得的局部损失不仅仅是局部阻碍范围内的损失，还包括影响长度内因湍流脉动加剧而引起的附加损失。因此，如两个局部阻碍距离很近，前一个局部阻碍没有足够的影响长度，损失不能完全显示出来，后一个局部阻碍也因邻近流速的分布和湍流脉动不同于均匀流动，使它们的阻力系数都有所改变。这样就提出按一般水头损失叠加计算的修正方法。

虽然在不少工业管道设计中避免不了局部阻碍之间的相互干扰，但到目前为止，对这个问题还研究得很不够。英国 D. S. Mmiller 等于 1970 年前后曾对不同情况的圆弯管-圆弯管、折弯管-圆弯管、圆弯管-渐扩管、渐扩管-圆弯管的相互干扰进行了系统的实验研究，接下来介绍其主要结果。

计算局部阻力相互干扰的水头损失时，一般用干扰修正系数来估算它的影响，它的定义是

$$c_{1,2} = \frac{\text{两个相互干扰的局部阻碍的总阻力系数 } \zeta_{1,2}}{\text{未受干扰时该两局部阻碍阻力系数之和,即 } \zeta_1 + \zeta_2}$$

c 不仅取决于靠近的两个局部阻碍类型,还和两个局部阻碍之间的相对距离 l_s/d 有关。不同的 l_s/d 时,c 值的变化见表 5-2。

表 5-2　干扰修正系数 c 的变化幅度

用管径倍数表示的相对间距 l_s/d	0	1	2	3	4	10
c 的下限	0.5	0.5	0.5	0.5	0.5	0.7
c 的上限	3	2	1.3	1.2	1.1	1.0

表中数据表明,相互干扰的结果使局部水头损失既可能减少,也可能增大。如前一个局部阻碍在影响长度上的附加损失占有较大比重,则后一个局部阻碍靠近时,这部分损失将大大减少;同时,进入后一个局部阻碍的流速分布和湍流脉动不至于使它的局部损失大大增加,那么干扰的结果是使局部损失减少。例如间距 $l_s = 2d$ 的 90° 的圆弯管($R/d=2$),和 $n=2$,$l_d/r_1 = 4$ 的渐扩管的相互干扰,其修正系数 $c = 0.66$。这是因为前面的圆弯管有 45% 的损失发生在管长为直径 $d2$ 倍以后的直管段上;同时经过 $2d$ 的距离后,流速分布不均匀,而流体的强烈脉动,有助于缩小渐扩管中的漩涡区,使渐扩管的阻力系数也有所减少,因而总的局部损失减少了约 $1/3$。

上例中如改用 $R/d=1$ 的弯管,并把渐扩管直接连接在圆管上($l_s=0$),则 $c=2$。即局部损失比相互不干扰时增加了一倍。这是因为受弯管内侧漩涡区挤压的主流,在还没有扩大到整个过流断面之前,就进入了渐扩管,使其更难扩展,而渐扩管内主流偏于一侧,另一侧出现远大于正常情况的漩涡区。渐扩管的水头损失大大增加,总的局部损失也随之加大。

并不是一切直接连接的局部阻碍的相互干扰影响都使水头损失增加。如两个 $R/d=1$ 的 90° 圆弯管组成的使流动方向转 180° 的组合弯管,它的干扰系数只有 0.535,即两个弯管的总损失比一个弯管只稍大一点。

由此可见,局部阻碍直接连接时,水头损失常出现大幅度的变化,可能增大,也可能减小,视前一个局部阻碍出口断面上的流速分布是否会大大增加后一个局部损失而定。直接连接时干扰修正系数很大的两个局部阻碍,如在它们中间连接一段长度即使只有 $d \sim 2d$ 的短管,使进入后一个局部阻碍之前流动已成为缓变流,干扰修正系数就会显著下降。如局部阻碍之间的直管段长度大于 $3d$,干扰修正系数一般都小于 1。这就是说,在设计管道时,如各局部阻碍之间的距离都大于 3 倍管径,忽略相互干扰的影响的计算结果,一般是偏于安全的。

5.9　减小阻力的措施

长期以来,减小阻力就是工程流体力学中的一个重要的研究课题。这方面的研究成果,对国民经济和国防建设的很多部门有十分重大的意义。例如,对于在流体中航行的各种运载工具(飞机、轮船等),减小阻力意味着减小发动机的功率和节省燃料消耗,或者在可能提供的动力条件下提高航行速度。这一点在军事上具有更大的意义。长距离输送像原油这类黏性很高的液体,需要消耗巨大的能量,如能将原油的管输摩阻大幅度降低,会大大降低输送成本。在这里我们仅介绍一些改善管道边壁的减阻措施。

要降低粗糙区或过渡区内的湍流沿程阻力,最容易想到的减阻措施是减小管壁的粗糙度。此外,用柔性边壁代替刚性边壁也可能减少沿程阻力。水槽中的拖曳试验表明,高雷诺数下的柔性平板的摩擦阻力比刚性平板小 50%。对安放在另一管道中间的弹性软管进行过阻力试验,两管间的环形空间充满液体，结果比同样条件的刚性管道的沿程阻力小 35%。环形空间内液体的黏性越大，软管的管壁越薄，减阻效果越好。

减小湍流局部阻力的关键在于防止或推迟流体与壁面的分离，避免漩涡区的产生或减小漩涡区的大小和强度。下面以几种典型的常用配件为例来说明这个问题。

1. 管道进口

图 5-27 表明，平直的管道进口可以减小局部损失系数 90% 以上。

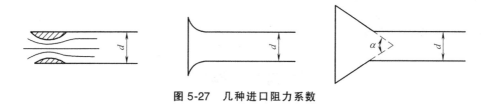

图 5-27　几种进口阻力系数

2. 渐扩管和突扩管

扩散角大的渐扩管阻力系数较大。渐扩管如制成图 5-28a 所示的形式，阻力系数约减小一半。突扩管如制成图 5-28b 所示的台阶式，阻力系数也可能有所减小。

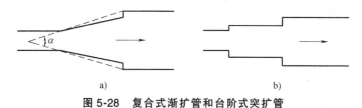

a)　　　　　　　　　　　　　　b)

图 5-28　复合式渐扩管和台阶式突扩管

3. 弯管

弯管的阻力系数在一定范围内随曲率半径 R 的增大而减小。表 5-3 给出了 90°弯管在不同 R/d 时的 ζ。

表 5-3　不同 R/d 时 90°弯管的 ζ 值（$Re = 10^6$）

R/d	0	0.5	1	2	3	4	6	10
ζ	1.14	1.00	0.246	0.159	0.145	0.167	0.20	0.24

由表 5-3 可知，如 $R/d<1$，ζ 随 R/d 的减小而急剧增加，这与漩涡区的出现和增大有关。如 $R/d>3$，ζ 值又随 R/d 的加大而增加，这是由于弯管加长后，摩阻增大造成的。因此弯管的 R 最好在（1~4）d 的范围内。

断面大的弯管，往往只能采用较小的 R/d，可在弯管内部布置一簇导流叶片，以减小漩涡区和二次流，降低弯管的阻力系数。越接近内侧，导流叶片应布置得越密些。图 5-29 所示的弯管，装上圆弧形导流叶片后，阻力系数由 1.0 减小到 0.3 左右。

4. 三通

尽可能地减小支管与合流管之间的夹角，或将支管与合流管连接处做倒角处理，都能改进三通的工作状态，减小局部阻力系数。例如，将 90° "T" 形三通的折角切割成图 5-30 所示的45°斜角，则合流时 ζ_{1-3} 和 ζ_{2-3} 约减小 30% ~ 50%，分流时 ζ_{3-1} 减小 20% ~ 50%。但对分流的 ζ_{3-2} 影响不大。如将切割的三角形加大，阻力系数还能显著下降。

合理衔接配件对减少阻力有很重要的意义。例如，在既要转 90°，又要扩大断面的流动中，均用 $R/d=1$ 的弯管和 $A_2/A_1=2.28$，$l_d/r_1=4.1$ 的渐扩管，在直接连接（$l_s=0$）情况下，先弯后扩的水头损失为先扩后弯的水头损失的 4 倍。即使中间都插入一段 $l_s = 4d$ 的短管，也仍然大 2.4 倍。因此若非必须，先弯后扩是不合理的。

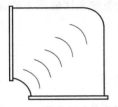

图 5-29　装有导叶的弯管

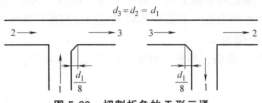

图 5-30　切割折角的 T 形三通

习　题

5.1　如图 5-31 所示：（1）绘制水头线；（2）若关小上游阀门 A，各段水头线如何变化？若关小下游阀门 B，各段水头线又如何变化？（3）若分别关小或开大阀门 A 和 B，对固定断面 1—1 的压强产生什么影响？

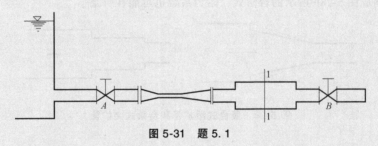

图 5-31　题 5.1

5.2　用直径 $d = 100\text{mm}$ 的管道，输送流量为 10kg/s 的水，如水温为 5℃，试确定管内水的流态。如用该管道输送同样质量流量的石油，已知石油密度 $\rho = 850\text{kg/m}^3$，运动黏度 $\nu = 1.14\text{cm}^2/\text{s}$，试确定石油的流态。

5.3　水流经过一个渐扩管，如小断面的直径为 d_1，大断面的直径为 d_2，$\dfrac{d_2}{d_1} = 2$，试问哪个断面雷诺数大？这两个断面的雷诺数的比值 Re_1/Re_2 是多少？

5.4　有一圆形风道，管径为 300mm，输送的空气温度为 20℃，求气流保持层流时的最大质量流量。若输送的空气量为 200kg/h，气流是层流还是湍流？

5.5　如图 5-32 所示，有一个蒸汽冷凝器，内有 250 根平行的黄铜管，通过的冷却水总流量为 8L/s，水温为 10℃，为了使黄铜管内冷却水保持湍流（湍流时，黄铜管的热交换性能比层流的好），问黄铜管的直径不得超过多少？

5.6　有一圆管，管内通过运动黏度 $\nu = 1.308 \times 10^{-6}\text{m}^2/\text{s}$ 的水，测得通过的流量为 $q_V = 3.5 \times 10^{-5}\text{m}^3/\text{s}$，在管长 15m 的管段上测得水头损失为 2m，试求该圆管内径 d。

5.7　设圆管直径 $d = 200\text{mm}$，管长 $l = 1000\text{m}$，输送石油的流量 $Q_V = 40\text{L/s}$，运动黏度 $\nu = 1.6\text{cm}^2/\text{s}$，求沿程水头损失。

5.8　如图 5-33 所示，油在管中以 $v = 1\text{m/s}$ 的速度流动，油的密度 $\rho = 920\text{kg/m}^3$，$l = 3\text{m}$，$d =$

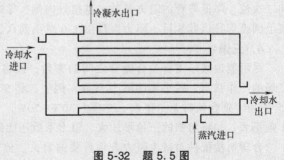

图 5-32　题 5.5 图

25mm 的水银压差计测得 $h=9$cm，（1）求油在管中的流态；（2）求油的运动黏度 ν；（3）若保持相同的平均流速反向流动，压差计的读数有何变化？

5.9　利用圆管层流 $\lambda=\dfrac{Re}{64}$，水力光滑区 $\lambda=\dfrac{0.3164}{Re^{9.25}}$ 和粗糙区 $\lambda=0.11\left(\dfrac{K}{d}\right)^{0.25}$ 这三个公式，论证在层流中 $h_1\sim v$，光滑区 $h_1\sim v^{1.75}$，粗糙区 $h_1\sim v^2$。

5.10　油的流量 $Q_V=77$cm^3/s，流过直径 $d=6$mm 的细管，在 $l=2$m 长的管段两端水银压差计读数 $h=30$cm，油的密度 $\rho=900$kg/m^3，求油的 μ 和 v 值。

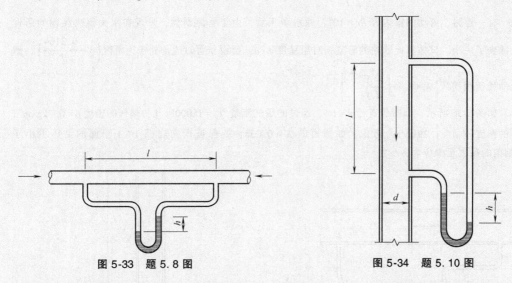

图 5-33　题 5.8 图　　　　　　　　图 5-34　题 5.10 图

5.11　某风管直径 $d=500$mm，流速 $v=20$m/s，沿程阻力系数 $\lambda=0.017$，空气温度 $t=20$℃，求风管的 K 值。

5.12　有一圆管 $d=250$mm，内壁涂有 $K=0.5$mm 的沙粒，如水温为 10℃，问流动要保持为粗糙区的最小流量为多少？

5.13　题 5.12 中管中通过流量分别为 5L/s、20L/s 时，各属于什么阻力区？其沿程阻力系数各为若干？若管长 $l=100$m，沿程水头损失各为多少？

5.14　铸锌铁皮风道，直径 $d=500$mm，流量 $Q_V=1.2$m^3/s，空气温度 $t=20$℃，试判断流动处于什么阻力区。并求 λ 值。

5.15　某铸管直径 $d=50$mm，当量粗糙度 $K=0.25$mm，水温 $t=20$℃，问在多少流量范围内属于过渡区流动？

5.16　长 10m，直径 $d=50$mm 的水管，测得流量为 4L/s，沿程水头损失为 1.2m，水温为 20℃，求该种管材的 K 值。

5.17　在管径 $d=50$mm 的光滑铜管中，水的流量为 3L/s，水温 $t=20$℃。求在管长 $l=500$m 的通道中的沿程水头损失。

5.18　某管径 $d=78.5$mm 的圆管，测得粗糙区的 $\lambda=0.0215$，试分别用图 5-14 和式（5-35），求该管道的当量粗糙度 K。

5.19　如图 5-35 所示，矩形风道的断面尺寸为 1200mm×600mm，风道内空气的温度为 45℃，流量为 42000m^3/h，风道壁面材料的当量粗糙度 $K=0.1$mm，今用酒精微压计量测风道水平段 AB 两点的压差，微压计读值 $a=7.5$mm，已知 $\alpha=30°$，$l_{AB}=12$m，酒精的密度 $\rho=860$kg/m^3，试求风道的沿程阻力系数 λ。

5.20　水在环行断面的水平管道中流动，水温为 10℃，流量 $Q_V=400$L/min，管道的当量粗糙度 $K=0.15$mm，内管的外径 $d=75$mm，外管的内径 $D=100$mm。试求在管长 $l=300$m 的管段上的沿程水头损失。

5.21 如管道的长度不变，通过的流量不变，欲使沿程水头损失减少一半，直径需增大百分之几？试分别讨论如下三种情况：

(1) 管内流动为层流 $\lambda = \dfrac{Re}{64}$；

(2) 管内流动为光滑区 $\lambda = \dfrac{0.3164}{Re^{0.25}}$；

(3) 管内流动为粗糙区 $\lambda = 0.11\left(\dfrac{K}{d}\right)^{0.25}$。

5.22 有一管路，流动的雷诺数 $Re = 10^6$，通水多年后，由于管路锈蚀，发现在水头损失相同的条件下，流量减少了一半。试估算此管路的管壁相对粗糙度 K/d。假设新管时流动处于光滑区 $\left(\lambda = \dfrac{0.3164}{Re^{0.25}}\right)$，锈蚀以后流动处于粗糙区 $\left[\lambda = 0.11\left(\dfrac{K}{d}\right)^{0.25}\right]$。

5.23 如图 5-36 所示，烟囱的直径 $d = 1\text{m}$，通过的烟气流量 $Q_V = 18000\text{kg/h}$，烟气的密度 $\rho = 0.7\text{kg/m}^3$，外面大气的密度按 $\rho = 1.29\text{kg/m}^3$ 考虑，如烟道的 $\lambda = 0.035$，要保证烟囱底部 1—1 断面的负压不小于 100Pa，烟囱的高度至少应为多少？

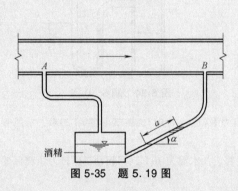

图 5-35 题 5.19 图

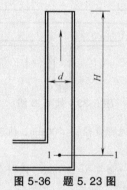

图 5-36 题 5.23 图

5.24 如图 5-37 所示，测得一阀门的局部阻力系数，在阀门的上下游装设了 3 个测压管，其间距 $L_1 = 1\text{m}$，$L_2 = 2\text{m}$，若直径 $d = 50\text{mm}$，实测 $H_1 = 150\text{cm}$，$H_2 = 125\text{cm}$，$H_3 = 40\text{cm}$，流速 $v = 3\text{m/s}$，求阀门的 ζ 值。

5.25 为测定 90° 弯头的局部阻力系数，可采用图 5-38 所示的装置。已知 AB 段管长 $l = 10\text{m}$，管径 $d = 50\text{mm}$。实测数据为：(1) AB 两断面测压管水头差 $\Delta h = 0.629\text{m}$；(2) 经 2min 流入水箱的水量为 0.329m^3。求弯头的局部阻力系数 ζ。

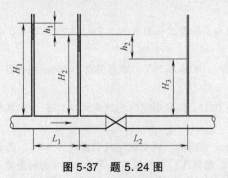

图 5-37 题 5.24 图

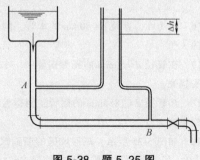

图 5-38 题 5.25 图

5.26 试计算图 5-39 所示的四种情况的局部水头损失，在断面面积 $A = 78.5\text{cm}^2$ 的管道中，流速 $v = 2\text{m/s}$。

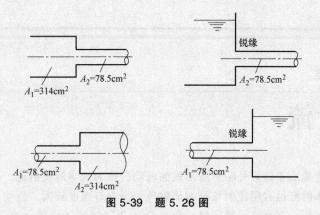

图 5-39　题 5.26 图

第6章

气体射流

气体自孔口、管嘴或条缝向外喷射所形成的流动，称为气体淹没射流，简称为气体射流。与管道流动一样，气体射流也有层流射流与湍流射流。当出口速度较大，流动呈湍流状态时，叫作湍流射流。射流在水泵、蒸汽泵、通风机、化工设备和喷气式飞机等许多技术领域得到广泛应用。工程上所应用的射流，多为气体湍流射流。

射流与孔口管嘴出流的研究对象不同。射流主要研究的是出流后的流速场、温度场和浓度场。后者仅讨论出口断面的流速和流量。

出流空间大小对射流的流动影响很大。出流到无限大空间中，流动不受固体边壁的限制，称为无限空间射流，又称自由射流。反之，为有限空间射流，又称受限射流。本章主要讨论无限空间射流。对有限空间射流仅做简单介绍。

6.1　无限空间淹没湍流射流的特征

现以无限空间中圆断面湍流射流为例，讨论射流运动。

气流自半径为 R 的圆断面喷嘴喷出。出口断面上的速度认为是均匀分布的，皆为 u_0，且流动为湍流。取射流轴线 Mx 为 x 轴。

经过大量的试验和观测，得出湍流射流的流动特性及结构如图 6-1 所示。

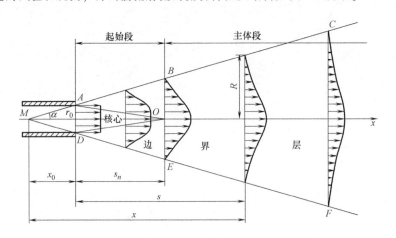

图 6-1　射流结构

由于射流为湍流型，湍流的横向脉动造成射流与周围介质之间发生质量、动量交换，从而把周围介质卷吸进来，使射流的质量流量、射流的横断面面积沿 x 方向不断增加，形成了向周围扩散的锥体状流动场，如图 6-1 所示的锥体 $CAMDF$。

6.1.1　过渡断面、起始段及主体段

刚喷出的射流速度仍然是均匀的。随着沿 x 方向流动，随着不断带入周围介质，不仅使边界扩张，而且使射流主体的速度逐渐降低。速度为 u_0 的部分（见图 6-1 中 AOD 锥体）称为射流核心，其余速度小于 u_0 的部分，称为边界层。显然，射流边界层从出口开始沿射程（断面到射流出口的距离）不断地向外扩散，带动周围介质进入边界层，同时向射流中心扩展，至某一距离处，边界层扩展到射流轴心线，核心区域消失，只有轴心点上的速度为 u_0。射流这一断面为图 6-1 上的 BOE，称为过渡断面或转折断面。以过渡断面分界，出口断面至过渡断面称为射流起始段，过渡断面以后称为射流主体段。任意断面轴线到外边界的距离为射流半径 R。起始段射流轴心上速度均为 u_0，而主体段轴心速度沿 x 方向不断下降，主体段中完全被射流边界层所占据。

6.1.2　湍流系数 a 及几何特征

实验结果及半经验理论都得出射流外边界可看成是一条直线，其上速度为零，如图 6-1 所示的 AB 线及 DE 线。AB、DE 延至喷嘴内交于点 M，此点称为极点，$\angle AMD$ 的一半称为极角 α，又称为扩散角 α。

设圆断面射流截面的半径为 R（或平面射流边界层的半宽度 b），它和截面到极点的距离 x 成正比，即 $R = Kx$。

由图 6-1 看出，

$$\tan\alpha = \frac{R}{x} = \frac{Kx}{x} = K = 3.4a \tag{6-1}$$

式中，K 为试验系数，对圆断面射流 $K = 3.4a$；a 为湍流系数，由实验决定，是表示射流流动结构的特征系数。

湍流系数 a 与出口断面上湍流强度（即脉动速度的均方根值与平均速度值之比）有关，湍流强度越大，说明射流在喷嘴前已"紊乱化"，具有较大的与周围介质混合的能力，则 a 值也大，使射流扩散角 α 增大，被带动的周围介质增多，射流速度沿程下降加速。a 还与射流出口断面上速度分布的均匀性有关。如果速度分布均匀 $u_{最大}/u_{平均} = 1$，则 $a = 0.066$；如果不太均匀，例如 $u_{最大}/u_{平均} = 1.25$，则 $a = 0.076$；各种不同形状喷嘴的湍流系数和扩散角的实测列于表 6-1。

表 6-1　湍流系数

喷嘴种类	a	2α	喷嘴种类	a	2α
带有收缩口的喷嘴	0.066 0.071	25°20′ 27°10′	带金属网格的轴流风机	0.24	78°40′
圆柱形管	0.076 0.08	29°00′	收缩极好的平面喷口	0.108	29°30′
带有导风板的轴流式通风机	0.12	44°30	平面壁上锐缘狭缝	0.118	32°10′
带导流板的直角弯管	0.20	68°30′	具有导叶且加工磨圆边口的风道上纵向缝	0.155	41°20′

从表 6-1 中数值可知，喷嘴上装置不同型式的风板栅栏，则出口截面上气流的扰动乱程度不同，因而湍流系数 a 也就不相同。随着湍流系数 a 值增大，扩散角 α 也增大。

由式（6-1）可知，a 值确定，射流边界层的外边界线也就确定，射流即按一定的扩散角 α 向前做扩散运动，这就是它的几何特征。应用这一特征，对圆断面射流可求出射流半径沿射程的

变化规律，如图 6-1 所示，有

$$\frac{R}{r_0} = \frac{x_0 + s}{x_0} = 1 + \frac{s}{r_0/\tan\alpha} = 1 + 3.4a\,\frac{s}{r_0} = 3.4\left(\frac{as}{r_0} + 0.294\right) \tag{6-2a}$$

又

$$\frac{R}{r_0} = \frac{x_0/r_0 + s/r_0}{x_0/r_0} = \frac{x}{1/\tan\alpha} = 3.4a\bar{x} \tag{6-2b}$$

以直径表示

$$\frac{D}{d_0} = 6.8\left(\frac{as}{d_0} + 0.147\right) \tag{6-2c}$$

式（6-2a）是以出口截面起算的无量纲距离 $\bar{s} = \dfrac{s}{r_0}$ 表达的无量纲半径 $\bar{R} = \dfrac{R}{r_0}$ 的变化规律，而式（6-2b）则是以极点起算起的无量纲距离 $\bar{x} = \dfrac{x_0 + s}{r_0} = \bar{x}_0 + \bar{s}$ 的表达式。式（6-2b）说明了射流半径与射流的关系，即无量纲半径正比于由极点算起的无量纲距离。

6.1.3 运动特征

为了找出射流速度分布规律，许多学者做了大量实验，对不同横截面上的速度分布进行了测定。这里仅给出特留彼尔（Trupel）在轴对称射流主体段的实验结果，以及阿勃拉莫维奇（Abramovich）在起始段内的测定结果，分别如图 6-2a 及图 6-3a 所示。

从两图中可见，无论主体段还是起始段内，轴心速度最大，从轴心向边界层边缘，速度逐渐减小至零。同时可以看出，距喷嘴距离越远（即 x 值增大），边界层厚度越大，而轴心速度则越小，也就是说，随着 x 的增大，速度分布曲线不断地扁平化。

如果纵坐标用相对速度，或无量纲速度；横坐标用相对距离，或无量纲距离以代替原图中的速度 v 和横向距离 y，就得图 6-2b、图 6-3b 所示的曲线。

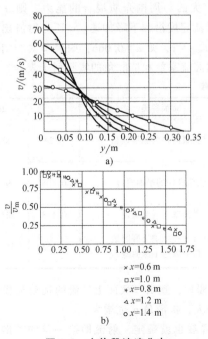

x=0.6 m
x=1.0 m
x=0.8 m
x=1.2 m
x=1.4 m

b)

图 6-2 主体段流速分布

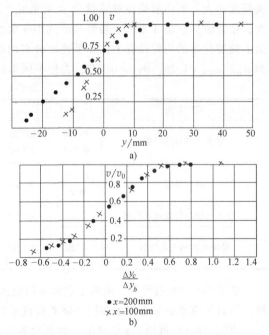

x=200mm
x=100mm

b)

图 6-3 起始段流速分布

流速分布的距离规定如图 6-4 所示。

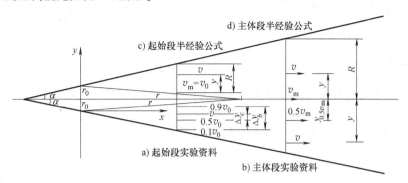

图 6-4　流速分布的距离规定

对照图 6-4b，特留彼尔主体段内无量纲距离与无量纲速度的取法规定：

$$\frac{y}{y_{0.5v_m}} = \frac{\text{截面上任一点至轴心的距离}}{\text{同截面上点 } 0.5v_m \text{ 至轴心的距离}}$$

在上式中，点 $0.5v_m$ 表示速度为轴心速度的一半之处的点。

$$\frac{v}{v_m} = \frac{\text{截面上点 } y \text{ 的速度}}{\text{同截面上轴心点的速度}}$$

阿勃拉莫维奇整理起始段时，所用无量纲量为

$$\frac{\Delta y_c}{\Delta y_b} = \frac{y - y_{0.5v_0}}{y_{0.9v_0} - y_{0.1v_0}}$$

$$\frac{v}{v_0} = \frac{\text{点 } y \text{ 速度}}{\text{核心速度}}$$

式中（参看图 6-4a），y 为起始段任一点至 Ox 线的距离，Ox 线是以喷嘴边缘所引起平行轴心线的横坐标轴；$y_{0.5v_0}$ 为同一截面上点 $0.5v_0$ 至边缘轴线 Ox 的距离；$y_{0.9v_0}$ 为同一截面上点 $0.9v_0$ 至边缘轴线 Ox 的距离；$y_{0.1v_0}$ 为同一截面上点 $0.1v_0$ 至 Ox 线的距离。

经过这样整理便得出图 6-2b 及图 6-3b。可以看到原来各截面不同的速度分布曲线，均变换成为同一条无量纲分布线。这种同一性说明射流各截面上速度分布的相似性，这就是射流的运动特征。

用半经验公式表示射流各横截面上的无量纲速度分布如下：

$$\frac{v}{v_m} = \left[1 - \left(\frac{y}{R} \right)^{1.5} \right]^2 \tag{6-3a}$$

令

$$\frac{y}{R} = \eta$$

$$\frac{v}{v_m} = (1 - \eta^{1.5})^2 \tag{6-3b}$$

式（6-3）如用于主体段，参看图 6-4d。则式中，y 为横截面上任意点至轴心的距离；R 为该截面上射流半径（半宽度）；v 为点 y 上速度；v_m 为该截面轴心速度。

式（6-3）如用于起始段，仅考虑边界层中流速分布，参看图 6-4c。则式中，y 为截面上任意点至核心边界的距离；R 为同截面上边界层厚度；v 为截面上边界层中点 y 的速度；v_m 为核心速度 v_0。

由此得出$\dfrac{y}{R}$从轴心或核心边界到射流外边界的变化范围为 $1\rightarrow 0$。$\dfrac{v}{v_m}$从轴心或核心边界到射流边界的变化范围为 $1\rightarrow 0$。

6.1.4 动力特征

实验证明,射流中任意点上的静压强均等于周围气体的压强。现取图 6-5 中 1—1、2—2 所截的一段射流脱离体,分析其上受力情况。因各面上所受静压强均相等,则沿 x 轴方向外力之和为零。据动量方程可知,各横截面上轴向动量相等——动量守恒,这就是射流的动力学特征。

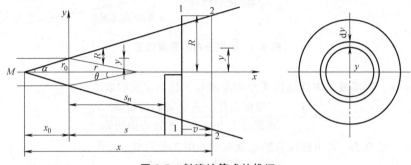

图 6-5　射流计算式的推证

以圆断面射流为例应用动量守恒原理,出口截面上动量流量为

$$\rho Q_{v0}v_0 = \rho\pi \cdot r_0^2 v_0^2$$

任意横截面上轴向的动量流量则需积分:

$$\int_0^R v\rho 2\pi \cdot y\mathrm{d}yv = \int_0^R 2\pi\rho v^2 y\mathrm{d}y$$

可列动量守恒式为

$$\pi\rho \cdot r_0^2 v_0^2 = \int_0^R 2\pi\rho \cdot v^2 y\mathrm{d}y \tag{6-4}$$

6.2　圆断面射流的运动分析

现在根据湍流射流特征来研究圆断面射流的速度 v、流量 Q_v 沿射程 s(或 x)的变化规律。

6.2.1　轴心速度 v_m

由式(6-4)

$$\pi\rho \cdot r_0^2 v_0^2 = \int_0^R 2\pi\rho \cdot v^2 y\mathrm{d}y$$

两端同时除以 $\pi\rho R^2 v_m^2$,可得

$$\left(\dfrac{r_0}{R}\right)^2\left(\dfrac{v_0}{v_m}\right)^2 = 2\int_0^1\left(\dfrac{v}{v_m}\right)^2\dfrac{y}{R}\mathrm{d}\left(\dfrac{y}{R}\right)$$

将式(6-3a)$\dfrac{v}{v_m} = \left[1-\left(\dfrac{y}{R}\right)^{1.5}\right]^2$ 代入,并记 $\dfrac{y}{R}=n$,则上式右端的积分变为

$$\int_0^1\left[(1-\eta^{1.5})^2\right]^2\eta\mathrm{d}\eta = B_2$$

按前述 $\dfrac{y}{R}$ 及 $\dfrac{v}{v_{\mathrm{m}}}$ 的变化范围，从无量纲速度分布线上分段进行 B_2 的数值积分可得出具体数值，列于表 6-2。

表 6-2　B_n 和 C_n 值

n	1	1.5	2	2.5	3
B_n	0.0985	0.064	0.0464	0.0359	0.0286
C_n	0.3845	0.3065	0.2585	0.2256	0.2015

其中，

$$B_n = \int_0^1 \left(\frac{v}{v_{\mathrm{m}}}\right)^n \eta \mathrm{d}\eta, \quad C_n = \int \left(\frac{v}{v_{\mathrm{m}}}\right)^n \mathrm{d}\eta$$

于是

$$\left(\frac{r_0}{R}\right)^2 \left(\frac{v_0}{v_{\mathrm{m}}}\right)^2 = 2B_2 = 2 \times 0.0464$$

则

$$\frac{v_{\mathrm{m}}}{v_0} = 3.28 \frac{r_0}{R}$$

再将射流半径 R 沿程变化规律，即式（6-2a）、式（6-2c）代入，得

$$\frac{v_{\mathrm{m}}}{v_0} = \frac{0.965}{\dfrac{as}{r_0} + 0.294} = \frac{0.48}{\dfrac{as}{d_0} + 0.147} = \frac{0.96}{a\bar{x}} \tag{6-5}$$

式（6-5）说明了无量纲轴心速度与无量纲距离 $\bar{x}$ 成反比。

6.2.2　断面流量 Q_V

取无量纲流量

$$\frac{Q_V}{Q_{V0}} = \frac{2\pi \int_0^R vy\mathrm{d}y}{\pi r_0^2 v_0} = 2\int_0^{\frac{R}{r_0}} \left(\frac{v}{v_0}\right) \left(\frac{y}{r_0}\right) \mathrm{d}\left(\frac{y}{r_0}\right)$$

再用 $\dfrac{v}{v_0} = \dfrac{v}{v_{\mathrm{m}}} \cdot \dfrac{v_{\mathrm{m}}}{v_0}$；$\dfrac{y}{r_0} = \dfrac{y}{R} \cdot \dfrac{R}{r_0}$ 替换得

$$\frac{Q_V}{Q_{V0}} = 2\frac{v_{\mathrm{m}}}{v_0} \cdot \left(\frac{R}{r_0}\right)^2 \int_0^1 \left(\frac{v}{v_{\mathrm{m}}}\right) \left(\frac{y}{R}\right) \mathrm{d}\left(\frac{y}{R}\right)$$

查表 6-2，$B_1 = 0.0985$，再将式（6-2a）、式（6-5）代入，得

$$\frac{Q_V}{Q_{V0}} = 2.2\left(\frac{as}{r_0} + 0.294\right) = 4.4\left(\frac{as}{d_0} + 0.147\right) = 2.2a\bar{x} \tag{6-6}$$

6.2.3　断面平均流速 v_1

由第 3 章可知断面平均流速 $v_1 = \dfrac{Q_V}{A}$，$v_0 = \dfrac{Q_{V0}}{A_0}$，则无量纲断面平均流速为

$$\frac{v_1}{v_0} = \frac{Q_V A_0}{Q_{V0} A} = \frac{Q_V}{Q_{V0}}\left(\frac{r_0}{R}\right)^2$$

将式 (6-2a)、式 (6-6) 代入得

$$\frac{v_1}{v_0} = \frac{0.19}{\dfrac{as}{r_0}+0.294} = \frac{0.095}{\dfrac{as}{d_0}+0.147} = \frac{0.19}{a\overline{x}} \tag{6-7}$$

6.2.4 质量平均流速 v_2

断面平均流速 v_1 表示射流断面上的算术平均值。比较式 (6-5)、式 (6-7)，可得 $v_1 \approx 0.2 v_m$，说明断面平均流速仅为轴心流速的 20%。通风、空调工程上通常使用的是轴心附近较高的速度区，因此 v_1 不能恰当地反映被使用区的速度。为此引入质量平均流速 v_2。质量平均流速定义为：用 v_2 乘以质量即得真实轴向动量。列出口截面与任一横截面的动量守恒式：

$$\rho Q_{v0} v_0 = \rho Q_v v_2$$

$$\frac{v_2}{v_0} = \frac{Q_{v0}}{Q_v} = \frac{0.4545}{\dfrac{as}{r_0}+0.294} = \frac{0.23}{\dfrac{as}{d_0}+0.147} = \frac{0.4545}{a\overline{x}} \tag{6-8}$$

比较式 (6-5) 与式 (6-8)，$v_2 = 0.47 v_m$。因此用 v_2 代表使用区的流速要比 v_1 更合适些。但必须注意，v_1、v_2 不仅在数值上不同，更重要的是在定义上完全不同，不可混淆。

以上分析出圆断面射流主体段内运动参数变化规律，这些规律也适用于矩形喷嘴。但要将矩形边长换算成为流速当量直径代入进行计算。换算公式按第 4 章所述。

【例】 用轴流式风机水平送风，风机直径 $d_0 = 600\text{mm}$。出口风速为 10m/s，求距出口 10m 处的轴心速度和风量。

【解】 由表 6-1 查得 $a = 0.12$。由式 (6-5)，得

$$\frac{v_m}{v_0} = \frac{0.48}{\dfrac{as}{d_0}+0.147} = \frac{0.48}{\dfrac{0.12 \times 10}{0.6}+0.147} = 0.224$$

$$v_m = 0.224 v_0 = 0.224 \times 10\text{m/s} = 2.24\text{m/s}$$

$$\frac{Q_V}{Q_{V0}} = 4.4\left(\frac{as}{d_0}+0.147\right) = 4.4 \times 2.147 = 9.45$$

$$Q_V = 9.45 Q_{V0} = 9.45 \times \frac{\pi}{4}d_0^2 v_0 = \left(9.45 \times \frac{\pi}{4} \times 0.6^2 \times 10\right)\text{m}^3/\text{s} = 26.7\text{m}^3/\text{s}$$

6.2.5 起始段核心长度 s_n 及核心收缩角 θ

由图 6-1 可知，核心长度 s_n 为过渡断面至喷嘴的距离，$\angle AOD$ 的一半称为核心收缩角 θ，将 $v_m = v_0$，$s = s_n$ 代入式 (6-5)，得

$$\frac{v_0}{v_0} = 1 = \frac{0.96}{\dfrac{as_n}{r_0}+0.294}$$

$$s_n = 0.666\frac{r_0}{a}, \quad \overline{s}_n = \frac{s_n}{r_0} = \frac{0.666}{a} \tag{6-9}$$

核心收缩角 θ 的正切值：

$$\tan\theta = \frac{r_0}{s_n} = 1.49a \tag{6-10}$$

6.2.6　起始段流量 Q_V

由于核心内保持着出口速度 v_0，故无须求轴心速度变化规律，仅就流量 Q_V 加以讨论。

图 6-4 中可得核心半径 r 的几何关系为

$$r = r_0 - s\tan\theta = r_0 - 1.49as \tag{6-11a}$$

$$\frac{r}{r_0} = 1 - 1.49\frac{as}{r_0} \tag{6-11b}$$

核心内无量纲流量为

$$\frac{Q_V'}{Q_{v0}} = \frac{\pi \cdot r^2 v_0}{\pi \cdot r_0^2 v_0} = \left(\frac{r}{r_0}\right)^2 = \left(1 - 1.49\frac{as}{r_0}\right)^2$$

$$= 1 - 2.98\frac{as}{r_0} + 2.22\left(\frac{as}{r_0}\right)^2 \tag{6-12a}$$

边界层中无量纲流量为

$$\frac{Q_V''}{Q_{v0}} = \frac{\displaystyle\int_r^{R+r} v 2\pi\tau \mathrm{d}\tau}{\pi \cdot r_0^2 v_0}$$

式中，r 为核心半径，当所取截面确定后，则 r 对 τ 为一定值；R 为边界层厚度；τ 为所取横截面上任一点至轴心线的距离，$\tau = r + y'$；y' 为该截面上任一点至核心边界的距离。于是，有

$$\frac{Q_V'}{Q_{v0}} = 2\int_{\frac{r}{r_0}}^{\frac{R+r}{r_0}} \frac{v}{v_0} \cdot \frac{\tau}{r_0} \mathrm{d}\left(\frac{\tau}{r_0}\right)$$

$$= 2\int_{\frac{r}{r_0}}^{\frac{R+r}{r_0}} \frac{v}{v_0} \cdot \left(\frac{y'+r}{r_0}\right) \mathrm{d}\left(\frac{y'+r}{r_0}\right)$$

$$= 2\int_{\frac{r}{r_0}}^{\frac{R+r}{r_0}} \frac{v}{v_0} \cdot \frac{y'}{r_0} \mathrm{d}\left(\frac{y'}{r_0}\right) + 2\int_{\frac{r}{r_0}}^{\frac{R+r}{r_0}} \frac{v}{v_0} \cdot \frac{r}{r_0} \mathrm{d}\left(\frac{y'}{r_0}\right)$$

$$= 2\left(\frac{r}{r_0}\right)^2 \int_0^1 \frac{v}{v_0} \cdot \frac{y'}{R} \mathrm{d}\left(\frac{y'}{R}\right) + 2\frac{r}{r_0} \cdot \frac{R}{r_0}\int_0^1 \frac{v}{v_0} \mathrm{d}\left(\frac{y'}{R}\right)$$

$$= 2\left(\frac{R}{r_0}\right)^2 B_1 + 2\frac{r}{r_0} \cdot \frac{R}{r_0} C_1$$

又从图 6-5 中可得

$$r + R = r_0 + s\tan\alpha = r_0 + 3.4as$$

所以

$$R = r_0 + 3.4as - (r_0 - 1.49as) = 4.89as$$

$$\frac{R}{r_0} = 4.89\frac{as}{r_0}$$

再从表 6-2 中查出 B_1、C_1，并将式（6-11b）一并代入无量纲边界流量式中得

$$\frac{Q_V''}{Q_{v0}} = 3.74\frac{as}{r_0} - 0.90\left(\frac{as}{r_0}\right)^2 \tag{6-12b}$$

习　　题

6.1　某体育场的圆柱形送风口，$d_0 = 0.6m$，风口至比赛区为 60m，要求比赛区风速（质量平均风速）不得超过 0.3m/s。求送风口的送风量应不超过多少。

6.2　岗位送风所设风口向下，距地面 4m，要求在工作区（距地 1.5m 高范围）造成直径为 1.5m 的射流截面，限定轴心速度为 2m/s，求喷嘴直径及出口流量。

6.3　为什么用无量纲量研究射流运动？

6.4　什么是质量平均流速？为什么要引入这一流速？

6.5　温差射流中，无量纲温度分布线为什么在无量纲速度线的外边？

6.6　温差射流轨迹为什么弯曲？如何寻求轨迹方程？

6.7　何谓受限射流？受限射流结构图形如何？与自由射流对比有何异同？

第7章

不可压缩流体管道运动

本章应用流体力学基本原理，结合具体流动条件，研究孔口、管嘴及管路的流动。

研究流体经容器器壁上孔口或管嘴出流，以及流体沿管路的流动，对供热通风及燃气工程具有很大的实用意义。如自然通风中空气通过门窗的流量计算，供热管路中节流孔板的计算，工程上各种管道系统的计算，都需要掌握这方面的规律及计算方法。

7.1 孔口自由出流

在容器侧壁或底壁上开一孔口，容器中的液体自孔口出流到大气中，称为孔口自由出流，如出流到充满液体的空间，则称为淹没出流。

图 7-1 给出一自由出流孔口，容器中液体从四面八方流向孔口。由于质点的惯性，当绕过孔口边缘时，流线不能成直角突然地改变方向，只能以圆滑曲线逐渐弯曲。在孔口断面上仍然继续弯曲且向中心收缩，造成孔口断面上的急变流。直至出流流股距孔口 $1/2d$（d 为孔径）处，断面收缩达到最小，流线趋于平直，成为渐变流，该断面称为收缩断面，即图 7-1 中的 $C—C$ 断面。

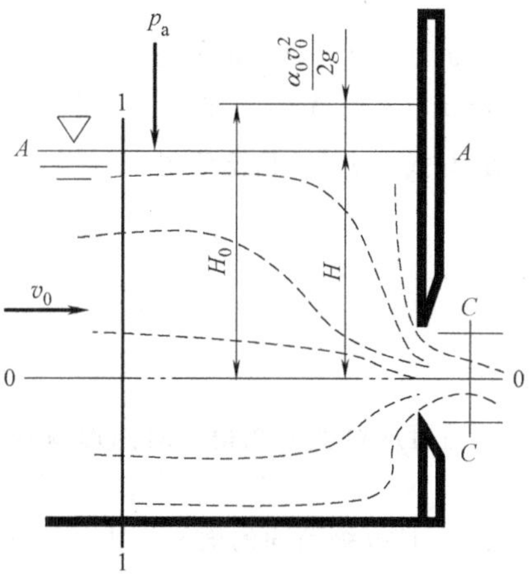

下面讨论出流规律。通过收缩断面形心引基准线 $0—0$，列出 $A—A$ 及 $C—C$ 两断面的能量方程

图 7-1 孔口自由出流

$$Z_A + \frac{p_A}{\rho g} + \frac{\alpha_A v_A^2}{2g} = Z_C + \frac{p_C}{\rho g} + \frac{\alpha_C v_C^2}{2g} + h_e$$

式中，h_e 为孔口出流的能量损失。

由于水在容器中流动的沿程损失甚微，故仅在孔口处发生能量损失。图 7-1 所示具有锐缘的孔口，出流与孔口壁接触仅是一条周线，这种条件的孔口称为薄壁孔口。若孔壁厚度和形状促使流股收缩后又扩开，与孔壁接触形成面而不是线，这种孔口称为厚壁孔口或管嘴。

无论薄壁、厚壁孔口或管嘴，能量损失都发生在孔与嘴的局部，称其为局部损失，对比管路流动而言，这正是该流动的特点。对于薄壁孔口来说，$h_e = \zeta_1 \dfrac{v_C^2}{2g}$，代入上式，经移项整理得

$$(\alpha_C + \zeta_1) \frac{v_C^2}{2g} = (Z_A - Z_C) + \frac{p_A - p_C}{\rho g} + \frac{\alpha_A \cdot v_A^2}{2g}$$

令

$$H_0 = (Z_A - Z_C) + \frac{p_A - p_C}{\rho g} + \frac{\alpha_A \cdot v_A^2}{2g} \tag{7-1}$$

则得

$$v_c = \frac{1}{\sqrt{\alpha_c + \zeta_1}} \sqrt{2gH_0} \tag{7-2}$$

式中，H_0 称为作用水头，是促使出流的全部能量。由式（7-1）可知，H_0 包括孔口上游对孔口收缩断面 C—C 的位差、压差及上游来流的速度头。H_0 中一部分用来克服阻力而损失，一部分变成 C—C 断面的动能而使之出流。

在孔口自由出流时，如图 7-1 所示，H_0 中位差 $Z_A - Z_C = H$，即液面至孔口中心的高度差。对小孔来说（孔径的 $d < 0.1H$），可忽略孔中心与上下边缘高差的影响，认为孔口面上所有各点均受同一 H 的影响，其出流速度相同。

H_0 中压差，因自由出流 $p_C = p_a$，且具有自由液面 $P_A = p_a$，故该项为零。

H_0 中来流速度头，因自由液面速度可略去不计，于是得出具有自由液面，自由出流时，$H_0 = H$ 的结论。

对于其他条件下孔口出流 H_0 的决定，应视其具体条件，从 H_0 的定义式（7-1）出发，来表述作用水头。

式（7-2）给出了薄壁孔口自由出流收缩断面 C—C 上速度公式，现令

$$\varphi = \frac{1}{\sqrt{\alpha_c + \zeta_1}} \tag{7-3}$$

式中，φ 为速度系数，φ 的意义可以从下面讨论得知。

若 $\alpha_c = 1$ 且无损失情况下，$\zeta_1 = 0$，则 $\varphi = 1$。这时是理想流体的流动，其速度为 $v'_c = 1 \cdot \sqrt{2gH_0}$ 与式（7-2）相比便得

$$\frac{v'_c}{v_c} = \frac{\varphi \cdot \sqrt{2gH_0}}{1 \cdot \sqrt{2gH_0}} = \varphi$$

$$\varphi = \frac{实际流体的速度}{理想流体的速度}$$

φ 值可通过实验测得，对圆形薄壁小孔口速度系数 φ 为 $0.97 \sim 0.98$。通过孔口出流的流量为

$$Q_V = v_c A_c \tag{7-4}$$

式中，A_c 是收缩断面的面积。由于一般情况下给出孔口面积，故引入

$$\varepsilon = \frac{A_c}{A} \tag{7-5}$$

式中，ε 称为收缩系数。由实验得知，圆形薄壁小孔口的 ε 为 $0.62 \sim 0.64$。现用 $\varepsilon A = A_c$ 代入流量公式

$$Q_V = v_c \cdot \varepsilon \cdot A \cdot \sqrt{2gH_0} = \varepsilon \cdot \varphi \cdot A \cdot \sqrt{2gH_0} \tag{7-6}$$

令

$$\mu = \varepsilon \cdot \varphi$$

称 μ 为流量系数。对于圆形薄壁小孔口，其值为 μ 为 $0.60 \sim 0.62$。则

$$Q_V = \mu \cdot \varphi \cdot A \cdot \sqrt{2gH_0} \tag{7-7}$$

式（7-7）就是孔口自由出流的基本公式。当计算流量 Q_V 时，根据具体的孔口及出流条件，确定 μ 及 H_0。

从式（7-6）知，μ 值与 ε、φ 有关。φ 值接近于 1。ε 值则因孔口开设的位置不同而造成收缩情况不同，因而有较大的变化。如图 7-2 上孔口 I 四周的流线全部发生弯曲，水股在各方向都发生收缩为全部收缩孔口。而孔口 II 只有 1、2 边发生收缩，其他 3、4 边没有收缩称为非全部收

缩孔口。在相同的作用水头下，非全部收缩时的收缩系数 ε 比全部收缩时的大，其流量系数 μ 也将增大，两者之间的关系可用下列经验公式表示：

$$\mu' = \mu\left(1 + C\frac{S}{X}\right) \tag{7-8}$$

式中，μ 为全部完善收缩时孔口流量系数；S 为未收缩部分周长（如图 7-2 上 3+4 边长）；X 为孔口全部长度（如图 7-2 上 1+2+3+4）边长；C 为系数，圆孔取 0.13，方孔取 0.15。

全部收缩的水股，又根据器壁对流线弯曲有无影响而分为完善收缩与不完善收缩。图 7-2 上孔口 Ⅰ，周边离侧壁的距离大于 3 倍孔口在该方向的尺寸，即 $l_1 > 3a$，$l_2 > 3b$。此时出流流线弯曲率最大，收缩得最充分，为全部完善收缩。

孔口任何一边到器壁的距离不满足上述条件时，将减弱流线的弯曲，减弱收缩，使 ε 增大，相应 μ 值也将增大，不完全收缩的 μ'' 可用下式估算：

$$\mu'' = \mu\left[1 + 0.64\left(\frac{A}{A_0}\right)^2\right] \tag{7-9}$$

式中，μ 为全部收缩时孔口流量系数；A 为孔口面积；A_0 为孔口所在壁的全部面积。

式（7-9）适用条件是，孔口处在壁面的中心位置，各方向上影响不完善收缩的程度近似的情况。

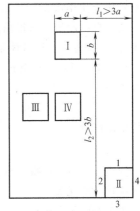

图 7-2　孔口收缩与位置关系

7.2　孔口淹没出流

如前所述，当液体通过孔口出流到另一个充满液体的空间时称为淹没出流，如图 7-3 所示。现以孔口中心线为基准线，取上下游自由液面 1—1 及 2—2，列能量方程

$$H_1 + \frac{p_1}{\rho g} + \frac{\alpha_1 v_1^2}{2g} = H_2 + \frac{p_2}{\rho g} + \frac{\alpha_2 v_2^2}{2g} + \zeta_1\frac{v_c^2}{2g} + \zeta_2\frac{v_c^2}{2g}$$

令

$$H_0 = (H_1 - H_2) + \frac{p_1 - p_2}{\rho g} + \frac{\alpha_1 v_1^2 - \alpha_2 v_2^2}{2g}$$

称为作用水头。上式可写为

$$H_0 = (\zeta_1 + \zeta_2)\frac{v_c^2}{2g}$$

求解得

$$v_c = \frac{1}{\sqrt{\zeta_1 + \zeta_2}}\sqrt{2gH_0} \tag{7-10}$$

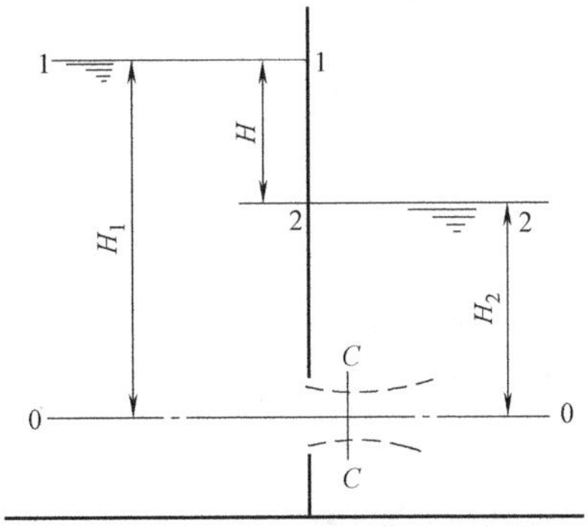

则出流流量为

图 7-3　孔口淹没出流

$$Q_v = v_c A_c = v_c \varepsilon A = \frac{1}{\sqrt{\zeta_1 + \zeta_2}}\varepsilon A\sqrt{2gH_0} \tag{7-11}$$

式中，ζ_1 为液体经孔口处的局部阻力系数；ζ_2 为液体在收缩断面之后突然扩大的局部阻力系数。2—2 断面比 C—C 断面大得多，所以 $\zeta_2 = \left(1 - \dfrac{A_c}{A_2}\right)^2 \approx 1$。

于是令
$$\varphi = \frac{1}{\sqrt{\zeta_1 + \zeta_2}} = \frac{1}{\sqrt{1 + \zeta_1}} \tag{7-12}$$

φ 为淹没出流速度系数。对比自由出流 φ，在孔口形状、尺寸相同情况下，其值相等，但其含义有所不同。自由出流时 $\alpha_c \approx 1$，淹没出流的 $\zeta_2 = 1$。$\mu = \varepsilon\varphi$，μ 为淹没出流流量系数。式 (7-11) 可写成

$$Q_V = \varepsilon\varphi A \sqrt{2gH_0} = \mu A \sqrt{2gH_0} \tag{7-13}$$

这就是淹没出流流量公式。对比自由出流式 (7-7)，φ、μ 相同，只是作用水头 H_0 中速度水头略有不同，自由出流时上游速度水头全部转化为作用水头，而淹没出流时，仅上下游速度水头之差转化为作用水头。

孔口自由出流与淹没出流其公式形式完全相同，φ、μ 在孔口相同条件下相等，只需注意作用水头 H_0 中各项，按具体条件代入。

如图 7-3 所示，具有自由液面的淹没出流 $p_1 = p_2 = p_a$，且忽略上下游液面的速度水头时，则作用水头为

$$H_0 = H_1 - H_2 = H \tag{7-14}$$

于是出流流量

$$Q_V = \mu A \sqrt{2gH} \tag{7-15}$$

从式 (7-15) 可得，当上下游液面高度一定时，即 H 一定时，出流流量与孔口在液面下开设的位置高低无关。

图 7-3 给出了具有 p_0 表面压强（相对压强）的有压容器，液体经孔口出流。流量应用式 (7-13) 计算。即

$$Q_V = \mu A \sqrt{2gH_0}$$

式中，当自由出流时，有

$$H = (Z_A - Z_C) + \frac{p_0}{\rho g} + \frac{\alpha_A v_A^2}{2g}$$
$$= H_0 + \frac{p_0}{\rho g} + \frac{\alpha_A v_A^2}{2g}$$

忽略 $\dfrac{\alpha_A v_A^2}{2g}$ 项，则

$$H = H_0 + \frac{p_0}{\rho g}$$

当淹没出流时，有

$$H_0 = (H_A - H_B) + \frac{p_0}{\rho g} + \frac{\alpha_A v_A^2 - \alpha_B v_B^2}{2g}$$
$$= H' + \frac{p_0}{\rho g} + \frac{\alpha_A v_A^2 - \alpha_B v_B^2}{2g}$$

忽略 $\dfrac{\alpha_A v_A^2 - \alpha_B v_B^2}{2g}$，则

$$H_0 = H' + \frac{p_0}{\rho g}$$

气体出流一般为淹没出流，流量计算与式 (7-13) 相同，但用压强差代替水头差，得

$$Q_V = \mu A \sqrt{\frac{2\Delta p_0}{\rho}} \qquad (7\text{-}16)$$

式中，p 为气体的密度，单位为 kg/m^3；Δp_0 如同式（7-13）中 H_0，是促使出流的全部能量，即

$$\Delta p_0 = (p_A - p_B) + \frac{\rho(\alpha_A v_A^2 - \alpha_B v_B^2)}{2}$$

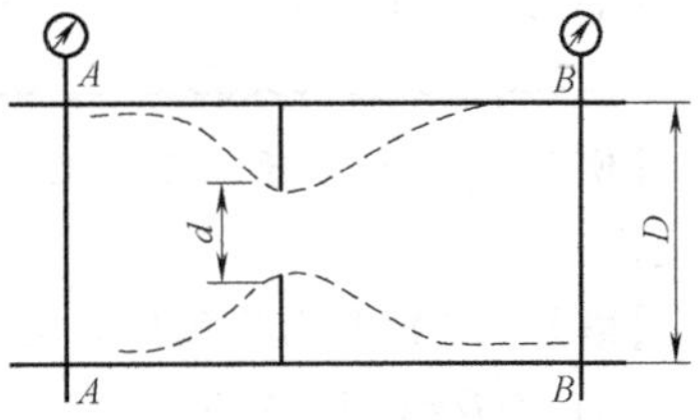

气体管路中装一有薄壁孔口的隔板，称为孔板（见图 7-4），此时通过孔口的出流是淹没出流。因为流量、管径在给定条件下不变，所以测压断面上 $v_A = v_B$。故

$$\Delta p_0 = p_A - p_B$$

应用式（7-16）得

$$Q_V = \mu A \sqrt{\frac{2\Delta p_0}{\rho}} = \mu A \sqrt{\frac{2}{\rho}(p_A - p_B)} \qquad (7\text{-}17)$$

在管道中装设如上所说孔板，测得孔板前后渐变断面上的压差，即可求得管中流量。这种装置叫作孔板流量计。

图 7-4　孔板流量计

~~~~~~

【例 7-1】　有一孔板流量计，测得 $\Delta p = 490\text{Pa}$，管道直径为 $D = 200\text{mm}$，孔板直径为 $d = 80\text{mm}$，试求水管中流量 Q_V。

【解】　（1）此题为液体淹没出流，用式（7-13）求 Q_V，式中

$$H_0 = (H_1 - H_2) + \frac{(p_1 - p_2)}{\rho g} + \frac{\alpha_1 v_1^2 - \alpha_2 v_2^2}{2g}$$

此时 $H_1 = H_2$，$v_1 = v_2$，有

$$H_0 = \frac{p_1 - p_2}{\rho g} = 5\text{mm}$$

（2）
$$\frac{d}{D} = \frac{80\text{mm}}{200\text{mm}} = 0.4$$

若认为流动处在阻力平方区，μ 与 Re 无关，则在图 7-5 上查得 $\mu = 0.61$。

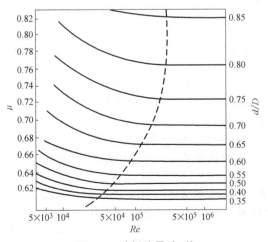

图 7-5　孔板流量计 μ 值

（3） $Q_V = \mu A \sqrt{2gH_0} = 0.007638 \mathrm{m^3/s}$

【例 7-2】 如上题，孔板流量计装在气体管路中，测得 $p_1 - p_2 = 490\mathrm{Pa}$，其 D、d 尺寸如上例，求气体流量。

【解】 （1）此题为气体淹没出流，可由式（7-17）求 Q_V。

（2） $d/D = 0.4$，采用上题 $\mu = 0.61$。

（3） $Q_V = \mu A \sqrt{\dfrac{2\Delta p_0}{\rho}} = 0.0876 \mathrm{m^3/s}$

【例 7-3】 房间顶部设置夹层，把处理过的清洁空气用风机送入夹层中，并使层中保持 300Pa 的压强。清洁空气在此压强作用下，通过孔板的孔口向房间流出，这就是孔板送风（见图 7-6）。求每个孔口出流的流量及速度。孔的直径为 1cm。

【解】 孔口流量公式用式（7-17）

$$Q_V = \mu A \sqrt{\frac{2\Delta p_0}{\rho}}$$

孔板流量系数 $\mu = 0.6$，速度系数 $\varphi = 0.97$（从手册中查到），空气的密度 ρ 取为 $1.2\mathrm{kg/m^3}$。

孔口的面积为

则有 $\qquad A = \dfrac{\pi}{4}d^2 = 0.785 \times 10^{-4}\mathrm{m^2}$

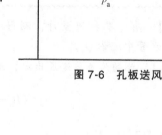

图 7-6 孔板送风

$$Q_V = 0.6 \times 0.785 \times 10^{-4}\mathrm{m^2} \sqrt{\frac{2 \times 300\mathrm{Pa}}{1.2\mathrm{kg/m^3}}} = 10.5 \times 10^{-4}\mathrm{m^3/s}$$

出流速度可从 $v_c = \varphi \sqrt{\dfrac{2\Delta p}{\rho}}$ 求出，即

$$v_c = 0.97 \times \sqrt{\frac{2 \times 300\mathrm{Pa}}{1.2\mathrm{kg/m^3}}} = 21.70 \mathrm{m^2/s}$$

7.3 管嘴出流

7.3.1 圆柱形外管嘴出流

当圆孔壁厚 δ 等于 $3d \sim 4d$ 时，或者在孔口处外接一段长 $l = 3d \sim 4d$ 的圆管时（见图 7-7），此时的出流称为圆柱形外管嘴出流，外接短管称为管嘴。

水流入管嘴时如同孔口出流一样，流股也发生收缩，存在着收缩断面 C—C。之后流股逐渐扩张，至一段距离后，水流充满管嘴断面。

在收缩断面 C—C 前后流股与管壁分离，中间形成漩涡区，产生负压，出现了管嘴的真空现象。如前讨论孔口的作用水头 H_0，其中压差项 $\dfrac{p_A - p_C}{\rho g}$，在管嘴出流中由于

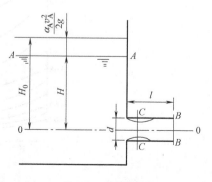

图 7-7 管嘴出流

p_C（绝对压强）小于大气压，从而使 H_0 增大，则出流流量也增大。所以由于管嘴出流出现真空现象，促使出流流量增大，这是管嘴出流不同于孔口出流的基本特点。

下面讨论管嘴出流的速度、流量计算公式。

列 A—A 及 B—B 断面的能量方程，以管嘴中心线为基准线。

$$Z_A + \frac{p_A}{\rho g} + \frac{\alpha_A v_A^2}{2g} = Z_B + \frac{p_B}{\rho g} + \frac{\alpha_B v_B^2}{2g} + \zeta \frac{v_B^2}{2g}$$

$$(Z_A - Z_B) + \frac{p_A - p_B}{\rho g} + \frac{\alpha_A v_A^2}{2g} = (\alpha_B + \zeta) \frac{v_B^2}{2g}$$

与孔口出流一样，令

$$H_0 = (Z_A - Z_B) + \frac{p_A - p_B}{\rho g} + \frac{\alpha_A v_A^2}{2g} \tag{7-18}$$

则由式（7-18）可得

$$H_0 = (\alpha_B + \zeta) \frac{v_B^2}{2g}$$

所以

$$v_B = \frac{1}{\sqrt{\alpha_B + \zeta}} \cdot \sqrt{2gH_0} = \varphi \sqrt{2gH_0} \tag{7-19}$$

$$Q_V = v_B A = \varphi A \sqrt{2gH_0} = \mu A \sqrt{2gH_0} \tag{7-20}$$

由于出口断面 B—B 流股完全充满（不同于孔口），$\varepsilon = 1$，则 $\varphi = \mu = \dfrac{1}{\sqrt{\alpha_B + \zeta}}$，取 $\alpha_B = 1$，则

$$\varphi = \mu = \frac{1}{\sqrt{1 + \zeta}}$$

管嘴的阻力损失主要是进口损失，沿程阻力损失很小可略去。于是从局部阻力系数图 5-23 中查得锐缘进口 $\zeta = 0.5$，作为管嘴的阻力系数。这样

$$\varphi = \mu = \frac{1}{\sqrt{1 + 0.5}} = 0.82$$

式（7-18）中 H_0 为管嘴出流的作用水头。在图 7-6 所给出的具体条件下，$Z_A - Z_B = H$，$p_A = p_B = p_a$，v_A 为大空间过流断面流速，对比管内流速 v_B，可忽略不计，于是 $H_0 = H$，流量则为

$$Q_V = \mu A \sqrt{2gH} \tag{7-21}$$

式（7-19）及式（7-21）就是管嘴自由出流的流速 v_B 与流量 Q_V 的计算公式。

管嘴真空现象及真空值，可通过收缩断面 C—C 与出口断面 B—B 建立能量方程得到证明。

$$\frac{p_C}{\rho g} + \frac{\alpha_C v_C^2}{2g} = \frac{p_B}{\rho g} + \frac{\alpha_B v_B^2}{2g} + h_l$$

$$h_l = 突扩损失 + 沿程损失 = \left(\zeta_m + \lambda \frac{l}{d}\right) \frac{v_B^2}{2g}$$

取

$$\alpha_C = \alpha_B = 1$$

$$v_C = \frac{A}{A_C} \cdot v_B = \frac{1}{\varepsilon} v_B$$

$$p_B = p_a$$

则上式变为

$$\frac{p_C}{\rho g} = \frac{p_B}{\rho g} - \left(\frac{1}{\varepsilon^2} - 1 - \zeta_m - \lambda \frac{l}{d}\right)\frac{v_B^2}{2g}$$

从式（7-19）可得 $\dfrac{v_B^2}{2g} = \varphi^2 H_0$，从突扩阻力系数计算求得 $\zeta_m = \left(\dfrac{1}{\varepsilon} - 1\right)^2$，因此

$$\frac{p_C}{\rho g} = \frac{p_a}{\rho g} - \left(\frac{1}{\varepsilon^2} - 1 - \left(\frac{1}{\varepsilon} - 1\right)^2 - \lambda \frac{l}{d}\right)\varphi^2 \cdot H_0$$

当 $\varepsilon = 0.64$，$\lambda = 0.02$，$l/d = 3$，$\varphi = 0.82$ 时有

$$\frac{p_C}{\rho g} = \frac{p_a}{\rho g} - 0.75 H_0$$

则圆柱形管嘴在收缩断面 C—C 上的真空值为

$$\frac{p_a - p_C}{2g} = 0.75 H_0 \tag{7-22}$$

可见 H_0 越大，收缩断面上真空值也越大。当真空值达到 $7 \sim 8 mH_2O$ 时，常温下的水发生汽化而不断产生气泡，破坏了连续流动。同时空气在较大的压差作用下，经 B—B 断面冲入真空区，破坏了真空。气泡及空气都使管嘴内部液流脱离管内壁，不再充满断面，于是成为孔口出流。因此为保证管嘴的正常出流，真空值必须控制在 $68.6kPa$（$7mH_2O$）以下，从而决定了作用水头 H_0 的极限值 $[H_0] = 9.3$。这就是外管嘴正常工作的条件之一。

其次，管嘴长度也有一定极限值，太长阻力大，使流量减少；太短则流股收缩后来不及扩大到整个断面而呈非满流流出，无真空出现，因此一般取管嘴长度 $[l] = (3 \sim 4)d$。这就是外管嘴正常工作的另外一个条件。

7.3.2 其他类型管嘴出流

对于其他类型的管嘴出流，速度、流量计算公式与圆柱形外管嘴公式形式相同。但速度系数、流量系数各有不同。下面介绍工程上常用的几种管嘴。

（1）流线型管嘴 如图 7-8a 所示，流速系数 $\varphi = \mu = 0.97$，适用于要求流量大，水头损失小，出口断面上速度分布均匀的情况。

（2）收缩圆锥形管嘴 如图 7-8b 所示，出流与收缩角度 θ 有关。$\theta = 30°24'$，$\varphi = 0.963$，$\mu = 0.943$ 为最大值适用于要求加大喷射速度的场合，如消防水枪。

（3）扩大圆锥形管嘴 如图 7-8c 所示，当 $\theta = 5° \sim 7°$ 时，$\varphi = \mu = 0.40 \sim 0.50$。用于要求将部分动能恢复为压能的情况，如引射器的扩压管。

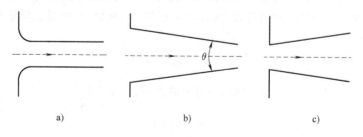

a)　　　　　　　　　　b)　　　　　　　　　　c)

图 7-8　各种常用管嘴

【例 7-4】 液体从封闭的立式容器中经管嘴流入开口水池（见图 7-9），管嘴直径 $d = 8cm$，

$h = 3\mathrm{cm}$，要求流量为 $5 \times 10^{-2} \mathrm{m}^3/\mathrm{s}$。试求作用于容器内液面上的压强。

【解】 按管嘴出流流量公式

$$Q_V = \mu A \sqrt{2gH_0}$$

求作用水头 H_0 有

$$H_0 = \frac{Q_V^2}{2g\mu^2 A^2}$$

取 $\mu = 0.82$，则

$$H_0 = \frac{(0.05\mathrm{m}^3/\mathrm{s})^2}{2 \times 9.8\mathrm{m/s}^2 \times 0.82^2 \times [0.785 \times (0.08\mathrm{m})^2]^2} = 7.5\mathrm{m}$$

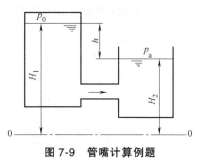

图 7-9　管嘴计算例题

忽略上下游液面速度，则

$$H_0 = \frac{p_0 - p_a}{\rho g} + (H_1 - H_2) = \frac{p_0}{\rho g} + h$$

于是解出

$$\frac{p_0}{\rho g} = H_0 - h = 7.5\mathrm{m} - 3\mathrm{m} = 4.5\mathrm{m}$$

$$p_0 = 4.5\mathrm{m} \times 1000\mathrm{kg/m}^3 \times 9.8\mathrm{m/s}^2 = 44.1\mathrm{kN/m}^2 = 44.1\mathrm{kPa}$$

7.4　简单管路

为了研究流体在管路中的流动规律，首先讨论流体在简单管路中的流动。所谓简单管路就是具有相同管径 d，相同流量 Q 的管路，它是组成各种复杂管路的基本单元如图 7-10b 所示。

当忽略自由液面速度，且出流流至大气。以 0—0 为基准线，列 1—1、2—2 两断面间的能量方程

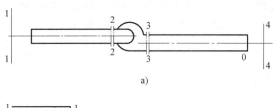

$$H = \lambda \frac{l}{d} \cdot \frac{v^2}{2g} + \sum \zeta \frac{v^2}{2g} + \frac{v^2}{2g}$$

$$H = \left(\lambda \frac{l}{d} + \sum \zeta + 1\right)\frac{v^2}{2g}$$

因出口局部阻力系数 $\zeta = 1$，若将 1 作为 ζ 包括到 $\sum \zeta$ 中去，则上式为

$$H = \left(\lambda \frac{l}{d} + \sum \zeta\right)\frac{v^2}{2g}$$

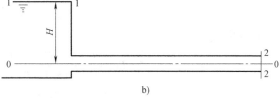

图 7-10　简单管路

用 $v^2 = \left(\dfrac{4Q_V}{\pi d^2}\right)^2$ 代入上式得

$$H = \frac{8\left(\lambda \dfrac{l}{d} + \sum \zeta\right)}{\pi^2 d^4 g} Q_V^2$$

令

$$S_H = \frac{8\left(\lambda \dfrac{l}{d} + \sum \zeta\right)}{\pi^2 d^4 g} \tag{7-23}$$

则
$$H = S_H Q_V^2 \tag{7-24}$$

对于图 7-10a 所示风机所带动的气体管路，式（7-24）仍适用。由于气体常用压强表示，于是

$$p = \rho g h = \rho g S_H Q_V^2$$

令
$$S_p = \rho g S_H = \frac{8\left(\lambda \dfrac{l}{d} + \sum \zeta\right)\rho}{\pi^2 d^4} \tag{7-25}$$

$$p = S_p Q_V^2 \tag{7-26}$$

式（7-26）多应用于不可压缩的气体管路计算中，如空调、通风管道计算。而式（7-24）则多用于液体管路计算上，如给水管路的计算。

无论 S_p 或 S_H，对于一定的流体（即 ρ 一定），在 d、l 已给定时，S 只随 λ 和 $\sum \zeta$ 变化。从第 4 章知 λ 值与流动状态有关，当流动处在阻力平方区时，λ 仅与 K/d 有关，所以在管路的管材已定的情况下，λ 值可视为常数。$\sum \zeta$ 项中只有进行调节的阀门的 ζ 可以改变，而其他局部构件已确定，局部阻力系数是不变的。所以从式（7-23）、式（7-25）可知：S_p、S_H 对已给定的管路是一个定数，它综合反映了管路上的沿程阻力和局部阻力情况，故称为管路阻抗。引入这一概念对分析管路流动较为方便。式（7-23）、式（7-25）即为阻抗的两种表达式。两者形式上的区别仅在于有无 ρg。

从式（7-24）、式（7-26）即可看出，用阻抗表示的图 7-10a、b 两种简单管路流动规律非常简练。两式所表示的规律为：简单管路中，总阻力损失与体积流量的二次方成正比。这一规律在管路计算中广为应用。

【例 7-5】 某矿渣混凝土板风道，断面尺寸为 $1m \times 1.2m$，长为 $50m$，局部阻力系数 $\sum \zeta = 2.5$，流量为 $14m^3/s$，空气温度为 $20℃$，求压强损失。

【解】 （1）矿渣混凝土板 $K = 1.5mm$，$20℃$ 空气的运动黏度 $\nu = 15.7 \times 10^{-6} m^2/s$。
对矩形风道计算阻力损失应用当量值

$$d_e = \frac{2ab}{a+b} = \frac{2 \times 1m \times 1.2m}{1m + 1.2m} = 1.09m$$

求矩形风道流动速度

$$v = \frac{Q_V}{A} = \frac{14m^3/s}{1m \times 1.2m} = 11.67m/s$$

求雷诺数

$$Re = \frac{vd_e}{\nu} = \frac{11.67m/s \times 1.09m}{15.7 \times 10^{-6} m^2/s} = 8 \times 10^5$$

$$\frac{K}{d_e} = \frac{1.5mm}{1.09 \times 10^3 mm} = 1.38 \times 10^{-3}$$

然后应用莫迪图查得 $\lambda = 0.021$。
（2）计算 S_p 值。因为

$$v = \frac{Q_V}{A}, \quad v^2 = \frac{Q_V^2}{A^2}$$

$$p = \left(\lambda \frac{l}{d} + \sum \zeta\right) \frac{Q_V^2/A^2}{2} \cdot \rho = \frac{\left(\lambda \dfrac{l}{d} + \sum \zeta\right)\rho}{2A^2} \cdot Q_V^2$$

则对矩形管道,

$$S_p = \frac{\left(\lambda \frac{l}{d_e} + \sum \zeta\right)\rho}{2A^2}$$

$$S_p = \frac{\left(0.021 \times \frac{50\text{m}}{1.09\text{m}} + 2.5\right) \times 1.2\text{kg/m}^3}{2 \times (1\text{m} \times 1.2\text{m})^2} = 1.443\text{kg/m}^7$$

$$p = S_p Q_V^2 = 1.443\text{kg/m}^7 \times (14\text{m}^3/\text{s})^2 = 282.84\text{Pa}$$

如图7-11所示,有水泵向压力水箱送水的简单管路(d 及 Q_V 不变),应用第3章中有能量输入的伯努利方程

$$H_i = (Z_2 - Z_1) + \frac{p_0}{\rho g} + \frac{\alpha_2 v_2^2 - \alpha_1 v_1^2}{2g} + h_{l1-2} \tag{7-27}$$

略去液面速度水头,输入水头为

$$H_i = H + \frac{p_0}{\rho g} + S_H Q^2$$

式(7-27)说明水泵水头(又称扬程),不仅用来克服流动阻力,还用来提高液体的位置水头、压强水头,使之流到高位压力水箱中。

下面讨论工程中常用的虹吸管。所谓虹吸管即管道中一部分高出上游供水液面的简单管路(见图7-12)。

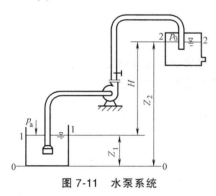

图 7-11　水泵系统

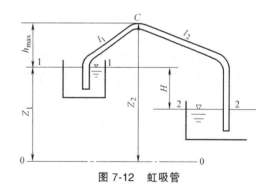

图 7-12　虹吸管

正因为虹吸管的一部分高出上游供水液面,必然在虹吸管中存在真空区段。当真空达到某一限值时,将使溶解在水中的空气分离出来,随真空度的加大,空气量增加。大量气体集结在虹吸管顶部,缩小了有效过流断面阻碍流动。严重时造成气塞,破坏液体连续输送。为了保证虹吸管正常流动,必须限定管中最大真空度不得超过允许值 $[h_V]$,且

$$[h_V] = 7 \sim 8.5\text{m}$$

虹吸管中存在真空流是它的流动特点,控制真空高度则是虹吸管的正常工作条件。现以水平线0—0为基准线,列图7-12中1—1、1—2断面的能量方程,有

$$Z_1 + \frac{p_1}{\rho g} + \frac{\alpha_1 v_1^2}{2g} = Z_2 + \frac{p_2}{\rho g} + \frac{\alpha_2 v_2^2}{2g} + h_{l1-2}$$

同前,令

$$H_0 = (Z_1 - Z_2) + \frac{p_1 - p_2}{\rho g} + \frac{\alpha_1 v_1^2 - \alpha_2 v_2^2}{2g} \tag{7-28}$$

于是
$$H_0 = h_{l1-2} = S_H Q_v^2 \tag{7-29}$$

$$Q_v = \sqrt{\frac{H_0}{S_H}} \tag{7-30}$$

式中，
$$S_H = \frac{8\left(\lambda \dfrac{l}{d} + \Sigma \zeta\right)}{2\pi^2 d^2 g}$$

这就是虹吸管流量计算公式。

在图 7-12 所示条件下，
$$l = l_1 + l_2$$
$$\Sigma \zeta = \zeta_e + 3\zeta_b + \zeta_0$$

式中，ζ_e 为进口阻力系数；ζ_b 为转弯阻力系数；ζ_0 为出口阻力系数。

式中，H_0 在图 7-12 所示条件下，
$$p_1 = p_2 = p_a, \quad v_1 = v_2 = 0$$
$$H_0 = (Z_1 - Z_2) = H$$

以上数值代入式 (7-30)，得

$$Q_v = \frac{\dfrac{1}{4}\pi d^2}{\sqrt{\zeta_e + 3\zeta_b + \zeta_0 + \lambda \dfrac{l_1 + l_2}{2}}} \cdot \sqrt{2gH} \tag{7-31}$$

所以
$$v = \frac{1}{\sqrt{\zeta_e + 3\zeta_b + \zeta_0 + \lambda \dfrac{l_1 + l_2}{2}}} \cdot \sqrt{2gH} \tag{7-32}$$

式 (7-31) 和式 (7-32) 即是图 7-12 所示情况下虹吸管的流量及速度计算公式。

为了计算最大真空高度，取 1—1 及最高截面 C—C 列能量方程，有

$$Z_1 + \frac{p_1}{\rho g} + \frac{\alpha_1 v_1^2}{2g} = Z_C + \frac{p_C}{\rho g} + \frac{\alpha v^2}{2g} + \left(\zeta_e + 2\zeta_b + \zeta_0 + \lambda \frac{l_1}{d}\right)\frac{v^2}{2g}$$

在图 7-12 所示条件下，$p_1 = p_a$、$v_1 \approx 0$、$\alpha = 1$，上式为

$$\frac{p_a - p_C}{\rho g} = (Z_C - Z_1) + \left(1 + \zeta_e + 2\zeta_b + \lambda \frac{l_1}{d}\right)\frac{v^2}{2g}$$

将式 (7-32) 代入上式得

$$\frac{p_a - p_C}{\rho g} = (Z_C - Z_1) + \frac{1 + \zeta_e + 2\zeta_b + \lambda \dfrac{l_1}{d}}{\zeta_e + 3\zeta_b + \zeta_0 + \lambda \dfrac{l_1 + l_2}{d}} H \tag{7-33}$$

为保证虹吸管正常工作，式 (7-33) 计算所得的真空高度 $\dfrac{p_a - p_C}{\rho g}$ 应小于最大允许值 $[h_V]$。

【例 7-6】 给出图 7-12 所示的具体数值如下：$H = 2\text{m}$，$l_1 = 15\text{m}$，$l_2 = 20\text{m}$，$d = 200\text{mm}$，$\zeta_e = 1$，$\zeta_b = 0.2$，$\zeta_0 = 1$，$\lambda = 0.025$，$[h_V] = 7\text{m}$。求通过虹吸管的流量及管顶最大允许安装高度。

【解】 由式 (7-31) 求得流量

$$Q_V = \frac{\frac{1}{4}\pi d^2}{\sqrt{\zeta_e + 3\zeta_b + \zeta_0 + \lambda \dfrac{l_1 + l_2}{2}}} \cdot \sqrt{2gH}$$

$$= \frac{0.0314\text{m}^2}{\sqrt{1 + 3 \times 0.2 + 1 + 4.38}} \times \sqrt{39.2\text{m}^2/\text{s}^2}$$

$$= 0.0745\text{m}^3/\text{s}$$

由式（7-33）求得最大安装高度

$$Z_C - Z_1 = \frac{p_a - p_C}{\rho g} - \frac{1 + \zeta_e + 2\zeta_b + \lambda \dfrac{l_1}{d}}{\zeta_e + 3\zeta_b + \zeta_0 + \lambda \dfrac{l_1 + l_2}{d}} H$$

当 $\dfrac{p_a - p_C}{\rho g} = [h_V]$ 时，$Z_C - Z_1 = h_{max}$

$$h_{max} = [h_V] - \frac{1 + \zeta_e + 2\zeta_b + \lambda \dfrac{l_1}{d}}{\zeta_e + 3\zeta_b + \zeta_0 + \lambda \dfrac{l_1 + l_2}{d}} H$$

$$= 7\text{m} - \frac{4.275}{6.98} \times 2\text{m} = 5.78\text{m}$$

7.5　管路的串联与并联

任何复杂管路都是由简单管路经串联、并联组合而成的。因此研究串联与并联组合管路流动阻力规律十分重要。

7.5.1　串联管路

串联管路是由许多简单管路首尾相接组合而成的，如图 7-13 所示。

管段相接之处称为节点，如图 7-12 中点 a 和点 b。在每个节点上都遵循质量平衡原理，即流入的质量流量与流出的质量流量相等，当 ρ = 常数时，流入的体积流量等于流出的体积流量，取流入流量为正，流出流量为负，则对于每一个节点可以写出 $\sum Q_V = 0$。因此对串联管路（无中途分流或合流）则有

$$Q_{V1} = Q_{V2} = Q_{V3} \tag{7-34}$$

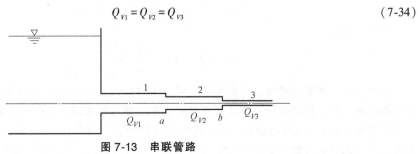

图 7-13　串联管路

串联管路阻力损失，按阻力叠加原理有

$$h_{l1-3} = h_{l1} + h_{l2} + h_{l3}$$
$$= S_1 Q_{v1}^2 + S_2 Q_{v2}^2 + S_3 Q_{v3}^2 \tag{7-35}$$

因 Q_v 各段流量相等，于是得

$$S = S_1 + S_2 + S_3 \tag{7-36}$$

由此得出结论：无中途分流或合流，则流量相等，阻力叠加，总管路的阻抗 S 等于各管段的阻抗叠加。这就是串联管路的计算原则。

7.5.2 并联管路

流体从总管路节点 a 上分出两根以上的管段，而这些管段经过一段距离后同时又汇集到另一节点 b 上，在节点 a 和 b 之间的各管段称为并联管路，如图 7-14 所示。

同串联管路一样，遵循质量平衡原理，$\rho =$ 常数时，应满足 $\sum Q_v = 0$，则点 a 上流量为

$$Q_v = Q_{v1} + Q_{v2} + Q_{v3} \tag{7-37}$$

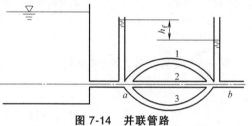

图 7-14 并联管路

并联节点 a、b 间的阻力损失，从能量平衡观点看，无论是 1 支路、2 支路、3 支路均等于 a、b 两节点的压头差。于是

$$h_{l1} = h_{l2} = h_{l3} = h_{la-b} \tag{7-38}$$

设 S 为并联管路的总阻抗，Q_v 为总流量，则有

$$S Q_v^2 = S_1 Q_{v1}^2 = S_2 Q_{v2}^2 = S_3 Q_{v3}^2 \tag{7-39}$$

而

$$Q_v = \frac{\sqrt{h_{la-b}}}{\sqrt{S}}, \quad Q_{v1} = \frac{\sqrt{h_{l1}}}{\sqrt{S_1}}, \quad Q_{v2} = \frac{\sqrt{h_{l2}}}{\sqrt{S_2}}, \quad Q_{v3} = \frac{\sqrt{h_{l3}}}{\sqrt{S_3}} \tag{7-40}$$

将式（7-40）和式（7-38）代入式（7-37）中得到

$$\frac{1}{\sqrt{S}} = \frac{1}{\sqrt{S_1}} + \frac{1}{\sqrt{S_2}} + \frac{1}{\sqrt{S_3}} \tag{7-41}$$

于是得到并联管路计算原理：并联节点上的总流量为各支管中流量之和；并联各支管上的阻力损失相等。总的阻抗平方根倒数等于各支管阻抗平方根倒数之和。

现在进一步分析式（7-40），将它变为

$$\frac{Q_{v1}}{Q_{v2}} = \frac{\sqrt{S_2}}{\sqrt{S_1}}, \quad \frac{Q_{v2}}{Q_{v3}} = \frac{\sqrt{S_3}}{\sqrt{S_2}}, \quad \frac{Q_{v3}}{Q_{v1}} = \frac{\sqrt{S_1}}{\sqrt{S_3}} \tag{7-42}$$

写出连比形式：

$$Q_{v1} : Q_{v2} : Q_{v3} = \frac{1}{\sqrt{S_1}} : \frac{1}{\sqrt{S_2}} : \frac{1}{\sqrt{S_3}} \tag{7-43}$$

此两式即为并联管路流量分配规律。式（7-43）的意义在于，各分支管路的管段几何尺寸、局部构件确定后，按照节间各分支管路的阻力损失相等的原理来分配各支管的流量，阻抗 S 大的支管流量小，S 小的支管流量大。在工程上并联管路设计计算中，必须进行"阻力平衡"，它的实质就是应用并联管路中流量分配规律，在满足用户需要的流量下，设计合适的管路尺寸及局

部构件，使各支管阻力损失相等。

【**例 7-7**】　图 7-15 所示并联管路中，流量 $Q_A = Q_1 = 0.6\text{m}^3/\text{s}$，$\lambda = 0.02$，不计局部损失，其他条件如图所示，试求：

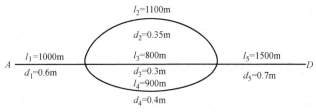

图 7-15　例 7-7 图

（1）并联支管 2、3、4 的流量分配；

（2）A、D 两点的水头损失。

【**解**】　求各段管路的综合阻力系数，按长管计算

$$S_{H1} = \frac{8\lambda l_1}{\pi^2 d_1^5 g} = \frac{8 \times 0.02 \times 1000}{\pi^2 (0.6)^5 \times 9.807}\text{s}^2/\text{m}^5 = 21.26\text{s}^2/\text{m}^5$$

$$S_{H2} = \frac{8\lambda l_2}{\pi^2 d_2^5 g} = \frac{8 \times 0.02 \times 1100}{\pi^2 (0.35)^5 \times 9.807}\text{s}^2/\text{m}^5 = 346.21\text{s}^2/\text{m}^5$$

$$S_{H3} = \frac{8\lambda l_3}{\pi^2 d_3^5 g} = \frac{8 \times 0.02 \times 800}{\pi^2 (0.3)^5 \times 9.807}\text{s}^2/\text{m}^5 = 544.21\text{s}^2/\text{m}^5$$

$$S_{H4} = \frac{8\lambda l_4}{\pi^2 d_4^5 g} = \frac{8 \times 0.02 \times 900}{\pi^2 (0.4)^5 \times 9.807}\text{s}^2/\text{m}^5 = 145.29\text{s}^2/\text{m}^5$$

$$S_{H5} = \frac{8\lambda l_5}{\pi^2 d_5^5 g} = \frac{8 \times 0.02 \times 1500}{\pi^2 (0.7)^5 \times 9.807}\text{s}^2/\text{m}^5 = 14.75\text{s}^2/\text{m}^5$$

各支路管中的水头损失相等

$$h_{l2} = h_{l3} = h_{l4}$$

$$S_{H2}Q_2^2 = S_{H3}Q_3^2 = S_{H4}Q_4^2$$

$$Q_3 = \sqrt{\frac{S_{H2}}{S_{H3}}}Q_2, \quad Q_4 = \sqrt{\frac{S_{H2}}{S_{H4}}}Q_2 \tag{a}$$

再由连续性条件

$$Q_1 = Q_2 + Q_3 + Q_4 = Q_2 + \sqrt{\frac{S_{H2}}{S_{H3}}}q_2 + \sqrt{\frac{S_{H2}}{S_{H4}}}q_2 = \left(1 + \sqrt{\frac{S_{H2}}{S_{H3}}} + \sqrt{\frac{S_{H2}}{S_{H4}}}\right)q_2$$

$$Q_2 = \frac{0.6}{1 + \sqrt{\frac{346.21}{544.21}} + \sqrt{\frac{346.21}{145.29}}}\text{m}^3/\text{s} = 0.179444\text{m}^3/\text{s} \tag{b}$$

将式（b）代入式（a）可得

$$Q_3 = \sqrt{\frac{S_{H2}}{S_{H3}}}Q_2 = \left(\sqrt{\frac{346.21}{544.23}} \times 0.179444\right)\text{m}^3/\text{s} = 0.143\text{m}^3/\text{s}$$

$$Q_4 = \sqrt{\frac{S_{H2}}{S_{H4}}}Q_2 = \left(\sqrt{\frac{346.21}{145.29}} \times 0.179444\right)\text{m}^3/\text{s} = 0.277\text{m}^3/\text{s}$$

两点之间的水头损失，用并联管路两端水头损失相等，则有

$$h_l = h_{l1} + h_{l2} + h_{l5}$$
$$= S_{H1}q_1^2 + S_{H2}q_2^2 + S_{H5}q_5^2$$
$$= [21.26 \times 0.6^2 + 346.21 \times 0.179^2 + 14.75 \times 0.6^2] \, mH_2O$$
$$= 24.1 \, mH_2O$$

7.6 管网计算基础

管网是由简单管路、并联、串联管路组合而成的，基本上可以分为枝状管网和环状管网两类。

7.6.1 枝状管网

例如，作为枝状管网类型之一，图 7-16 所示为由三个吸气口，六根简单管路，并、串联而成的排风枝状管网。

根据并、串联的计算原则，可得到该风机应具有的压头为

$$H = \frac{p}{\rho g} = h_{l1-4-5} + h_{l5-6} + h_{l7-8} \tag{7-44}$$

风机应具有的风量为

$$Q_v = Q_{V1} + Q_{V2} + Q_{V3} \tag{7-45}$$

在节点 4 与大气（相当于另一节点）间，存在 1—4 管段、3—4 管段两根并联的支管。通常以管段最长，局部构件最多的一支参加阻力叠加。而另外一支则不应

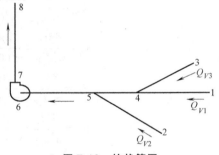

图 7-16 枝状管网

加入，只按并联管路的规律，在满足流量要求下，与第一支管路进行阻力平衡。

常遇到的水力计算，基本上可以分为以下两类：

1）管路布置已定，则管长 l 和局部构件的型式和数量均已确定。在已知各用户所需流量 Q_v 及末端要求压头 h_c 的条件下，求管径 d 和作用压头 H。

这类问题先按流量 Q_v 和限定流速 v 求管径 d。所谓限定流速，是专业中根据技术、经济要求所规定的合适速度，在这个速度下输送流量经济合理。如除尘管路中，防止灰尘沉积堵塞管路，限定了管中最小速度；热水采暖供水干管中，为了防止抽吸作用造成的支管流量过少，而限定了干管的最大速度。各类管路有不同的限定流速，可在设计手册中查得。

在管径 d 确定之后，对枝状管网便可按式（7-44）进行阻力计算。然后按总阻力及总流量选择泵或风机。

2）已有泵或风机，即已知作用水头 H，并知用户所需流量 Q_v 及末端水头 h_c，在管路布置之后已知管长 l，求管径 d。这类问题首先按 $H - h_c$ 求得单位长度上允许损失的水头 J，即

$$J = \frac{H - h_c}{l + l'} \tag{7-46}$$

式中，l' 是局部阻力的当量长度。其定义为

$$\lambda \frac{l'}{d} \frac{v^2}{2g} = \sum \zeta \frac{v^2}{2g} \tag{7-47}$$

于是
$$\lambda \frac{l'}{d} = \sum \zeta, \quad l' = \sum \zeta \frac{d}{\lambda} \tag{7-48}$$

引入当量长度之后，计算阻力损失 h_l 较为方便：
$$h_l = \lambda \frac{l+l'}{d} \cdot \frac{v^2}{2g} \tag{7-49}$$

在管径 d 尚不知的情况下，l' 难于确切得出。所以在式（7-46）中，l 可按专业手册中查得估计各种局部构件的当量长度后，再代入。在求出 J 之后根据
$$J = \frac{l}{d} \cdot \frac{v^2}{2g} = \frac{l}{d} \cdot \frac{1}{2g} \left(\frac{Q_V}{\frac{\pi}{4} d^2} \right)^2 \tag{7-50}$$

求出管径 d，并定出局部构件型式及尺寸。

最后进行校核计算，计算出总阻力与已知水头核对。

7.6.2　环状管网

如图 7-17 所示。它的特点是管段在某一共同的节点分支，然后又在另一共同的节点汇合。是很多个并联管路组合而成的。因此环状管网遵循串联和并联的计算原则，并存在下列两个条件：

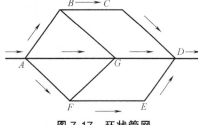

图 7-17　环状管网

1）任一节点（如点 G）流入和流出的流量相等。即
$$\sum Q_{VG} = 0 \tag{7-51}$$
这是质量平衡原理的反映。

2）任一闭合环路（如 $ABGFA$）中，如规定顺时针方向的阻力为正，反之为负，则各管段阻力损失的代数和必等于零。即
$$\sum h_{ABGFA} = 0 \tag{7-52}$$
这是并联管路节点间各分支管段阻力损失相等的反映。

环状管网根据上述两个条件进行计算，理论上没什么困难，但在实际计算程序上是相当烦琐的。因此环状管网的计算方法较多，这里仅对哈迪·克罗斯方法做一简单的介绍，采用此方法，易编制计算机程序。

计算程序如下：

1）将管网分成若干个闭合环路。按节点流量平衡确定流量 Q_V，选取限定流速 v，定出管径 d。

2）按照上面规定的流量与阻力损失在环路中的正负值，求出每一环路的总损失 $\sum h_i$（以后写作 $\sum h_i$）。

3）根据上面给定的流量 Q_V，若计算出的 $\sum h_i$ 不为零，则每段管路应加校正流量 ΔQ_V，而与此相适应的阻力损失修正值为 Δh_i。所以，有
$$h_i + \Delta h_i = S_i (Q_{Vi} + \Delta Q_V)^2 = S_i \cdot Q_{Vi}^2 + 2S_i \cdot Q_{Vi} \cdot \Delta Q_V + S_i \cdot (\Delta Q_V)^2$$
略去二阶微量 $(\Delta Q_V)^2$，有
$$h_i + \Delta h_i = S_i \cdot Q_{Vi}^2 + 2S_i \cdot Q_{Vi} \cdot \Delta Q_V \tag{7-53}$$
所以
$$\Delta h_i = 2S_i \cdot Q_{Vi} \cdot \Delta Q_V$$

对于整个环路应满足 $\sum h_i = 0$，则

$$\sum(h_i + \Delta h_i) = \sum h_i + \sum \Delta h_i = \sum h_i + 2\sum S_i \cdot Q_{Vi} \cdot \Delta Q_V = 0$$

根据上式便可得出闭合环路的校正流量 ΔQ_V 的计算公式为

$$\Delta Q_V = -\frac{\sum h_i}{2\sum S_i \cdot Q_{Vi}} = \frac{-\sum h_i}{2\sum \dfrac{S_i \cdot Q_{Vi}^2}{Q_{Vi}}} = \frac{-\sum h_i}{2\sum \dfrac{h_i}{Q_{Vi}}} \tag{7-54}$$

式中，$\sum h_i$ 为整个环路的阻力损失之和。注意各管段损失的正负号。

当计算出环路的 Q_V 之后，加到每一管段原来的流量 Q_V 上，便得到第一次校正后的流量 ΔQ_{V1}。

4）用同样的程序，计算出第二次校正后的流量 Q_{V2}、第三次校正后的流量 Q_{V3}、…，直至 $\sum h_i = 0$ 满足工程精度要求为止。

【例 7-8】 图 7-18 给出了两个闭合环路的管网。l、D、Q_V 已标在图上。忽略局部阻力，试求第一次校正后的流量。

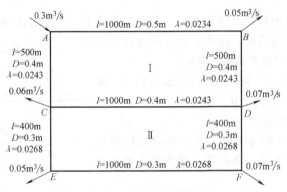

图 7-18 环网计算图

【解】 （1）按节点 $\sum Q_V = 0$ 分配各管段的流量，列在表 7-1 中假定流量栏中。

表 7-1 环网计算表

环路	管段	假定流量 Q_{Vi}	S_i	h_i	h_i/Q_{Vi}	ΔQ_V	管段校正流量	校正后流量 Q_{Vi}
I	AB	+0.15	59.76	+1.3346	8.897	$\Delta Q_V = -\dfrac{\sum h_i}{2\sum \dfrac{h_i}{Q_{Vi}}}$ $= 0.0014$	-0.0014	0.148
	BD	+0.10	98.21	+0.9821	9.821		-0.0014	0.0986
	DC	-0.01	196.42	-0.0196	1.960		+0.0014⎱	0.0289
	CA	-0.15	98.21	-2.2097	14.731		+0.0175⎰	-1514
	共计（Σ）			0.0874	35.410		-0.0014	
II	CD	+0.01	196.42	+0.0196	1.960	$\Delta Q_V = 0.0175$		0.0289
	DF	+0.04	364.42	+0.5830	14.575		+0.0175⎱	0.0575
	FE	-0.03	911.05	-0.8199	27.330		+0.0174⎰	-0.0125
	EC	-0.08	364.42	-2.333	29.154		+0.0175	-0.0625
	共计（Σ）			-2.5496	73.096		+0.0175 +0.0175	

（2）计算各管段的阻力损失 $h_i \begin{matrix} +0.0175 \\ +0.0014 \end{matrix} \Big\}$

$$h_i = \lambda_i \frac{l_i}{D_i} \cdot \frac{1}{2g} \left(\frac{4}{\pi D_i^2} \right) \cdot Q_{Vi}^2 = S \cdot Q_{Vi}^2$$

$$S_i = \lambda_i \frac{l_i}{D_i} \cdot \frac{1}{2g} \left(\frac{4}{\pi D_i^2} \right)^2$$

λ_i 在图 7-17 各段上已标注出。

先算出 S_i 填入表中 S_i 栏，再计算出 h_i 填入相应的栏中。列出各管段 $\dfrac{h_i}{Q_{Vi}^2}$ 之比值，并计算 $\sum h_i$、$\sum \dfrac{h_i}{Q_{Vi}^2}$。

（3）按校正流量 ΔQ_V 公式，计算出环路的校正流量 ΔQ_V。

（4）将求得的 ΔQ_V 加到原假定流量上，便得出第一次校正流量。

（5）注意：在两环路的共同管段上，相邻环路的 ΔQ_V 符号应反号再加上去。参看表中 CD、DF 管段的校正流量。

7.7　有压管中的水击

在前面各章节中所研究的水流运动，没有也不需要考虑液体的压缩性，但对液体在有压管中所发生的水击现象，则必须考虑液体的可压缩性，同时还要考虑管壁材料的弹性。

有压管中运动着的液体，由于阀门或水泵突然关闭，使得液体速度和动量发生急剧变化，从而引起液体压强的骤然变化，这种现象称为水击。水击所产生的增压波和减压波交替进行，对管壁或阀门的作用犹如锤击一样，故又称为水锤。

由水击而产生的压强增加可能达到管中原来正常压强的几十倍甚至几百倍，而且增压和减压交替频率很高，其危害性很大，严重时会使管路发生破裂。

下面就图 7-19 为例分析管路发生水击时压强变化的情形。

第一阶段：在水头为 $\dfrac{p_0}{\rho g}$ 的作用下，水以 $+v_0$ 速度从上游水池流向下游出口。当水管下游阀门突然关闭，则紧靠阀门的第一层水 m—n 受阀门阻碍便停止流动，它的动量在阀门关闭这一瞬间便发生突然变化，由 mv_0 变为零，使得阀门附近 0 处的压强骤然升高至 $p_0+\Delta p_0$。于是在 m—n 段上产生两种变形：水的压缩及管壁的胀大。当靠近阀门的第一层水停止运动后，第二层以后的各层都相继地停止下来，直到靠近水池的 M—M 层为止。水流速度 v_0 与动量相继减小必然引起压强相继升高，出现了全管液体暂时的静止受压和整个管壁被胀大的状态。

这种减速增压的过程，是以增压 $p_0+\Delta p_0$ 弹性波往上游水池传递的，称此为"水击波"。以 c 表示水击波的传递速度，l 表示水管长度，则经过时间 $t=\dfrac{l}{a}$ 后，自阀门开始的水击波便传到了水池，这时管内的全部液体便处在 $p_0+\Delta p_0$ 作用下的受压缩状态。

第二阶段：由于水池中压强不变，在管路进口 M 处的液体，便在管中水击压强与水池静压

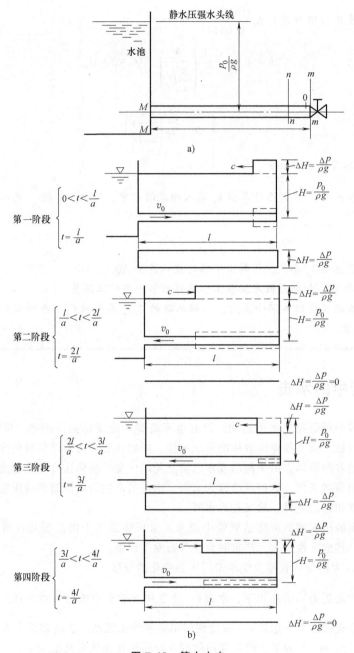

图 7-19 管中水击

强的压差 Δp 作用下，以流速 $-v_0$ 立即向着水池方向流动。这样，管中水受压缩的状态，便自进 M 处开始以波速 c 向下游方向逐层地迅速解除，这就是从水池反射回来的常压 p_0 弹性波。当 $t = 2\dfrac{l}{a}$ 时，整个管中水流恢复到正常压强 p_0，而且都具有向水池方向的流动速度 $-v_0$。

第三阶段：当在阀门 0 处的压强恢复到常压 p_0 后，由于液体运动的惯性作用，管中的液体仍然存在往水池方向流动的趋势，致使阀门 0 处的压强急剧降低至常压 p_0 之下，压强为 $p_0 - \Delta p_0$，并使得 m—n 段液体停止下来，$v_0 = 0$。这一低压 $p_0 - \Delta p_0$ 弹性波由阀门 0 处又以波速 c 向上游进口

M 处传递，直至时间 $t=3\dfrac{l}{a}$ 后传到水池口为止，此时管中液体便处在瞬时负压的状态下，压强为 $p_0-\Delta p_0$。

第四阶段：由于进口 M 处，水池压强为 p_0，而管路中的压强为 $p_0-\Delta p_0$，则在压差的作用下，水又开始从水池以流速 $+v_0$ 流向管路。管中的水又逐层获得向阀门方向的速度 $+v_0$，压强也相应地逐层升到常压 p_0，这是自水池第二次反射回的常压 p_0 弹性波。当 $t=4\dfrac{l}{a}$ 时，阀门 0 处的压强也恢复到正常压强 p_0，此时水流恢复到水击未发生时的起始正常状态。

设水击波在全管长上来回传递一次所用时间 $t=2\dfrac{l}{a}$ 为半周期，则两个半周期的时间 $t=4\dfrac{l}{a}$ 为水击波的全周期，到达此时间后，管中全部液体便恢复到水击未发生时的起始状态。此后在液体的可压缩性及惯性作用下，上述的弹性波传递、反射、水流方向的来回变动，都将周而复始地进行着，直到水流的阻力损失、管壁和水因变形做功而耗尽了引起水击的能量时，水击现象才终止。综观上述分析，不难得出：引起管路中速度突然变化的因素，如阀门突然关闭，是水击现象产生的外界条件，而液体本身具有可压缩性和惯性是发生水击现象的内在原因。

图 7-20 给出了理想液体在水击现象下阀门断面 0 处的水击压强随时间的周期变化图。实际液体压强的变化曲线则如图 7-21 所示，每次水击压强增值逐渐减小，经几次之后完全消失。

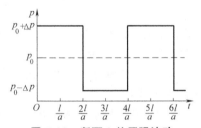
图 7-20　断面 0 处压强波动

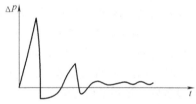
图 7-21　自动记录的水击压强曲线

以上分析是在管路阀门瞬间关闭时产生水击。但实际关闭时用的时间不会是零，而总是一个有限的时间 T_s。这样关闭时间 T_s 与水击波在全管长度上来回传递一次所需时间 $t=\dfrac{2l}{a}$ 对比，存在下列两种关系：

1）$T_s<\dfrac{2l}{a}$，即阀门关闭的时间很短，在从水池反回来的弹性波未到阀门处时，已关闭完了。这种情况下的水击称为直接水击。以不等式表示管长与时间的关系：

$$l>\frac{a\cdot T_s}{2}$$

直接水击时，阀门处所受的压强增值达到水击所能引起的最大压强，按茹科夫斯基公式计算：

$$\Delta p=\rho c(v_0-v) \tag{7-55}$$

式中，ρ 为密度，单位为 kg/m^3；v 为关阀后速度（完全关闭 $v=0$），单位为 m/s；v_0 为水击前管中平均速度，单位为 m/s；c 为水击波的传递速度，单位为 m/s。

$$c=\frac{c_0}{\sqrt{1+\dfrac{\varepsilon d}{E\delta}}} \tag{7-56}$$

式中，c_0 为水中声速，单位为 m/s，在平均情况下 $c_0 \approx 1425\text{m/s}$；$\varepsilon$ 为水的弹性系数，单位为 N/m^2；d 为管子内径，单位为 m；δ 为管壁厚度，单位为 m；E 为管路材料的弹性系数，单位为 N/m^2。

对于钢管，　　　　　　　　　　$E = 205.8 \times 10^6 \text{kPa}$

对于生铁，　　　　　　　　　　$E = 98 \times 10^6 \text{kPa}$

数值 $\dfrac{E\delta}{d}$ 表示管子的刚度。因此说管子刚度越大，水击的压强数值也越大。

2）$T_s > \dfrac{2l}{a}$，即 $l < \dfrac{aT_s}{2}$，此时从水池反回来的弹性波，在阀门尚未关闭时到达，所发生的水击称为间接水击。这种情况下水击压强比直接水击压强小。

水击的危害是较大的，当压力增加时，易将管子胀破，当压力为负值时，则管子易被大气压扁，所以必须减弱水击。水击预防的目的在于减小管道内水击压强波动的幅度，将其控制在允许的范围内，以避免水击事故的发生。由于影响水击的因素有很多，应根据具体情况选择适宜的预防措施。实践证明，如果预防措施选择不当，不仅达不到预期的效果，有时还会导致不利后果。下面介绍几种常用的预防措施。

1）避免直接水击、适当延长阀门的关闭时间。从水击波的传播过程可以看出，阀门关闭历时越长，水击压强越小。因此适当延长阀门的关闭时间，避免直接水击，或选用具有柔性启闭功能的自动闸阀、缓闭阀等，可减小水击压强。

2）减小管道中的水流速度。管道中的正常流速降低后，水流的惯性相应减小，从而减小水击压强。但是，减小流速一般是通过增大管径来实现的，这会增加工程造价。

3）缩短管长，使用弹性好的管道。缩短管长，有利于降低水击相时，避免直接水击的产生；管道弹性越好，弹性模量越小，则水击波速减小，水击压强越小。

4）设置安全设备采用过载保护，在可能产生水击的管道中设置调压塔、调压室、压力调节器、减压阀、安全阀等来减小水击压强。

习　题

7.1　如图 7-22 所示，一密闭水箱，箱壁上连接一圆柱形外管嘴。已知液面压强 $p_0 = 14.7\text{kPa}$，管嘴内径 $d = 50\text{mm}$，管嘴中心线到液面的高度 $H = 1.5\text{m}$，管嘴流量系数 $\mu = 0.82$，试求管嘴处流量 Q。

7.2　有一水箱水面保持恒定（5m），箱壁上开一孔口，孔口直径 $d = 10\text{mm}$。（1）如果箱壁厚度 $\delta = 3\text{mm}$，求通过孔口的流速和流量。（2）如箱壁厚度 $\delta = 40\text{mm}$，求通过孔口的流速和流量。

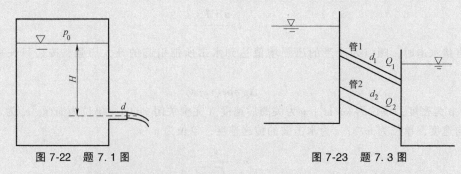

图 7-22　题 7.1 图　　　　　　　　　　图 7-23　题 7.3 图

7.3　如图 7-23 所示，两条管道连接在两个水箱之间，管 1 与管 2 长度相同，沿程阻力系数相同，直径

$d_2 = 2d_1$，不计局部损失，求其流量比 Q_2/Q_1。

7.4　证明容器壁上装一段短管，经过短管出流时的流量系数 μ 与流速系数 φ 为

$$\varphi = \mu = \frac{1}{\sqrt{\lambda \dfrac{l}{d} + \Sigma \zeta + 1}}$$

7.5　某诱导器的静压箱上装有圆柱形管嘴，管径为 4mm，长度 $l = 100mm$，$\lambda = 0.02$，从管嘴入口到出口的局部阻力系数 $\Sigma \zeta = 0.5$，求管嘴的流速系数和流量系数。

7.6　某恒温室采用多孔板送风，风道中的静压为 200Pa，孔口直径为 20mm，空气温度为 20℃，$\mu = 0.8$，要求通风量为 $1m^3/s$。问需要布置多少孔口？

7.7　如图 7-24 所示，已知两水箱水面高差 $H = 2m$，两水箱间并联两根标高相同、长度均为 30m、直径均为 100mm 的管道。（1）试求通过两根管道的总流量；（2）若改为直径 $d = 125mm$ 的单管，通过的总流量不变，试求管长（假定管道沿程阻力系数均为 0.032，局部水头损失忽略不计）。

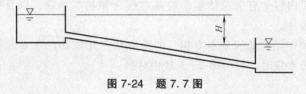

图 7-24　题 7.7 图

7.8　水从 A 水箱通过直径为 10mm 的孔口流入 B 水箱，流量系数为 0.62。设上游水箱的水面高程 $H_1 = 3m$ 保持不变。

（1）B 水箱中无水时，求通过孔口的流量。

（2）B 水箱水面高程 $H_2 = 2m$ 时，求通过孔口的流量。

（3）若 A 水箱水面压强为 2000Pa，$H_1 = 3m$ 时，而 B 水箱水面压强为 0，$H_2 = 2m$ 时，求通过孔口的流量。

第8章
不可压缩流体动力学基础

在前面的章节中，我们主要讨论了理想流体和黏性流体的一元流动。很多实际的流动问题都可以简化为一元流动，大大降低了问题的复杂性。但是，许多实际流体的流动都是空间的流动，即流场中流体的速度和压强等流动参数在两个甚至三个坐标轴方向都发生变化。本章论述流体的三元流动，主要内容是有关流体运动的基本概念和基本原理，以及描述不可压缩流体流动的基本方程和定解条件。

前述流体静力学和一元流动的基本方程，即是本章三元流动的基本方程在一元流动特殊条件下的简化结果。学习本章时，可与第2、3章相对照。

8.1 流体微团运动的分析

从理论力学知道，刚体的任何运动都可以看作平移和旋转两种基本运动的合成。流体运动要比刚体运动复杂得多，流体微团基本运动形式有平移运动、旋转运动还有变形运动，而变形运动又包括线变形和角变形两种。

流体微团的运动形式与微团内各点速度的变化有关。为了便于讨论，先研究二元流动的情况。设有一方形流体微团，中心点 M 的流速分量为 u_x 和 u_y（见图8-1），则微团各侧边的中点 A、B、C、D 的流速分量见表8-1。

表8-1　点 M、A、B、C、D 的流速分量

M	A	B	C	D
u_x	$u_x - \dfrac{\partial u_x}{\partial x} \cdot \dfrac{dx}{2}$	$u_x + \dfrac{\partial u_x}{\partial y} \cdot \dfrac{dy}{2}$	$u_x + \dfrac{\partial u_x}{\partial x} \cdot \dfrac{dx}{2}$	$u_x - \dfrac{\partial u_x}{\partial y} \cdot \dfrac{dy}{2}$
u_y	$u_y - \dfrac{\partial u_y}{\partial x} \cdot \dfrac{dx}{2}$	$u_y + \dfrac{\partial u_y}{\partial y} \cdot \dfrac{dy}{2}$	$u_y + \dfrac{\partial u_y}{\partial x} \cdot \dfrac{dx}{2}$	$u_y - \dfrac{\partial u_y}{\partial y} \cdot \dfrac{dy}{2}$

可见，微团上每一点的速度都包含中心点的速度以及由于坐标位置不同所引起的速度增量两个组成部分。

微团上各点共有的分速度 u_x 和 u_y，使它们在 dt 时间内均沿 x 方向移动一距离 $u_x dt$，沿 y 方向移动一距离 $u_y dt$。因此我们把中心点 M 的速度 u_x 和 u_y 定义为流体微团的平移速度。

微团左、右两侧的点 A 和点 C 沿 x 方向的速度差为 $\dfrac{\partial u_x}{\partial x} \cdot dx$。当这速度差值为正时，微团 x 方向发生伸长变形；当它为负时，微团沿 x 方向

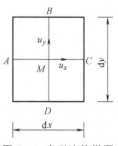

图8-1　方形流体微团

发生缩短变形。单位时间内单位长度的线变形称为线变形速度。以 ε_{xx} 表示流体微团沿 x 方向的线变形速度，则

$$\varepsilon_{xx} = \frac{\dfrac{\partial u_x}{\partial x} \cdot \mathrm{d}x \cdot \mathrm{d}t}{\mathrm{d}x \cdot \mathrm{d}t} = \frac{\partial u_x}{\partial x}$$

同理，可得沿 y 方向的线变形速度 ε_{yy} 为

$$\varepsilon_{yy} = \frac{\partial u_y}{\partial y}$$

从二元流动推广到三元流动的普遍情况，则流体微团的线变形速度为

$$\left. \begin{aligned} \varepsilon_{xx} &= \frac{\partial u_x}{\partial x} \\ \varepsilon_{yy} &= \frac{\partial u_y}{\partial y} \\ \varepsilon_{zz} &= \frac{\partial u_z}{\partial z} \end{aligned} \right\} \tag{8-1}$$

现在研究微团的旋转和角变形。

如图 8-2 所示，AMC 线上各点的 y 方向速度分量不相等，点 C 相当于点 A 有一 y 方向速度分量的增量 $\dfrac{\partial u_y}{\partial x} \cdot \mathrm{d}x$。同样，$BMD$ 线上各点的 x 方向的速度分量也不相等，点 B 相当于点 D 有一 x 方向速度分量的增量 $\dfrac{\partial u_x}{\partial y} \cdot \mathrm{d}y$。因而这两条直线绕中心点 M 发生旋转。同理，通过点 M 的各直线均绕点 M 发生旋转，但各直线的旋转角速度不相等。

设流体微团从初始位置 $ABCD$，经 $\mathrm{d}t$ 时间后，由于上述原因运动到 $A''B''C''D''$ 的位置处。这个运动过程可以视为是下述两种基本运动形式的组合过程：先是流体微团绕点 M 做无角变形的旋转运动，微团由 $ABCD$ 位置旋转到 $A'B'C'D'$ 处，然后由于过点 M 的旋转角速度不相等而产生角变形运动，使方形微团变为菱形，最后到达 $A''B''C''D''$ 的位置。

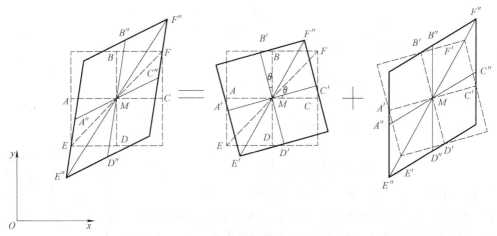

图 8-2　流体微团的旋转运动和角变形运动

设沿逆时针方向旋转为正，则 AMC 的旋转角速度为

$$\frac{\dfrac{\partial u_y}{\partial x} \cdot \dfrac{\mathrm{d}x}{2}}{\dfrac{\mathrm{d}x}{2}} = \frac{\partial u_y}{\partial x}$$

BMD 线的旋转角速度为 $-\dfrac{\partial u_x}{\partial y}$。对角 EMF 的旋转角速度可看成是这两条直角边的旋转角速度的平均，记为 ω_z。即

$$\omega_z = \frac{1}{2}\left(\frac{\partial u_y}{\partial x} - \frac{\partial u_x}{\partial y}\right)$$

我们把对角线 EMF 的旋转角速度定义为整个流体微团在 xOy 平面上的旋转角速度。推广到三元流动的情况，可得流体微团的旋转角速度分量为

$$\left.\begin{aligned}
\omega_x &= \frac{1}{2}\left(\frac{\partial u_z}{\partial y} - \frac{\partial u_y}{\partial z}\right) \\
\omega_y &= \frac{1}{2}\left(\frac{\partial u_x}{\partial z} - \frac{\partial u_z}{\partial x}\right) \\
\omega_z &= \frac{1}{2}\left(\frac{\partial u_y}{\partial x} - \frac{\partial u_x}{\partial y}\right)
\end{aligned}\right\}
\tag{8-2}$$

因而角速度矢量为

$$\boldsymbol{\omega} = \omega_x \boldsymbol{i} + \omega_y \boldsymbol{j} + \omega_z \boldsymbol{k}$$

角速度的大小为

$$\omega = \sqrt{\omega_x^2 + \omega_y^2 + \omega_z^2}$$

角速度矢量的方向规定为沿微团的旋转方向按右手定则确定。

我们把直角边 AMC（或 BMD）与对角边 EMF 的夹角的变形速度定义为流体微团的角变形速度，并记为 ε_{xy}，因而有

$$\begin{aligned}
\varepsilon_{xy} &= \frac{\partial u_y}{\partial x} - \omega_z = \frac{\partial u_y}{\partial x} - \frac{1}{2}\left(\frac{\partial u_y}{\partial x} - \frac{\partial u_x}{\partial y}\right) \\
&= \frac{1}{2}\left(\frac{\partial u_y}{\partial x} + \frac{\partial u_x}{\partial y}\right) = \varepsilon_{yx}
\end{aligned}$$

对于三元流动，流体微团的角变形速度为

$$\left.\begin{aligned}
\varepsilon_{xy} = \varepsilon_{yx} &= \frac{1}{2}\left(\frac{\partial u_y}{\partial x} + \frac{\partial u_x}{\partial y}\right) \\
\varepsilon_{xz} = \varepsilon_{zx} &= \frac{1}{2}\left(\frac{\partial u_x}{\partial z} + \frac{\partial u_z}{\partial x}\right) \\
\varepsilon_{yz} = \varepsilon_{zy} &= \frac{1}{2}\left(\frac{\partial u_z}{\partial y} + \frac{\partial u_y}{\partial z}\right)
\end{aligned}\right\}
\tag{8-3}$$

其中，ε 的下标表示发生角变形所在的平面。

在一般情况下，流体微团的运动是由上述四种基本运动形式复合而成的。设流体微团内某点 $M_o(x, y, z)$ 的流速分量为 u_{xo}、u_{yo}、u_{zo}（见图 8-3），邻近于点 M_o 的另一点 $M(x+\mathrm{d}x, y+\mathrm{d}y, z+\mathrm{d}z)$ 的流速分量为

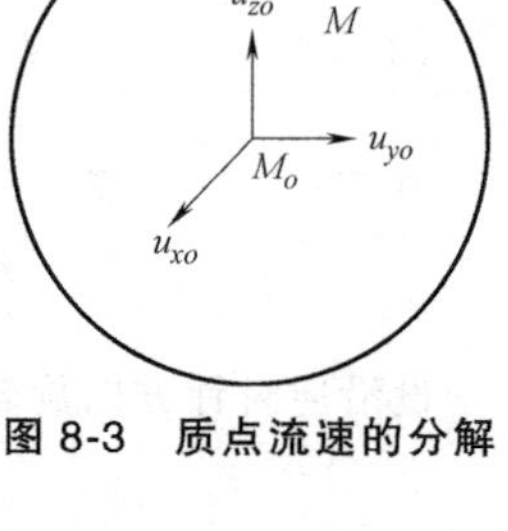

$$u_x = u_{xo} + \mathrm{d}u_x$$

图 8-3　质点流速的分解

$$u_y = u_{yo} + \mathrm{d}u_y$$
$$u_z = u_{zo} + \mathrm{d}u_z$$

将速度增量 $\mathrm{d}u_x$ 按泰勒级数展开，得

$$\mathrm{d}u_x = \frac{\partial u_x}{\partial x}\mathrm{d}x + \frac{\partial u_y}{\partial y}\mathrm{d}y + \frac{\partial u_z}{\partial z}\mathrm{d}z$$

于是，点 M 的流速分量 u_x 又可写为

$$u_x = u_{xo} + \frac{\partial u_x}{\partial x}\mathrm{d}x - \frac{1}{2}\left(\frac{\partial u_x}{\partial y} - \frac{\partial u_y}{\partial x}\right)\mathrm{d}y + \frac{1}{2}\left(\frac{\partial u_x}{\partial y} + \frac{\partial u_y}{\partial x}\right)\mathrm{d}y +$$

$$\frac{1}{2}\left(\frac{\partial u_x}{\partial z} - \frac{\partial u_z}{\partial x}\right)\mathrm{d}z + \frac{1}{2}\left(\frac{\partial u_x}{\partial z} + \frac{\partial u_z}{\partial x}\right)\mathrm{d}z$$

将式（8-1）~式（8-3）代入上式中得

$$u_x = u_{xo} + \varepsilon_{xx}\mathrm{d}x - \omega_z\mathrm{d}y + \varepsilon_{xy}\mathrm{d}y + \omega_y\mathrm{d}z + \varepsilon_{xz}\mathrm{d}z$$

同理，可写出其余两个速度分量的表达式。因此，点 M 的速度可以表达为

$$\left.\begin{array}{l} u_x = u_{xo} - \omega_z\mathrm{d}y + \omega_y\mathrm{d}z + \varepsilon_{xx}\mathrm{d}x + \varepsilon_{xy}\mathrm{d}y + \varepsilon_{xz}\mathrm{d}z \\ u_y = u_{yo} - \omega_x\mathrm{d}z + \omega_z\mathrm{d}x + \varepsilon_{yy}\mathrm{d}y + \varepsilon_{yz}\mathrm{d}z + \varepsilon_{yx}\mathrm{d}x \\ u_z = u_{zo} - \omega_y\mathrm{d}x + \omega_x\mathrm{d}y + \varepsilon_{zz}\mathrm{d}z + \varepsilon_{zx}\mathrm{d}x + \varepsilon_{zy}\mathrm{d}y \end{array}\right\} \tag{8-4}$$

式（8-4）中，右边第一项为平移速度，第二、三项是微团的旋转运动所产生的速度增量，第四项和第五、六项分别为线变形运动和角变形运动所引起的速度增量。可见，流体的运动可以分解为平移运动、旋转运动、线变形运动和角变形运动之和。这就是亥姆霍兹速度分解定理。

【例 8-1】　已知流速分布：（1）$u_x = -ky$，$u_y = kx$，$u_z = 0$；（2）$u_x = -\dfrac{y}{x^2+y^2}$，$u_y = \dfrac{x}{x^2+y^2}$，$u_z = 0$。求旋转角速度、线变形速度和角变形速度。

【解】　（1）当 $u_x = -ky$，$u_y = kx$，$u_z = 0$ 时，有

$$\frac{\partial u_x}{\partial y} = -k，\quad \frac{\partial u_y}{\partial x} = k$$

$$\omega_z = \frac{1}{2}(k+k) = k，\quad \omega_y = \omega_x = 0$$

$$\varepsilon_{xy} = \frac{1}{2}(k-k) = 0，\quad \varepsilon_{xx} = \varepsilon_{yy} = \varepsilon_{zz} = 0$$

以上计算结果表明这种流动做以角速度 ω_z 旋转的运动。由于变形速度为零，所以流体像固体那样旋转。第 3 章中讲述的流线方程

$$-\frac{\mathrm{d}x}{ky} = \frac{\mathrm{d}y}{kx}，\quad k(x\mathrm{d}x + y\mathrm{d}y) = 0$$

$$x^2 + y^2 = 0$$

为圆周簇。

（2）当 $u_x = -\dfrac{y}{x^2+y^2}$，$u_y = \dfrac{x}{x^2+y^2}$，$u_z = 0$ 时，有

$$\frac{\partial u_x}{\partial y} = \frac{y^2 - x^2}{(x^2+y^2)^2}，\quad \frac{\partial u_y}{\partial x} = \frac{y^2 - x^2}{(x^2+y^2)^2}$$

$$\omega_z = 0, \quad \omega_y = \omega_x = 0$$

$$\varepsilon_{xy} = \frac{y^2 - x^2}{(y^2 + x^2)^2}, \quad \varepsilon_{zy} = \varepsilon_{zx} = 0$$

$$\varepsilon_{xx} = \frac{2xy}{(y^2 + x^2)^2}, \quad \varepsilon_{yy} = -\frac{2xy}{(y^2 + x^2)^2}, \quad \varepsilon_{zz} = 0$$

8.2 有旋流动

流体微团的旋转角速度在流场内不为零的流动称为有旋流动。自然界和工程中出现的流动大多数是有旋流动，例如大气中的龙卷风，管道中的流体运动，绕流物体表面的边界层及其尾部后面的流动都是有旋流动。

设流体微团的旋转角速度为 $\omega = f(x, y, z, t)$，则

$$\boldsymbol{\Omega} = 2\boldsymbol{\omega} = \Omega_x \boldsymbol{i} + \Omega_y \boldsymbol{j} + \Omega_z \boldsymbol{k} \tag{8-5}$$

称为涡量，其中 Ω_x、Ω_y 和 Ω_z 是涡量 $\boldsymbol{\Omega}$ 在 x、y、z 坐标上的投影。由定义可知

$$\left. \begin{array}{l} \Omega_x = \dfrac{\partial u_z}{\partial y} - \dfrac{\partial u_y}{\partial z} \\[2mm] \Omega_y = \dfrac{\partial u_x}{\partial z} - \dfrac{\partial u_z}{\partial x} \\[2mm] \Omega_z = \dfrac{\partial u_y}{\partial x} - \dfrac{\partial u_x}{\partial y} \end{array} \right\} \tag{8-6}$$

显然，涡量是空间坐标和时间的矢性函数：$\boldsymbol{\Omega} = (x, y, z, t)$。所以，它也构成一个矢量场，称为涡量场。

由于哈密顿算子 ∇ 的性质

$$\nabla \times \boldsymbol{u} = \begin{vmatrix} \boldsymbol{i} & \boldsymbol{j} & \boldsymbol{k} \\[1mm] \dfrac{\partial}{\partial x} & \dfrac{\partial}{\partial y} & \dfrac{\partial}{\partial z} \\[2mm] u_x & u_y & u_z \end{vmatrix}$$

$$= \left(\frac{\partial u_z}{\partial y} - \frac{\partial u_y}{\partial z} \right) \boldsymbol{i} + \left(\frac{\partial u_x}{\partial z} - \frac{\partial u_z}{\partial x} \right) \boldsymbol{j} + \left(\frac{\partial u_y}{\partial x} - \frac{\partial u_x}{\partial y} \right) \boldsymbol{k}$$

所以

$$\boldsymbol{\Omega} = \nabla \times \boldsymbol{u} \tag{8-7}$$

从而

$$\nabla \cdot \boldsymbol{\Omega} = \nabla \cdot (\nabla \times \boldsymbol{u}) = 0 \tag{8-8}$$

或

$$\frac{\partial \Omega_x}{\partial x} + \frac{\partial \Omega_y}{\partial y} + \frac{\partial \Omega_z}{\partial z} = 0 \tag{8-9}$$

式（8-9）称为涡量连续性微分方程。

在涡量场中可以画出表征某一瞬时流体质点的旋转角速度矢量方向的曲线，称为涡线。在给定的瞬时，涡线上各点的角速度矢量在该点处与涡线相切。沿涡线取一微元线段 $\mathrm{d}s$，由于涡线与角速度矢量的方向一致，所以，$\mathrm{d}s$ 沿三个坐标轴方向的分量 $\mathrm{d}x$、$\mathrm{d}y$、$\mathrm{d}z$ 必然和角速度矢量

的三个分量 ω_x、ω_y、ω_z 成正比，即

$$\frac{\mathrm{d}x}{\omega_x} = \frac{\mathrm{d}y}{\omega_y} = \frac{\mathrm{d}z}{\omega_z} \tag{8-10}$$

这就是涡量的微分方程。

【例 8-2】　当 x 坐标选在管轴时，管中层流运动的流速函数证明为

$$u_y = u_z = 0$$

$$u_x = \frac{gJ}{4\nu}(r_0^2 - r^2)$$

$$= \frac{gJ}{4\nu}[r_0^2 - (y^2 + z^2)]$$

式中 J 为水力坡度，求涡线微分方程。

【解】　角速度分量

$$\omega_x = \frac{1}{2}\left(\frac{\partial u_z}{\partial y} - \frac{\partial u_y}{\partial y}\right) = 0$$

$$\omega_y = \frac{1}{2}\left(\frac{\partial u_x}{\partial z} - \frac{\partial u_z}{\partial x}\right) = -\frac{gJ}{4\nu}$$

$$\omega_z = \frac{1}{2}\left(\frac{\partial u_y}{\partial x} - \frac{\partial u_x}{\partial y}\right) = \frac{gJ}{4\nu}$$

涡线微分方程

$$\frac{\mathrm{d}x}{\omega_x} = \frac{\mathrm{d}y}{\omega_y} = \frac{\mathrm{d}z}{\omega_z}$$

代入角速度分量

$$\frac{\mathrm{d}y}{-\dfrac{gJ}{4\nu}z} = \frac{\mathrm{d}z}{\dfrac{gJ}{4\nu}y}$$

$$y\mathrm{d}y + z\mathrm{d}z = 0$$

$$z^2 + y^2 = C$$

涡线是和管轴同轴的同心圆。

在涡量场中任意画一封闭曲线，通过这条曲线上的每一点所作出的涡线构成一管状的曲面，称为涡管。若曲线无限小，则称为微元涡管。

设 A 为涡量场中一开口曲面，微元面 $\mathrm{d}A$ 的外法线单位矢量为 $\boldsymbol{n}$，涡量在 $\boldsymbol{n}$ 方向上的投影为 Ω_n，则面积分

$$J = \int_A \boldsymbol{\Omega} \cdot \mathrm{d}\boldsymbol{A} = \int_A \Omega_n \cdot \mathrm{d}A$$

$$= \int_A \Omega_x \cdot \mathrm{d}y\mathrm{d}z + \Omega_y \mathrm{d}z\mathrm{d}x + \Omega_z \mathrm{d}x\mathrm{d}y \tag{8-11}$$

称为涡量通。

有旋流动的一个重要的运动学性质是：在同一瞬间，通过同一涡管的各截面的涡通量相等。这一性质可表示为

$$\int_{A_1} \boldsymbol{\varOmega}_n \cdot \mathrm{d}A = \int_{A_2} \boldsymbol{\varOmega}_n \cdot \mathrm{d}A \qquad (8\text{-}12)$$

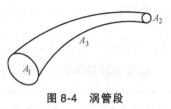

图 8-4　涡管段

证明如下：

在某一瞬时取一涡管段如图 8-4 所示。这段涡管的表面面积 A 包括截面 A_1、A_2 和侧面 A_3 三部分，因而，通过这一封闭曲面的涡通量为

$$J = \int_{A} \boldsymbol{\varOmega} \cdot \mathrm{d}A = \int_{A_1} \boldsymbol{\varOmega} \cdot \mathrm{d}A + \int_{A_2} \boldsymbol{\varOmega} \cdot \mathrm{d}A + \int_{A_3} \boldsymbol{\varOmega} \cdot \mathrm{d}A$$

根据涡管的定义，涡线总是垂直于涡管的法线，因此上式右边第三项为零；在截面 A_1 上涡量矢量与截面的外法线方向相反。因此，上式可整理为

$$J = -\int_{A_1} \boldsymbol{\varOmega}_n \cdot \mathrm{d}A + \int_{A_2} \boldsymbol{\varOmega}_n \cdot \mathrm{d}A$$

运用高斯公式和式 (8-8) 得

$$\int_{A} \boldsymbol{\varOmega} \cdot \mathrm{d}A = \int_{V} \boldsymbol{\nabla} \cdot \boldsymbol{\varOmega} \mathrm{d}V = 0$$

式中，V 是封闭曲面 A 所包围的体积。因此得

$$-\int_{A_1} \boldsymbol{\varOmega}_n \cdot \mathrm{d}A + \int_{A_2} \boldsymbol{\varOmega}_n \cdot \mathrm{d}A = 0$$

此式即式 (8-12)，证毕。

对于微元涡管，可以近似地认为截面上各点的涡量为常数，因而由式 (8-12) 得

$$\varOmega_1 A_1 = \varOmega_2 A_2$$

或

$$\omega_1 A_1 = \omega_2 A_2 \qquad (8\text{-}13)$$

由式 (8-13) 可见，微元涡管截面越小的地方，流体的旋转角速度越大。由于流体的旋转角速度不可能为无穷大，所以涡管截面不可能收缩为零。也就是说，涡管不可能在流体内部开始或终止，而只能在流体中自行封闭成涡环，或终止于和开始于边界面，例如自然界中的龙卷风开始于地面，终止于云层。

由前文可见，对于有旋流动，其流动空间既是速度场，又是涡量场。涡量场中的涡线、涡管、涡通量等概念分别与流速场中的流线、流管、流量等概念相对应。而涡线方程和涡管的涡通量方程则分别与流线方程和元流连续性方程相对应。

通常，流通量是利用速度环量这个概念来计算的。在流场中任取一封闭曲线 s，则流速沿曲线 s 的积分

$$\varGamma = \oint_{s} \boldsymbol{u} \cdot \mathrm{d}\boldsymbol{s} = \oint_{s} u_x \mathrm{d}x + u_y \mathrm{d}y + u_z \mathrm{d}z \qquad (8\text{-}14)$$

称为曲线 s 上的速度环量。并规定积分沿 s 逆时针方向绕行为 s 的正方向。

1. 斯托克斯定理

根据斯托克斯公式，有

$$\oint_{s} u_x \mathrm{d}x + u_y \mathrm{d}y + u_z \mathrm{d}z = \oint_{A} \left(\frac{\partial u_z}{\partial y} - \frac{\partial u_y}{\partial z} \right) \mathrm{d}y\mathrm{d}z +$$

$$\left(\frac{\partial u_x}{\partial z} - \frac{\partial u_z}{\partial x} \right) \mathrm{d}z\mathrm{d}x + \left(\frac{\partial u_y}{\partial x} - \frac{\partial u_x}{\partial y} \right) \mathrm{d}x\mathrm{d}y$$

或写为

$$\oint_s \boldsymbol{u} \cdot \mathrm{d}s = \int_A \Omega_x dA_x + \Omega_y dA_y + \Omega_z dA_z = \int_A \boldsymbol{\Omega}_n \cdot \mathrm{d}A \tag{8-15a}$$

式中，s 为流场中任意封闭曲线；A 是曲线 s 所围成的曲面；$\boldsymbol{u}$ 是曲面 A 的外法线单位矢量。

式（8-15a）称为斯托克斯定理。该定理给出了速度环量和涡通量之间的关系：沿任意封闭曲线 s 的速度环量等于通过以该曲面为边界的曲面 A 的涡通量。即

$$\Gamma_s = J_A \tag{8-15b}$$

【例 8-3】 已知不可压缩流体流场中的速度分布为 $u_x = a\sqrt{z^2+y^2}$，$u_y = u_z = 0$。求沿封闭曲线 $x^2+y^2 = b^2$，$z=0$ 的速度环量。其中 a、b 是常数。

【解】 由给定的封闭曲线方程可知，该曲线是在 $z=0$ 的平面上的圆周线。在 $z=0$ 的平面上的速度分布为

$$u_x = ay$$
$$u_y = u_z = 0$$

涡量分布为

$$\Omega_x = \Omega_y = 0$$
$$\Omega_z = \frac{\partial u_y}{\partial x} - \frac{\partial u_x}{\partial y} = -a$$

根据斯托克斯定理得

$$\Gamma_s = \int_A \Omega_z \mathrm{d}A_z = -\pi ab^2$$

2. 汤姆孙定理

汤姆孙定理指出：在理想流体的涡量中，如果质量力具有单值的势函数，那么，沿由流体质点所组成的封闭曲线的速度环量不随时间而变，即

$$\frac{\mathrm{d}\Gamma}{\mathrm{d}t} = 0 \tag{8-16}$$

推论：根据斯托克斯定理，沿曲线 s 的速度环量等于通过以 s 为边界的曲面的涡通量，因此，速度环量不随时间变化也意味着涡通量不随时间而变。所以，质量力具有单值势函数的理想流体的流动，如果在某一时刻是有旋运动，那么，在以前和以后也是有旋运动；如果某一时刻是无旋运动，那么，在以前和以后也是无旋运动。也就是说，这种流体的涡旋具有不生、不灭的性质。

8.3 不可压缩流体连续性微分方程

和一元流连续性方程相似，三元流连续性微分方程的推导，是在流场中选取边长为 $\mathrm{d}x$、$\mathrm{d}y$、$\mathrm{d}z$ 的正六面体微元控制体，写出流出和流入该空间的质量流量平衡条件。由于流体不可压缩，质量流量平衡条件可用体积流量平衡条件来代替，即在 $\mathrm{d}t$ 时间内流出和流入微元控制体的净流体体积为零。如图 8-5 所示。

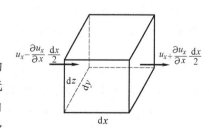

图 8-5 微元控制体的流量平衡

设控制体中心点的坐标为 x、y、z，中心点的速度为 u_x、u_y、u_z，则控制体左侧面中心点沿 x

方向的流速为 $u_x - \dfrac{\partial u_x}{\partial x}\dfrac{\mathrm{d}x}{2}$，右侧面中心点沿 x 方向的流速为 $u_x + \dfrac{\partial u_x}{\partial x}\dfrac{\mathrm{d}x}{2}$。因而，在 $\mathrm{d}t$ 时间内，沿 x 方向流出和流入微元控制体的净流体体积为

$$\left(u_x + \frac{\partial u_x}{\partial x}\frac{\mathrm{d}x}{2}\right)\mathrm{d}y\mathrm{d}z\mathrm{d}t - \left(u_x - \frac{\partial u_x}{\partial x}\frac{\mathrm{d}x}{2}\right)\mathrm{d}y\mathrm{d}z\mathrm{d}t = \frac{\partial u_x}{\partial x}\mathrm{d}x\mathrm{d}y\mathrm{d}z\mathrm{d}t$$

同理，在 $\mathrm{d}t$ 时间内沿 y、z 方向流出和流入微元控制体的净流体体积分别为

$$\frac{\partial u_y}{\partial y}\mathrm{d}x\mathrm{d}y\mathrm{d}z\mathrm{d}t$$

$$\frac{\partial u_z}{\partial z}\mathrm{d}x\mathrm{d}y\mathrm{d}z\mathrm{d}t$$

根据不可压缩流体连续性条件，$\mathrm{d}t$ 时间内沿 x、y、z 方向流出和流入微元控制体的净流体体积之和应为零，即

$$\left(\frac{\partial u_x}{\partial x}+\frac{\partial u_y}{\partial y}+\frac{\partial u_z}{\partial z}\right)\mathrm{d}x\mathrm{d}y\mathrm{d}z\mathrm{d}t = 0$$

因而

$$\frac{\partial u_x}{\partial x}+\frac{\partial u_y}{\partial y}+\frac{\partial u_z}{\partial z} = 0 \tag{8-17}$$

这就是不可压缩流体的连续性微分方程。该方程对恒定流和非恒定流都适用。

对于图 8-6 所示的一元流动，单位时间内流进和流出微元段 $\mathrm{d}s$ 内的流体体积之和为

$$u\mathrm{d}A - \left(u+\frac{\partial u}{\partial s}\mathrm{d}s\right)\left(\mathrm{d}A+\frac{\partial(\mathrm{d}A)}{\partial s}\mathrm{d}s\right) = 0$$

略去高阶微量项后，上式简化为

$$\frac{\partial(u\mathrm{d}A)}{\partial s} = 0$$

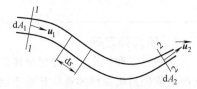

图 8-6 微元流束的流量平衡

因此得

$$u\mathrm{d}A = 常量$$

或写为

$$u_1\mathrm{d}A_1 = u_2\mathrm{d}A_2 \tag{8-18}$$

式（8-18）即为一元流动的连续性方程（3-15）。

【例 8-4】 管中流体做均匀流动，是否满足连续性方程。

【解】 管中流体做均匀流动，沿 y 方向和 z 方向有 $u_y = u_z = 0$，沿 x 方向流速 u_x 不变，说明 u_x 与 x 无关，它只能是 y、z 的函数，$u_x = f(y,z)$，则

$$\frac{\partial u_x}{\partial x}+\frac{\partial u_y}{\partial y}+\frac{\partial u_z}{\partial z} = \frac{\partial f(y,z)}{\partial x}+0+0 = 0$$

因此满足连续性方程。即是，在均匀流条件下，不管断面流速如何分布，均满足连续性条件。

【例 8-5】 试证流速为：（1）$u_x = -ky$，$u_y = kx$，$u_z = 0$；（2）$u_x = -\dfrac{y}{x^2+y^2}$，$u_y = \dfrac{x}{x^2+y^2}$，$u_z = 0$ 的流动满足连续性条件。

【证明】 （1）因 $u_x = -ky$，$u_y = kx$，$u_z = 0$，所以

$$\frac{\partial u_x}{\partial x}=0,\quad \frac{\partial u_y}{\partial y}=0,\quad \frac{\partial u_z}{\partial z}=0$$

则

$$\frac{\partial u_x}{\partial x}+\frac{\partial u_y}{\partial y}+\frac{\partial u_z}{\partial z}=0$$

（2）因 $u_x=-\dfrac{y}{x^2+y^2}$，$u_y=\dfrac{x}{x^2+y^2}$，$u_z=0$，所以

$$\frac{\partial u_x}{\partial x}=\frac{2xy}{(x^2+y^2)^2},\quad \frac{\partial u_y}{\partial y}=\frac{-2xy}{(x^2+y^2)^2},\quad \frac{\partial u_z}{\partial z}=0$$

则

$$\frac{\partial u_x}{\partial x}+\frac{\partial u_y}{\partial y}+\frac{\partial u_z}{\partial z}=0$$

两种流动均满足连续性条件。

在专业流体力学问题中，主要是旋转运动的分析中，采用圆柱坐标的形式更为方便。用相似于直角坐标系下的推导方法，可得不可压缩流体圆柱坐标形式下的连续性方程，其方程为

$$\frac{u_r}{r}+\frac{\partial u_r}{\partial r}+\frac{\partial u_\theta}{r\partial \theta}+\frac{\partial u_z}{\partial z}=0 \tag{8-19}$$

【例 8-6】　将例 8-5 中的流速函数（1）$u_x=-ky$，$u_y=kx$，$u_z=0$；（2）$u_x=-\dfrac{y}{x^2+y^2}$，$u_y=\dfrac{x}{x^2+y^2}$，$u_z=0$ 写为圆柱坐标的形式，并检查是否满足连续性条件。

【解】　直角坐标和圆柱坐标的相互换算关系，参见图 8-7，以下列诸式表示：

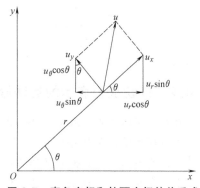

图 8-7　直角坐标和柱面坐标的关系式

$$x=r\cos\theta,\ y=r\sin\theta,\ z=z$$

$$u_x=u_r\cos\theta-u_\theta\sin\theta$$

$$u_y=u_r\sin\theta+u_\theta\cos\theta$$

（1）代入 $u_x=-ky$，$u_y=kx$，$u_z=0$，有

$$u_r\cos\theta-u_\theta\sin\theta=-kr\sin\theta$$

$$u_r\sin\theta+u_\theta\cos\theta=kr\cos\theta$$

简化得出

$$u_\theta=kr,\ u_r=0$$

代入连续性方程（8-19），得

$$\frac{\partial u_\theta}{r\partial \theta}=\frac{\partial}{r\partial \theta}(kr)=0$$

满足连续性方程。

（2）代入 $u_x=-\dfrac{y}{x^2+y^2}$，$u_y=\dfrac{x}{x^2+y^2}$，$u_z=0$，有

$$u_r\cos\theta-u_\theta\sin\theta=-\frac{\sin\theta}{r}$$

$$u_r\sin\theta+u_\theta\cos\theta=\frac{\cos\theta}{r}$$

简化得出

$$u_\theta = \frac{1}{r}, \quad u_r = 0, \quad u_z = 0$$

代入连续性方程（8-19）得

$$\frac{\partial u_\theta}{r\partial\theta} = \frac{\partial}{r\partial\theta} \cdot \left(\frac{1}{r}\right) = 0$$

同样满足连续性方程。

8.4 以应力表示的黏性流体运动微分方程

8.4.1 黏性流体的内应力

黏性流体在运动时，表面力不仅有方向力，还有切向应力，因此黏性流体的表面力不垂直于作用面。如在任一点取一微小正六面体，如图 8-8 所示，作用在平面 $ABCD$ 上的应力有法向应力 p_{xx} 与切向应力 τ_{xy} 和 τ_{xz}。应力符号的第一下标表示作用面的外法线方向。可以证明，流场内任一点的应力状况，即该点流体微团在任一方向的作用面上的应力，都可用通过该点的三个相互垂直的作用面上的九个应力分量

$$p_{xx}, \ \tau_{xy}, \ \tau_{xz}$$
$$\tau_{yx}, \ p_{yy}, \ \tau_{yz}$$
$$\tau_{zx}, \ \tau_{zy}, \ p_{zz}$$

来表示。

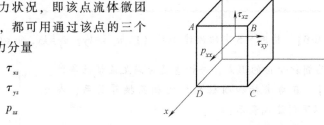

图 8-8 应力的符号

8.4.2 以切应力表示的运动微分方程

在黏性流体中取一边长为 dx、dy、dz 的长方体，如图 8-9 所示。各表面应力的方向如图所示。为清晰起见，其中两个面上的应力符号未标，读者可自行写出。注意的是各应力的值均为代数值，正值表示应力沿相应坐标轴的正向，反之亦然。由于流体不能承受拉力，因此 p_{xx}、p_{yy}、p_{zz} 必然为负值。由牛顿第二定律，x 方向的运动微分方程为

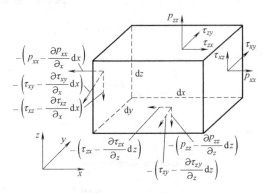

图 8-9 表面应力示意图

$$\rho f_x \mathrm{d}x\mathrm{d}y\mathrm{d}z + p_{xx}\mathrm{d}y\mathrm{d}z + \left[-\left(p_{xx} - \frac{\partial p_{xx}}{\partial x}\mathrm{d}x\right)\mathrm{d}y\mathrm{d}z\right] + \tau_{yx}\mathrm{d}x\mathrm{d}z + \left[-\left(\tau_{yx} - \frac{\partial \tau_{yx}}{\partial y}\mathrm{d}y\right)\mathrm{d}x\mathrm{d}z\right] +$$

$$\tau_{zx}\mathrm{d}x\mathrm{d}y + \left[-\left(\tau_{zx} - \frac{\partial \tau_{zx}}{\partial z}\mathrm{d}z\right)\mathrm{d}x\mathrm{d}y\right] = \rho\mathrm{d}x\mathrm{d}y\mathrm{d}z \frac{\mathrm{d}u_x}{\mathrm{d}t}$$

化简后，得

$$\left. \begin{array}{l} f_x + \dfrac{1}{\rho}\dfrac{\partial p_{xx}}{\partial x} + \dfrac{1}{\rho}\left(\dfrac{\partial \tau_{yx}}{\partial y} + \dfrac{\partial \tau_{zx}}{\partial z}\right) = \dfrac{\mathrm{d}u_x}{\mathrm{d}t} \\[3mm] f_y + \dfrac{1}{\rho}\dfrac{\partial p_{yy}}{\partial y} + \dfrac{1}{\rho}\left(\dfrac{\partial \tau_{zy}}{\partial z} + \dfrac{\partial \tau_{xy}}{\partial x}\right) = \dfrac{\mathrm{d}u_y}{\mathrm{d}t} \\[3mm] f_z + \dfrac{1}{\rho}\dfrac{\partial p_{zz}}{\partial z} + \dfrac{1}{\rho}\left(\dfrac{\partial \tau_{xz}}{\partial x} + \dfrac{\partial \tau_{yz}}{\partial y}\right) = \dfrac{\mathrm{d}u_z}{\mathrm{d}t} \end{array} \right\} \qquad (8\text{-}20)$$

同理可得

这就是以应力表示的黏性流体运动微分方程。式中密度 ρ 对于不可压缩流体是已知常量，通常单位质量力 f_x、f_y、f_z 也是已知量，九个应力和三个速度分量是未知量。式（8-20）中的三个方程加上连续性方程共四个方程，不足以解这 12 个未知量，需要补充关系式，使方程组封闭，这些封闭条件就是连续介质力学中所谓的本构方程，即下一节所述的应力和变形速度的关系式。实际上，测量流动流体承受的应力是很困难的，因此希望将未知量中的应力用较易测量的速度分量替代。

8.5　应力和变形速度的关系

8.5.1　切应力和角应变速度的关系

一元流动的牛顿内摩擦定律为

$$\tau = \mu \frac{\mathrm{d}u}{\mathrm{d}y}$$

式中，$\dfrac{\mathrm{d}u}{\mathrm{d}y}$ 为流速梯度，第 1 章中已讨论过，流速梯度就是直角变形速度，即

$$\frac{\mathrm{d}u}{\mathrm{d}y} = \frac{\mathrm{d}\theta}{\mathrm{d}t}$$

所以牛顿内摩擦定律也可写为

$$\tau = \mu \frac{\mathrm{d}\theta}{\mathrm{d}t}$$

这一结论也可推广到三元流动。在讨论流体微团运动时，已经给出了角变形速度的表达式，$\dfrac{\mathrm{d}\theta}{\mathrm{d}t}$ 是直角变形速度，它是角变形速度的 2 倍，在 xOy 平面上，有

$$\frac{\mathrm{d}\theta}{\mathrm{d}t} = 2\varepsilon_{xy} = \frac{\partial u_x}{\partial y} + \frac{\partial u_y}{\partial x}$$

因此对于三元流动的牛顿内摩擦定律，可以写成如下形式：

$$\left.\begin{aligned}
\tau_{xy} = \tau_{yx} = \mu\left(\frac{\partial u_x}{\partial y} + \frac{\partial u_y}{\partial x}\right) \\[2mm]
\tau_{zx} = \tau_{xz} = \mu\left(\frac{\partial u_z}{\partial x} + \frac{\partial u_x}{\partial z}\right) \\[2mm]
\tau_{zy} = \tau_{yz} = \mu\left(\frac{\partial u_z}{\partial y} + \frac{\partial u_y}{\partial z}\right)
\end{aligned}\right\} \tag{8-21}$$

这里两个相互垂直面上的切应力互等，因为它们的角变形速度相同。

式（8-21）中六个切应力均可用黏度和直角变形速度的乘积来表示，这样，就使式（8-20）中的 12 个未知数消去六个。

8.5.2 法向应力和线变形速度的关系

在理想流体中，同一点各方向的法向应力相等，即 $p_{xx} = p_{yy} = p_{zz} = -p$，$p \geq 0$。在黏性流体中，黏性不仅产生与切应力有关的角变形速度，而且使线变形速度 $\dfrac{\partial u_x}{\partial x}$、$\dfrac{\partial u_y}{\partial y}$、$\dfrac{\partial u_z}{\partial z}$ 也产生附加的法向应力，使一点的法向应力与作用面方位有关。

为什么线变形速度能产生附加的法向应力呢？我们取边长 $\mathrm{d}x = \mathrm{d}y$、单位厚度的方块流体微团来加以论证。为了简化论证步骤，我们对每一线变形速度单独考虑，然后叠加。设微团只有沿 x、y 方向的线变形，因而在 AB 和 AD 面上只有法向应力作用，如图 8-10 所示。现在先考虑方块微团只有 x 方向的伸长变形。

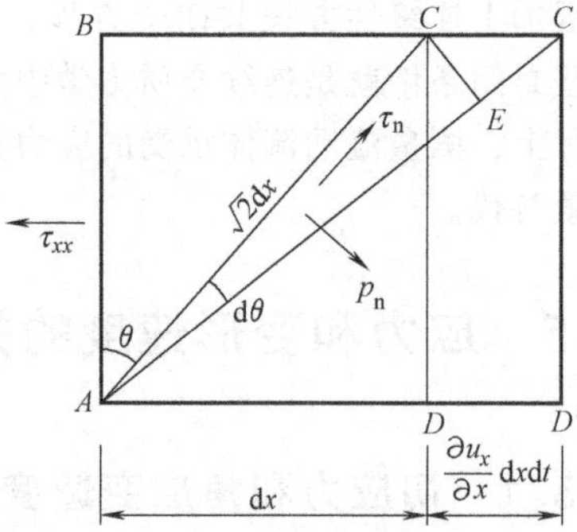

图 8-10　线变形速度产生
附加法向应力

微团在 x 方向做伸长变形时，BC 伸长为 BC'，而对角线 AC 旋转至 AC'，使 $\theta(=45°)$ 产生角变形 $\mathrm{d}\theta$，黏性流体角变形与切应力相联系，因而必然在 AC 面上产生切应力 τ_n。这样线变形速度 $\dfrac{\partial u_x}{\partial x}$ 产生的 τ_n 必然由其他附加力加以平衡（图中的 τ_{xx} 和 p_n 在 AB 面上不会有附加切应力，否则 AB 就要旋转），这就是 AB 面上产生附加法向应力 τ_{xx} 的由来。

列 τ_n 方向力的平衡方程，得

$$\tau_{xx}\mathrm{d}x\cos45° = \tau_n\sqrt{2}\,\mathrm{d}x$$

因此

$$\tau_{xx} = 2\tau_n \tag{8-22}$$

现在分析 τ_n 的大小。作 CE 垂直于 AC'，因为 $\mathrm{d}\theta$ 很小，可认为 $\angle AC'B \approx 45°$，则

$$\mathrm{d}\theta \approx \sin\mathrm{d}\theta = \frac{\overline{CE}}{\overline{AC}} = \frac{\overline{CC'}\sin45°}{\sqrt{2}\,\mathrm{d}x}$$

式中 $\overline{CC'} = \dfrac{\partial u_x}{\partial x}\mathrm{d}x\mathrm{d}t$，代入并简化后得

$$\frac{\mathrm{d}\theta}{\mathrm{d}t} = \frac{1}{2}\frac{\partial u_x}{\partial x}$$

由于 $\mathrm{d}\theta$ 是 45°角的角变形速度，直角变形速度应是它的两倍，因此，有

$$\tau_{\mathrm{n}} = 2\mu \frac{\mathrm{d}\theta}{\mathrm{d}t} = \mu \frac{\partial u_x}{\partial x}$$

代入式（8-22），则可得附加法向应力和线变形速度的关系。同理可得 y、z 方向的关系，总的关系式为

$$\left. \begin{aligned} \tau_{xx} &= 2\mu \frac{\partial u_x}{\partial x} \\ \tau_{yy} &= 2\mu \frac{\partial u_y}{\partial y} \\ \tau_{zz} &= 2\mu \frac{\partial u_z}{\partial z} \end{aligned} \right\} \tag{8-23}$$

线变形运动使法向应力随伸长变形而减小。于是

$$\left. \begin{aligned} p_{xx} &= -p_t + 2\mu \frac{\partial u_x}{\partial x} \\ p_{yy} &= -p_t + 2\mu \frac{\partial u_y}{\partial y} \\ p_{zz} &= -p_t + 2\mu \frac{\partial u_z}{\partial z} \end{aligned} \right\} \tag{8-24}$$

这就是黏性流体法向应力和线变形速度的关系。式中 p_t 为理想流体的压强，$p_t \geqslant 0$，它的大小与作用面方位无关。在黏性流体中，任意一点三个相互垂直方向的法向应力一般是不等的，我们定义过任意一点三个互相垂直平面上的法向应力的平均值的负值为黏性流体在该点的压强。即

$$p = -\frac{1}{3}(p_{xx} + p_{yy} + p_{zz}) = p_t - \frac{2}{3}\mu\left(\frac{\partial u_x}{\partial x} + \frac{\partial u_y}{\partial y} + \frac{\partial u_z}{\partial z}\right) \tag{8-25}$$

对于不可压缩流体，有

$$\frac{\partial u_x}{\partial x} + \frac{\partial u_y}{\partial y} + \frac{\partial u_z}{\partial z} = 0$$

因此

$$p = p_t$$

对于可压缩流体来说，$\left(\dfrac{\partial u_x}{\partial x} + \dfrac{\partial u_y}{\partial y} + \dfrac{\partial u_z}{\partial z}\right)$ 是表征质点的体积膨胀率，显然，它与坐标选择无关，因而压强 p 是空间坐标的函数，与方向无关。

将式（8-25）代入式（8-24），消去 p_t 即可得

$$\left. \begin{aligned} p_{xx} &= -p + 2\mu \frac{\partial u_x}{\partial x} - \frac{2}{3}\mu\left(\frac{\partial u_x}{\partial x} + \frac{\partial u_y}{\partial y} + \frac{\partial u_z}{\partial z}\right) \\ p_{yy} &= -p + 2\mu \frac{\partial u_y}{\partial y} - \frac{2}{3}\mu\left(\frac{\partial u_x}{\partial x} + \frac{\partial u_y}{\partial y} + \frac{\partial u_z}{\partial z}\right) \\ p_{zz} &= -p + 2\mu \frac{\partial u_z}{\partial z} - \frac{2}{3}\mu\left(\frac{\partial u_x}{\partial x} + \frac{\partial u_y}{\partial y} + \frac{\partial u_z}{\partial z}\right) \end{aligned} \right\} \tag{8-26}$$

有了式（8-26），三个法向应力变换为一个压强函数 p，进一步减少了两个变量，这样方程（8-20）的未知数减为四个，与方程的个数相等，所以原则上讲已可求解。

式（8-21）和式（8-26）统称为广义牛顿公式。

对于均匀流，设 $u_x = u(y,z)$，$u_y = u_z = 0$，流速沿流线是常数，故

$$\frac{\partial u_x}{\partial x} + \frac{\partial u_y}{\partial y} + \frac{\partial u_z}{\partial z} = 0$$

则由式（8-24）可得

$$p_{xx} = p_{yy} = p_{zz} = -p_t$$

这说明黏性流体均匀流动时，任意一点平行于水流方向的法向应力 p_{xx} 与垂直于水流方向的法向应力 p_{yy} 和 p_{zz} 相等。但这里 x、y、z 方向不是任取的，而是要根据流动的方向建立坐标，所以不能说压强与作用面的方向无关。

了解以上这些结论，对于压强的测量和流体力学问题的分析是有益的。

8.6 纳维-斯托克斯方程

将式（8-21）和式（8-26）代入式（8-20），就可将式（8-20）中的应力消去。以其第一式为例得

$$f_x + \frac{1}{\rho}\frac{\partial}{\partial x}\left[-p + 2\mu\frac{\partial u_x}{\partial x} - \frac{2}{3}\mu\left(\frac{\partial u_x}{\partial x} + \frac{\partial u_y}{\partial y} + \frac{\partial u_z}{\partial z}\right)\right] + \frac{\mu}{\rho}\frac{\partial}{\partial y}\left(\frac{\partial u_x}{\partial x} + \frac{\partial u_y}{\partial y}\right) +$$
$$\frac{\mu}{\rho}\frac{\partial}{\partial z}\left(\frac{\partial u_z}{\partial x} + \frac{\partial u_x}{\partial z}\right) = \frac{\mathrm{d}u_x}{\mathrm{d}t}$$

整理得

$$f_x - \frac{1}{\rho}\frac{\partial p}{\partial x} + \frac{\mu}{\rho}\left(\frac{\partial^2 u_x}{\partial x^2} + \frac{\partial^2 u_x}{\partial y^2} + \frac{\partial^2 u_x}{\partial z^2}\right) + \frac{1}{3}\frac{\mu}{\rho}\frac{\partial}{\partial x}\left(\frac{\partial u_x}{\partial x} + \frac{\partial u_y}{\partial y} + \frac{\partial u_z}{\partial z}\right) = \frac{\mathrm{d}u_x}{\mathrm{d}t}$$

对于不可压缩流体 $\dfrac{\partial u_x}{\partial x} + \dfrac{\partial u_y}{\partial y} + \dfrac{\partial u_z}{\partial z} = 0$，可消去有关项，同理应用于 y，z 向后，有

$$\left.\begin{array}{l} f_x - \dfrac{1}{\rho}\dfrac{\partial p}{\partial x} + \nu\left(\dfrac{\partial^2 u_x}{\partial x^2} + \dfrac{\partial^2 u_x}{\partial y^2} + \dfrac{\partial^2 u_x}{\partial z^2}\right) = \dfrac{\mathrm{d}u_x}{\mathrm{d}t} \\[3mm] f_y - \dfrac{1}{\rho}\dfrac{\partial p}{\partial y} + \nu\left(\dfrac{\partial^2 u_y}{\partial x^2} + \dfrac{\partial^2 u_y}{\partial y^2} + \dfrac{\partial^2 u_y}{\partial z^2}\right) = \dfrac{\mathrm{d}u_y}{\mathrm{d}t} \\[3mm] f_z - \dfrac{1}{\rho}\dfrac{\partial p}{\partial z} + \nu\left(\dfrac{\partial^2 u_z}{\partial x^2} + \dfrac{\partial^2 u_z}{\partial y^2} + \dfrac{\partial^2 u_z}{\partial z^2}\right) = \dfrac{\mathrm{d}u_z}{\mathrm{d}t} \end{array}\right\} \tag{8-27}$$

这就是不可压缩黏性流体的运动微分方程，一般称为纳维-斯托克斯方程（简称 N-S 方程），是不可压缩流体最普遍的运动微分方程。

以上三式加上不可压缩流体的连续性方程

$$\frac{\partial u_x}{\partial x} + \frac{\partial u_y}{\partial y} + \frac{\partial u_z}{\partial z} = 0$$

共四个方程，原则上可以求解方程组中的四个未知量：流速分量 u_x、u_y、u_z 和压强 p。求解速度分量和压强只需从连续性方程和运动方程出发，而不必与能量方程联立，这是不可压缩流体流动求解的一大特点。

由于速度是空间坐标 x、y、z 和时间 t 的函数，式（8-27）中的加速度项可以展开为四项，例如，

$$\frac{\mathrm{d}u_x}{\mathrm{d}t} = \frac{\partial u_x}{\partial t} + \frac{\partial u_x}{\partial x}\frac{\mathrm{d}x}{\mathrm{d}t} + \frac{\partial u_x}{\partial y}\frac{\mathrm{d}x}{\mathrm{d}t} + \frac{\partial u_x}{\partial z}\frac{\mathrm{d}x}{\mathrm{d}t} = \frac{\partial u_x}{\partial t} + u_x\frac{\partial u_x}{\partial x} + u_y\frac{\partial u_x}{\partial y} + u_z\frac{\partial u_x}{\partial z} \tag{8-28}$$

需要注意的是，在流速分量 u_x 对时间 t 求全微分时，指的是某一任取的流体质点的速度对时间的

微分，因此就是加速度，此时 $u_x = u_x(x,y,z,t) = u_x(x(t),y(t),z(t),t)$。这种描述方法是拉格朗日法，故函数中的变量 x、y 和 z 指的是该质点在运动过程中的位置坐标，因此是时间 t 的函数，并非独立变量。而式（8-28）右端的四项中的各量又是独立变量 x、y、z 和 t 的函数，是欧拉描述方法。这样，式（8-28）就完成了对加速度分量 $\mathrm{d}u_x/\mathrm{d}t$ 的描述由拉格朗日法到欧拉法的转换。

式中右边第一项表示空间固定点的流速随时间的变化（对时间的偏导数），称为时变加速度或当地加速度，后三项表示固定质点的流速由于位置的变化而引起的速度变化，称为位变加速度。例如第二项 $u_x \dfrac{\partial u_x}{\partial x}$ 中，$\dfrac{\partial u_x}{\partial x}$ 表示在同一时刻由于在 x 方向上的位置不同引起的单位长度上速度的变化，u_x 是流体质点在单位时间内在 x 方向上的位置变化，因此两者乘积 $u_x \dfrac{\partial u_x}{\partial x}$ 表示流体质点的流速分量 u_x 在单位时间内单纯由于在 x 方向上的位移所产生的速度变化。

时变加速度和位变加速度之和又称为流速的随体导数。这种将随体导数（物理量对时间的全微商）分解成时变导数和位变导数的方法对流体质点所具有的物理量（矢量或标量）均适用。

这样，纳维-斯托克斯方程又可写成

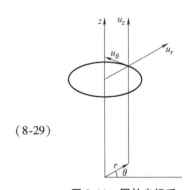

$$\left.\begin{aligned}
f_x - \frac{1}{\rho}\frac{\partial p}{\partial x} + \nu\left(\frac{\partial^2 u_x}{\partial x^2} + \frac{\partial^2 u_x}{\partial y^2} + \frac{\partial^2 u_x}{\partial z^2}\right) \\
= \frac{\partial u_x}{\partial t} + u_x\frac{\partial u_x}{\partial x} + u_y\frac{\partial u_x}{\partial y} + u_z\frac{\partial u_x}{\partial z} \\
f_y - \frac{1}{\rho}\frac{\partial p}{\partial y} + \nu\left(\frac{\partial^2 u_y}{\partial x^2} + \frac{\partial^2 u_y}{\partial y^2} + \frac{\partial^2 u_y}{\partial z^2}\right) \\
= \frac{\partial u_y}{\partial t} + u_x\frac{\partial u_y}{\partial x} + u_y\frac{\partial u_y}{\partial y} + u_z\frac{\partial u_y}{\partial z} \\
f_z - \frac{1}{\rho}\frac{\partial p}{\partial z} + \nu\left(\frac{\partial^2 u_z}{\partial x^2} + \frac{\partial^2 u_z}{\partial y^2} + \frac{\partial^2 u_z}{\partial z^2}\right) \\
= \frac{\partial u_z}{\partial t} + u_x\frac{\partial u_z}{\partial x} + u_y\frac{\partial u_z}{\partial y} + u_z\frac{\partial u_z}{\partial z}
\end{aligned}\right\} \quad (8\text{-}29)$$

图 8-11　圆柱坐标系

在求解许多实际问题时，用圆柱坐标系 (r,θ,z) 更为方便，现将圆柱坐标系（见图 8-11）的纳维-斯托克斯方程列出如下，以便于应用：

$$\left.\begin{aligned}
f_r - \frac{1}{\rho}\frac{\partial p}{\partial r} + \nu\left(\frac{\partial^2 u_r}{\partial r^2} + \frac{1}{r}\frac{\partial u_r}{\partial r} + \frac{u_r}{r^2} + \frac{1}{r^2}\frac{\partial^2 u_r}{\partial \theta^2} - \frac{2}{r^2}\frac{\partial u_\theta}{\partial \theta} + \frac{\partial^2 u_r}{\partial z^2}\right) \\
= \frac{\partial u_r}{\partial t} + u_r\frac{\partial u_r}{\partial r} + \frac{u_\theta}{r}\frac{\partial u_r}{\partial \theta} + \frac{u_r u_\theta}{r} + u_z\frac{\partial u_r}{\partial z} \\
f_\theta - \frac{1}{\rho r}\frac{\partial p}{\partial \theta} + \nu\left(\frac{\partial^2 u_\theta}{\partial r^2} + \frac{1}{r}\frac{\partial u_\theta}{\partial r} - \frac{u_\theta}{r^2} + \frac{1}{r^2}\frac{\partial^2 u_\theta}{\partial \theta^2} + \frac{2}{r^2}\frac{\partial u_r}{\partial \theta} + \frac{\partial^2 u_\theta}{\partial z^2}\right) \\
= \frac{\partial u_\theta}{\partial t} + u_r\frac{\partial u_\theta}{\partial r} + \frac{u_\theta}{r}\frac{\partial u_\theta}{\partial \theta} + \frac{u_z u_\theta}{r} + u_z\frac{\partial u_\theta}{\partial z} \\
f_z - \frac{1}{\rho}\frac{\partial p}{\partial z} + \nu\left(\frac{\partial^2 u_z}{\partial r^2} + \frac{1}{r}\frac{\partial u_z}{\partial r} + \frac{1}{r^2}\frac{\partial^2 u_z}{\partial \theta^2} + \frac{\partial^2 u_z}{\partial z^2}\right) \\
= \frac{\partial u_z}{\partial t} + u_r\frac{\partial u_z}{\partial r} + \frac{u_\theta}{r}\frac{\partial u_z}{\partial \theta} + u_z\frac{\partial u_z}{\partial z}
\end{aligned}\right\} \quad (8\text{-}30)$$

式中，f_r、f_θ、f_z 为单位质量力在三个坐标轴 r、θ、z 上的分量。不可压缩流体的连续性方程为式 (8-19)，即

$$\frac{\partial u_r}{\partial t}+\frac{u_r}{r}+\frac{1}{r}\frac{\partial u_\theta}{\partial \theta}+\frac{\partial u_z}{\partial z}=0$$

法向应力和切向应力分别为

$$\left.\begin{aligned}
p_{rr} &= -p+2\mu\frac{\partial u_r}{\partial r} \\
p_{\theta\theta} &= -p+2\mu\left(\frac{1}{r}\frac{\partial u_\theta}{\partial \theta}+\frac{u_r}{r}\right) \\
p_{zz} &= -p+2\mu\frac{\partial u_z}{\partial z} \\
\tau_{r\theta}=\tau_{\theta r} &= \mu\left[r\frac{\partial}{\partial r}\left(\frac{u_\theta}{r}\right)+\frac{1}{r}\frac{\partial u_r}{\partial \theta}\right] \\
\tau_{\theta z}=\tau_{z\theta} &= \mu\left(\frac{\partial u_\theta}{\partial z}+\frac{1}{r}\frac{\partial u_z}{\partial \theta}\right) \\
\tau_{zr}=\tau_{rz} &= \mu\left(\frac{\partial u_r}{\partial z}+\frac{\partial u_z}{\partial r}\right)
\end{aligned}\right\} \tag{8-31}$$

从数学上看，纳维-斯托克斯方程是二阶非线性非齐次的偏微分方程组，对于大多数较复杂的不可压缩黏性流体的流动问题，难以用该方程求出精确解。目前只能对一些简单的流动问题，例如圆管中的层流，平行平面间的层流以及同心圆环间的层流等，才能求得精确解。近代计算技术的迅速发展，计算机的广泛应用，已能够用纳维-斯托克斯方程求解出许多复杂流动问题的近似解。

【例 8-7】 试用纳维-斯托克斯方程求解圆管层流运动的流速分布。由于流动轴对称，采用圆柱坐标系，如图 8-12 所示。已知 $u_z=u(r,\theta,z)$，$u_\theta=u_r=0$。

【解】 取式 (8-30) 中第三式

$$f_z-\frac{1}{\rho}\frac{\partial p}{\partial z}+\nu\left(\frac{\partial^2 u_z}{\partial r^2}+\frac{1}{r}\frac{\partial u_z}{\partial r}+\frac{1}{r^2}\frac{\partial^2 u_z}{\partial \theta^2}+\frac{\partial^2 u_z}{\partial z^2}\right)=\frac{\partial u_z}{\partial t}+u_r\frac{\partial u_z}{\partial r}+\frac{u_\theta}{r}\frac{\partial u_z}{\partial \theta}+u_z\frac{\partial u_z}{\partial z}$$

由于是均匀流动，u_z 与坐标 z 无关，流动对称，故 u_z 不随 θ 而变，于是 $u_z=u(r,\theta,z)=u(r)$。质量力 $f_z=0$，流动恒定，$\partial u_z/\partial t=0$，综上条件，此式可简化为

$$\frac{\partial p}{\partial z}=\mu\left(\frac{\partial^2 u}{\partial r^2}+\frac{1}{r}\frac{\partial u}{\partial r}\right)=\frac{\mu}{r}\frac{\mathrm{d}}{\mathrm{d}r}\left(r\frac{\mathrm{d}u}{\mathrm{d}r}\right)$$

由于 u 与 z 无关，因此上式左端也将与 z 无关，即 $\dfrac{\partial p}{\partial z}$ 沿 z 方向是常数，设

$$\frac{\partial p}{\partial z}=-\frac{p_1-p_2}{L}=-\frac{\Delta p}{L}=-\rho gJ$$

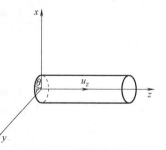

图 8-12 圆管层流

式中，J 为水力坡度。等式右端加负号是由于压强沿流动方向下降。这样

$$\frac{1}{r}\frac{\mathrm{d}}{\mathrm{d}r}\left(r\frac{\mathrm{d}u}{\mathrm{d}r}\right)=-\frac{gJ}{\nu}$$

对上式积分一次得

$$r\frac{\mathrm{d}u}{\mathrm{d}r}=-\frac{gJr^2}{\nu}\frac{r^2}{2}+C_1$$

再积分一次得

$$u=-\frac{gJ}{4\nu}r^2+C_1\ln r+C_2$$

当 $r=0$ 时，$\ln r\rightarrow\infty$，而 u 为有限值，则 $C_1=0$，又由边界条件：$r=r_0$，$u=0$ 可得

$$C_2=\frac{gJ}{4\nu}r_0^2$$

于是圆管中层流流动的速度分布为

$$u=\frac{gJ}{4\nu}(r_0^2-r^2)$$

8.7　理想流体运动微分方程及其积分

当流体为理想流体时，运动黏度 $\nu=0$，纳维-斯托克斯方程（8-29）简化为

$$\left.\begin{array}{l}\dfrac{\partial u_x}{\partial t}+u_x\dfrac{\partial u_x}{\partial x}+u_y\dfrac{\partial u_x}{\partial y}+u_z\dfrac{\partial u_x}{\partial z}=f_x-\dfrac{1}{\rho}\dfrac{\partial p}{\partial x}\\[2mm]\dfrac{\partial u_y}{\partial t}+u_x\dfrac{\partial u_y}{\partial x}+u_y\dfrac{\partial u_y}{\partial y}+u_z\dfrac{\partial u_y}{\partial z}=f_y-\dfrac{1}{\rho}\dfrac{\partial p}{\partial y}\\[2mm]\dfrac{\partial u_z}{\partial t}+u_x\dfrac{\partial u_z}{\partial x}+u_y\dfrac{\partial u_z}{\partial y}+u_z\dfrac{\partial u_z}{\partial z}=f_z-\dfrac{1}{\rho}\dfrac{\partial p}{\partial z}\end{array}\right\}\qquad(8\text{-}32)$$

这就是理想无黏不可压缩流体的运动微分方程。第 3 章中的元流能量方程等均可由此式积分推导得到。

如果流体处于静止状态，$u_x=u_y=u_z=0$，则式（8-32）简化为

$$\left.\begin{array}{l}f_x-\dfrac{1}{\rho}\dfrac{\partial p}{\partial x}=0\\[2mm]f_y-\dfrac{1}{\rho}\dfrac{\partial p}{\partial y}=0\\[2mm]f_z-\dfrac{1}{\rho}\dfrac{\partial p}{\partial z}=0\end{array}\right\}$$

此即欧拉平衡方程——流体平衡微分方程式（2-4）。

现在我们把理想流体运动微分方程（8-32）进行变换，成为包含旋转角速度项的形式。为此，在方程第一式的加速度项中加 $\pm u_y\dfrac{\partial u_y}{\partial x}$，$\pm u_z\dfrac{\partial u_z}{\partial x}$ 之后，整理为

$$f_x-\frac{1}{\rho}\frac{\partial p}{\partial x}=\frac{\partial u_x}{\partial t}+\left(u_x\frac{\partial u_x}{\partial x}+u_y\frac{\partial u_y}{\partial x}+u_z\frac{\partial u_z}{\partial x}\right)+u_y\left(\frac{\partial u_x}{\partial y}-\frac{\partial u_y}{\partial x}\right)+u_z\left(\frac{\partial u_x}{\partial z}-\frac{\partial u_z}{\partial x}\right)$$

可以看出，第一个括号可以转变为

$$u_x\frac{\partial u_x}{\partial x}+u_y\frac{\partial u_y}{\partial x}+u_z\frac{\partial u_z}{\partial x}=\frac{\partial}{\partial x}\left(\frac{u_x^2+u_y^2+u_z^2}{2}\right)=\frac{\partial}{\partial x}\left(\frac{u^2}{2}\right)$$

而第二、三两个括号之和为

$$u_y\left(\frac{\partial u_x}{\partial y}-\frac{\partial u_y}{\partial x}\right)+u_z\left(\frac{\partial u_x}{\partial z}-\frac{\partial u_z}{\partial x}\right)=2\left(\omega_y u_z-\omega_z u_y\right)$$

这样，全方程可写为

$$\left. \begin{array}{l} f_x-\dfrac{1}{\rho}\dfrac{\partial p}{\partial x}-\dfrac{\partial u_x}{\partial t}-\dfrac{\partial}{\partial x}\left(\dfrac{u^2}{2}\right)=2\left(\omega_y u_z-\omega_z u_y\right) \\[3mm] f_y-\dfrac{1}{\rho}\dfrac{\partial p}{\partial y}-\dfrac{\partial u_y}{\partial t}-\dfrac{\partial}{\partial y}\left(\dfrac{u^2}{2}\right)=2\left(\omega_z u_x-\omega_x u_z\right) \\[3mm] f_z-\dfrac{1}{\rho}\dfrac{\partial p}{\partial z}-\dfrac{\partial u_z}{\partial t}-\dfrac{\partial}{\partial z}\left(\dfrac{u^2}{2}\right)=2\left(\omega_x u_y-\omega_y u_x\right) \end{array} \right\} \tag{8-33}$$

现在，考虑式（8-33）在恒定流条件下的能量积分。此时，$\dfrac{\partial u_x}{\partial t}=\dfrac{\partial u_y}{\partial t}=\dfrac{\partial u_z}{\partial t}=0$，并设质量力有势函数 W，则方程转化为

$$\frac{\partial}{\partial x}\left(-W+\frac{p}{\rho}+\frac{u^2}{2}\right)=2\begin{vmatrix} u_y & u_z \\ \omega_y & \omega_z \end{vmatrix}$$

$$\frac{\partial}{\partial y}\left(-W+\frac{p}{\rho}+\frac{u^2}{2}\right)=2\begin{vmatrix} u_z & u_x \\ \omega_z & \omega_x \end{vmatrix}$$

$$\frac{\partial}{\partial z}\left(-W+\frac{p}{\rho}+\frac{u^2}{2}\right)=2\begin{vmatrix} u_x & u_y \\ \omega_x & \omega_y \end{vmatrix}$$

为了对这个方程进行能量积分，将三式分别乘以 $\mathrm{d}x$、$\mathrm{d}y$、$\mathrm{d}z$，表示力所做的功，并相加，使右项成为全微分

$$\mathrm{d}\left(-W+\frac{p}{\rho}+\frac{u^2}{2}\right)=2\begin{vmatrix} u_y & u_z \\ \omega_y & \omega_z \end{vmatrix}\mathrm{d}x+2\begin{vmatrix} u_z & u_x \\ \omega_z & \omega_x \end{vmatrix}\mathrm{d}y+2\begin{vmatrix} u_x & u_y \\ \omega_x & \omega_y \end{vmatrix}\mathrm{d}z$$

即

$$\mathrm{d}\left(-W+\frac{p}{\rho}+\frac{u^2}{2}\right)=2\begin{vmatrix} \mathrm{d}x & \mathrm{d}y & \mathrm{d}z \\ u_x & u_y & u_z \\ \omega_x & \omega_y & \omega_z \end{vmatrix} \tag{8-34}$$

我们先研究式（8-34）中左边项

$$-W+\frac{p}{\rho}+\frac{u^2}{2}$$

在质量力仅为重力 $W=-gz$ 的条件下，有

$$gz+\frac{p}{\rho}+\frac{u^2}{2}$$

或

$$z+\frac{p}{\rho g}+\frac{u^2}{2g}$$

这就是我们熟知的断面单位总能量方程。当

$$\mathrm{d}\left(gz+\frac{p}{\rho}+\frac{u^2}{2}\right)=0$$

则积分得

$$gz+\frac{p}{\rho}+\frac{u^2}{2}=\text{const}$$

或

$$z+\frac{p}{\rho g}+\frac{u^2}{2g}=\text{const}$$

此即理想流体恒定流能量方程。

当式（8-34）满足条件

$$\begin{vmatrix} dx & dy & dz \\ u_x & u_y & u_z \\ \omega_x & \omega_y & \omega_z \end{vmatrix}=0$$

时，可以得到理想流体恒定流能量方程。

根据行列式的性质，只有任一行全等于零，或任两行成比例，行列式的值才等于零。

讨论下列五种情况：

（1）$u_x=0$，$u_y=0$，$u_z=0$　此时流体处于静止状态。

（2）$\dfrac{dx}{u_x}=\dfrac{dy}{u_y}=\dfrac{dz}{u_z}$　这是流线方程。适合这个条件的各点在同一流线上，在同一流线上各流体质点的总水头值相等，不同流线有不同的总水头值。例如圆筒内盛水，使圆筒绕筒轴旋转，筒内水流的流线形成封闭的圆周，每一流线满足理想流体能量方程，但不同流线总能量不相同。

（3）$\omega_x=0$，$\omega_y=0$，$\omega_z=0$　这是无旋条件。在无旋流的空间各点，处处满足能量方程，也即流场内各点的总能量相同。

（4）$\dfrac{dx}{\omega_x}=\dfrac{dy}{\omega_y}=\dfrac{dz}{\omega_z}$　这是涡线方程。所谓涡线，如 8.2 节所述，是有旋流中一系列线，在线上的一切流体质点，均以此线为轴而旋转。上述水在绕轴旋转的圆筒中，每一铅直线都是涡线。在每一涡线上均满足理想流体能量方程。

（5）$\dfrac{\omega_x}{u_x}=\dfrac{\omega_y}{u_y}=\dfrac{\omega_z}{u_z}=k$　则 $\omega_x=ku_x$，$\omega_y=ku_y$，$\omega_z=ku_z$，而涡线方程为

$$\frac{dx}{\omega_x}=\frac{dy}{\omega_y}=\frac{dz}{\omega_z}$$

代入得

$$\frac{dx}{u_x}=\frac{dy}{u_y}=\frac{dz}{u_z}$$

即流线方程。说明该流动是涡线和流线相重合的流动，即流动中各质点沿某方向流动，同时以此方向线为轴而旋转。这种流动称为螺旋流动。在螺旋流动中，全部流动均满足理想流体能量方程。

8.8　流体流动的初始条件和边界条件

黏性流体的基本方程是二阶偏微分方程，联系高等数学中的微分方程知识，对于某一特定流动，在建立求解数学模型时，除了根据流动的特点对一般性的基本方程进行简化外，必须同时确定方程的定解条件，也就是流动的初始条件和边界条件。目前，计算流体力学已广泛地应用于解决工程中的流动问题，如何正确合理地给出初始条件和边界条件对于解的正确性和唯一性等

尤为重要。但是初始条件和边界条件是有赖于具体的流动的，因此，我们仅介绍一般情况下，涉及较多的初边值条件。我们以黏性不可压缩流体流动为例。

初始条件是指方程组的解在初始时刻应满足的条件。在初始时刻 $t=t_0$，给出

$$\left.\begin{array}{l} u_x(x,y,z,t_0)=u_{x0}(x,y,z) \\ u_y(x,y,z,t_0)=u_{y0}(x,y,z) \\ u_z(x,y,z,t_0)=u_{z0}(x,y,z) \end{array}\right\} \tag{8-35}$$

式中，u_{x0}、u_{y0}、u_{z0} 均为已知函数。也就是给出初始时刻各物理量在流场内的分布。如果是恒定流动，就不必给出初始条件。

所谓边界条件是指在流场的边界上，方程组的解应满足的条件。边界大致包括固体壁面，两种流体介质（流动介质和周围介质）的分界面（气—气，气—液，液—液）和管道的出入口等。

在流动介质与固体接触面上，由于黏性，流体黏附在固壁上，因此，在固壁上流体的速度 $(u_x,u_y,u_z)_f$ 与固壁的运动速度 $(u_x,u_y,u_z)_w$ 应相等，即

$$(u_x,u_y,u_z)_f=(u_x,u_y,u_z)_w \tag{8-36}$$

若固壁静止，则

$$(u_x,u_y,u_z)_f=0$$

式（8-36）就是所谓的黏性流体的固壁无滑移条件，或称黏附条件。

实际的流体都具有黏性，但在研究某些流动时，可忽略黏性，将流体看成为无黏性的理想流体，此时固壁的边界条件则是

$$(u_x,u_y,u_z)_{fn}=(u_x,u_y,u_z)_{wn} \tag{8-37}$$

其中下标 n 表示在固壁法向 n 上的分量。在固壁上，速度的切向分量不再相等，即允许流体与固壁间有相对滑移，无滑移条件不再满足。

如果在固壁上，流体有渗透作用，式（8-36）或式（8-37）均不成立，固壁处边界条件需重新改写。

不同液体的分界面，在一般情况下，分界面两侧液体的速度、压强保持连续，有

$$v_{f1}=v_{f2}, \quad p_{f1}=p_{f2}$$

其中下标 1、2 分别表示工作流体和周围流体。

液体和蒸汽的界面，在不考虑液面上饱和蒸汽中的动量、热量和质量交换时，界面上的边界条件可写成

$$v_{n1}=-\frac{\partial \eta}{\partial t} \tag{8-38}$$

式中 v_{n1} 是液体在平均液面垂直方向上的速度；η 是液面在垂直于平均液面方向上的高度，如图 8-13 所示。等式表示液体在平均液面垂直方向上的速度等于液面的垂直波动速度。

自由液面，即液体与大气的分界面。如可忽略表面张力的影响，则液体在界面上的压强应与气体压强 p_0 相等，而切应力为零。即

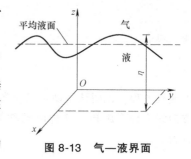

图 8-13　气—液界面

$$p=p_0, \quad \tau=0 \tag{8-39}$$

这与理想流体的流动情况相仿。这是因为气体的密度和黏性大大地小于液体的相应值，因此，由于惯性力和黏性力引起的应力变化和液体相比可忽略不计。

流道的入口和出口的边界条件指的是入口和出口断面上的流速和压强的分布。例如，管流和明渠流等的入口和出口断面上的流速和压强分布。

以上仅介绍了一般情况下，黏性不可压缩流体的部分常见的运动学和动力学边界条件，对于某些流动，尚需考虑自由面上表面张力的作用等，涉及温度场变化的，还需考虑温度的边界条件和初始条件。

合理地给出流动问题的初始条件和边界条件，对于确定简捷的计算方法和获得准确的解是至关重要的，应引起足够的重视。

8.9　不可压缩黏性流体湍流运动的基本方程及封闭条件

不可压缩黏性流体运动的基本方程（8-17）和式（8-29）既适用于层流也适用于湍流。对于湍流，方程中的各量应为瞬时值，用随机的瞬时值表示的基本方程来研究湍流运动非常困难，工程上常用取统计平均后得到的基本方程来研究和解决工程湍流问题。

为简单起见，忽略质量力。将速度和压强的瞬时值分别用平均值和脉动值替代：

$$u_x = \bar{u}_x + u'_x, \quad u_y = \bar{u}_y + u'_y, \quad u_z = \bar{u}_z + u'_z, \quad p = \bar{p} + p'$$

将它们代入方程（8-17）和式（8-29），且应用平均运算法则进行简化，就可得到忽略了质量力的不可压缩黏性流体湍流的连续性微分方程和运动微分方程。即

$$\frac{\partial \bar{u}_x}{\partial x} + \frac{\partial \bar{u}_y}{\partial y} + \frac{\partial \bar{u}_z}{\partial z} = 0 \tag{8-40}$$

$$\left.\begin{array}{l}
\rho\left(\dfrac{\partial \bar{u}_x}{\partial t} + \bar{u}_x \dfrac{\partial \bar{u}_x}{\partial x} + \bar{u}_y \dfrac{\partial \bar{u}_x}{\partial y} + \bar{u}_z \dfrac{\partial \bar{u}_x}{\partial z}\right) = -\dfrac{\partial \bar{p}}{\partial x} + \mu \Delta \bar{u}_x + \dfrac{\partial(-\rho \overline{u_x'^2})}{\partial x} + \dfrac{\partial(-\rho \overline{u_x' u_y'})}{\partial y} + \dfrac{\partial(-\rho \overline{u_x' u_z'})}{\partial z} \\[3mm]
\rho\left(\dfrac{\partial \bar{u}_y}{\partial t} + \bar{u}_x \dfrac{\partial \bar{u}_y}{\partial x} + \bar{u}_y \dfrac{\partial \bar{u}_y}{\partial y} + \bar{u}_z \dfrac{\partial \bar{u}_y}{\partial z}\right) = -\dfrac{\partial \bar{p}}{\partial y} + \mu \Delta \bar{u}_y + \dfrac{\partial(-\rho \overline{u_x' u_y'})}{\partial x} + \dfrac{\partial(-\rho \overline{u_y'^2})}{\partial y} + \dfrac{\partial(-\rho \overline{u_y' u_z'})}{\partial z} \\[3mm]
\rho\left(\dfrac{\partial \bar{u}_z}{\partial t} + \bar{u}_x \dfrac{\partial \bar{u}_z}{\partial x} + \bar{u}_y \dfrac{\partial \bar{u}_z}{\partial y} + \bar{u}_z \dfrac{\partial \bar{u}_z}{\partial z}\right) = -\dfrac{\partial \bar{p}}{\partial z} + \mu \Delta \bar{u}_z + \dfrac{\partial(-\rho \overline{u_x' u_z'})}{\partial x} + \dfrac{\partial(-\rho \overline{u_y' u_z'})}{\partial y} + \dfrac{\partial(-\rho \overline{u_z'^2})}{\partial z}
\end{array}\right\} \tag{8-41}$$

式中，$\Delta = \dfrac{\partial}{\partial x^2} + \dfrac{\partial}{\partial y^2} + \dfrac{\partial}{\partial z^2}$ 称为拉普拉斯算子。详细的推导可在相应的流体力学教材中找到。方程（8-41）称为雷诺方程或湍流运动基本方程。

将式（8-41）与纳维-斯托克斯方程（8-29）相比较，前者除平均运动的黏性应力外，还多了由于湍流脉动所引起的应力。九个应力分量

$$-\rho \overline{u_x' u_x'}, \quad -\rho \overline{u_x' u_y'}, \quad -\rho \overline{u_x' u_z'}$$
$$-\rho \overline{u_y' u_x'}, \quad -\rho \overline{u_y' u_y'}, \quad -\rho \overline{u_y' u_z'}$$
$$-\rho \overline{u_z' u_x'}, \quad -\rho \overline{u_z' u_y'}, \quad -\rho \overline{u_z' u_z'}$$

称为雷诺应力或湍流应力。

式（8-40）和式（8-41）是不封闭的。方程个数为四个，未知函数有十个，即 $\bar{u}_x$、$\bar{u}_y$、$\bar{u}_z$、$\bar{p}$ 及六个独立的雷诺应力分量。因此为了求解，必须寻求封闭条件，即补充关系式，也称为控制微分方程。目前，解决该问题的主要途径有：①湍流的统计理论；②湍流的半经验理论；③湍流的模式理论。

工程上广泛使用的有单方程模型、双方程模型、多方程模型以及半经验理论中的湍流黏性理论和混合长度理论等。有的书中也将半经验理论称为零方程模型。这些理论已较成功地应用于管流、明渠流、射流和边界层等的湍流流动中。限于篇幅，此书不做详细介绍。

习　题

8.1 已知平面流场内的速度分布为 $u_x = x^2 + xy$，$u_y = 2xy^2 + 5y$。求在点（1，-1）处流体微团线变形速度、角变形速度和旋转角速度。

8.2 已知有旋运动的速度场为 $u_x = 2y + 32$，$u_y = 2z + 3x$，$u_z = 2x + 3y$。试求旋转角速度、角变形速度和涡线方程。

8.3 已知有旋流动的速度场为 $u_x = c\sqrt{y^2 + z^2}$，$u_y = 0$，$u_z = 0$，式中 c 为常数，试求流场的涡量及涡线方程。

8.4 求沿封闭曲线 $x^2 + y^2 = b^2$，$z = 0$ 的速度环量。（1）$u_x = Ax$，$u_y = 0$；（2）$u_x = Ay$，$u_y = 0$；（3）$u_r = 0$，$u_\theta = A/r$。其中 A 为常数。

8.5 下列各流场是否满足不可压缩流体的连续性条件？

（1）$u_x = kx$，$u_y = -ky$，$u_z = 0$

（2）$u_x = y + z$，$u_y = z + x$，$u_z = x + y$

（3）$u_x = k(x^2 + xy - y^2)$，$u_x = k(x^2 + y^2)$，$u_z = 0$

（4）$u_x = k\sin xy$，$u_y = -k\sin xy$，$u_z = 0$

（5）$u_r = 0$，$u_\theta = kr$，$u_z = 0$

（6）$u_r = -k/r$，$u_\theta = 0$，$u_z = 0$

（7）$u_r = 2r\sin\theta\cos\theta$，$u_\theta = -2r\sin^2\theta$，$u_z = 0$

8.6 已知流场的速度分布为 $u_x = x^2 y$，$u_y = -3y$，$u_z = 2z^2$。求点（3，1，2）上流体质点的加速度。

8.7 已知平面流场的速度分布为 $u_x = 4t - \dfrac{2y}{x^2 + y^2}$，$u_y = \dfrac{2x}{x^2 + y^2}$。求 $t = 0$ 时，在点（1，1）上流体质点的加速度。

8.8 设两平板之间的距离为 $2h$，平板长宽皆为无限大，如图 8-14 所示。试用黏性流体运动微分方程，求此不可压缩流体恒定流的流速分布。

8.9 如图 8-15 所示，沿倾斜平面均匀地流下的薄液层，试证明：（1）流层内的速度分布为 $u = \dfrac{g}{4\nu}(2by - y^2)\sin\theta$；

（2）单位宽度上的流量为 $Q_V = \dfrac{g}{3\nu}b^2\sin\theta$。

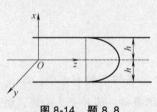

图 8-14　题 8.8

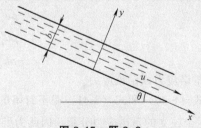

图 8-15　题 8.9

第 9 章

绕流运动

在自然界和工程实际中，经常要处理流体绕过物体流动的问题，即绕流问题。例如，飞机在空气中的飞行，河水流过桥墩，空气围绕烟囱的流动，水滴在空气中的下落等。流体的绕流运动，可以有多种方式。可以是流体绕静止物体运动，也可以是物体在静止的流体中运动，或者两者兼之，均为物体和流体做相对运动。不管是哪一种方式，我们研究时将物体看作是静止的，坐标建立在物体上，而探讨流体相对于物体的运动。因此，所有的绕流运动，都可以看成是同一类型的绕流问题。

在大雷诺数的绕流中，由于流体的惯性力远远大于作用在流体上的黏性力，黏性力相对于惯性力可以忽略不计，将流体视为理想无黏流体，由理想流体的流动理论求解流场中的速度分布和压强分布。但在靠近物体的一薄层内，由于存在着强烈的剪切流动，存在很大的速度梯度，黏性力和惯性力有相同的数量级。因此，这一薄层内，称为附面层，黏性力不能忽略。在附面层内，由于存在着强烈的剪切涡旋运动，黏性对绕流物体的阻力、能量耗损、扩散和传热等问题，起着主要的作用。

基于上述缘由，在处理大雷诺数下的绕流问题时，可以用两种办法来处理流动问题。用附面层理论处理附面层内的流动，而用理想流体动力学理论求解附面层外流场中的流动。将两者衔接起来，就可以解决整个绕流问题。

本章主要论述理想不可压缩流体平面无旋流动的势流理论，以及有关附面层的基本概念和基本解法。

9.1 无旋流动

当流动为无旋时，将使问题的求解简化，因此提出了无旋流动的模型。

流场中各点旋转角速度等于零的运动，称为无旋流动。根据第 8 章关于旋度的定义，有

$$\omega_x = \frac{1}{2}\left(\frac{\partial u_z}{\partial y} - \frac{\partial u_y}{\partial z}\right) = 0$$

$$\omega_y = \frac{1}{2}\left(\frac{\partial u_x}{\partial z} - \frac{\partial u_z}{\partial x}\right) = 0$$

$$\omega_z = \frac{1}{2}\left(\frac{\partial u_y}{\partial x} - \frac{\partial u_x}{\partial y}\right) = 0$$

因此，无旋流动的前提条件是

$$\left.\begin{aligned}
\frac{\partial u_z}{\partial y} &= \frac{\partial u_y}{\partial z} \\
\frac{\partial u_x}{\partial z} &= \frac{\partial u_z}{\partial x} \\
\frac{\partial u_y}{\partial x} &= \frac{\partial u_x}{\partial y}
\end{aligned}\right\} \tag{9-1}$$

根据全微分理论，上列三个等式是某空间位置函数 $\varphi(x,y,z)$ 存在的必要和充分条件。它和速度分量 u_x、u_y、u_z（见图 9-1）的关系表示为下列全微分的形式：

$$\varphi(x,y,z)=u_x\mathrm{d}x+u_y\mathrm{d}y+u_z\mathrm{d}z \tag{9-2}$$

函数 φ 称为速度势函数。存在着速度势函数的流动，称为有势流动，简称势流。无旋流动必然是有势流动。

展开势函数的全微分，有

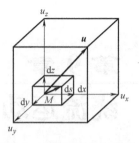

图 9-1　无旋流动的分速度

$$\mathrm{d}\varphi=\frac{\partial\varphi}{\partial x}\mathrm{d}x+\frac{\partial\varphi}{\partial y}\mathrm{d}y+\frac{\partial\varphi}{\partial z}\mathrm{d}z$$

比较上述两式的对应关系，得出

$$\left.\begin{aligned} u_x&=\frac{\partial\varphi}{\partial x}\\[2mm] u_y&=\frac{\partial\varphi}{\partial y}\\[2mm] u_z&=\frac{\partial\varphi}{\partial z} \end{aligned}\right\} \tag{9-3}$$

即速度在三坐标轴上的投影，等于速度势函数对于相应坐标的偏导数。

事实上，通过速度势函数，不仅可以描述 x、y、z 三个方向的分速度，还可以反映任意方向的分速度。根据方向导数的定义，函数 φ 在任一方向 s 上的方向导数为

$$\frac{\partial\varphi}{\partial s}=\frac{\partial\varphi}{\partial x}\cos<s,x>+\frac{\partial\varphi}{\partial y}\cos<s,y>+\frac{\partial\varphi}{\partial z}\cos<s,z>$$
$$=u_x\cos<s,x>+u_y\cos<s,y>+u_z\cos<s,z>$$

上式右边是速度 u 的三个分量在 s 上的投影之和，应等于 u 在 s 上的投影 u_s，即

$$\frac{\partial\varphi}{\partial s}=u\cos<u,s>=u_s \tag{9-4}$$

即速度在某一方向的分量等于速度势函数对该方向上的偏导数。

存在着势函数的前提是流场内部不存在旋转角速度。根据汤姆孙关于漩涡守恒定理所引申出的推论，只有内部不存在摩擦力的理想流体，才会既不能创造漩涡，又不能消灭漩涡。摩擦力是产生和消除漩涡的根源，因而一般只有理想流体流场才可能存在无旋流动。而理想流体模型在实际中要根据黏滞力是否起显著作用来决定它的采用。工程上所考虑的流体主要是水和空气，它们的黏性很小，如果在流动过程中没有受到边壁摩擦的显著作用，就可以当作理想流体来考虑。

水流和气流总是从静止状态过渡到运动状态。当静止时，显然没有旋转角速度。根据汤姆孙定理，对于可按理想流体处理的水和空气的流动，从静止到运动，也应保持无旋状态。

例如，通风车间用抽风的方法使工作区出现风速，工作区的空气即从原有静止状态过渡到运动状态，流动就是无旋的。所以，一切吸风装置所形成的气流，可以按无旋流动处理。

相反，利用风管通过送风口向通风地区送风，空气受风道壁面的摩擦作用，流动在风道内是有旋的，流入通风地区后，又以较高的速度和静止空气发生摩擦，所以只能维持有旋，而不能按无旋处理。

飞机在静止空气中飞行时，静止空气原来是无旋的。飞机飞过时，空气受扰动而运动，仍应保持无旋。只有在紧靠机翼的近距离内，流体受固体壁面的阻碍作用，流动才有旋。

此外，即使流动是有旋的，当它的流速分布接近于无旋，也可以有条件有范围地按无旋处理。

现在，我们把速度势函数代入不可压缩流体的连续性方程

$$\frac{\partial u_x}{\partial x}+\frac{\partial u_y}{\partial y}+\frac{\partial u_z}{\partial z}=0$$

其中

$$\frac{\partial u_x}{\partial x}=\frac{\partial}{\partial x}\frac{\partial \varphi}{\partial x}=\frac{\partial^2 \varphi}{\partial x^2}$$

同理

$$\frac{\partial u_y}{\partial y}=\frac{\partial^2 \varphi}{\partial y^2}$$

$$\frac{\partial u_z}{\partial z}=\frac{\partial^2 \varphi}{\partial z^2}$$

得出

$$\frac{\partial^2 \varphi}{\partial x^2}+\frac{\partial^2 \varphi}{\partial y^2}+\frac{\partial^2 \varphi}{\partial z^2}=0 \tag{9-5}$$

式 (9-5) 称为拉普拉斯方程。满足拉普拉斯方程的函数称为调和函数。因此，不可压缩流体势流的速度势函数，是坐标 (x,y,z) 的调和函数，而拉普拉斯方程本身，就是不可压缩流体无旋流动的连续性方程。

【例 9-1】　在

（1）$u_x=-ky$，$u_y=kx$，$u_z=0$；

（2）$u_x=-\dfrac{y}{x^2+y^2}$，$u_y=\dfrac{x}{x^2+y^2}$，$u_z=0$

的流动中，判断两者是否无旋流动。如果为无旋流动，求它的势函数，并检查势函数是否满足拉普拉斯方程。

【解】　由例 8-1 的解答可知，对于第一种流动，$\omega_z=k$，$\omega_x=\omega_y=0$，因此为有旋流动，没有势函数。

对于第二种流动，$\omega_x=\omega_y=\omega_z=0$，是无旋流动，它满足

$$\frac{\partial u_x}{\partial y}=\frac{\partial u_y}{\partial x}$$

它的势函数的全微分为

$$\mathrm{d}\varphi=u_x\mathrm{d}x+u_y\mathrm{d}y+u_z\mathrm{d}z=-\frac{y}{x^2+y^2}\mathrm{d}x+\frac{x}{x^2+y^2}\mathrm{d}y+0\cdot\mathrm{d}z$$

由线积分的定理知道，当满足无旋条件时，曲线积分

$$\int\mathrm{d}\varphi=\int u_x\mathrm{d}x+u_y\mathrm{d}y$$

与路径无关，函数 φ 可由普通积分求出，其形式为

$$\varphi(x,y)=\int_{x_0}^{x}u_x(x,y_0)\mathrm{d}x+\int_{y_0}^{y}u_y(x,y)\mathrm{d}y$$

取 (x_0,y_0) 为 $(0,0)$，则

$$\varphi(x,y)=\int_{x_0}^{x}\frac{-y_0}{x^2+y_0^2}\mathrm{d}x+\int_{y_0}^{y}\frac{x}{x^2+y^2}\mathrm{d}y=\int_{0}^{y}\frac{x}{x^2+y^2}\mathrm{d}y$$

$$= \int_0^y \frac{1}{1 + \left(\dfrac{y}{x}\right)^2} d\left(\frac{y}{x}\right) = \arctan \frac{y}{x}$$

计算 φ 的二阶偏导数：

$$\frac{\partial^2 \varphi}{\partial x^2} = \frac{\partial}{\partial x}\left(\frac{-y}{x^2+y^2}\right) = \frac{2xy}{(x^2+y^2)^2}$$

$$\frac{\partial^2 \varphi}{\partial y^2} = \frac{\partial}{\partial y}\left(\frac{x}{x^2+y^2}\right) = \frac{-2xy}{(x^2+y^2)^2}$$

$$\frac{\partial^2 \varphi}{\partial z^2} = 0$$

代入

$$\frac{\partial^2 \varphi}{\partial x^2} + \frac{\partial^2 \varphi}{\partial y^2} + \frac{\partial^2 \varphi}{\partial z^2} = 0$$

$$\frac{2xy}{(x^2+y^2)^2} - \frac{2xy}{(x^2+y^2)^2} + 0 = 0$$

满足拉普拉斯方程。

【例 9-2】 不可压缩流体的流速分量为

$$u_x = x^2 - y^2, \quad u_y = -2xy, \quad u_z = 0$$

是否满足连续性方程？是否无旋流？求速度势函数。

【解】 检查是否满足连续性方程：

$$\frac{\partial u_x}{\partial x} + \frac{\partial u_y}{\partial y} + \frac{\partial u_z}{\partial z} = \frac{\partial}{\partial x}(x^2-y^2) + \frac{\partial}{\partial y}(-2xy) = 2x - 2x = 0$$

满足连续性方程。其次，检查流动是否无旋：

$$\frac{\partial u_x}{\partial y} = \frac{\partial}{\partial y}(x^2-y^2) = -2y$$

$$\frac{\partial u_y}{\partial x} = -2y$$

两者相等，故为无旋流动。

求速度势：

$$d\varphi = u_x dx + u_y dy = (x^2-y^2)dx - 2xy dy$$

$$= x^2 dx - (y^2 dx + 2yx dy) = x^2 dx - dxy^2$$

$$\varphi = \frac{1}{3}x^3 - xy^2$$

9.2 平面无旋流动

在流场中，某一方向（取作 z 轴方向）流速为零，即 $u_z = 0$，而另外两方向的流速 u_x、u_y 与上述坐标 z 无关的流动，称为平面流动。例 9-1 中的两种流动：

（1）$u_x = -ky$，$u_y = kx$，$u_z = 0$；

（2）$u_x = -\dfrac{y}{x^2+y^2}$，$u_y = \dfrac{x}{x^2+y^2}$，$u_z = 0$，

都是平面流动。

　　例如工业液槽的边侧吸气，沿长形液槽两边，设置狭缝吸风口。气流由吸风口 α 吸出，在液槽上方造成 x-y 平面上的速度场。沿长度方向，即垂直于纸面方向，流速为零，而且沿此方向取任一 x-y 平面，它的速度场完全一致，这就是平面流动的具体例子（见图9-2）。

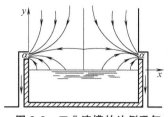

图 9-2　工业液槽的边侧吸气

　　在不可压缩流体平面流动中，连续性方程简化为

$$\frac{\partial u_x}{\partial x}+\frac{\partial u_y}{\partial y}=0$$

而旋转角速度只有分量 ω_z，如果 ω_z 为零，则

$$\frac{\partial u_y}{\partial x}=\frac{\partial u_x}{\partial y} \tag{9-6}$$

为平面无旋流动。平面无旋流动的速度势函数为

$$\mathrm{d}\varphi = u_x\,\mathrm{d}x+u_y\,\mathrm{d}y \tag{9-7}$$

并满足拉普拉斯方程

$$\frac{\partial^2\varphi}{\partial x^2}+\frac{\partial^2\varphi}{\partial y^2}=0 \tag{9-8}$$

　　由于某些问题采用极坐标比较方便，现将速度势函数写为极坐标 $\varphi(r,\theta)$ 的形式。根据势函数的特征，沿 r 和 θ 方向的分速度等于势函数对相应方向的偏导数，即

$$\left.\begin{array}{l} u_r = \dfrac{\partial\varphi}{\partial r} \\[2mm] u_\theta = \dfrac{\partial\varphi}{r\partial\theta} \end{array}\right\} \tag{9-9}$$

将上式代入不可压缩流体平面流动连续性方程得

$$\frac{\partial^2\varphi}{r^2\partial\theta^2}+\frac{\partial^2\varphi}{\partial r^2}+\frac{1}{r}\frac{\partial\varphi}{\partial r}=0 \tag{9-10}$$

这就是极坐标中函数 φ 的拉普拉斯方程。

　　不可压缩流体平面流动的连续性方程为

$$\frac{\partial u_x}{\partial x}+\frac{\partial u_y}{\partial y}=0 \tag{9-11}$$

由式（9-11）可以定义一个函数 ψ，令

$$\left.\begin{array}{l} u_x = \dfrac{\partial\psi}{\partial y} \\[2mm] u_y = -\dfrac{\partial\psi}{\partial x} \end{array}\right\} \tag{9-12}$$

满足式（9-12）的函数 ψ 称为流函数。

　　一切不可压缩流体的平面流动，无论是有旋流动或是无旋流动都存在流函数，但是，只有无旋流动才存在势函数。所以，对于平面流动问题，流函数具有更普遍的性质，它是研究平面流动的一个重要工具。

在平面流动中，流线微分方程为

$$\frac{dx}{u_x} = \frac{dy}{u_y}$$

或

$$u_x dy - u_y dx = 0 \tag{9-13}$$

沿流线

$$d\psi = \frac{\partial \psi}{\partial x} dx + \frac{\partial \psi}{\partial y} dy = u_x dy - u_y dx = 0 \tag{9-14}$$

即

$$\psi = 常数$$

上式表示，等流函数线即是流线。

若流函数用极坐标 (r, θ) 表示，则

$$\left. \begin{aligned} u_r &= \frac{\partial \psi}{r \partial \theta} \\ u_\theta &= -\frac{\partial \psi}{\partial r} \end{aligned} \right\} \tag{9-15}$$

令

$$\varphi(x, y) = c \tag{9-16}$$

给 c 以不同值，得出不同的势函数等值线，称为等势线。

等势线和流线的关系，对比两函数和流速分量的关系得出

$$u_x = \frac{\partial \varphi}{\partial x} = \frac{\partial \psi}{\partial y}$$

$$u_y = \frac{\partial \varphi}{\partial y} = -\frac{\partial \psi}{\partial x}$$

上述两式说明平面势流的流函数和势函数互为共轭函数。将这两式交叉相乘得

$$\frac{\partial \psi}{\partial y} \cdot \frac{\partial \varphi}{\partial y} = -\frac{\partial \psi}{\partial x} \cdot \frac{\partial \varphi}{\partial x}$$

即

$$\frac{\partial \psi}{\partial y} \cdot \frac{\partial \varphi}{\partial y} + \frac{\partial \psi}{\partial x} \cdot \frac{\partial \varphi}{\partial x} = 0$$

由高等数学可知，这是 $\varphi(x, y) = c$ 和 $\psi(x, y) = c$ 相互正交的条件，说明流函数和势函数相互垂直。

将流函数偏导数表示的流速分量 u_x、u_y 式 (9-12) 代入无旋流条件，得

$$\frac{\partial u_x}{\partial y} = \frac{\partial u_y}{\partial x}$$

其中

$$\frac{\partial u_x}{\partial y} = \frac{\partial^2 \psi}{\partial y^2}, \quad \frac{\partial u_y}{\partial x} = -\frac{\partial^2 \psi}{\partial x^2}$$

代入并移项，得出

$$\frac{\partial^2 \psi}{\partial y^2} + \frac{\partial^2 \psi}{\partial x^2} = 0 \tag{9-17}$$

这说明流函数满足拉普拉斯方程，也是调和函数。

由于流函数与势函数共同以流速相互联系，它们互为共轭调和函数，所以，若已知其中一个函数，即能求出另一个函数。

由于流函数等值线（即流线）和势函数等值线（简称等势线）相互垂直，我们可对 $\psi(x,y)=c$ 的常数值 c 给以一系列等差数值：ψ_1，$\psi_1+\Delta\psi$，$\psi_1+2\Delta\psi$，…，并在流场中绘出相应的一系列流线。再对 $\varphi(x,y)=c$ 的常数值以 c 给以另一系列等差数值：φ_1，$\varphi_1+\Delta\varphi$，$\varphi_1+2\Delta\varphi$，…，并绘入同一流场中，得出相应的一系列等势线。这两簇曲线构成正交曲线网格，称之为流网。

在流网中，等势线簇的势函数值沿流线方向增大，而流线簇的流函数值则沿流线方向逆时针旋转 90° 后所指的方向增加。

流网有下列性质：

1）流线与等势线正交；

2）相邻两流线的流函数值之差，是此两流线间的单宽流量。

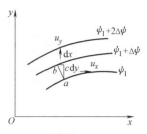

图 9-3　流函数差的流量意义

为了证明，在 ψ_1 和 $\psi_1+\Delta\psi$ 上，沿等势线向 ψ 值增大的方向取 a、b 两点，求通过两点间的单宽流量。从图 9-3 可以看出，从 a 到 b 取 $\mathrm{d}x$、$\mathrm{d}y$ 流速分量为 u_x、u_y，则单宽流量 $\mathrm{d}Q_V$ 应为通过 $\mathrm{d}x$ 的单宽流量 $u_y\mathrm{d}x$ 和通过 $\mathrm{d}y$ 的单宽流量 $u_x\mathrm{d}y$ 之和。但由 a 到 b，$\mathrm{d}x$ 为负值，而流量应为正值，所以，$u_y\mathrm{d}x$ 应冠以负号，即

$$\mathrm{d}Q_V=u_x\mathrm{d}y-u_y\mathrm{d}x$$

与流函数的表达式（9-14）比较，得

$$\mathrm{d}Q_V=\mathrm{d}\psi$$

即两流线间的流函数差值，等于两流线间的单宽流量。流线簇既是按流函数差值相等绘出的，则任一相邻两流线间的流量相等。根据连续性方程，两流线间的流速和流线间距离成反比。流线越密，流速越大；流线越疏，流速越小。这样，流线簇不仅能表征流场的流速向，也能表征流速的大小。

3）流网中每一网格的相邻边长维持一定的比例。

设 $\mathrm{d}n$ 为两等势线间的网格边长，则它在 x、y 方向的投影为

$$\mathrm{d}x=\mathrm{d}n\cos\theta$$

$$\mathrm{d}y=\mathrm{d}n\sin\theta$$

又 $\mathrm{d}n$ 是流速的方向，所以

$$u_x=u\cos\theta$$

$$u_y=u\sin\theta$$

则

$$\mathrm{d}\varphi=u_x\mathrm{d}x+u_y\mathrm{d}y=u\mathrm{d}n(\sin^2\theta+\cos^2\theta)=u\mathrm{d}n$$

设 $\mathrm{d}m$ 为两流线间的网格边长，则按图 9-4，有

$$\mathrm{d}x=-\mathrm{d}m\sin\theta$$

$$\mathrm{d}y=\mathrm{d}m\cos\theta$$

由于

$$\mathrm{d}\psi=u_x\mathrm{d}y-u_y\mathrm{d}x$$

代入 u_x、u_y 式，有

$$\mathrm{d}\psi=u\mathrm{d}m(\cos^2\theta+\sin^2\theta)=u\mathrm{d}m$$

则

$$\frac{\mathrm{d}\varphi}{\mathrm{d}\psi}=\frac{\mathrm{d}n}{\mathrm{d}m}$$

因为 $\dfrac{\mathrm{d}\varphi}{\mathrm{d}\psi}$ 对任一网格都保持常数，所以 $\dfrac{\mathrm{d}n}{\mathrm{d}m}$ 也保持定值。如取 $\dfrac{\mathrm{d}\varphi}{\mathrm{d}\psi}=1$，则每一网格成曲线正方形。

流场中的流网，可以利用流线和等势线相互正交，形成曲线正方形的特性，直接在流场中绘出。绘制时，抓住边界条件是重要的。一般来说，固体边界都是边界流线；过水断面或势能相等

的线，都是边界等势线（见图9-5）。对于给定流场，绘出边界等势线和边界流线，就确定了流网的范围。

至此，我们已引进了势函数 φ 和流函数 ψ 的概念，阐述了它们的主要性质。一个流动存在势函数的条件仅仅是流动无旋，只要无旋，那么，不管是可压缩流体，还是不可压缩流体，也不管是恒定流，还是非恒定流，三元流还是二元流，都存在势函数。对于不可压缩流体无旋流动，势函数 φ 满足拉普拉斯方程。

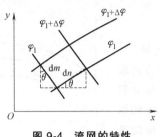

图9-4 流网的特性

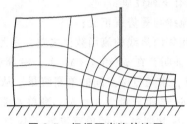

图9-5 闸门下出流的流网

流函数 ψ 存在的条件则是不可压缩流体，以及流动是平面问题，与流动是否无旋，是否恒定和是否具有黏性无关。当流动又是无旋时，则流函数 ψ 也满足拉普拉斯方程。

顺便指出，对于可压缩流体或空间轴对称流动的流函数定义，本章不做讨论。

势函数 φ 或流函数 ψ 所满足的拉普拉斯方程由连续性方程演变得到。

这样，我们讨论的理想不可压缩流体平面无旋流动的求解方法就有下列两种数学模型：一种是以流函数 ψ 为未知函数的拉普拉斯方程和初边值条件；另一种是以势函数为未知函数的拉普拉斯方程和初边值条件。

对于不可压缩流体平面无旋流动，势函数和流函数是共轭调和函数，满足柯西-黎曼条件

$$\frac{\partial \varphi}{\partial x}=\frac{\partial \psi}{\partial y}, \quad \frac{\partial \varphi}{\partial y}=-\frac{\partial \psi}{\partial x} \tag{9-18}$$

因此，可引入复函数 $\omega(z)=\varphi+\mathrm{i}\psi$ 作为未知函数，利用复变函数求解析函数的方法求解。下面将介绍的势流叠加法其实质就是复变函数中的奇点法。

9.3　几种简单的平面无旋流动

9.3.1　均匀直线流动

在均匀直线流动中，流速及其在 x、y 方向上的分速度保持为常数，即

$$u_x=a, \quad u_y=b$$

则存在着势函数 φ：

$$\mathrm{d}\varphi=u_x\mathrm{d}x+u_y\mathrm{d}y=a\mathrm{d}x+b\mathrm{d}y$$

$$\varphi=\int a\mathrm{d}x+b\mathrm{d}y=ax+by \tag{9-19}$$

流函数根据

$$\mathrm{d}\psi=u_x\mathrm{d}y-u_y\mathrm{d}x=a\mathrm{d}y-b\mathrm{d}x$$

得

$$\psi=ay-bx \tag{9-20}$$

当流动平行于 y 轴，$u_x = 0$，则

$$\varphi = by, \quad \psi = -bx \tag{9-21}$$

当流动平行于 x 轴，$u_y = 0$，则

$$\varphi = ax, \quad \psi = ay \tag{9-22}$$

变为极坐标方程，代入 $x = r\cos\theta$，$y = r\sin\theta$ 则式（9-22）变为

$$\left.\begin{array}{l}\varphi = ar\cos\theta \\ \psi = ar\sin\theta\end{array}\right\} \tag{9-23}$$

9.3.2 源流和汇流

设想流体从通过点 O 垂直于平面的直线，沿径向 r 均匀地四散流出，这种流动称为源流（见图 9-6）。点 O 为源点。垂直单位长度所流出的流量为 Q_V，Q_V 称为源流强度。连续性条件要求，流经任一半径 r 的圆周的流量 Q_V 不变，则径向流速 u_r 等于流量 Q_V 除以周长 $2\pi r$，即

$$u_r = \frac{Q_V}{2\pi r}, \quad u_\theta = 0$$

势函数

$$\varphi = \int u_r \mathrm{d}r + \int u_\theta r \mathrm{d}\theta = \int \frac{Q_V}{2\pi r}\mathrm{d}r + \int 0 \cdot r\mathrm{d}\theta$$

$$\varphi = \frac{Q_V}{2\pi}\ln r \tag{9-24}$$

流函数

$$\psi = \int u_r r\mathrm{d}\theta - \int u_\theta \mathrm{d}r = \int \frac{Q_V}{2\pi r}r\mathrm{d}\theta - \int 0 \cdot \mathrm{d}r$$

$$\psi = \frac{Q_V}{2\pi}\theta \tag{9-25}$$

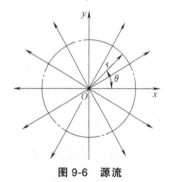

图 9-6 源流

直角坐标系下相应函数的表达式为

$$\left.\begin{array}{l}\varphi = \dfrac{Q_V}{2\pi}\ln\sqrt{x^2+y^2} \\[3mm] \psi = \dfrac{Q_V}{2\pi}\arctan\dfrac{y}{x}\end{array}\right\} \tag{9-26}$$

可以看出，源流流线为从源点向外射出的射线，而等势线则为同心圆周簇。

当流体反向流动，即流体从四面八方向某汇合点集中时，这种流动称为汇流。汇流的流量称为汇流强度，它的 φ 和 ψ 函数，是源流相应的函数的负值。即

$$\left.\begin{array}{l}\varphi = -\dfrac{Q_V}{2\pi}\ln r \\[3mm] \psi = -\dfrac{Q_V}{2\pi}\theta\end{array}\right\} \tag{9-27}$$

直角坐标系相应函数的表达式

$$\left.\begin{array}{l}\varphi = -\dfrac{Q_V}{2\pi}\ln\sqrt{x^2+y^2} \\[3mm] \psi = -\dfrac{Q_V}{2\pi}\arctan\dfrac{y}{x}\end{array}\right\} \tag{9-28}$$

9.3.3 环流

流场中各流体质点均绕某点 O（见图9-7）以周向流速 $u_\theta = \dfrac{c}{r}$（c 为常数）做圆周运动，因而流线为同心圆簇，而等势线则为自圆心 O 发出的射线簇，这种流动称为环流。环流的流函数和势函数分别是

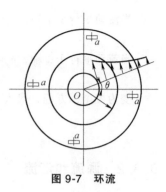

图9-7 环流

$$\left.\begin{aligned} \psi &= -\frac{\Gamma}{2\pi}\ln r \\ \varphi &= \frac{\Gamma}{2\pi}\theta \end{aligned}\right\} \qquad (9\text{-}29)$$

将源流的流函数和势函数互换，把式（9-24）和式（9-25）中的 Q_v 换为速度环量 Γ，若考虑到流动方向，就得式（9-29）。速度环量通常是对封闭周边写出的，在环流的情况下，是沿某一流线写出的速度环量，称为环流强度。对于环流，环流强度为

$$\Gamma = \int_0^{2\pi} u_\theta r\,\mathrm{d}\theta = 2\pi r u_\theta = 常量$$

因此，环流速度为

$$u_r = 0$$
$$u_\theta = \frac{\partial\varphi}{r\partial\theta} = \frac{\Gamma}{2\pi r}$$

上式说明：环流流速与矢径的大小成反比，而原点 O 为奇点。

应当注意，环流是圆周流动，但却不是有旋流动。因为，除了原点这个特殊的奇点之外，各流体质点均无旋转角速度。如果把一个固体质点漂浮在环流中（见图9-7中 a），则该质点本身将不旋转地沿圆周流动。

9.3.4 直角内的流动

假设无旋流动的速度势为

$$\varphi = a(x^2 - y^2) \qquad (9\text{-}30)$$

则

$$u_x = \frac{\partial\varphi}{\partial x} = 2ax, \quad u_y = -2ay$$

流函数全微分为

$$\mathrm{d}\psi = u_x\mathrm{d}y - u_y\mathrm{d}x = 2ax\mathrm{d}x + 2ay\mathrm{d}y = 2a\,\mathrm{d}(xy)$$

积分得

$$\psi = 2axy \qquad (9\text{-}31)$$

流线是双曲线簇。当 $\psi > 0$ 时，x、y 值的符号相同，流线在第一、三象限内；当 $\psi < 0$ 时，x、y 值的符号相反，流线在第二、四象限内。

当 $\psi = 0$ 时，$x = 0$ 或 $y = 0$，说明坐标轴就是流线。这个 $\psi = 0$ 的流线，称为零流线。原点是速度为零的点，称为驻点。

根据 $\varphi = a(x^2 - y^2)$ 可以看出，在 $y = 0$ 的轴上，随着 x 绝对值的增大，φ 也增加，说明流动方向是沿 x 轴向外，如图9-8所示。

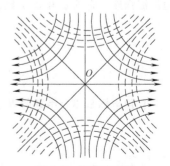

图9-8 直角内流动

在理想流体中，由于忽略黏性的影响，固体边界线可以看作一

条流线，因此，若把流场中某一流线换为固体边界线，并不破坏原有流场。我们把图 9-8 中的零流线 x、y 轴的正值部分用固体壁面来代替，就得到直角内的流动，其势函数就是原有流场的势函数。如果把 x 轴的全部，用固体壁面代替，则原来的势函数就代表垂直流向固体壁面的流动。

为了写成极坐标的形式，代入

$$x = r\cos\theta, \quad y = r\sin\theta$$

得

$$\left.\begin{aligned}\psi &= 2ar^2\sin\theta\cos\theta = ar^2\sin2\theta \\ \varphi &= a(r^2\cos^2\theta - r^2\sin^2\theta) = ar^2\cos2\theta\end{aligned}\right\} \tag{9-32}$$

这种直角转角内流动可以推广至更一般的 α 转角内的流动，它的流函数和势函数为

$$\left.\begin{aligned}\psi &= ar^{\frac{\pi}{\alpha}}\sin\frac{\pi\theta}{\alpha} \\ \varphi &= ar^{\frac{\pi}{\alpha}}\cos\frac{\pi\theta}{\alpha}\end{aligned}\right\} \tag{9-33}$$

其中零流线为 $\theta = 0$ 和 $\theta = \alpha$，相当于转角的固体壁面线。当 $\alpha = 45°$ 和 $\alpha = 225°$ 时，其流线形状如图 9-9 所示。

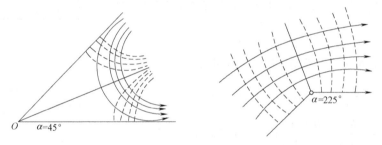

图 9-9　转角流线网

事实上，由于此角 $\alpha = 225°$ 大于 $180°$，在 $u_r = \dfrac{\partial\varphi}{\partial r} = \dfrac{\pi}{\alpha}ar^{\frac{\pi}{\alpha}-1}\cos\dfrac{\pi\theta}{\alpha}$ 中，r 的指数 $\dfrac{\pi}{\alpha}-1$ 为负值。则在转角点 $r\to0$ 处，$r^{\frac{\pi}{\alpha}-1}\to\infty$，$u_r\to\infty$，这显然是不可能的。实际上在转角处出现流动分离，在分离后形成漩涡。

【例 9-3】　气流绕直角墙面做平面无旋流动，如图 9-10 所示，在距离角顶点 O 的距离 $r = 1$ 处，流速为 3m/s。求流函数和势函数。

【解】　这种流动可以认为是两个转角流动的相加，用式（9-33），代入 $\alpha = \dfrac{3}{4}\pi$，得

$$\varphi = ar^{\frac{4\pi}{3\pi}}\cos\frac{4\pi}{3\pi}\theta = ar^{\frac{4}{3}}\cos\frac{4}{3}\theta$$

当 $\theta = 0$ 时，$\psi = 1$；当 $\theta = \pm\dfrac{3}{4}\pi$ 时，$\psi = 0$。

所以零流线和边界条件相符。

流速为

$$u_r = \frac{\partial\varphi}{\partial r} = \frac{4}{3}ar^{\frac{1}{3}}\cos\frac{4}{3}\theta$$

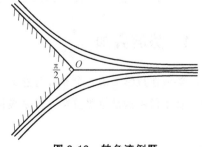

图 9-10　转角流例题

$$u_\theta = \frac{\partial \varphi}{r \partial \theta} = -\frac{4}{3} a r^{\frac{1}{3}} \sin \frac{4}{3} \theta$$

当 $r=1$，$\theta=0$ 时，有

$$u_r = \frac{4}{3} a = 3, \quad a = \frac{9}{4}$$

代入流函数及势函数，得

$$\varphi = \frac{9}{4} r^{\frac{4}{3}} \cos \frac{4}{3} \theta$$

$$\psi = \frac{9}{4} r^{\frac{4}{3}} \sin \frac{4}{3} \theta$$

【例 9-4】 旋风除尘器上部的流动如图 9-11 所示，图中 $r_1 = 0.4\text{m}$，$r_2 = 1\text{m}$，$a = 1\text{m}$，$b = 0.6\text{m}$。气流沿管道从左流入，在内部旋转后，从上部流出。试估计旋转流动中，断面的流速分布。管中平均流速 $v = 10\text{m/s}$。

【解】 流体在管中流动时，流速分布均匀，可以按无旋流动处理。但受除尘器边壁作用，被迫做旋转流动，按环流进行流速分配。

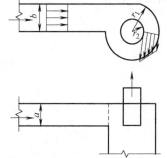

$$u_\theta = \frac{\Gamma}{2\pi r} = \frac{k}{r}$$

为确定 k 值，用连续性原理，流量保持不变。

$$vb = \int_{r_1}^{r_2} u_\theta \mathrm{d}r = \int_{r_1}^{r_2} k \frac{\mathrm{d}r}{r} = \ln \frac{r_2}{r_1} \cdot k$$

$$k = \frac{vb}{\ln \dfrac{r_2}{r_1}} = \frac{10 \times 0.6}{\ln \dfrac{1}{0.4}} \text{m}^2/\text{s} = 6.56\text{m}^2/\text{s}$$

图 9-11 旋风除尘器的气流流动

由此知道，断面流速分布是

$$u_\theta = \frac{6.56\text{m}^2/\text{s}}{r}$$

内壁

$$u_{\theta 1} = \frac{6.56}{0.4}\text{m/s} = 16.4\text{m/s}$$

外壁

$$u_{\theta 2} = \frac{6.56}{1}\text{m/s} = 6.56\text{m/s}$$

9.4 势流叠加

势流在数学上的一个非常有意义的性质，是势流的可叠加性。设有两势流 φ_1 和 φ_2，它们的连续性条件由满足拉普拉斯方程来表征：

$$\frac{\partial^2 \varphi_1}{\partial x^2} + \frac{\partial^2 \varphi_1}{\partial y^2} = 0$$

$$\frac{\partial^2 \varphi_2}{\partial x^2} + \frac{\partial^2 \varphi_2}{\partial y^2} = 0$$

而这两势函数之和，$\varphi = \varphi_1 + \varphi_2$ 也将适合拉普拉斯方程。因为

$$\frac{\partial^2 \varphi_1}{\partial x^2} + \frac{\partial^2 \varphi_2}{\partial x^2} + \frac{\partial^2 \varphi_1}{\partial y^2} + \frac{\partial^2 \varphi_2}{\partial y^2} = \frac{\partial^2 \varphi}{\partial x^2} + \frac{\partial^2 \varphi}{\partial y^2} = 0$$

这就是说，两势函数之和形成新势函数，代表新流动。新流动的流速

$$u_x = \frac{\partial \varphi}{\partial x} = \frac{\partial \varphi_1}{\partial x} + \frac{\partial \varphi_2}{\partial x} = u_{x1} + u_{x2}$$

$$u_y = \frac{\partial \varphi}{\partial y} = \frac{\partial \varphi_1}{\partial y} + \frac{\partial \varphi_2}{\partial y} = u_{y1} + u_{y2}$$

是原两势流流速的叠加。即在平面点上，将两流速几何相加的结果。同样可以证明，复合流动的流函数等于原流动流函数的代数和，即

$$\psi = \psi_1 + \psi_2$$

显然以上的结论可以推广到两个以上的流动，也可以推广到三元流动。这样就可以把某些简单的有势流动，叠加为复杂的但实际上有意义的有势流动。

9.4.1 均匀直线流中的源流

将源流和水平匀速直线流相加，坐标原点选在源点，则流函数为

$$\psi = v_0 r \sin\theta + \frac{Q_V}{2\pi}\theta \qquad (9\text{-}34)$$

由此可以用极坐标画出流速场，如图 9-12 所示。这是绕某特殊形状物体前部的流动。

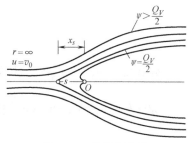

图 9-12 半无限物体

在源点 O，流速极大，离开源点，流速迅速降低，离源点较远之处，流速几乎不受源流的影响，保持匀速 v_0。在离源点前某一距离 x_s，必然存在着一点 s，匀速流速和源流在该点所造成的速度大小相等、方向相反，使该点流速为零，这一点称为驻点。它的位置 x_s 可以根据势流叠加原理来确定，即

$$v_0 - \frac{Q_V}{2\pi x_s} = 0$$

$$x_s = \frac{Q_V}{2\pi v_0} \qquad (9\text{-}35)$$

流体中到达驻点的质点，不能继续向前流动，被迫分流成两路。这两路分流的流线，可以换为物体轮廓线，则得流体绕此物体流动的流场。

为求此物体的轮廓线，可将驻点的极坐标 $r = \dfrac{Q_V}{2\pi v_0}$，$\theta = \pi$ 代入式 (9-34)。得出驻点的流函数值

$$\psi = v_0 \left(\frac{Q_V}{2\pi v_0}\right) \sin\pi + \frac{Q_V}{2\pi}\pi = \frac{Q_V}{2}$$

显然，这也是轮廓线的流函数值。则轮廓线方程为

$$v_0 r \sin\theta + \frac{Q_V}{2\pi}\theta = \frac{Q_V}{2} \qquad (9\text{-}36)$$

从方程可以看出，$\theta=0$，$r=\infty$，但 $r\sin\theta=y$，则 $v_0y=\dfrac{Q_v}{2\pi}$，$y=\dfrac{Q_v}{2v_0}$。表示物体的轮廓以 $y=\dfrac{Q_v}{2v_0}$ 为渐近线。

匀速直线流和源流叠加所形成的绕流物体是有头无尾的，因此称为半无限物体。半无限物体在对称物体头部流速和压强分布的研究上很有用。这种方法的推广，是采用很多不同强度的源流，沿 x 轴排列，使它和匀速直线流叠加，形成和实际物体轮廓线完全一致或较为吻合的边界流线。这样，就可以估计物体上游端的流速分布和压强分布。

9.4.2　匀速直线流中的等强源汇流

为了将上述的半物体变成全物体，在匀速直线流中，沿 x 轴叠加一对强度相等的源和汇，这样叠加的势流场，可用以描述图 9-13 所示的绕朗金椭圆的流动。

匀速直线流中的等强源汇流的流函数为

$$\psi=v_0y+\frac{Q_v}{2\pi}\left(\arctan\frac{y}{x+a}-\arctan\frac{y}{x-a}\right) \qquad (9\text{-}37)$$

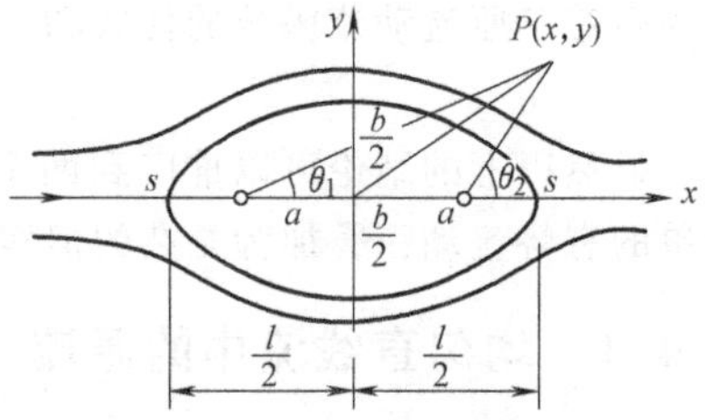

驻点在物体的前后，它流速为零的条件为

$$\frac{-Q_v}{2\pi\left(\dfrac{l}{2}-a\right)}+\frac{Q_v}{2\pi\left(\dfrac{l}{2}+a\right)}+v_0=0$$

得出

图 9-13　朗金椭圆

$$\frac{l}{2}=a\sqrt{1+\frac{Q_v}{2\pi v_0}} \qquad (9\text{-}38)$$

驻点在 $y=0$，$x=\pm\dfrac{l}{2}$ 处。由式（9-37）可以看出，过驻点的流线的流函数值为零。

为求宽度 b，将 $x=0$，$y=\dfrac{b}{2}$ 代入 $\psi=0$。得出

$$v_0\frac{b}{2}+\frac{Q_v}{2\pi}\arctan\frac{b}{2a}=0 \qquad (9\text{-}39)$$

其中，$b/2$ 可以用试算法或迭代法定出。

若已知流函数，则流速场可以确定，而压强也可以求出。但是，绕流物体的尾部，由于尾迹漩涡的形成，不能根据上述方法求解。但物体的前部，由于附面层很薄，而且流动处于加速区，理论推算和实测结果相符。

这种方法的发展是沿 x 轴布置源流和汇流，使叠加的势流场强度总和为零。它们和均匀直线流叠加，使流动和实际物体更紧密相依。这种流动更有用，但在数学上会存在很多困难。

9.4.3　偶极流绕柱体的流动

现在将上述等强度的源流和汇流分别放在 x 轴的左侧（$-a,0$）和右侧（$+a,0$），如图 9-14 所示，并互相接近，使 $a\to 0$，但保持源点、汇点的距离 $2a$ 和强度 Q_v 的乘积为定值 $M=2aQ_v$。这种流动称为偶极流，M 称为偶极矩。

为求偶极流的流函数，先写等强源、汇流的流函数，即

$$\psi=\frac{Q_v}{2\pi}(\theta_1-\theta_2) \qquad (\text{a})$$

从图 9-14 中可以看出，设 $P(r, \theta)$ 为流场中任一点，点 P 与源汇两点连接线 PC、PB 之间的夹角为 α，则 ψ 可写为

$$\psi = -\frac{Q_V}{2\pi}\alpha \qquad (\text{b})$$

对 $\triangle CBP$ 的 θ_1 和 α 角按正弦定理，则

$$2a\sin\theta_1 = r_2\sin\alpha$$

当 $a \to 0$ 时，$\alpha \to 0$，$\sin\alpha \to \alpha$，$r_2 \to r$，$\sin\theta_1 \to \sin\theta$，则 $\alpha r = 2a\sin\theta$。代入式（b），有

$$\psi = -\frac{Q_V}{2\pi}\frac{2a\sin\theta}{r}$$

代入 $M = 2aQ_V$，得

$$\psi = -\frac{M\sin\theta}{2\pi r} \qquad (9\text{-}40)$$

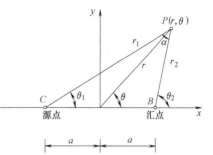

图 9-14　偶极流的推证

我们使流函数等于常数来决定流线：

$$\frac{\sin\theta}{r} = c$$

写为直角坐标系下的形式，代入

$$\sin\theta = \frac{y}{r} = \frac{y}{\sqrt{x^2 + y^2}}$$

得出

$$\frac{y}{x^2 + y^2} = c$$

整理得

$$x^2 + \left(y - \frac{1}{2c}\right) = \frac{1}{4c^2}$$

这是圆心在 y 轴的圆周簇，在原点与 x 轴相切，如图 9-15 所示。

单独的偶极流无实际意义，它和匀速直线流形成绕圆柱体的流动。此时的流函数为

$$\psi = v_0 r\sin\theta - \frac{M\sin\theta}{2\pi r} \qquad (\text{c})$$

把零流线换为物体轮廓线，并设物体轮廓线上 $r = R$，则

$$v_0 R\sin\theta - \frac{M\sin\theta}{2\pi R} = 0$$

因而

$$M = 2\pi v_0 R^2$$

代入流函数式（c），有

$$\psi = v_0\left(r - \frac{R^2}{r}\right)\sin\theta \qquad (9\text{-}41)$$

速度分量为

$$u_r = \frac{\partial\varphi}{r\partial\theta} = v_0\left(1 - \frac{R^2}{r^2}\right)\cos\theta$$

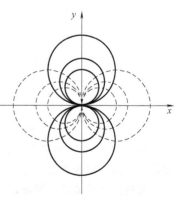

图 9-15　偶极流的流线簇

$$u_\theta = -\frac{\partial \varphi}{\partial r} = -v_0\left(1 + \frac{R^2}{r^2}\right)\sin\theta$$

在轮廓线上，$\psi = 0$，即

$$v_0\left(r - \frac{R^2}{r}\right)\sin\theta = 0$$

$$r = R$$

流速分量为

$$u_r = 0$$

$$u_\theta = -2v_0\sin\theta \tag{9-42}$$

最大表面流速为匀速直线流速的 2 倍。而当 $\theta = \frac{\pi}{6}$ 时，物体上流速等于匀速直线流速。

9.4.4 源环流

源流和环流相加，使流体做旋转运动的同时又做径向流动，称为源环流。这种流动的流函数为

$$\psi = \frac{Q_V\theta}{2\pi} + \frac{\Gamma}{2\pi}\ln r \tag{9-43}$$

由零流线方程 $\psi = 0$ 得出

$$r = e^{\frac{Q_V\theta}{\Gamma}} \tag{9-44}$$

该方程表明流线是对数螺旋线簇，如图 9-16 所示。这种在半径为 r_1 的内圆周到半径为 r_2 的外圆周的流动，对工程上有重要意义。从内向外流速不断减少，则压强不断增大。径向流速和周向流速分别为

$$u_r = \frac{\partial \varphi}{r\partial \theta} = \frac{Q_V}{2\pi r}$$

$$u_\theta = -\frac{\partial \varphi}{\partial r} = \frac{\Gamma}{2\pi r}$$

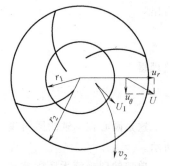

图 9-16 源环流

这样，u_r 和 u_θ 的比值 $\frac{Q_V}{\Gamma}$ 保持不变。而且由于

$$(u_\theta r)_1 = (u_\theta r)_2$$

则

$$(\rho Q_V u_\theta r)_1 = (\rho Q_V u_\theta r)_2$$

即断面 1、2 的动量矩相等，作用于流体的力矩为零，说明流体和固体没有力矩作用，不存在能量交换。这种流动不是流体机械中旋转内部的流动，而是离开叶轮后的流动。相当于离心水泵蜗壳内的扩压流动。导轮在设计时也应按照这种流动来设计它的叶片形状。与源环流的流动是汇环流。汇环流表明水力涡轮机在导轮叶中的流动。

【例 9-5】 某山脉剖面如图 9-17 所示。山高为 300m，风速为 48km/h。它的地形可近似地用半无限物体来模拟。为了将该山脉用作滑翔运动，求出流函数、势函数及半无限物体的轮廓线。推导纵向流速等值线方程。

【解】 首先求出流函数及势函数。

$$v_0 = \frac{48000\text{m}}{3600\text{s}} = 13.33\text{m/s}$$

$$Q_v = 2 \times 13.33\text{m/s} \times 300\text{m} = 8000\text{m}^2/\text{s}$$

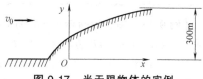

图 9-17　半无限物体的实例

流函数及势函数分别为

$$\psi = v_0 y + \frac{Q_v}{2\pi}\arctan\frac{y}{x} = 13.33y + 1270\arctan\frac{y}{x}$$

$$\varphi = 13.33x + 1270\ln\sqrt{x^2+y^2}$$

半无限物体的轮廓线为

$$13.33yx + 1270\arctan\frac{y}{x} = \frac{1}{2}Q_v = 4000$$

纵向流速等值线方程为

$$u_y = \frac{\partial\varphi}{\partial y} = 635 \times \frac{2y}{x^2+y^2} = k$$

$$\frac{y}{x^2+y^2} = c$$

可见，纵向流速等值线为一系列圆。

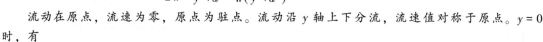

【例 9-6】　如图 9-18 所示，等强度两源流的源点位于 x 轴，距原点为 a。求流函数，并确定驻点位置。

【解】　设两源流的强度均为 Q_v，则流函数 ψ 为

$$\psi = \frac{Q_v}{2\pi}\left(\arctan\frac{y}{x+a} + \arctan\frac{y}{x-a}\right)$$

可以看出，$y=0$ 时，$\psi=0$；$x=0$ 时，$\psi=0$，即 x 轴和 y 轴均为零流线。

$$u_x = \frac{\partial\varphi}{\partial y} = \frac{Q_v}{2\pi}\left(\frac{x+a}{y^2+(x+a)^2} + \frac{x-a}{y^2+(x-a)^2}\right)$$

$$u_y = -\frac{\partial\psi}{\partial x} = \frac{Q_v}{2\pi}\left(\frac{y}{y^2+(x+a)^2} + \frac{y}{y^2+(x-a)^2}\right)$$

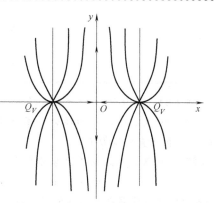

图 9-18　等强度两源流

可以看出，$x=0$ 时，$u_y = \frac{Q_v}{2\pi}\cdot\frac{2y}{y^2+a^2} = \frac{Q_v y}{\pi(y^2+a^2)}$，$u_x=0$

流动在原点，流速为零，原点为驻点。流动沿 y 轴上下分流，流速值对称于原点。$y=0$ 时，有

$$u_y = 0, \quad u_x = \frac{Q_v}{2\pi}\left(\frac{1}{x+a} + \frac{1}{x-a}\right)$$

沿 x 轴流速值对称于原点。

从流线图形中可以看出，由于 y 轴是流线，它可以用固体壁面来代替，得出的流动是半无限平面中有一强度为 Q_v 的源流的流动，也可以是一个象限内 $\left(\dfrac{1}{4}$ 无限平面 $\right)$ 沿壁面有一强度为 $\dfrac{Q_v}{2}$ 的源流的流动。

【例 9-7】 图 9-19 所示为一种测定流速的装置，圆柱体上开有三个相距为 30°的压力孔 A、B、C，分别和测压管 a、b、c 相连通。将柱体置放于水流中，使 A 孔正对水流，其测速方法是绕轴心旋转柱体，使得测压管 b、c 中水面同在一水平面上，根据与测压管 a 水面的高度差来计算流速。面同在一水平面为止。当 a 管水面高于 b、c 管水面 $\Delta h = 3\text{cm}$ 时，求流速 v_0。

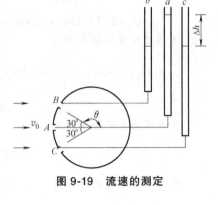

图 9-19 流速的测定

【解】 根据柱体表面流速分布公式（9-42），得

$$v_\theta = -2v_0\sin\theta$$

当 $\theta = 30°$ 时，$v_B = v_C = 2v_0 \times \dfrac{1}{2} = v_0$

$$v_A = 0$$

A、B 两点能量方程为

$$\frac{p_A}{\rho g} = \frac{p_B}{\rho g} + \frac{v_B^2}{2g} = \frac{p_B}{\rho g} + \frac{v_0^2}{2g}$$

$$\frac{v_0^2}{2g} = \frac{p_A - p_B}{\rho g}$$

$$v_0 = \sqrt{2g\frac{p_A - p_B}{\rho g}} = \sqrt{2g\Delta h}$$

$$= \sqrt{2 \times 9.8\text{m/s}^2 \times 0.03\text{m}} = 0.767\text{m/s}$$

【例 9-8】 图 9-20 所示为流速为 v_0、压强为 p_0 的均匀气流，流过半径为 r_0 的柱体。求柱体所受的水平分压力 F_x 和铅直分压力 F_y。

【解】 根据柱体表面流速分布公式（9-42），得

$$v_\theta = -2v_0\sin\theta$$

沿柱体零流线写理想流体能量方程，有

$$p_0 + \frac{\rho}{2}v_0^2 = p + \frac{\rho}{2}(4v_0^2\sin^2\theta) = c$$

$$p = c - 2\rho v_0^2\sin^2\theta$$

在柱体上取 $\mathrm{d}s = r_0\mathrm{d}\theta$，将作用于此微段上的力分解为沿 x 方向及 y 方向的分力，得

$$\mathrm{d}F_x = -pr_0\cos\theta\mathrm{d}\theta, \quad \mathrm{d}F_y = -pr_0\sin\theta\mathrm{d}\theta$$

积分得

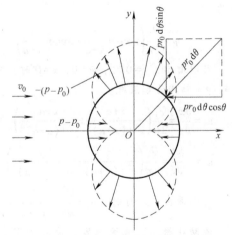

图 9-20 柱面压力

$$F_x = -\int_0^{2\pi} pr_0\cos\theta\mathrm{d}\theta = -\int_0^{2\pi}(c - 2\rho v_0^2\sin^2\theta)r_0\cos\theta\mathrm{d}\theta$$

$$F_y = -\int_0^{2\pi} pr_0\sin\theta\mathrm{d}\theta = -\int_0^{2\pi}(c - 2\rho v_0^2\sin^2\theta)r_0\sin\theta\mathrm{d}\theta$$

但上述积分式中 $\int_0^{2\pi}\cos\theta\mathrm{d}\theta$、$\int_0^{2\pi}\sin^2\theta\cos\theta\mathrm{d}\theta$、$\int_0^{2\pi}\sin\theta\mathrm{d}\theta$、$\int_0^{2\pi}\sin^3\theta\mathrm{d}\theta$ 均等于零，所以 $F_x = F_y = 0$

即理想流体做无旋运动绕过柱体，绕柱体的合力为零。

9.5 绕流运动与附面层基本概念

在绕流中，流体作用在物体上的力可以分为两个分量：一是垂直于来流方向的作用力，叫作升力；另一是平行于来流方向的作用力，叫作阻力。本章主要讨论绕流阻力。绕流阻力可以认为由两部分组成，即摩擦阻力和形状阻力。实验证明，流体在大的雷诺数下绕过物体运动时，其摩擦阻力主要发生在紧靠物体表面的一个流速梯度很大的流体薄层内，这个薄层就叫作附面层。形状阻力主要是指流体绕曲面体或具有锐缘棱角的物体流动时，附面层要发生分离，从而产生漩涡所造成的阻力。这种阻力与物体形状有关，故称为形状阻力。这两种阻力都与附面层有关，所以，我们先建立附面层概念。

9.5.1 附面层的形成及其性质

图 9-21 所示为绕平板的绕流运动。设来流流速 u_0 均匀分布，它的方向和平板平行。当流体绕流平板时，由于黏性作用使紧靠表面的质点流速为零，在垂直于平板方向，流速急剧增加，迅速接近未受扰动时的流速 u_0。这样，流场中就出现了两个性质不相同的流动区域。紧贴物体表面的一层薄层，流速低于 u_0，流体做黏性流体的有旋流动，称为附面层。在附面层以外，流体做理想流体的无旋流动，速度保持原有的势流速度，称为势流区。在实际计算中，要确定附面层和势流区之间的界限是困难的。虽然物体表面附近流速梯度很大，但离开表面稍远，流速梯度迅速变小，流速变化很慢，很难确定流速为 u_0 的附面层边界。为此，一般把速度等于 $0.99u_0$ 处作为两区间的分界，这样，边界层的厚度就确定了。

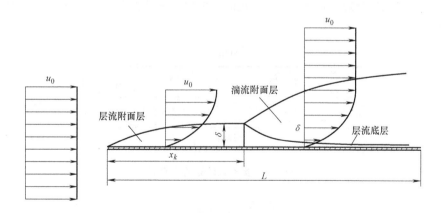

图 9-21　附面层概念

一般地对曲面物面的绕流，附面层外边界的定义为：设 u_e 为按势流理论求得的物面上的速度分布，在物面每一点的法线方向上速度恢复到 $0.99u_e$ 的点的连接面，称为附面层的外边界。速度 u_e 沿着曲面物面的切向是变化的，只有当来流方向与平板平行的平板绕流，u_e 才等于来流速度 u_0，是常数。

附面层的厚度和流态沿流向是如何变化的呢？从平板迎流面的端点开始，附面层厚度 δ 从零沿流向逐渐增加。在平板前部，做层流流动。随着附面层不断加厚，到达一定距离 x_k 处，层流流动转变为湍流。在做湍流运动的附面层内，还有一层极薄的层流底层，这和管道内流体做湍流运动的情况一致。附面层由层流转化为湍流的条件，也由某一临界雷诺数来判定。实验指出，如

速度取来流速度 u_0，长度取平板前端至流态转化点的距离 x_k，则此临界雷诺数为

$$Re_{x_k} = \frac{u_0 x_k}{\nu} = (3.5 \sim 5.0) \times 10^5 \qquad (9-45)$$

如长度取流态转化点的附面层厚度 δ_k，则相应的临界雷诺数为

$$Re_{\delta_k} = 3000 \sim 3500 \qquad (9-46)$$

附面层这一概念的重要意义，在于将流场划分为两个计算方法不同的区域，即势流区和附面层。由于附面层很薄，故可先假设附面层并不存在，全部流场都是势流区，用势流理论来计算物体表面速度，并用理想流体能量方程，根据势流速度求相应压强。然后把按上述势流理论计算的物体表面的流速和压强认为就是附面层外边界的流速和压强。附面层内边界就是物体表面，其流速为零。可以证明，在一阶近似下，附面层内沿物体表面的法线 y 方向上压强不变，等于按势流理论求解得到的物面上的相应点压强。这就是所谓的"压强穿过边界层不变"的边界层特性。这样确定的附面层外边界上的流速和压强分布就是附面层和外部势流区域流动的主要衔接条件。

9.5.2 管流附面层

附面层的概念对于管流同样有效，事实上，管路内部的流动都处于受壁面影响的附面层内。附面层内的速度梯度引起管路的沿程阻力，附面层分离引起管路的局部阻力。

图 9-22 所示是管流入口段的情况，这里可清楚地看到管流的发展过程。假设速度以均匀速度流入，则在入口段的始端将保持均匀的速度分布。由于管壁的作用，靠近管壁的流体将受阻滞而形成附面层，其厚度 δ 随离管口距离的增加而增加。当附面层厚度 δ 等于管半径 r_0 时，则上下四周附面层相衔接，使附面层占有管流的全部断面，而形成充分发展的管流，其下游断面将保持这种状态不变。从入口到形成充分发展的管流的长度称入口段长度，以 x_E 表示。根据试验资料的分析，有

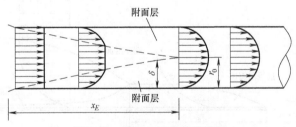

图 9-22　管流入口处的附面层

对于层流，有 $\qquad\qquad\qquad \dfrac{x_E}{d} = 0.028 Re \qquad (9-47)$

对于湍流，有 $\qquad\qquad\qquad \dfrac{x_E}{d} = 50 \qquad (9-48)$

显然，入口段的流体运动情况不同于正常的层流或湍流，因此在实验室内进行管路阻力试验时，需避开入口段，以免受其影响。

9.6　附面层动量方程

如上所述，绕流物体的摩擦阻力作用，主要表现在附面层内流速的降低，引起动量的变化。为了研究摩擦阻力，我们来分析阻力和附面层动量变化的关系，得出附面层的动量方程。

如图 9-23a 所示，沿物体的表面取 x 轴，沿物体表面的法线取 y 轴。在物体表面取附面层微段 $ABDCA$，把微段放大，x 轴近似为直线，如图 9-23b 所示。微段 BD 长为 $\mathrm{d}x$，AC 为附面层外边界，AB、CD 垂直于物体表面。现在对微段写动量平衡方程。

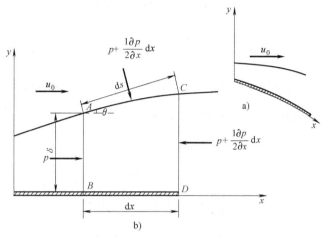

图 9-23　附面层动量方程

假设：

1）不计质量力；

2）流动是恒定的平面流动；

3）$\mathrm{d}x$ 为无限小，因此微元附面层的底边 BD 和外边界 AC 可近似为直线。

根据动量定理

$$K_{CD} - K_{AB} - K_{AC} = F_x \tag{a}$$

式中，K_{CD}、K_{AB} 和 K_{AC} 依次为单位时间内通过 CD、AB 和 AC 的流体动量在 x 轴的投影；F_x 为作用在周界 $ABDCA$ 上所有表面力在 x 轴上的投影。

取垂直于纸面的宽度为 1，则通过 AB、CD 和 AC 的质量流量分别为

$$Q_{m_{AB}} = \int_0^\delta \rho u_x \mathrm{d}y$$

$$Q_{m_{CD}} = Q_{m_{AB}} + \frac{\partial Q_{m_{AB}}}{\partial x} \mathrm{d}x = \int_0^\delta \rho u_x \mathrm{d}y + \frac{\partial}{\partial x} \left(\int_0^\delta \rho u_x \mathrm{d}y \right) \mathrm{d}x$$

$$Q_{m_{AC}} = Q_{m_{CD}} - Q_{m_{AB}} = \frac{\partial}{\partial x} \left(\int_0^\delta \rho u_x \mathrm{d}y \right) \mathrm{d}x$$

通过 AB、CD 和 AC 的动量流量分别为

$$K_{AB} = \int_0^\delta \rho u_x^2 \mathrm{d}y \tag{b}$$

$$K_{CD} = K_{AB} + \frac{\partial K_{AB}}{\partial x} \mathrm{d}x = \int_0^\delta \rho u_x^2 \mathrm{d}y + \frac{\partial}{\partial x} \left(\int_0^\delta \rho u_x^2 \mathrm{d}y \right) \mathrm{d}x \tag{c}$$

$$K_{AC} = Q_{m_{AC}} U = U \frac{\partial}{\partial x} \left(\int_0^\delta \rho u_x \mathrm{d}y \right) \mathrm{d}x \tag{d}$$

式中，U 为附面层外边界上速度在 x 轴上的投影。这里将附面层外边界 AC 上的速度看成各点相等，都等于点 A 的速度 U。

现分析式（a）中的 F_x。为此，需分析所有作用在 $ABDCA$ 周界上的表面力（包括压力和切

力）。由于 $\frac{\partial p}{\partial y}=0$，所以 AB 和 CD 上作用着均匀的压强。设 AB 上作用的压强为 p，则由泰勒级数展开并取一阶近似，作用在 CD 上的压强为

$$p_{CD}=p+\frac{\partial p}{\partial x}\mathrm{d}x$$

作用在 AC 上的压强一般来说是不均匀的。在点 A 为 p，在点 C 为 $p+\frac{\partial p}{\partial x}\mathrm{d}x$，所以平均压强为 $p+\frac{1}{2}\frac{\partial p}{\partial x}\mathrm{d}x$。设 τ_0 表示物体表面对流体作用的切应力，由于附面层外可以当作理想流体，所以在附面层外边界上没有切应力。这样，各表面力在 x 轴方向投影之和为

$$F_x=p\delta-\left(p+\frac{\partial p}{\partial x}\mathrm{d}x\right)(\delta+\mathrm{d}\delta)+\left(p+\frac{1}{2}\frac{\partial p}{\partial x}\mathrm{d}x\right)\mathrm{d}s\cdot\sin\theta-\tau_0\mathrm{d}x$$

因为

$$\mathrm{d}s\cdot\sin\theta=\mathrm{d}\delta$$

所以

$$F_x=-\frac{\partial p}{\partial x}\mathrm{d}x\cdot\delta-\tau_0\mathrm{d}x-\frac{1}{2}\frac{\partial p}{\partial x}\mathrm{d}x\cdot\mathrm{d}\delta$$

上式中最后一项为高阶无穷小量，可略去不计。并考虑到 $\frac{\partial p}{\partial y}=0$，即 p 与 y 无关，因此用全微分代替偏微分后，可得

$$F_x=-\frac{\mathrm{d}p}{\mathrm{d}x}\mathrm{d}x\delta-\tau_0\mathrm{d}x \tag{e}$$

将式（b）～式（e）代入式（a）后，则可得出附面层的动量方程为

$$\frac{\mathrm{d}}{\mathrm{d}x}\int_0^\delta\rho u_x^2\mathrm{d}y-U\frac{\mathrm{d}}{\mathrm{d}x}\int_0^\delta\rho u_x\mathrm{d}y=-\delta\frac{\mathrm{d}p}{\mathrm{d}x}-\tau_0 \tag{9-49}$$

附面层动量方程中有五个未知数：δ、p、u_x、U 和 τ_0。其中 U 可以用理想的势流理论求得，$\frac{\mathrm{d}p}{\mathrm{d}x}$ 可以按能量方程求得，剩下三个未知数 τ_0、δ 和 u_x。因此要解附面层动量方程，还需两个补充方程。通常的补充方程是

1）附面层内的速度分布 $u_x=f_1(y)$；

2）τ_0 与 δ 的关系 $\tau_0=f_2(\delta)$，该关系可根据附面层内的速度分布求得。

通常在解附面层动量方程时，先假定速度分布 $u_x=f_1(y)$，这个假定越接近实际，则所得结果越正确。

9.7　平板上层流附面层的近似计算

附面层理论用于探讨摩擦阻力的规律，而绕平板的流动，是一种只有摩擦阻力而无形状阻力的典型流动。流体以均匀速度 u_0 沿平板方向做恒定流动，由于附面层的存在不影响附面层外部的流动，因此平板附面层外边界上的速度 U 处处为 u_0。即

$$U=u_0, \quad \frac{\mathrm{d}U}{\mathrm{d}x}=0$$

同时根据能量方程可知，流速不变，附面层外边界上的压强也处处相等。即

$$\frac{\mathrm{d}p}{\mathrm{d}x}=0$$

再由于流体不可压缩，$\rho=$常数，可提到积分号之外。则对于平板绕流式（9-49）变为

$$\frac{\mathrm{d}}{\mathrm{d}x}\int_0^\delta u_x^2\mathrm{d}y - u_0\frac{\mathrm{d}}{\mathrm{d}x}\int_0^\delta u_x\mathrm{d}y = -\frac{\tau_0}{\rho} \tag{9-50}$$

式（9-50）为计算平板附面层的基本方程，对层流和湍流均适用。我们先研究层流附面层。在上一节已经提到，必须补充两个方程，才能解出所需要的量。

第一个补充方程为附面层中的速度分布函数 $u_x=f_1(y)$。假设层流附面层中的速度分布和管流中的层流相同，为

$$u = u_m\left(1 - \frac{r^2}{r_0^2}\right)$$

将上式应用于附面层时，管流中的 r_0 对应于附面层中为 δ，r 对应为 $(\delta-y)$，u_m 对应为 u_0，u 对应为 u_x。这样，上式可写成

$$u_x = u_0\left[1 - \frac{(\delta-y)^2}{\delta^2}\right]$$

所以

$$u_x = \frac{2u_0}{\delta}\left(y - \frac{y^2}{2\delta}\right) \tag{9-51}$$

第二个补充方程为平板上的切应力 τ_0 和附面层厚度 δ 之间的函数关系，即

$$\tau_0 = f_2(\delta)$$

因为是层流，符合牛顿内摩擦定律。求平板上的切应力，只要令 $y=0$。

$$\tau_0 = \mu\frac{\mathrm{d}u_x}{\mathrm{d}y}\bigg|_{y=0} = \mu\frac{\mathrm{d}}{\mathrm{d}y}\left[\frac{2u_0}{\delta}\left(y - \frac{y^2}{2\delta}\right)\right]_{y=0} = \mu\frac{2u_0}{\delta} \tag{9-52}$$

可见 τ_0 和 δ 成反比，将以上所得的两个补充方程（9-51）和方程（9-52）代入附面层动量方程（9-50）中，有

$$\frac{\mathrm{d}}{\mathrm{d}x}\int_0^\delta\left[\frac{2u_0}{\delta}\left(y - \frac{y^2}{2\delta}\right)\right]^2\mathrm{d}y - u_0\frac{\mathrm{d}}{\mathrm{d}x}\int_0^\delta\left[\frac{2u_0}{\delta}\left(y - \frac{y^2}{2\delta}\right)\right]\mathrm{d}y = -\frac{2\mu u_0}{\rho\delta}$$

化简上式，并进行积分。δ 对固定断面是定值，因此可提到积分号外，但 δ 沿 x 方向是变化的，所以不能移到对 x 的全导数符号外。u_0 沿 x 方向是不变的，可移到对 x 的全导数符号外。这样对上式积分，便可找到附面层厚度 δ 沿 x 方向的变化关系。即

$$\frac{1}{15}\frac{u_0\rho}{\mu}\cdot\frac{\delta^2}{2} = x + C$$

式中，C 为积分常数，当 $x=0$，$\delta=0$ 时，代入后则得 $C=0$。故

$$\frac{1}{15}\frac{u_0\rho}{\mu}\cdot\frac{\delta^2}{2} = x$$

以 $\nu=\frac{\mu}{\rho}$ 代入，并简化，得

$$\delta = 5.477\sqrt{\frac{\nu x}{u_0}} \tag{9-53}$$

这便是附面层厚度 δ 沿 x 方向的变化关系。由式（9-53）可见，平板层流附面层 δ 和 $x^{\frac{1}{2}}$ 成正比。

以式（9-53）代入式（9-52），经简化后可得

$$\tau_0 = 0.365 \sqrt{\frac{\mu\rho u_0^3}{x}} \tag{9-54}$$

这是平板上切应力沿平板长度方向的变化关系。

作用在平板上一面的总摩擦阻力 F_{Df} 为

$$F_{Df} = \int_0^L \tau_0 b \mathrm{d}x$$

式中，b 为平板垂直于纸面方向的宽度；L 为平板长度。将式（9-54）代入上式，积分后可得

$$F_{Df} = 0.73b \sqrt{\mu\rho u_0^3 L} \tag{9-55}$$

如要求流体对上下平板两面的总摩擦阻力时，只需乘以 2。

通常把绕流摩擦阻力的计算公式写为

$$F_{Df} = C_f \frac{\rho u_0^2}{2} A \tag{9-56}$$

式中，C_f 为无量纲摩阻系数；A 为平板面积，这里 $A = bL$；ρ 为流体的密度；u_0 为来流速度。

对比式（9-55）和式（9-56）后，可得

$$C_f = 1.46 \sqrt{\frac{\mu}{\rho u_0 L}} = 1.46 \sqrt{\frac{\nu}{u_0 L}}$$

即

$$C_f = \frac{1.46}{\sqrt{Re}} \tag{9-57}$$

式中，Re 以板长 L 作为特征长度。以上得出了流体绕平板流动时，层流附面层的计算公式。

9.8 平板上湍流附面层的近似计算

现假设整个平板上都是湍流区。

讨论湍流附面层时仍用始于平板的动量方程（9-50），但需要另找两个补充方程。这里我们借用湍流光滑区中的速度分布指数公式，即

$$u_x = u_0 \left(\frac{y}{\delta}\right)^{\frac{1}{7}} \tag{9-58}$$

和其对应的切应力公式

$$\tau_0 = 0.0225\rho u_0^2 \left(\frac{\nu}{u_0\delta}\right)^{\frac{1}{4}} \tag{9-59}$$

现将式（9-58）代入式（9-50）中，可得

$$\frac{\mathrm{d}}{\mathrm{d}x}\int_0^\delta u_0^2 \left(\frac{y}{\delta}\right)^{2/7} \mathrm{d}y - u_0 \frac{\mathrm{d}}{\mathrm{d}x}\int_0^\delta u_0 \left(\frac{y}{\delta}\right)^{\frac{1}{7}} \mathrm{d}y = -\frac{\tau_0}{\rho}$$

积分并移项后，得

$$\frac{7}{72}\rho u_0^2 \mathrm{d}\delta = \tau_0 \mathrm{d}x$$

将式（9-59）代入上式，可得

$$\frac{7}{72}\rho u_0^2 \mathrm{d}\delta = 0.0225\rho u_0^2 \left(\frac{\nu}{u_0\delta}\right)^{\frac{1}{4}} \mathrm{d}x$$

积分并移项后，得

$$\left(\frac{7}{72}\right)\left(\frac{4}{5}\right)\delta^{5/4} = 0.0225\rho u_0^2\left(\frac{\nu}{u_0}\right)^{\frac{1}{4}}x + C$$

式中，C 为积分常数。在平板前，当 $x=0$ 时，$\delta=0$，代入上式可得 $C=0$。则

$$\left(\frac{7}{72}\right)\left(\frac{4}{5}\right)\delta^{5/4} = 0.0225\rho u_0^2\left(\frac{\nu}{u_0}\right)^{\frac{1}{4}}x$$

化简后，得

$$\delta = 0.37\left(\frac{\nu}{u_0 x}\right)^{\frac{1}{5}}x \tag{9-60}$$

这是附面层厚度沿平板长度方向的变化关系。可以看出湍流附面层厚度 δ 和 $x^{4/5}$ 成正比，而层流附面层的厚度 δ 和 $x^{1/2}$ 成正比 [见式 (9-53)]，可见湍流附面层的厚度比层流附面层的厚度增加得快。将式 (9-60) 代入第二个补充方程 (9-59) 中，经化简后可得

$$\tau_0 = 0.029\rho u_0^2\left(\frac{\nu}{u_0 x}\right)^{\frac{1}{5}} \tag{9-61}$$

这是平板切应力 τ_0 沿 x 方向的变化关系式。由式中可见，$\tau_0 \propto \dfrac{1}{x^{\frac{1}{5}}}$，即沿平板长度方向 τ_0 是最小的，在层流附面层 $\tau_0 \propto \dfrac{1}{x^{\frac{1}{2}}}$，因此，湍流中 τ_0 沿长度方向的减小比层流要慢一些。

平板上的总摩擦阻力为

$$F_{Df} = b\int_0^L \tau_0 \mathrm{d}x$$

将式 (9-61) 代入上式后，则得

$$F_{Df} = 0.036\rho u_0^2 bL\left(\frac{\nu}{u_0 L}\right)^{\frac{1}{5}} \tag{9-62}$$

由式 (9-62) 可见，在湍流附面层中，F_{Df} 和来流速度 $u_0^{9/5}$ 成正比，而层流附面层中 $F_{Df} \propto u_0^{1.5}$ [见式 (9-55)]，因此，当 u_0 增加时，湍流附面层的 F_{Df} 要比层流附面层的增加得快些。

若用式 (9-56) 表示时，其摩阻系数为

$$C_f = 0.072\left(\frac{\nu}{u_0 L}\right)^{\frac{1}{5}}$$

或

$$C_f = \frac{0.072}{\sqrt[5]{Re}} \tag{9-63}$$

和层流附面层比较 [见式 (9-57)]，当 Re 增加时，湍流的 C_f 要比层流的 C_f 减小得慢些。实验研究表明，如将式 (9-63) 中的系数 0.072 改为 0.074，则与实验结果符合得更好，即

$$C_f = \frac{0.074}{\sqrt[5]{Re}} \tag{9-64}$$

实验数据表明，上式对于 $3\times10^5 \leqslant Re \leqslant 3\times10^7$ 之间是正确的。这意味着，雷诺数在该范围内时，流速分布服从 $\dfrac{1}{5}$ 定律。当 Re 再增加时，流速分布的 $\dfrac{1}{5}$ 定律已不适用，这时应按对数分布规律来计算。其结果为

$$C_f = \frac{0.445}{(\lg Re)^{2.58}} \tag{9-65}$$

此式的适用范围是 $10^5 < Re < 10^9$。

如前所述，以上是整个平板附面层都处于湍流区作为讨论的对象。但实际上，当板长 $L < x_k$ 时，整个平板都处于层流区，当 $L > x_k$ 时，平板的前部为层流区，后部为湍流区，而且层流区和湍流区之间还有过渡区。只有在平板很长或来流速度 u_0 很大的情况下，由于层流的附面层在平板上占有的长度很小，才可能将整个平板附面层都当作湍流进行近似计算。

对于同时考虑到存在层流区和湍流区的混合附面层的计算，也可以根据简化的假设，利用上述的阻力系数得出下列计算公式：

$$C_f = \frac{0.074}{Re^{\frac{1}{5}}} - \frac{1700}{Re} \tag{9-66}$$

9.9 曲面附面层的分离现象与卡门涡街

9.9.1 曲面附面层的分离现象

当流体绕曲面体流动时，沿附面层外边界上的速度和压强都不是常数。根据理想流体势流理论的分析，在图 9-24 所示的曲面体 MM' 断面以前，由于过流断面的收缩，流速沿程增加，因而压强沿程减小（即 $\frac{\partial p}{\partial x} < 0$）。在 MM' 断面以后，由于断面不断扩大，速度不断减小，因而压强沿程增加（即 $\frac{\partial p}{\partial x} > 0$）。由此可见，在附面层的外边界上，$M'$ 必然具有速度的最大值和压强的最小值。由于在附面层内，沿壁面法线方向的压强都是相等的，故以上关于压强沿程的变化规律，不仅适用于附面层的外边界，也适用于附面层内。在 MM' 断面前，附面层为减压加速区域，流体质点一方面受到黏性力的阻滞作用，另一方面又受到压差的推动作用，即部分压力势能转为流体的动能，故附面层内的流动可以维持。当流体质点进入 MM' 断面后面的增压减速区，情况就不同了，流体质点不仅受到黏性力的阻滞作用，压差也阻止着流体的前进，越是靠近壁面的流体，受黏性力的阻滞作用越大。在这两个力的阻滞下，靠近壁面的流速很快减慢，至 SS' 处近壁流速变为零，相应的流体质点便停滞不前。与此同时，点 S 以后的流体质点在与主流方向相反的压差作用下，将产生反方向的回流，而离物体壁面较远的流体，由于附面层外部流体对它的带动作用，仍能保持前进的速度。这样，回流和前进这两部分运动方向相反的流体相接触，就形成漩涡。漩涡的出现势必使附面层与壁面脱离，这种现象称为附面层的分离，而点 S 就称为分离点。

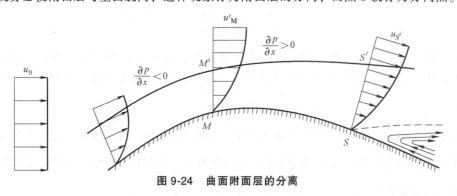

图 9-24 曲面附面层的分离

由上述分析可知，附面层的分离只能发生在断面逐渐扩大而压强沿程增加的区段内，即增压减速区。

　　附面层分离后，物体后部形成许多无规则的漩涡，由此产生的阻力称为形状阻力。这是因为分离点的位置、漩涡区的大小，都与物体的形状有关。对于有尖角的物体，流动在尖角处分离，越是流线型的物体，分离点越靠后。飞机、汽车、潜艇的外形尽量做成流线型，就是为了推后分离点，缩小漩涡区，从而达到减小形状阻力的目的。

9.9.2　卡门涡街

　　当流体绕圆柱体流动时，在圆柱体后半部分，流体处于减速增压区，附面层要发生分离。物体后面的流动特性取决于

$$Re = \frac{u_0 d}{\nu}$$

式中，u_0 为来流速度；d 为圆柱体直径；ν 为流体的运动黏度。

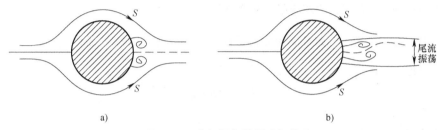

a)　　　　　　　　　　　　　　　b)

图 9-25　卡门涡街的尾流振荡

　　当 $Re < 40$ 时，附面层对称地在 S 处分离，形成两个旋转方向相对的对称漩涡，随着 Re 增大，分离点不断向前移，如图 9-25a 所示。若 Re 再升高，则漩涡的位置已不稳定。在 $40 \leqslant Re \leqslant 70$ 时，可观察到尾流中有周期性的振荡（见图 9-25b）。待 Re 数达到 90 左右，漩涡从柱体后部交替释放出来，漩涡的排列如图 9-26 所示。这种物体后面形成有规则的交错排列的漩涡组合，称为卡门涡街。

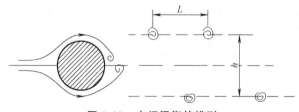

图 9-26　卡门涡街的排列

　　由于柱体上的涡以一定频率交替释放，因而柱体表面的压强和切应力也以一定频率发生有规则的变化。这是电线在空气中发声，锅炉中烟气或空气横向流过管束时产生振动和噪声的原因。工程上的许多振动现象，例如烟囱、悬桥、潜望镜在气流中的振动，均与卡门涡街有关。

　　关于涡街振动频率的计算，在 $250 \leqslant Re \leqslant 2 \times 10^5$ 的范围内，斯特劳哈尔提出的经验公式为

$$\frac{fd}{u_0} = 0.198 \left(1 - \frac{19.7}{Re} \right) \tag{9-67}$$

式中，f 为振动频率。

　　在高 Re 的情况下，柱体后部已不见规则性的涡街了。大尺度的涡已消失在湍流中。应当指出，卡门涡街不限于圆柱体，一切钝形物体同样会出现卡门涡街，受到涡街振动的作用。

9.10　绕流阻力和升力

　　绕流阻力包括摩擦阻力和形状阻力，附面层理论用于求摩擦阻力。形状阻力一般依靠实验来决定。绕流阻力的计算式和平板阻力计算式相同。

$$F_D = C_d A \frac{\rho u_0^2}{2} \tag{9-68}$$

式中，F_D 为物体所受的绕流阻力；C_d 为无量纲的阻力系数；A 为物体的投影面积。如主要受形状阻力时，采用垂直于来流速度方向的投影面积；u_0 为未受干扰时的来流速度；ρ 为流体的密度。

9.10.1　绕流阻力的一般分析

　　下面以圆球绕流为例来说明绕流阻力的变化规律。

　　设圆球做匀速直线运动，如果流动的雷诺数 $Re = \dfrac{u_0 d}{\nu}$（d 为圆球直径）很小，在忽略惯性力的前提下，可以推导出

$$F_D = 3\pi\mu d u_0 \tag{9-69}$$

称为斯托克斯公式。

　　如果用式（9-68）来表示，则

$$F_D = 3\pi\mu d u_0 = \frac{24}{\dfrac{u_0 d\rho}{\mu}} \cdot \frac{\pi d^2}{4} \cdot \frac{\rho u_0^2}{2} = \frac{24}{Re} A \cdot \frac{\rho u_0^2}{2}$$

由此得

$$C_d = \frac{24}{Re} \tag{9-70}$$

　　如以雷诺数为横坐标、C_d 为纵坐标，绘在对数纸上，则式（9-70）是一条直线，如图 9-27 所示。如果把不同雷诺数下的实测数据，绘在同一图上，则由图中可见，在 $Re<1$ 的情况下，斯托克斯公式是正确的。但这样小的雷诺数只能出现在黏性很大的流体（如油类），或黏性虽不大

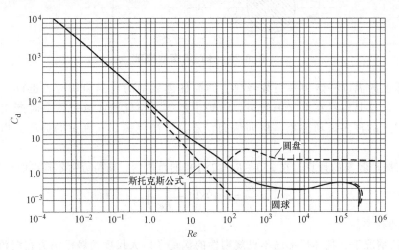

图 9-27　圆球和圆盘的阻力系数

但球体直径很小的情况。故斯托克斯公式只能用来计算空气中微小尘埃或雾珠运动时的阻力，以及水静中直径 $d<0.05$mm 的泥沙颗粒的沉降速度等。当 $Re>1$ 时，因惯性力不能完全忽略，因此斯托克斯公式偏离实验曲线。

如将圆球绕流的阻力系数曲线和垂直于流动方向的圆盘绕流进行比较，由图 9-27 可见，$Re>3\times 10^3$ 以后，圆盘的 C_d 保持为常数，而圆球绕流的阻力系数 C_d 仍随 Re 而变化，原因何在？这是因为圆盘绕流只有形状阻力，没有摩擦阻力，附面层的分离点将固定在圆盘的边线上。圆球则是光滑的曲面，圆球绕流既有摩擦阻力，又有形状阻力，当流体以不同的 Re 绕它流动时，附面层分离点的位置随 Re 的增大而逐渐前移，漩涡区的加大使形状阻力随之加大，而摩擦阻力则有所减小，因此，C_d 随 Re 而变。当 $Re=3\times 10^5$ 时，C_d 值在该处突然下降，这是由于附面层内出现了湍流，而湍流的掺混作用，便附面层内的流体质点取得更多的动能补充，因而分离点的位置后移，漩涡区显著减少，从而大大降低了形状阻力。这样虽然摩擦阻力有所增加，但总的绕流阻力还是大大减小。

专业中还常遇到绕圆柱体的运动，其阻力系数 C_d 的实验曲线如图 9-28 所示。

综上所述，可以根据绕流物体的形状对阻力规律做出区分：①细长流线型物体，以平板为典型例子。绕流阻力主要由摩擦阻力来决定，阻力系数与雷诺数有关。②有钝形曲面或曲率很大的曲面物体，以圆球或圆柱为典型例子。绕流阻力既与摩擦阻力有关，又与形状阻力有关。在低雷诺数时，主要为摩擦阻力，阻力系数与雷诺数有关；在高雷诺数时，主要为形状阻力，阻力系数与附面

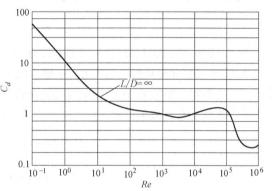

图 9-28　无限长圆柱体的阻力系数

层分离点的位置有关。分离点位置不变，阻力系数不变。分离点向前移，漩涡区加大，阻力系数也增加。反之亦然。③有尖锐边缘的物体，以迎流方向的圆盘为典型例子。附面层分离点位置固定，漩涡区大小不变，阻力系数基本不变。

9.10.2　悬浮速度

根据作用力和反作用力关系的原理，固体对流体的阻力，也就是流体对固体的推动力，正是这个数值上等于阻力的推动力，控制着固体或液体微粒在流体中的运动。为了研究在气力输送中，固体颗粒在何种条件下才能被气体带走；在除尘室中，尘粒在何种条件下才能沉降；在燃烧技术中，无论是层燃式、沸腾燃烧式还是悬浮燃烧式都要研究固体颗粒或液体颗粒在气流中的运动条件，这就提出了悬浮速度这个概念。

设在上升的气流中，小球的密度为 ρ_m，大于气体的密度 ρ，即 $\rho_m>\rho$。小球受力情况如下。
方向向上的力有：

绕流阻力
$$F_D = C_d A \frac{\rho u_0^2}{2} = \frac{1}{8} C_d \pi d^2 \rho u_0^2$$

浮力
$$F_B = \frac{1}{6}\pi d^3 \rho g$$

方向向下的力有：

重力
$$G = \frac{1}{6}\pi d^3 \rho_m g$$

当 $F_D+F_B>G$ 时，小球随气流上升；

当 $F_D+F_B<G$ 时，小球沉降；

当 $F_D+F_B=G$ 时，小球处于悬浮状态。

悬浮速度即颗粒所受的绕流阻力、浮力和重力平衡时的流体速度。此时，颗粒处于悬浮状态。因此，

$$\frac{1}{8}C_d\pi d^2\rho u^2+\frac{1}{6}\pi d^3\rho g=\frac{1}{6}\pi d^3\rho_m g$$

故

$$u=\sqrt{\frac{4}{3C_d}\frac{\rho_m-\rho}{\rho}gd} \tag{9-71}$$

当 $Re<1$ 时，$C_d=\dfrac{24}{Re}$。代入式（9-71）可得

$$u=\frac{1}{18\mu}d^2(\rho_m-\rho)g \tag{9-72}$$

当 $Re>1$ 时，用式（9-71）来计算悬浮速度。C_d 值由图9-27给出。但 C_d 是一个随 Re 变化的值，而 Re 中又包含未知数 u，因此，一般要经过多次试算或迭代才能求得悬浮速度。要强调指出的是式（9-70）中的 C_d 所隐含的流速 u 是指悬浮速度，而非实际的流速，除非实际流速恰好等于悬浮速度。在一般工程中，可近似用下式计算 C_d：

$$\left.\begin{array}{l}10\leqslant Re\leqslant 10^3,\quad C_d=\dfrac{13}{\sqrt{Re}}\\[2mm]10^3<Re\leqslant 2\times 10^5,\quad C_d=0.48\end{array}\right\} \tag{9-73}$$

9.10.3　绕流升力的一般概念

当绕流物体为非对称形，如图9-29a所示；或虽为对称形，但其对称轴与来流方向不平行，如图9-29b所示，由于绕流的物体上下侧所受的压力不相等，因此，在垂直于流动方向存在着升力 F_L。由图可见，在绕流物体的上部流线较密，而下部的流线较稀。也就是说，上部的流速大于下部的流速。根据能量方程，速度大则压强小，而流速小则压强大。因此物体下部的压强较物体上部的压强为大。这就说明了升力的存在。升力对于轴流水泵和轴流风机的叶片设计有重要意义。良好的叶片形状应具有较大的升力和较小的阻力。升力的计算公式为

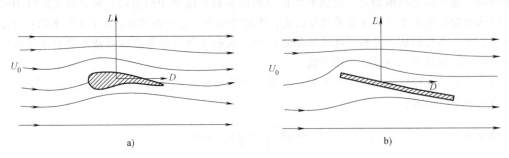

图9-29　升力示意图

$$F_L=C_L A\frac{\rho u_0^2}{2} \tag{9-74}$$

式中，C_L 为升力系数，一般由实验确定。其余符号意义同前。

【例 9-9】 一圆柱烟囱，高 $l = 20\text{m}$，直径 $d = 0.6\text{m}$。求风速 $u_0 = 18\text{m/s}$ 横向吹过时，烟囱所受的总推力。已知空气密度 $\rho = 1.293\text{kg/m}^3$，运动黏度 $\nu = 13 \times 10^{-6}\text{m}^2/\text{s}$。

【解】 流动的雷诺数

$$Re = \frac{u_0 d}{\nu} = \frac{18 \times 0.6}{13 \times 10^{-6}} = 8.3 \times 10^5$$

可近似由图 9-28 查得阻力系数 $\qquad C_d = 0.35$

烟囱的总推力，即绕流阻力为

$$F_D = C_d \frac{1}{2} \rho u_0^2 A = 0.35 \times \frac{1}{2} \times 1.293 \times 18^2 \times 20 \times 0.6 = 880\text{N}$$

【例 9-10】 在煤粉炉膛中，若上升气流的速度 $u_0 = 0.5\text{m/s}$，烟气的 $\nu = 223 \times 10^{-6}\text{m}^2/\text{s}$，试计算在这种流速下，烟气中的直径 $d = 90 \times 10^{-6}\text{m}$ 的煤粉颗粒是否会沉降。烟气密度 $\rho = 0.2\text{kg/m}^3$，煤的密度 $\rho_m = 1.1 \times 10^3\text{kg/m}^3$。

【解】 先求直径 $d = 90 \times 10^{-6}\text{m}$ 的煤粉颗粒的悬浮速度，如气流速度大于悬浮速度，则煤粉不会沉降；反之，煤粉就将沉降。由于悬浮速度未知，无法求出其相应的雷诺数 Re 值，这样也就不能确定阻力系数 C_d 应采用的公式，因此要应用试算法。不妨先假设悬浮速度相应的雷诺数小于 1，用式（9-72）计算悬浮速度

$$u = \frac{1}{18\mu} d^2 (\rho_m - \rho) g = \frac{1}{18\nu\rho} d^2 (\rho_m - \rho) g$$

$$= \frac{1}{18 \times 223 \times 10^{-6}\text{m}^2/\text{s} \times 0.2\text{kg/m}^3} (90 \times 10^{-6}\text{m})^2 (1.1 \times 10^3 - 0.2)\text{kg/m}^3 \times 9.8\text{m/s}^2$$

$$= 0.109\text{m/s}$$

校核：悬浮速度相应的雷诺数

$$Re = \frac{ud}{\nu} = \frac{0.109\text{m/s} \times 90 \times 10^{-6}\text{m}}{223 \times 10^{-6}\text{m}^2/\text{s}} = 0.0440 < 1$$

假设成立，悬浮速度 $u = 0.109\text{m/s}$ 正确。如果校核计算所得 Re 值不在假设范围内，则需重新假设 Re 范围，重复上述步骤，直至 Re 值在假设范围内。

由于气流速度大于悬浮速度，所以这种尺寸的煤粉颗粒不会沉降，而是随烟气流动。

【例 9-11】 一竖井式的磨煤机，空气流速 $u_0 = 2\text{m/s}$，空气的运动黏度 $\nu = 20 \times 10^{-6}\text{m}^2/\text{s}$，密度 $\rho = 1\text{kg/m}^3$。煤的密度 $\rho_m = 1000\text{kg/m}^3$。试求此气体能带走的最大煤粉颗粒的直径 d。

【解】 按题意，当悬浮速度即为实际空气流速时，处于悬浮状态的颗粒直径就是能被此气流带走的最大颗粒直径。因此，本题是已知悬浮速度求颗粒直径。

由于颗粒直径 d 未知，无法求得 Re 值。假设 $10 \leqslant Re \leqslant 10^3$。由式（9-73），将 $C_d = \dfrac{13}{\sqrt{Re}}$ 代入式（9-71），得

$$u = \sqrt{\frac{4}{3C_d} \frac{\rho_m - \rho}{\rho} gd} = \sqrt{\frac{4}{39} \frac{\rho_m - \rho}{\rho} gd \sqrt{Re}}$$

化简后得

$$d = u \left[\frac{39\rho}{4g(\rho_m - \rho)} \right]^{2/3} \nu^{1/3} = 0.544 \text{mm}$$

校核：

$$Re = \frac{u_0 d}{\nu} = \frac{2\text{m/s} \times 5.4 \times 10^{-4} \text{m}}{20 \times 10^{-6} \text{m}^2/\text{s}} = 54.4$$

此值在原假设范围内，故计算成立。在题中给出的条件下，直径小于 0.544mm 的颗粒能被气流带走。

习　题

9.1　描绘出下列流速场，每一流速场绘三根流线（不绘（10）、（11）两流场）。

（1）$u_x = 4$，$u_y = 3$；（2）$u_x = 4$，$u_y = 3x$；

（3）$u_x = 4y$，$u_y = 0$；（4）$u_x = 4y$，$u_y = 3$；

（5）$u_x = 4y$，$u_y = -3x$；（6）$u_x = 4y$，$u_y = 4x$；

（7）$u_x = 4y$，$u_y = -4x$；（8）$u_x = 4$，$u_y = 0$；

（9）$u_x = 4$，$u_y = -4x$；（10）$u_x = 4x$，$u_y = 0$；

（11）$u_x = 4xy$，$u_y = 0$；（12）$u_r = c/r$，$u_\theta = 0$；

（13）$u_r = 0$，$u_\theta = c/r$。

9.2　在题 9.1 给出的流速场中，哪些流动是无旋流动？哪些流动是有旋流动？如果是有旋流动，它的旋转角速度的表达式是什么？

9.3　在题 9.1 给出的流速场中，求出各有势流动的流函数和势函数。

9.4　流速场为（1）$u_r = 0$，$u_\theta = c/r$；（2）$u_r = 0$，$u_0 = \omega^2 r$，求半径为 r_1 和 r_2 的两流线间流量的表达式。

9.5　流速场的流函数是 $\psi = 3x^2 y - y^3$。它是否是无旋流动？如果不是，计算它的旋转角速度。证明任一点的流速只取决于它对原点的距离。绘流线簇 $\psi = 2$。

9.6　确定半无限物体的轮廓线，需要哪些量来决定流函数？要改变物体的宽度，需要变动哪些量？以某一水平流动设计的绕流流速场，当水平流动的流速变化时，流函数是否有变化？

9.7　确定朗金椭圆的轮廓线，主要取决于哪些量？试根据指定长度 $l = 2\text{m}$，指定宽度 $b = 0.5\text{m}$，设计朗金椭圆的轮廓线。

9.8　确定绕圆柱流场的轮廓线，主要取决于哪些量？已知 $R = 2\text{m}$，求流函数和势函数。

9.9　等强度的两源流，位于距原点为 a 的 x 轴上，求流函数，并确定驻点位置。如果此流速场和流函数为 $\psi = vy$ 的流速场相叠加，绘出流线，并确定驻点位置。

9.10　强度同为 $60\text{m}^2/\text{s}$ 的源流和汇流位于 x 轴，各距原点为 $a = 3\text{m}$。计算坐标原点的流速。计算通过点 $(0,4)$ 的流线的流函数值，并求该点流速。

9.11　为了在点 $(0,5)$ 产生 10m/s 的速度，在坐标原点应加强度多大的偶极矩？过此点的流函数值为何？

9.12　强度为 $0.2\text{m}^2/\text{s}$ 的源流和强度为 $1\text{m}^2/\text{s}$ 的环流均位于坐标原点。求流函数和势函数，求点 $(1\text{m}, 0.5\text{m})$ 的速度分量。

9.13　在速度为 $v = 0.5$ 的水平直线流中，在 x 轴上方 2 单位处放一强度为 $q = 5$ 的源流。绘此半物体的形状。然后利用一个镜像源流，以得出沿墙面的流动。绘半无限物体的新形状（在墙上 $y > 0$ 的区间），借以研究地面的影响。

9.14　试讨论速度势函数为 $\psi = ar^{\frac{\pi}{\alpha}} \cos \frac{\pi}{\alpha} \theta$ 的转角流的压强分布。假定流速为零处压强为零。

9.15　在管径 $d = 100\text{mm}$ 的管道中，试分别计算层流和湍流时的入口段长度（层流按 $Re = 2000$ 计算）。

9.16　有一宽为 2.5m、长为 30m 的平板在水静中以 5m/s 的速度等速拖曳，水温为 20℃，求平板的总阻力。

第 10 章
一元气体动力学基础

气体动力学又称为可压缩流体动力学，研究可压缩气体的运动规律及其在工程实际中的应用。

对于高速运动的气体，即当气体流动速度较高，压差较大时，气体的密度发生了显著的变化，从而气体的流动现象、运动参数也发生显著变化。因此必须考虑气体的可压缩性，也就是必须考虑气体密度随压强和温度的变化。这样一来，研究可压缩流体的动力学不只是流速、压强问题，而且也包含密度和温度问题，不仅需要流体力学的知识，还需要热力学知识。在这种情况下，进行气体动力学计算时，压强、温度只能用绝对压强及开尔文温度。

10.1 理想气体一元恒定流动的运动方程

从微元流束中沿轴线 s 任取 ds 段，如图 10-1 所示。应用理想流体欧拉运动微分方程，单位质量力在 s 方向的分力以 f_s 表示，就可得出：

$$f_s - \frac{1}{\rho}\frac{\partial p}{\partial s} = \frac{\mathrm{d}v_s}{\mathrm{d}t} = \frac{\partial v_s}{\partial t} + \frac{\partial v_s}{\partial s} \cdot \frac{\mathrm{d}s}{\mathrm{d}t}$$

对于一元恒定流动，

$$\frac{\partial p}{\partial s} = \frac{\mathrm{d}p}{\mathrm{d}s}, \quad \frac{\partial v_s}{\partial s} = \frac{\mathrm{d}v_s}{\mathrm{d}s}, \quad \frac{\partial v_s}{\partial t} = 0$$

当质量力仅为重力，气体在同介质中流动时，浮力和重力平衡，不计质量力 f_s，并去掉下标 s，可得

$$\frac{1}{\rho}\frac{\mathrm{d}p}{\mathrm{d}s} + v\frac{\mathrm{d}v}{\mathrm{d}s} = 0$$

于是有

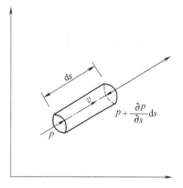

图 10-1　气体微元流动

$$\frac{\mathrm{d}p}{\rho} + v\mathrm{d}v = 0 \tag{10-1}$$

$$\frac{\mathrm{d}p}{\rho} + \mathrm{d}\left(\frac{v^2}{2}\right) = 0 \tag{10-2}$$

式（10-1）、式（10-2）称为欧拉运动微分方程，又称为微分形式的伯努利方程。它确定了气体一元流动的 p、ρ、v 三者之间的关系。

要积分上式，必须给出气体的 p、ρ 之间的函数关系，于是必须借助热力学过程方程。

10.1.1 气体一元定容流动

热力学中定容过程是指气体在容积不变，或比容不变的条件下进行的热力过程。定容流动则是指气体容积不变的流动，即密度 ρ 不变的流动。

在 $\rho=$ 常量下，对式（10-2）进行积分，得

$$\frac{p}{\rho}+\frac{v^2}{2}=常量$$

上式两端同时除以 g，得

$$\frac{p}{\rho g}+\frac{v^2}{2g}=常量 \tag{10-3}$$

式（10-3）就是第 3 章中不可压缩理想流体元流能量方程忽略质量力时的形式。该方程的意义是：沿流各断面上受单位质量或重量作用的理想气体的压能与动能之和守恒，且二者可以互相转换。

在元流任取两断面上可列出：

$$\frac{p_1}{\rho}+\frac{v_1^2}{2}=\frac{p_2}{\rho}+\frac{v_2^2}{2} \tag{10-4}$$

式（10-4）则为单位质量理想气体的能量方程。

10.1.2　气体一元等温流动

热力学中等温过程是指气体在温度 T 不变的条件下所进行的热力过程。等温流动则是指气体在温度保持不变情况下的流动。气体状态参数服从等温过程方程

$$\frac{p}{\rho}=RT=C \tag{10-5}$$

将式（10-5）代入式（10-2）中，并积分得

$$C\ln p+\frac{v^2}{2}=常量$$

又知 $C=RT$，代入上式，得

$$RT\ln p+\frac{v^2}{2}=常量 \tag{10-6}$$

10.1.3　气体一元绝热流动

从热力学中得知，在无能量损失且与外界又无热量交换的条件下进行的热力过程，称为可逆的绝热过程，又称等熵过程。这样理想气体的绝热流动即为等熵流动。气体参数的变化服从等熵过程方程：

$$\frac{p}{\rho^k}=C \tag{10-7}$$

所以

$$\rho=\left(\frac{p}{C}\right)^{\frac{1}{k}}=p^{\frac{1}{k}}C^{-\frac{1}{k}} \tag{10-8}$$

式中，k 为等熵指数，$k=\dfrac{c_p}{c_V}$，为比定压热容 c_p 与比定容热容 c_V 之比。

将式（10-8）代入式（10-2）中的第一项并积分：

$$\int\frac{\mathrm{d}p}{\rho}=C^{\frac{1}{k}}\int p^{-\frac{1}{k}}\,\mathrm{d}p=\frac{k}{k-1}\cdot\frac{p}{\rho} \tag{10-9}$$

式（10-9）代入式（10-2）中，于是得出

$$\frac{k}{k-1} \cdot \frac{p}{\rho} + \frac{v^2}{2} = 常量 \tag{10-10}$$

对任意两断面有

$$\frac{k}{k-1} \cdot \frac{p_1}{\rho_1} + \frac{v_1^2}{2} = \frac{k}{k-1} \cdot \frac{p_2}{\rho_2} + \frac{v_2^2}{2} \tag{10-11}$$

将式（10-10）变化为

$$\frac{1}{k-1} \cdot \frac{p}{\rho} + \frac{p}{\rho} + \frac{v^2}{2} = 常量 \tag{10-12}$$

与不可压缩理想气体方程比较，式（10-12）多出一项 $\frac{1}{k-1} \cdot \frac{p}{\rho}$。从热力学可知，该多出项正是绝热过程中，单位质量气体所具有的内能 u。

证明如下：从热力学第一定律知，对理想气体有

$$u = c_V T$$

又从理想气体状态方程中，可得

$$T = \frac{p}{R\rho}$$

气体常数 R 为

$$R = c_p - c_V$$

及

$$k = \frac{c_p}{c_V}$$

于是内能 u 为

$$u = c_V T = c_V \cdot \frac{p}{(c_p - c_V)\rho} = \frac{c_V}{c_p - c_V} \cdot \frac{p}{\rho}$$

$$= \frac{\dfrac{c_V}{c_V}}{\dfrac{c_p}{c_V} - \dfrac{c_V}{c_V}} \cdot \frac{p}{\rho} = \frac{1}{k-1} \cdot \frac{p}{\rho}$$

将内能 u 代入式（10-12）中，得

$$u + \frac{p}{\rho} + \frac{v^2}{2} = 常量 \tag{10-13}$$

式（10-13）表明：气体等熵流动，即理想气体绝热流动，沿流任意断面上，单位质量的气体所具有的内能、压能和动能之和为一常量。

因包括内能项，故又称式（10-13）为绝热流动的全能方程。

气体动力学中，常用焓 h 这个热力学参数来表示绝热流动全能方程。

热力学给出 $h = u + \dfrac{p}{\rho}$，代入式（10-13）便得出用焓表示的全能方程

$$h + \frac{v^2}{2} = 常量 \tag{10-14}$$

又知 $h = c_p T$，则式（10-14）又可写为

$$c_p T + \frac{v^2}{2} = 常量 \tag{10-15}$$

对任意两断面可列出

$$h_1 + \frac{v_1^2}{2} = h_2 + \frac{v_2^2}{2} \tag{10-16}$$

$$c_p T_1 + \frac{v_1^2}{2} = c_p T_2 + \frac{v_2^2}{2} \tag{10-17}$$

气体等熵指数 k 决定于气体分子结构，热力学中已详述。这里仅给出如下气体 k 值。空气 $k=1.4$，干饱和蒸汽 $k=1.135$，过热蒸汽 $k=1.33$。

类似绝热运动，可得出多变流动的运动方程

$$\frac{n}{n-1} \cdot \frac{p}{\rho} + \frac{v^2}{2} = 常量 \tag{10-18}$$

对任意两断面可写为

$$\frac{n}{n-1} \cdot \frac{p_1}{\rho_1} + \frac{v_1^2}{2} = \frac{n}{n-1} \cdot \frac{p_2}{\rho_2} + \frac{v_2^2}{2} \tag{10-19}$$

式中，n 为多变指数。

从热力学中知下列特殊流动时，

等温流动　$n=1$

绝热流动　$n=k$

定容流动　$n=\pm\infty$

要注意的是，在实际流动中，并不存在绝对的等温流动、绝热流动或定容流动。所以 n 值是在上述所给值的左右变化。

【例 10-1】　求空气绝热流动时（无摩擦损失），两断面间流速与热力学温度的关系。已知：空气的等熵指数 $k=1.4$，气体常数 $R=287\text{J}/(\text{kg}\cdot\text{K})$。

【解】　应用公式

$$\frac{k}{k-1} \cdot \frac{p}{\rho} + \frac{v^2}{2} = 常量$$

由理想气体状态方程可得 $\dfrac{p}{\rho}=RT$，代入上式得

$$\frac{kRT}{k-1} + \frac{v^2}{2} = 常量$$

流经两个断面有方程

$$\frac{2kRT_1}{k-1} + v_1^2 = \frac{2kRT_2}{k-1} + v_2^2$$

代入已知数据，即可解得

$$v_2 = \sqrt{2009(T_1 - T_2) + v_1^2}$$

【例 10-2】　为获得较高空气流速，并使煤气与空气充分混合，将压缩空气流经如图 10-2 所示的喷嘴。在 1、2 两断面上测得压缩空气参数为：$p_1 = 12\times98100\text{Pa}$，$p_2 = 10\times98100\text{Pa}$，$v_1 = 100\text{m/s}$，$t_1 = 27\text{℃}$。试求喷嘴出口速度 v_2 的大小。

【解】　因为速度较高，气流来不及与外界进行热质交换，当忽略能量损失时，可按等熵流动处理。

应用例 10-1 所得结果，有

$$v_2 = \sqrt{2009\,\text{m}^2/(\text{s}^2 \cdot \text{K}) \times (T_1 - T_2) + v_1^2}$$

$$T_1 = (273 + 27)\,\text{K} = 300\,\text{K}$$

$$\rho_1 = \frac{p_1}{RT_1} = \frac{12 \times 98100\,\text{Pa}}{[287\,\text{J}/(\text{kg} \cdot \text{K})] \times 300\,\text{K}} = 13.67\,\text{kg/m}^3$$

$$\rho_2 = \rho_1 \left(\frac{p_2}{p_1}\right)^{\frac{1}{k}} = 13.67\,\text{kg/m}^3 \times \left(\frac{10 \times 98100\,\text{Pa}}{12 \times 98100\,\text{Pa}}\right)^{\frac{1}{1.4}}$$

$$= 12.01\,\text{kg/m}^3$$

$$T_2 = \frac{p_2}{\rho_2 R} = \frac{10 \times 98100\,\text{Pa}}{[12.01\,\text{kg/m}^3 \times 287\,\text{J}/(\text{kg} \cdot \text{K})]} = 284\,\text{K}$$

将各数值代入 v_2 式中，得

$$v_2 = \sqrt{2009\,\text{m}^2/(\text{s}^2 \cdot \text{K}) \times (300 - 284)\,\text{K} + (100\,\text{m/s})^2} = 205\,\text{m/s}$$

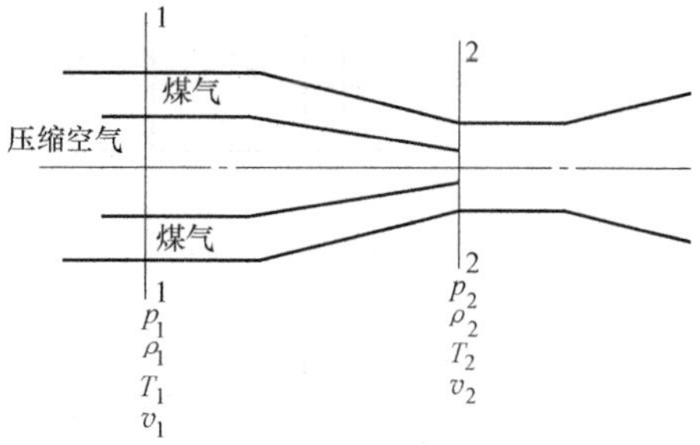

图 10-2 喷嘴计算

理想气体绝热流动的伯努利方程

$$\frac{k}{k-1} \cdot \frac{p}{\rho} + \frac{v^2}{2} = 常量$$

不仅适用于无摩阻的绝热流中，也适用于有黏性的实际气流中。这是因为管流中只要管材不导热，摩擦所产生的热量将保存在管路中，所消耗的机械能转化为内能，其总和则保持不变。

这里要注意绝热流动在两种不同情况下的不同处理方法。在喷管中的流动，具有较高流速和较短行程，因而气流与壁面接触时间短，来不及进行热交换，摩擦损失也可忽略，因此可按无摩擦绝热流动处理，此时应将绝热流动能量方程和绝热过程方程联立求解。至于有保温层的管路，一般摩擦作用不能忽略，属于有摩擦绝热流动，则应用后面介绍的绝热管路公式求流量后，再与绝热流动能量方程联立求得出口流速和密度。

10.2 声速、滞止参数、马赫数

10.2.1 声速

流体中某处受外力作用，使其压力发生变化，称为压力扰动，压力扰动就会产生压力波，向四周传播。如弹拨琴弦，使得弦周围的空气受到微小扰动，压强、密度发生微弱变化，并以纵波的形式向外传播。传播速度的快慢，与流体内在性质——压缩性（或弹性）和密度有关。声速的概念不仅仅限于人耳所能听到的声音的传播速度，凡微小扰动在流体中的传播速度都定义为声速，以符号 c 表示。c 是气体动力学重要参数，下面加以讨论。

取等断面直管（见图 10-3），管中充满静止的可压缩气体。活塞在力的作用下，以微小速度 $\text{d}v$ 向右移动，产生一个微小扰动的平面波。若定义扰动与未扰动的分界面为波峰，则波峰传播速度就是声速 c。波峰所到之处，流体压强变为 $p + \text{d}p$，密度变为 $\rho + \text{d}\rho$ 波峰未到达之处，流体仍处于静止，压强、密度仍为静止时的 p、ρ。

为了分析方便起见，将坐标固定在波峰上，如图 10-3 所示。于是观察到波峰右侧原来静止的流体将以速度 c 向左运动，压强为 p，密度为 ρ。左侧流体将以 $c - \text{d}v$ 向左运动，其压强为 $p + \text{d}p$，密度为 $\rho + \text{d}\rho$。取图中虚线所示区域为控制体，波峰处于控制体中，当波峰两侧的控制面无限接近时，控制体体积趋近于零。

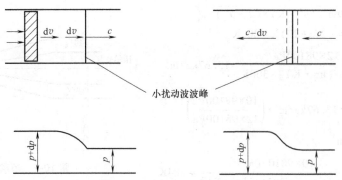

图 10-3　声速传播物理过程

设管道断面面积为 A，对控制体写出连续性方程

$$c\rho A = (c-dv)(\rho+d\rho)A$$

展开略去二阶小量，得

$$\frac{d\rho}{\rho} = \frac{dv}{c} \qquad (10\text{-}20)$$

对控制体建立动量方程，由于控制体的体积趋近于零，质量力为零，并且可以忽略切应力的作用，于是动量方程可写成

$$pA-(p+dp)A = \rho cA\big[(c-dv)-c\big]$$

整理可得

$$dp = \rho c dv \qquad (10\text{-}21)$$

由式（10-20）及式（10-21），消去 dv 可得声速公式：

$$c^2 = \frac{dp}{d\rho} \qquad (10\text{-}22)$$

$$c = \sqrt{\frac{dp}{d\rho}} \qquad (10\text{-}23)$$

式（10-23）虽然是从微小扰动平面波导出的，但它也同样适用于球面波。

式（10-23）对气体、液体都适用。回顾 1.3 节关于压缩性论述中曾给出流体的弹性模量与压缩系数关系：

$$E = \frac{1}{\beta} = \rho\,\frac{dp}{d\rho}$$

将式（10-23）代入，得

$$E = \frac{1}{\beta} = \rho c^2$$

所以

$$c = \sqrt{\frac{E}{\rho}} \qquad (10\text{-}24)$$

式（10-24）说明声速与流体弹性模量的平方根成正比，与流体密度的平方根成反比。$\dfrac{dp}{d\rho}$ 表示密度随压强的变化率，值越大，也就是可压缩性大，因此声速在一定程度上反映了流体压缩性的大小。

声波传播速度很快，在传播过程中与外界来不及进行热量交换，而且各项变化为微小量，可以认为，整个传播过程是一个既绝热、又无能量损失的等熵过程。

应用气体等熵过程方程

$$\frac{p}{\rho^k} = C$$

对上式进行微分，有

$$\mathrm{d}p = C \cdot k\rho^{k-1} \mathrm{d}\rho$$

则

$$\frac{\mathrm{d}p}{\mathrm{d}\rho} = C \cdot k \cdot \rho^{k-1} = \frac{p}{\rho^k} \cdot k \cdot \rho^{k-1} = k \cdot \frac{p}{\rho}$$

再将完全气体状态方程 $\frac{p}{\rho} = RT$ 代入，得

$$\frac{\mathrm{d}p}{\mathrm{d}\rho} = k\frac{p}{\rho} = kRT \tag{10-25}$$

将式（10-25）代入声速公式中，于是得到气体中声速公式

$$c = \sqrt{\frac{\mathrm{d}p}{\mathrm{d}\rho}} = \sqrt{k\frac{p}{\rho}} = \sqrt{kRT} \tag{10-26}$$

声速与速度、压强、密度、温度一样，是代表气体状态的一个重要参数。从式（10-26）中得出：

1）不同的气体有不同的绝热指数 k 及不同的气体常数 R，所以各种气体有各自的声速值。

如常压下，求 15℃ 空气中的声速，因空气

$$k = 1.4,\ R = 287\mathrm{J}/(\mathrm{kg \cdot K}) = 287\mathrm{N \cdot m}/(\mathrm{kg \cdot K}) = 287\mathrm{m}^2/(\mathrm{s}^2 \cdot \mathrm{K})$$

$$T = (273+15)\mathrm{K} = 288\mathrm{K}$$

因此，

$$c = \sqrt{kRT} = \sqrt{1.4 \times 287\mathrm{m}^2/(\mathrm{s}^2 \cdot \mathrm{K}) \times 288\mathrm{K}} = 340\mathrm{m/s}$$

当压强及温度与空气的相同时，氢气中的声速 $c = 1295\mathrm{m/s}$。

2）同一气体中声速也不是固定不变的，它与气体的热力学温度的平方根成正比。如常压空气中声速

$$c = 20.1\sqrt{T}\ (\mathrm{m/s})$$

10.2.2　滞止参数

理想气体一元恒定流动的计算过程，是由已知的某一断面的参数求另一断面的参数，如果能找到一个断面，其参数在气体整个运动过程中保持不变，将使得计算更加简便。

气流某断面的流速，设想以无摩擦绝热过程降低至 0 时，断面各参数所达到的值称为气流在该断面的滞止参数。滞止参数以下标"0"表示。例如 p_0、ρ_0、T_0、i_0、c_0 等相应地称为滞止压强、滞止密度、滞止温度、滞止熵值、滞止声速。

断面滞止参数可根据能量方程及该断面参数值求出。应用式（10-11）及式（10-16），可得

$$\frac{k}{k-1} \cdot \frac{p_0}{\rho_0} + 0 = \frac{k}{k-1} \cdot \frac{p}{\rho} + \frac{v^2}{2} \tag{10-27}$$

$$\frac{k}{k-1}RT_0 = \frac{k}{k-1}RT + \frac{v^2}{2} \tag{10-28}$$

$$i_0 = i + \frac{v^2}{2} \quad\quad (10\text{-}29)$$

又因 $c = \sqrt{kRT}$ 称为当地声速，则 $c_0 = \sqrt{kRT_0}$ 称为滞止声速。代入式（10-28）中得

$$\frac{c_0^2}{k-1} = \frac{c^2}{k-1} + \frac{v^2}{2} \quad\quad (10\text{-}30)$$

式（10-28）~式（10-30）表明：

1）等熵流动中，各断面滞止参数不变，其中 T_0、i_0、c_0 反映了包括热能在内的气流全部能量。

2）等熵流动中，气流速度若沿流增大，则气流温度 T、焓 i、声速 c 沿程降低。

3）由于当地气流速度 v 的存在，同一气流中，当地声速 c 永远小于滞止声速 c_0。气流中最大声速是滞止时的声速 c_0。

气体绕物体流动时，其驻点速度为零，驻点处的参数就是滞止参数。

在有摩阻绝热气流中，各断面上滞止温度 T_0、滞止焓 i_0、滞止声速 c_0 值不变，表示总能量不变，但因摩阻消耗的一部分机械能量转化为热能，使滞止压强 p_0 沿程降低。

在有摩阻等温气流中，气流和外界不断交换热能，使滞止温度 T_0 沿程变化。

10.2.3 马赫数 Ma

如前所述，声速大小在一定程度上反映气体可压缩性大小，当气流速度增大，则声速越小，压缩现象越显著。马赫首先将有关影响压缩效果的 v 与 c 两个参数联系起来，取指定点的当地速度 v 与该点当地声速 c 的比值称为马赫数，记作 Ma。即

$$Ma = \frac{v}{c} \quad\quad (10\text{-}31)$$

$Ma > 1$，$v > c$，即气流本身速度大于声速，则气流中参数的变化不能向上游传播。这就是超声速流动。

$Ma < 1$，$v < c$，气流本身速度小于声速，则气流中参数的变化能够各向上游传播，这就是亚声速流动。

Ma 是气体动力学中一个重要无量纲数，它反映了惯性力与弹性力的相对比值。如同雷诺数一样，是确定气体流动状态的准则数。

【例 10-3】 某飞机在海平面和 11000m 高空均以速度 1150km/h 飞行，问这架飞机在海平面和在 11000m 高空的飞行 Ma 是否相同？

【解】 飞机的飞行速度：

$$v = 1150\text{km/h} = 319\text{m/s}$$

由于海平面上的声速为 340m/s，故在海平面上的 Ma 为

$$Ma = \frac{319\text{m/s}}{340\text{m/s}} = 0.938$$

即为亚声速飞行。

在 11000m 高空的声速为 295m/s，故在 11000m 高空的 Ma 为

$$Ma = \frac{319\text{m/s}}{295\text{m/s}} = 1.08$$

则 $Ma > 1$，即飞机做超声速飞行。

现将滞止参数与断面参数比表示为 Ma 的函数。利用

$$\frac{k}{k-1}RT_0 = \frac{k}{k-1}RT + \frac{v^2}{2}$$

求出：

$$\frac{T_0}{T} = 1 + \frac{k-1}{2} \cdot \frac{v^2}{kRT} = 1 + \frac{k-1}{2} \cdot \frac{v^2}{c^2} = 1 + \frac{k-1}{2}Ma \tag{10-32}$$

根据绝热过程方程及气体状态方程可推出

$$\left.\begin{array}{l} \dfrac{p_0}{p} = \left(\dfrac{T_0}{T}\right)^{\frac{k}{k-1}} = \left(1 + \dfrac{k-1}{2}Ma^2\right)^{\frac{k}{k-1}} \\[3mm] \dfrac{\rho_0}{\rho} = \left(\dfrac{T_0}{T}\right)^{\frac{1}{k-1}} = \left(1 + \dfrac{k-1}{2}Ma^2\right)^{\frac{1}{k-1}} \\[3mm] \dfrac{c_0}{c} = \left(\dfrac{T_0}{T}\right)^{\frac{1}{2}} = \left(1 + \dfrac{k-1}{2}Ma^2\right)^{\frac{1}{2}} \end{array}\right\} \tag{10-33}$$

显然，已知滞止参数及该断面上的 Ma，即可求出该断面上的压强、密度、温度值。

10.2.4　气流按不可压缩处理的极限

从式（10-33）可看出，当 $Ma = 0$ 时各参数比值均为 1，也就是流体处于静止状态，不存在压缩问题。当 $Ma > 0$ 时，在不同速度 v 下都具有不同程度的压缩，那么 Ma 在怎样限度以内才可以忽略压缩影响？这要根据计算要求的精度来决定。

例如，计算滞止点 O 压强 p_0（见图 10-4），要求误差 $\Delta p_0 \big/ \dfrac{\rho v^2}{2}$ 小于 1%，求 Ma 的限界范围。

当考虑压缩性时，计算滞止压强 p_0 用式（10-33），即

$$\frac{p_0}{p} = \left(1 + \frac{k-1}{2}Ma^2\right)^{\frac{k}{k-1}} \tag{10-34}$$

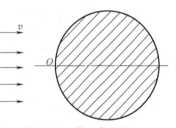

图 10-4　滞止点压强

不考虑压缩性时，可按不可压缩的能量方程计算，滞止压强用 p_0' 表示，有

$$p_0' = p + \frac{\rho v^2}{2} \tag{10-35}$$

将式（10-34）按二项式定理展开，取前三项，则有

$$\frac{p_0}{p} = 1 + \frac{k}{2}Ma^2 + \frac{k}{8}Ma^4 \tag{10-36}$$

又因 $Ma = \dfrac{v}{c} = \sqrt{\dfrac{\rho v^2}{kp}}$，所以 $Ma^2 = \dfrac{\rho v^2}{kp}$，代入式（10-36）求出 p_0 为

$$p_0 = p + \frac{\rho v^2}{2} + \frac{\rho v^2}{2} \cdot \frac{Ma^2}{4} \tag{10-37}$$

用式（10-37）减去式（10-35）得出 $p_0 - p_0' = \Delta p_0$，称为绝对误差，则

$$\Delta p_0 = \frac{\rho v^2}{2} \cdot \frac{Ma^2}{4}$$

因而

$$\frac{\Delta p_0}{\frac{\rho v^2}{2}} = \frac{Ma^2}{4} \qquad (10\text{-}38)$$

称 $\Delta p_0 \Big/ \dfrac{\rho v^2}{2}$ 为相对误差。

当要求误差小于 1%，即

$$\frac{\Delta p_0}{\frac{\rho v^2}{2}} = \frac{Ma^2}{4} < 0.01$$

得出

$$Ma^2 < 0.04，\quad Ma < 0.2$$

这就是说，$Ma < 0.2$ 时便满足了限定的相对误差小于 1%，因此 $Ma < 0.2$ 时可忽略气体的可压缩性，按不可压缩气体处理。

对于 15℃ 的空气，$c = 340\text{m/s}$，则 $Ma \leqslant 0.2$ 时，相对气流速度 $v \leqslant Ma \cdot c = 0.2 \times 340\text{m/s} = 68\text{m/s}$。这就是在第 1 章中提到的当气流速度 $v < 68\text{m/s}$ 时，可按不可压缩气体处理的理由。

当要求相对误差小于 4% 时，Ma 为 0.4，其空气速度为 136m/s（计算从略）。

对 $Ma = 0.2$ 及 $Ma = 0.4$ 的两种情况，用式（10-33）中的密度比式，即

$$\frac{\rho_0}{\rho} = \left(1 + \frac{k-1}{2} Ma^2\right)^{\frac{1}{k-1}}$$

计算密度的相对变化 $\dfrac{\rho_0 - \rho}{\rho}$。

当 $Ma = 0.2$，空气 $k = 1.4$ 时，有

$$\frac{\rho_0}{\rho} = \left(1 + \frac{1.4-1}{2} \times 0.2^2\right)^{\frac{1}{1.4-1}} = (1 + 0.008)^{2.5} = 1.021$$

则密度相对变化为

$$\frac{\rho_0 - \rho}{\rho} = \frac{1.021\rho - \rho}{\rho} = 1.021 - 1 = 2.1\%$$

当 $Ma = 0.4$，其密度相对变化为

$$\frac{\rho_0 - \rho}{\rho} = \frac{\rho_0}{\rho} - 1 = (1 + 0.32)^{2.5} - 1 = 0.082 = 8.2\%$$

计算结果表明，当 Ma 稍有增大，则密度相对变化就很显著，随着 Ma 的增大（即气流速度加快），则气流密度减小得越来越显著。

10.3　气体一元恒定流动的连续性方程

10.3.1　连续性微分方程

第 3 章已给出了连续性方程：

$$\rho v A = \text{常量}$$

对管流任意两断面，有

$$\rho_1 v_1 A_1 = \rho_2 v_2 A_2$$

为了反映流速变化和断面变化的相互关系，对上式微分可得

$$d(\rho v A) = \rho v dA + v A d\rho + \rho A dv = 0 \qquad (10\text{-}39)$$

或

$$\frac{dv}{v} + \frac{d\rho}{\rho} + \frac{dA}{A} = 0 \qquad (10\text{-}40)$$

根据式（10-1），微分形式的伯努利方程

$$\frac{dp}{\rho} + v dv = 0$$

消去密度 ρ，并将 $c^2 = \dfrac{dp}{d\rho}$，$Ma = \dfrac{v}{c}$ 代入，则可将式（10-40）表示为断面 A 与气流速度 v 之间的关系式：

$$\frac{dA}{A} = (Ma^2 - 1)\frac{dv}{v} \qquad (10\text{-}41)$$

这是可压缩流体连续性微分方程的另一种形式。

10.3.2　气流速度与断面的关系

讨论式（10-41），可得下面重要结论：

1）当 $Ma < 1$ 时，为亚声速流动，$v < c$，因此式（10-41）中 $Ma^2 - 1 < 0$ 时，dv 与 dA 正负号相反，说明速度随断面的增大而减慢，随断面的减小而加快。这与不可压缩流体运动规律类似（见图 10-5a），速度与断面呈反向变化的关系。

2）当 $Ma > 1$ 时，为超声速流动，$v > c$，式（10-41）中 $Ma^2 - 1 > 0$，dv 与 dA 正负号相同，说明速度随断面的增大而加快，随断面的减小而减慢（见图 10-5b），即速度与断面呈同向变化的关系。

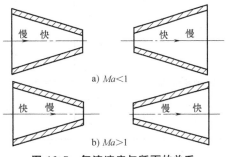

a) $Ma < 1$

b) $Ma > 1$

图 10-5　气流速度与断面的关系

为什么超声速流动和亚声速流动存在着上述截然相反的规律呢？

从可压缩流体在两种流动中，其膨胀程度与速度变化之间关系说明。应用

$$\frac{dp}{\rho} + v dv = 0$$

$$c^2 = \frac{dp}{d\rho}, \quad dp = c^2 d\rho$$

且

$$Ma = \frac{v}{c}$$

得

$$\frac{d\rho}{\rho} = -Ma^2 \frac{dv}{v} \qquad (10\text{-}42)$$

式（10-42）中 $d\rho$ 与 dv 符号相反，表明速度增加，密度减小。当 $Ma < 1$ 时，Ma^2 远小于 1，于是 $\dfrac{d\rho}{\rho}$ 远小于 $\dfrac{dv}{v}$。也就是说，在亚声速流动中，速度增加得快，而密度减小得慢，气体的膨胀

程度不显著。因此 ρv 乘积随 v 的增加而增加。若两断面上速度为 $v_1<v_2$，则 $\rho_1 v_1<\rho_2 v_2$，根据连续性方程 $\rho_1 v_1 A_1 = \rho_2 v_2 A_2$，则必有 $A_1>A_2$，反之亦然。所以亚声速流动中，存在着与不可压缩流体相同的速度与断面呈反向变化的关系。

式（10-42）中，当 $Ma>1$ 时，Ma^2 远大于 1，于是 $\dfrac{\mathrm{d}\rho}{\rho}$ 远大于 $\dfrac{\mathrm{d}v}{v}$。这说明在超声速流动中，速度增加得较慢，而密度却减小得很快，气体的膨胀程度非常的明显，这就是密度相对变化 $\dfrac{\mathrm{d}\rho}{\rho}$ 的特性，此为亚声速流动与超声速流动的根本区别。因此 ρv 乘积随 v 的增加而减小，若两断面速度为 $v_1<v_2$，则 $\rho_1 v_1>\rho_2 v_2$，同样根据 $\rho v_1 A_1 = \rho_2 v_2 A_2$，则必有 $A_1<A_2$。所以超声速流动中速度与断面呈同向变化的关系，即通常所说：速度随断面一起增大。

根据上述分析，将 A、ρ、v、p 及 ρv 等与 Ma 之间的关系，用图表来表明，见表 10-1。

表 10-1　一元等熵气流各参数沿程变化趋势

流动		面积 A	流速 v	压强 p	密度 ρ	单位面积质量流量 ρv
亚声速流动 $Ma<1$		增大	减小	增大	增大	减小
		减小	增大	减小	减小	增大
超声速流动 $Ma>1$		增大	增大	减小	减小	减小
		减小	减小	增大	增大	增大

3）当 $Ma=1$ 时，即气流速度与当地声速相等时，称此时气体流动处于临界状态。气体达到临界状态的断面称为临界断面。临界断面 A_k 上的参数称为临界参数（用下标"k"表示），临界气流速度为 v_k、临界当地声速为 c_k，因 $Ma=1$，所以 $v_k=c_k$。还有 p_k、ρ_k、T_k 等临界参数。当 $Ma=1$ 时，式（10-41）中 $Ma^2-1=0$，则必有 $\mathrm{d}A=0$。

从数学的角度分析，临界断面的微分 $\mathrm{d}A=0$，可以是最小断面，也可以是最大断面。下面证明，临界断面只能是最小断面：

如果气流以超声速 $v>c$ 流入扩张管道，如图 10-6a 所示，由于断面扩大，流速增大。因此气流的速度仍为超声速，且越来越大，不会出现声速，也就不可能有最大临界断面；反之，如果气流以亚声速 $v<c$ 流入扩张管道，如图 10-6b 所示，由于断面扩大而流速降低，因此气流的速度仍为亚声速，而且会越来越小，永远不会达到声速。综上所述，临界断面 A_k 只能是最小断面。

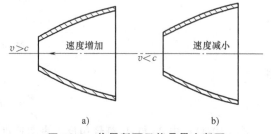

图 10-6　临界断面只能是最小断面

根据以上所述可得结论：对于初始断面为亚声速的一般收缩型气流，如图 10-7a 所示，不可能得到超声速流动，最多是在收缩管出口断面上达到声速。因为在收缩管中间段不可能有 dA = 0 的最小断面。

为了得到超声速气流，可使亚声速气流流经收缩管，并使其在最小断面上达到声速，然后再进入扩张管，满足气流的进一步膨胀增速，便可获得超声速气流。这就确定了从亚声速获得超声速的喷管形状，如图 10-7b 所示，此种喷管称为拉伐尔喷管。在图 10-7c 所示上表示了沿拉伐尔喷管长度方向上，面积 A、速度 v、压强 p 随断面距左端距离 S 的变化特性。

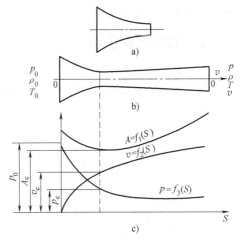

图 10-7　收缩管喷嘴、拉伐尔喷管

关于拉伐尔喷管及收缩管喷嘴的流动，仅做如上简介，因为热力学中已有详细讨论，这里不再重复。

10.4　等温管路中的流动

用管道输送气体，在工程中的应用极为广泛。例如高压蒸汽管道、煤气、天然气管道，这类问题都涉及气流在管路中的流动规律以及相关设计计算的理论。

本节在前三节基础上讨论等断面管路，等温流动有沿程摩擦损失时气体运动参数的变化。

10.4.1　气体管路运动微分方程

气体沿等断面管道流动时，由于摩擦阻力的存在，使其压强、密度沿程有所改变，因而气流速度沿程也将变化，这样使计算摩擦阻力的达西公式不能用于全长 l 上，只适用于微段 $\mathrm{d}l$ 上，于是微段 $\mathrm{d}l$ 上的单位质量气体摩擦损失为

$$\mathrm{d}h_f = \lambda \cdot \frac{\mathrm{d}l}{D} \cdot \frac{v^2}{2} \tag{10-43}$$

将式（10-43）加到理想气体一元流动的欧拉微分方程（10-1）中，便得到了实际气体的一元运动微分方程，即气体管路的运动微分方程式

$$\frac{\mathrm{d}p}{\rho} + v\mathrm{d}v + \frac{\lambda}{2D} \cdot v^2\mathrm{d}l = 0 \tag{10-44}$$

或写成

$$\frac{2\mathrm{d}p}{\rho v^2} + 2\frac{\mathrm{d}v}{v} + \frac{\lambda}{D}\mathrm{d}l = 0 \tag{10-45}$$

式中，λ 是摩擦阻力系数。λ 与 $Re = \dfrac{\rho v D}{\mu}$ 及相对粗糙度 $\dfrac{K}{D}$ 有关，①管道为等断面，因此 D 是一个常数（等断面），管材一定，则 $\dfrac{K}{D}$ 也确定；②μ 是温度的函数，对于等温流动中，μ 是不变的（绝热流动中 μ 随温度变化）；③根据连续性方程知 $\rho v A =$ 常数，因为 A 沿程不变，所以 $\rho v =$ 常数，因此，在等温流动中，$Re = \dfrac{\rho v D}{\mu}$ 是一个常数，管道内任意断面上的 Re 都相等。由上述分析，等温

流动中的摩擦阻力系数 λ 是恒定不变的。

10.4.2 管中等温流动

工程实际中的管道，如煤气、天然气管道等，由于管道很长，气体与外界能够进行充分的热交换，使气流基本保持与周围环境的温度相同，此时，这类管道流动按照等温管流处理，有足够的准确性。

根据连续性方程，质量流量 Q_m 为

$$Q_m = \rho_1 v_1 A_1 = \rho_2 v_2 A_2 = \rho v A$$

因 $A_1 = A_2 = A$，得出

$$\frac{v}{v_1} = \frac{\rho_1}{\rho} \tag{10-46}$$

对于等温流动，有

$$\frac{p}{\rho} = \frac{p_1}{\rho_1} = RT = C$$

则

$$\frac{\rho_1}{\rho} = \frac{p_1}{p} \tag{10-47}$$

代入式（10-46），于是

$$\frac{\rho_1}{\rho} = \frac{p_1}{p} = \frac{v}{v_1} \tag{10-48}$$

又可导出

$$\frac{1}{\rho v^2} = \frac{p}{\rho_1 v_1^2 p_1} \tag{10-49}$$

将式（10-49）代入式（10-45）中，并对长度为 l 的 1、2 两断面进行积分（见图10-8），得

$$\frac{2}{\rho_1 v_1^2 p_1} \int_1^2 p \, dp + 2 \int_1^2 \frac{dv}{v} + \frac{\lambda}{D} \int_1^2 dl = 0$$

得出

$$p_1^2 - p_2^2 = \rho_1 v_1^2 p_1 \left(2 \ln \frac{v_2}{v_1} + \frac{\lambda l}{D} \right) \tag{10-50}$$

因管道较长，满足

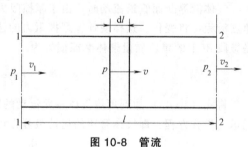

图 10-8　管流

$$2 \ln \frac{v_2}{v_1} << \frac{\lambda l}{D}$$

因此上式又可写成

$$p_1^2 - p_2^2 = \rho_1 v_1^2 p_1 \cdot \frac{\lambda l}{D} \tag{10-51}$$

解得

$$p_2 = p_1 \sqrt{1 - \frac{\rho_1 v_1^2}{p_1} \cdot \frac{\lambda l}{D}} \tag{10-52}$$

等温时，有

$$\frac{p_1}{\rho_1} = RT$$

$$p_2 = p_1 \sqrt{1 - \frac{v_1^2}{RT} \cdot \frac{\lambda l}{D}} \qquad (10\text{-}53)$$

式（10-50）~式（10-53）就是等温管路的基本公式。

将 $\rho_1 = \dfrac{p_1}{RT}$，$v_1 = \dfrac{Q_m}{\dfrac{\pi}{4}\rho_1 D^2}$ 代入式（10-51）中得

$$p_1^2 - p_2^2 = \frac{16\lambda l RT Q_m^2}{\pi^2 D^5} \qquad (10\text{-}54)$$

求得 Q_m 为

$$Q_m = \sqrt{\frac{\pi^2 D^5}{16\lambda l RT}(p_1^2 - p_2^2)} \qquad (10\text{-}55)$$

以上各式都是在等温管流中静压差较大，考虑压缩性的情况下应用，故又称为大压差公式。式（10-55）是气体管路设计计算中常使用的公式。

10.4.3　等温管流的特征

气体管路运动微分方程

$$\frac{\mathrm{d}p}{\rho} + v\mathrm{d}v + \frac{\lambda}{2D}v^2\mathrm{d}l = 0$$

将上式各项除以 $\dfrac{p}{\rho}$，得

$$\frac{\mathrm{d}p}{p} + \frac{v\mathrm{d}v}{p/\rho} + \frac{v^2}{p/\rho} \cdot \frac{\lambda \mathrm{d}l}{2D} = 0$$

完全气体状态方程的微分形式为

$$\frac{\mathrm{d}p}{p} = \frac{\mathrm{d}\rho}{\rho} + \frac{\mathrm{d}T}{T} \qquad (10\text{-}56)$$

等温时，有

$$\mathrm{d}T = 0, \quad \frac{\mathrm{d}p}{p} = \frac{\mathrm{d}\rho}{\rho} \qquad (\text{a})$$

连续性微分方程当断面不变时 $\mathrm{d}A = 0$，则为

$$\frac{\mathrm{d}\rho}{\rho} = -\frac{\mathrm{d}v}{v} \qquad (\text{b})$$

由式（a）、式（b）两式可得

$$\frac{\mathrm{d}\rho}{\rho} = \frac{\mathrm{d}p}{p} = -\frac{\mathrm{d}v}{v} \qquad (10\text{-}57)$$

由声速公式可得

$$c^2 = k \cdot \frac{p}{\rho} \qquad (\text{c})$$

将式（a）~式（c）代入式（10-56）中，得

$$-\frac{\mathrm{d}v}{v}+kMa^2\frac{\mathrm{d}v}{v}+kMa^2\frac{\lambda\,\mathrm{d}l}{2D}=0$$

$$\frac{\mathrm{d}v}{v}=\frac{kMa^2}{1-kMa^2}\cdot\frac{\lambda\,\mathrm{d}l}{2D} \tag{10-58}$$

又可得出

$$-\frac{\mathrm{d}p}{p}=\frac{\mathrm{d}v}{v}=\frac{kMa^2}{1-kMa^2}\cdot\frac{\lambda\,\mathrm{d}l}{2D} \tag{10-59}$$

讨论以上两式：

1）当 l 增加，摩阻增加，将引起如下的结果：

当 $kMa^2<1$，$1-kMa^2>0$，使 v 增加，p 减小。

当 $kMa^2>1$，$1-kMa^2<0$，使 v 减小，p 增加。

变化率随摩阻的增大而增大。

2）虽然在 $kMa^2<1$ 时，摩阻沿流增加，使速度不断增加，由于 $1-kMa^2$ 不能等于零，使流速无限增大，所以管路出口断面上 Ma 不可能超过 $\sqrt{\dfrac{1}{k}}$，只能是 $Ma\leqslant\sqrt{\dfrac{1}{k}}$。

从式（10-58）可以得到证明：若摩阻使其流速不断增加，则式中 $\mathrm{d}v>0$，所以必然有

$$1-kMa^2>0$$

$$kMa^2<1,\quad Ma<\sqrt{\frac{1}{k}}$$

因此，在应用流量公式（10-55）时，一定要用 Ma 是否小于 $\sqrt{\dfrac{1}{k}}$ 检验计算是否正确，如出口断面上 Ma 大于 $\sqrt{\dfrac{1}{k}}$，则实际流量只能按 $Ma=\sqrt{\dfrac{1}{k}}$ 计算。只有当出口断面 Ma 小于 $\sqrt{\dfrac{1}{k}}$，计算才是有效的。

3）在 $Ma=\sqrt{\dfrac{1}{k}}$ 的 l 处求得的管长就是等温管流的最大管长，如实长超过最大管长，将使进口断面流速受阻滞。

【例 10-4】 有一直径 $D=100\mathrm{mm}$ 的输气管道，在某一断面处测得压强 $p_1=980\mathrm{kPa}$，温度 $t_1=20\mathrm{℃}$，速度 $v_1=30\mathrm{m/s}$。试问气流流过距离为 $l=100\mathrm{m}$ 后，压强降为多少？

【解】 （1）空气在 $20\mathrm{℃}$ 时，查得运动黏度为 $\nu=15.7\times10^{-6}\mathrm{m^2/s}$，计算雷诺数得

$$Re=\frac{vD}{\nu}=\frac{30\mathrm{m/s}\times0.1\mathrm{m}}{15.7\times10^{-6}\mathrm{m^2/s}}=1.91\times10^5>2320$$

故为湍流，$\lambda=0.0155$，应用式（10-53），有

$$p_2=p_1\sqrt{1-\frac{\lambda lv_1^2}{DRT}}=980\mathrm{kPa}\times\sqrt{1-\frac{0.0155\times100\mathrm{m}\times(30\mathrm{m/s})^2}{0.1\mathrm{m}\times287\mathrm{J/(kg\cdot K)}\times293\mathrm{K}}}=890\mathrm{kPa}$$

相应的压降：

$$\Delta p=p_1-p_2=980\mathrm{kPa}-890\mathrm{kPa}=90\mathrm{kPa}$$

（2）校核是否 $Ma\leqslant\sqrt{\dfrac{1}{k}}$，由式（10-48）得

$$\frac{v_2}{v_1} = \frac{p_1}{p_2}$$

即

$$v_2 = v_1 \frac{p_1}{p_2} = 30\text{m/s} \times \frac{980\text{kPa}}{890\text{kPa}} \approx 33\text{m/s}$$

$$c = \sqrt{kRT} = \sqrt{1.4 \times 287\text{J/(kg} \cdot \text{K)} \times 293\text{K}} = 343\text{m/s}$$

$$Ma = \frac{v}{c} = \frac{33\text{m/s}}{343\text{m/s}} = 0.096$$

$$\sqrt{\frac{1}{k}} = \sqrt{\frac{1}{1.4}} = 0.845$$

所以

$$Ma < \sqrt{\frac{1}{k}}$$

这说明计算有效，也说明此时管路实长 $l = 100\text{m}$ 小于最大管长。

10.5　绝热管路中的流动

工程中有些气体管路，管道包裹在良好的隔热材料内，气流与外界不发生热交换，这样的流动可以按照绝热管流处理。如果管路压差很小，流速较高，且管路又较短，同样可以认为气流与外界不发生热交换，也可近似按绝热流动处理。

10.5.1　绝热管路运动方程

有摩阻绝热流动，如前所述仍可应用无摩阻绝热流动方程，但需加上摩阻损失项。正如第 3 章实际液体伯努利方程推导一样，需在理想伯努利方程之中加入损失项。

应用式（10-44），有

$$\frac{\mathrm{d}p}{\rho} + v\mathrm{d}v + \frac{\lambda}{2D}v^2\mathrm{d}l = 0$$

式中摩擦阻力系数 λ，上节已讨论过，绝热流动时是随温度变化的，但可取其平均值

$$\overline{\lambda} = \frac{\int_0^l \lambda \mathrm{d}l}{l} \tag{10-60}$$

实际使用中仍可用不可压缩流体的 λ 近似替代。

上式中密度 ρ，应用等熵绝热过程方程 $p/\rho^k = C$，求得 $\rho = C^{-\frac{1}{k}} p^{\frac{1}{k}}$，近似代替有摩阻作用的非等熵绝热过程管路中的密度。

又 $v = \dfrac{Q_m}{\rho A}$，代入上式，并除以 v^2 可得

$$\frac{A^2}{Q_m^2} \cdot C^{-\frac{1}{k}} \cdot p^{-\frac{1}{k}} \cdot \mathrm{d}p + \frac{\mathrm{d}v}{v} + \frac{\lambda}{2D}\mathrm{d}l = 0 \tag{10-61}$$

将式（10-61）对长度 l 的 1、2 两断面进行积分得

$$\frac{A^2}{Q_m^2} \cdot C^{-\frac{1}{k}} \int_{p_1}^{p_2} p^{\frac{1}{k}} \mathrm{d}p + \int_{v_1}^{v_2} \frac{\mathrm{d}v}{v} + \frac{\lambda}{2D} \int_0^l \mathrm{d}l = 0$$

$$\frac{k}{k+1} \cdot C^{-\frac{1}{k}} \left(p_1^{\frac{k+1}{k}} - p_2^{\frac{k+1}{k}} \right) = \frac{Q_m^2}{A^2} \left(\ln \frac{v_2}{v_1} + \frac{\lambda}{2D} l \right) \tag{10-62}$$

在实际应用中，由于对数项较摩擦损失项小，可忽略对数项。式（10-62）变为

$$p_1^{\frac{k+1}{k}} - p_2^{\frac{k+1}{k}} = \frac{k+1}{k} \cdot C^{\frac{1}{k}} \cdot \frac{\lambda l Q_m^2}{2DA^2} \tag{10-63}$$

解得质量流量为

$$Q_m = \sqrt{\frac{2DA^2}{\lambda l} \cdot \frac{k}{k+1} \cdot \frac{\rho_1}{p_1^{\frac{1}{k}}} \left(p_1^{\frac{k+1}{k}} - p_2^{\frac{k+1}{k}} \right)} \tag{10-64}$$

式（10-63）、式（10-64）即为绝热管路流动基本公式，是有摩擦阻力的绝热管流近似解。

10.5.2 绝热管流的特性

如同讨论等温管流一样，应用式（10-56）及式（b）、式（c）：

$$\frac{\mathrm{d}p}{p} + \frac{v\mathrm{d}v}{p/\rho} + \frac{v^2}{p/\rho} \cdot \frac{\lambda \mathrm{d}l}{2D} = 0$$

$$\frac{\mathrm{d}\rho}{\rho} = -\frac{\mathrm{d}v}{v}$$

$$c^2 = k \frac{p}{\rho}$$

再用等熵过程方程

$$\frac{p}{\rho^k} = C, \quad p = C \cdot \rho^k, \quad \mathrm{d}p = C \cdot k \cdot \rho^{k-1} \mathrm{d}\rho$$

所以有

$$\frac{\mathrm{d}p}{p} = k \cdot \frac{\mathrm{d}\rho}{\rho}$$

得

$$-k \frac{\mathrm{d}v}{v} + \frac{v\mathrm{d}v}{c^2/k} + \frac{\lambda \mathrm{d}l}{2D} \cdot \frac{v^2}{c^2/k} = 0$$

$$-k \frac{\mathrm{d}v}{v} + kMa^2 \frac{\mathrm{d}v}{v} + kMa^2 \frac{\lambda \mathrm{d}l}{2D} = 0$$

$$\frac{\mathrm{d}v}{v} (k - kMa^2) = kMa^2 \frac{\lambda \mathrm{d}l}{2D}$$

所以

$$\frac{\mathrm{d}v}{v} = \frac{Ma^2}{1 - Ma^2} \cdot \frac{\lambda \mathrm{d}l}{2D} \tag{10-65}$$

或

$$-\frac{\mathrm{d}p}{p} = \frac{kMa^2}{1 - Ma^2} \cdot \frac{\lambda \mathrm{d}l}{2D} \tag{10-66}$$

由式（10-65）、式（10-66）可知

1）当 l 增加，摩阻增加，将引起下列结果：

$Ma<1$，$1-Ma^2>0$，沿流 v 增加，p 减小。

$Ma>1$，$1-Ma^2<0$，沿流 v 减小，p 增加。

变化率随摩阻的增加而增加。

2）$Ma<1$ 时摩阻增加，引起速度增加。正如等温管流一样，在管路中间绝不可能出现临界断面。至出口断面上，Ma 只能是 $Ma\leqslant1$。

如同等温管路证明：当 $Ma<1$ 时，且 $\mathrm{d}v>0$，则式（10-65）中，$1-Ma^2>0$，所以 $Ma<1$。

3）在 $Ma=1$ 的 l 处求得的管长就是绝热管流动的最大管长。如管道实长超过最大管长时与等温管流情况相似，将使进口断面流速受阻滞。

【例 10-5】　空气温度为 16℃，在 $9.81\times10^4\mathrm{Pa}$ 压强下流出，管内径 D 为 10cm 的保温绝热管道。上游马赫数 $Ma=0.3$，压强比 $\dfrac{p_1}{p_2}=0.3$。试求管长，并判断是否为可能的最大管长。

【解】　（1）从马赫数 Ma_1 求 v_1：

$$Ma_1=\frac{v_1}{\sqrt{kRT_1}}$$

$$v_1=Ma_1\sqrt{kRT_1}$$

空气 $k=1.4$，$R=287\mathrm{m}^2/(\mathrm{s}^2\cdot\mathrm{K})$，$T_1=(273+16)\mathrm{K}=289\mathrm{K}$，于是得

$$v_1=0.3\sqrt{1.4\times287\mathrm{m}^2/(\mathrm{s}^2\cdot\mathrm{K})\times289\mathrm{K}}=102\mathrm{m/s}$$

（2）钢管

$$K=0.0046\mathrm{cm},\frac{K}{D}=0.00046$$

当 16℃ 时，空气 $\nu=15.3\times10^{-6}\mathrm{m}^2/\mathrm{s}$，有

$$Re=\frac{vD}{\nu}=\frac{102\mathrm{m/s}\times0.1\mathrm{m}}{15.3\times10^{-6}\mathrm{m}^2/\mathrm{s}}=6.7\times10^5$$

可从第 5 章莫迪图查得 $\lambda=0.0175$。

（3）应用绝热管流公式（10-64），有

$$Q_m^2=\frac{2DA^2}{\lambda l}\cdot\frac{k}{k+1}\cdot\frac{\rho_1}{p_1^{\frac{1}{k}}}\left(p_1^{\frac{k+1}{k}}-p_2^{\frac{k+1}{k}}\right)$$

上式又可变为

$$Q_m^2=\frac{\pi^2D^5}{8\lambda l}\cdot\frac{k}{k+1}\cdot\frac{p_1^2}{RT_1}-\left[1-\left(\frac{p_2}{p_1}\right)^{\frac{k+1}{k}}\right]$$

$$\left(\rho_1v_1\frac{\pi}{4}D^2\right)^2=\frac{\pi^2D^5}{8\lambda l}\cdot\frac{k}{k+1}\cdot\frac{p_1^2}{RT_1}\left[1-\left(\frac{p_2}{p_1}\right)^{\frac{k+1}{k}}\right]$$

$$(\rho_1v_1)^2=\frac{2D}{\lambda l}\cdot\frac{k}{k+1}\cdot\frac{p_1^2}{RT_1}\left[1-\left(\frac{p_2}{p_1}\right)^{\frac{k+1}{k}}\right]$$

$$\rho_1=\frac{p_1}{RT_1}=\frac{(10^4\times9.81)\mathrm{Pa}}{287\mathrm{m}^2/(\mathrm{s}^2\cdot\mathrm{K})\times289\mathrm{K}}=1.183\mathrm{kg/m}^3$$

于是

$$(1.183\text{kg/m}^3\times102\text{m/s})^2=\frac{2\times0.1\text{m}}{0.0175\times l}\cdot\frac{1.4}{2.4}\cdot\frac{(10^4\times9.81\text{Pa})^2}{287\text{m}^2/(\text{s}^2\cdot\text{K})\times289\text{K}}\left[1-\left(\frac{1}{3}\right)^{\frac{2.4}{1.4}}\right]$$

解得

$$l\approx45\text{m}$$

（4）判定是否为最大管长，求 $Ma_2=v_2/c_2$，v_2 可从绝热伯努利方程及流量 ρ_1v_1 求得，即

$$\rho_1v_1=1.183\text{kg/m}^3\times102\text{m/s}=120.666\text{kg/(m}^2\cdot\text{s)}$$

$$\rho_2=\frac{120.666\text{kg/(m}^2\cdot\text{s)}}{v_2}$$

应用伯努利方程，有

$$\frac{k}{k-1}\cdot\frac{p_1}{\rho_1}+\frac{v_1^2}{2}=\frac{k}{k-1}\cdot\frac{p_2}{\rho_2}+\frac{v_2^2}{2}$$

$$3.5\times\frac{(10^4\times9.81)\text{Pa}}{1.183\text{kg/m}^3}+\frac{(102\text{m/s})^2}{2}=3.5\times\frac{\dfrac{1}{3}\times(10^4\times9.81)\text{Pa}}{\dfrac{120.666\text{kg/(m}^2\cdot\text{s)}}{v_2}}+\frac{v_2^2}{2}$$

$$295438.686=948.486v_2+\frac{v_2^2}{2}$$

求解取正值，得

$$v_2=272.4\text{m/s}$$

$$\rho_2=\frac{120.666\text{kg/(m}^2\cdot\text{s)}}{272.4\text{m/s}}\approx0.443\text{kg/m}^3$$

$$c_2=\sqrt{1.4\times\frac{\dfrac{1}{3}\times(10^4\times9.81)\text{Pa}}{0.443\text{kg/(m}^2\cdot\text{s)}}}=321.5\text{m/s}$$

$$Ma_2=\frac{272.4\text{m/s}}{321.5\text{m/s}}=0.847$$

$Ma_2<1$，所以此管长不是可能的最大管长。

习　题

10.1　分析理想气体绝热流动伯努利方程各项的意义，并与不可压缩流体伯努利方程相比较。

10.2　试分析理想气体一元恒定流动的连续性方程意义，并与不可压缩流体的连续性方程相比较。

10.3　说明当地速度 v、当地声速 c、滞止声速 c_0 及临界声速 c_k 的意义，并写出它们之间的关系。

10.4　为什么说亚声速气流在收缩形管路中，无论管路多长，也得不到超声速气流？

10.5　在超声速流动中，速度随断面积增大而增大的关系，其物理实质是什么？

10.6　在什么样的条件下，才可能把管流视为绝热流动？在什么条件下，可视为等温流动？

10.7　试分析等断面实际气体等温流动时，沿流程速度 v、密度 ρ、压强 p、温度 T 是怎样变化的。

10.8　试分析绝热管流沿程 v、ρ、p、T 如何变化。

10.9　为什么等温管流在出口断面上的马赫数 $Ma_2\leqslant\sqrt{\dfrac{1}{k}}$？

10.10　为什么绝热管流在出口断面上的马赫数只能是 $Ma_2\leqslant1$？

10.11　有一收缩形喷嘴（见图 10-2），已知 $p_1 = 140kPa$，$p_2 = 100kPa$，$v_1 = 80m/s$，$T_1 = 293K$，求 2—2 断面上的速度 v_2。

10.12　某一绝热气流的马赫数 $Ma = 0.8$，并已知其滞止压强 $p_0 = 5 \times 98100Pa$，温度 $t_0 = 20℃$，试求滞止声速 c_0、当地声速 c、气流速度 v 和气流绝对压强 p。

10.13　有一台风机进口的空气速度为 v_1，温度为 T_1，出口空气压强为 p_2，温度为 T_2，出口断面面积为 A_2，若输入风机的轴功率为 P，试求风机的质量流量 Q_m。（空气比定压热容为 c_p）。

10.14　空气在直径为 10.16cm 的管道中流动，其质量流量是 1kg/s，滞止温度为 38℃，在管路某断面处的静压为 41360Pa，试求该断面处的马赫数、速度及滞止压强。

10.15　在管道中流动的空气，流量为 0.227kg/s，某处绝对压强为 137900，马赫数 $Ma = 0.6$，断面面积为 6.45cm²。试求气流的滞止温度。

10.16　毕托管测得静压为 35850Pa（表压），驻点压强与静压差为 65.861kPa，由气压计读得大气压为 100.66kPa，而空气流的滞止温度为 27℃。分别按不可压缩和可压缩情形计算空气流的速度。

10.17　空气管道某一断面上 $v = 106m/s$，$p = 7 \times 98100Pa$，$t = 16℃$，管径 $D = 1.03m$。试计算该断面上的马赫数及雷诺数。（提示：设动力黏度 μ 在通常压强下不变）

10.18　16℃的空气在 $D = 20cm$ 的钢管中做等温流动，沿管长 3600m 压降为 98kPa，假若初始压强为 490kPa，设 $\lambda = 0.032$，求质量流量。

10.19　已知煤气管路的直径为 20cm，长度为 3000m，气流绝对压强 $p_1 = 980kPa$，$T_1 = 300K$，摩阻系数 $\lambda = 0.012$，煤气的 $R = 490J/(kg \cdot K)$，绝热指数 $k = 1.3$，当出口的外界压强为 490kPa 时，求质量流量（煤气管路不保温）。

10.20　空气自 $p_0 = 1960kPa$，温度为 293K 的气罐中流出，沿长度为 20m、直径为 2cm 的管道流入 $p_2 = 392kPa$ 的介质中，设流动为等温流动，摩阻系数 $\lambda = 0.015$，不计局部阻力损失，求出口质量流量。

10.21　空气在光滑水平管中输送，管长 200m，管径 5cm，摩阻系数 $\lambda = 0.016$，进口绝对压强为 $10^6 kPa$，温度 20℃，流速 30m/s，求气体为以下情况时沿程压降。

（1）气体作为不可压缩流体；

（2）可压缩等温流动；

（3）可压缩绝热流动。

第 11 章
明渠流动

11.1 明渠流动概述

明渠流动是水流过流断面的某一边界与大气接触，具有一个自由表面的流动。由于自由表面与大气直接接触，面上各点的相对压强均为零，所以明渠流动又称为无压流动。水在渠道、无压管道以及江河湖海中的流动都是明渠流动，如图 11-1 所示。明渠流动理论将为输水、排水、灌溉渠道的设计、施工和运行控制提供科学的依据。

图 11-1 明渠流动

11.1.1 明渠流动的特点

同有压管流相比，明渠流动有以下特点。

1）明渠流动具有自由表面，沿程各断面的表面压强都是大气压强，重力对流动起主导作用。

2）明渠底坡的改变对流速和水深有直接影响，如图 11-2 所示。底坡 $i_1 \neq i_2$，则流速 $v_1 \neq v_2$，水深 $h_1 \neq h_2$。同一明渠流动，底坡增大，则流速增大，水深降低，过流断面面积减小。而有压管流，只要管道的形状，尺寸一定，管线坡度变化，对流速和过流断面面积无影响。

3）明渠局部边界的变化，如设置控制设备、渠道形状和尺寸的变化，改变底坡等，都会造成水深在很长的流程上发生变化。因此，明渠流动存在均匀流和非均匀流（见图 11-3）。而在有压管流中，局部边界变化影响的范围很短，只需计入局部水头损失，仍可按均匀流计算（见图 11-4）。

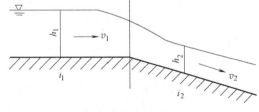

图 11-2 底坡影响

如上所述，重力作用，坡底影响，水深可变是明渠流动有别于有压管流的特点。

11.1.2 底坡

如图 11-5 所示，明渠渠底与纵剖面的交线称为底线。底线沿流程单位长度的降低值称为渠

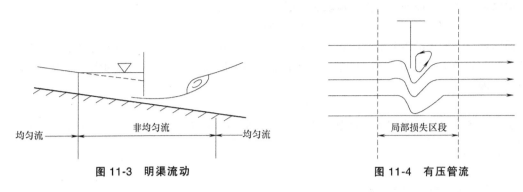

图 11-3　明渠流动　　　　　　　图 11-4　有压管流

道底坡，以符号 i 表示。于是

$$i = \frac{\nabla_1 - \nabla_2}{l} = \sin\theta \tag{11-1}$$

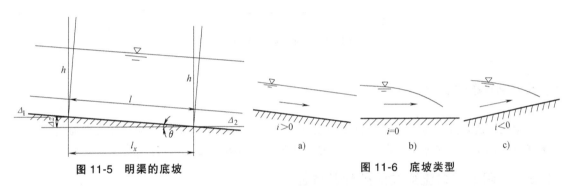

图 11-5　明渠的底坡　　　　　　　图 11-6　底坡类型

在一般情况下，渠道底坡 i 很小，为便于测量和计算，以水平距离 l_x 代替流程长度 l，同时以铅垂断面作为过流断面，以铅垂深度 h 作为过流断面的水深。于是

$$i = \frac{\nabla_1 - \nabla_2}{l_x} = \tan\theta \tag{11-2}$$

底坡分为三种类型：底线高程沿程降低（$\nabla_1 > \nabla_2$），$i>0$，称为正底坡或顺坡（见图 11-6a）；底线高程沿程不变（$\nabla_1 = \nabla_2$），$i=0$，称为平底坡（见图 11-6b）；底线高程沿程抬高（$\nabla_1 < \nabla_2$），$i<0$，称为反底坡或逆坡（见图 11-6c）。

11.1.3　棱柱形渠道和非棱柱形渠道

根据渠道的几何特性，分为棱柱形渠道和非棱柱形渠道。棱柱形渠道是指断面形状、尺寸沿程不变的长直渠道。例如棱柱形梯形渠道，其底宽 b、边坡系数 m 皆沿程不变（见图 11-7）。对

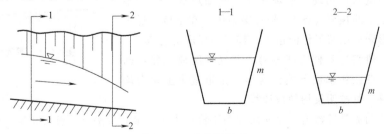

图 11-7　棱柱形渠道

于棱柱形渠道，过流断面面积只随水深改变，即

$$A = f(h)$$

断面的形状、尺寸沿程有变化的渠道称为非棱柱形渠道。例如非棱柱形梯形渠道，其底宽 b 或边坡系数 m 沿程有变化（见图 11-8）。对于非棱柱形渠道，过流断面面积既随水深改变，又随位置改变，即

$$A = f(h, S)$$

渠道的连接过渡段是典型的非棱柱形渠道，天然河道的断面往往不规则，也都属于非棱柱形渠道。

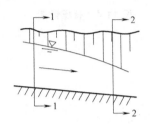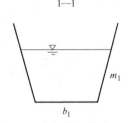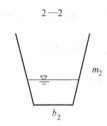

图 11-8　非棱柱形渠道

11.2　明渠均匀流

明渠均匀流是流线为平行直线且水面线和底坡平行的明渠水流，是具有自由表面的等深、等流速（见图 11-9）的水流。明渠均匀流是形式最简单的明渠流动。

11.2.1　明渠均匀流形成的条件及特征

在明渠中实现等深、等速的均匀流动是需具有一定条件的。为了说明明渠均匀流形成的条件，在明渠均匀流中（见图 11-9）取过流断面 1—1、2—2 列伯努利方程

$$(h_1 + \Delta z) + \frac{p_1}{\rho g} + \frac{\alpha_1 v_1^2}{2g} = h_2 + \frac{p_2}{\rho g} + \frac{\alpha_2 v_2^2}{2g} + h_w$$

由于明渠均匀流是等深、等速流，所以

$$p_1 = p_2 = 0, h_1 = h_2, v_1 = v_2, \alpha_1 = \alpha_2 = 1, h_w = h_f$$

所以　　　　　　　　　　$\Delta z = h_f$

除以流程 l 得　　　　　　$i = J$

此式表明，明渠均匀流的形成条件是水流沿程减少的位能，等于沿程水头损失，而水流的动能保持不变。按照这个条件，明渠均匀流只能出现在底坡不变、断面形状、尺寸不变、粗糙系数不变的顺坡（$i>0$）长直渠道中。在平坡、逆坡渠道，非棱柱形渠道以及天然河道中，都不能形成均匀流。

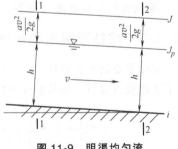

图 11-9　明渠均匀流

人工渠道一般都尽量使渠线顺直，并在长距离上保持断面形状、尺寸，壁面粗糙度不变，这样的渠道基本上符合均匀流形成的条件，可按明渠均匀流计算。

因为明渠均匀流是等深流，水面线即测压管水头线与渠底线平行，坡底相等，即

$$J_p = i$$

明渠均匀流又是等速流，总水头线与测压管水头线平行，坡度相等，即

$$J = J_p$$

由以上分析得出明渠均匀流的特征是各项坡度皆相等，即

$$J = J_p = i \tag{11-3}$$

11.2.2 过流断面的几何要素

明渠断面以梯形最具代表性（见图 11-10），其几何要素包括基本量和导出量，基本量包括底宽（b）、水深（h）和边坡系数（m）。导出量包括水面宽（B）、过流断面面积（A）、湿周（χ）和水力半径（R）。

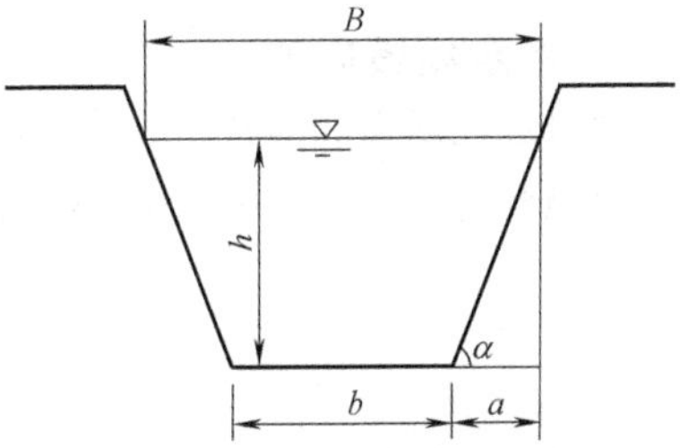

边坡系数为

$$m = \frac{a}{h} = \cot\alpha \tag{11-4}$$

边坡系数的大小，决定于渠壁土体或护面的性质，见表 11-1。

水面宽为

$$B = b + 2mh$$

过流断面面积为

$$A = (B + mh) h$$

湿周为

$$\chi = b + 2h\sqrt{1 + m^2} \tag{11-5}$$

水力半径为

$$R = \frac{A}{\chi}$$

图 11-10 梯形断面

表 11-1 梯形明渠边坡

土的种类	边坡系数 m	土的种类	边坡系数 m
细粒沙土	3.0~3.5	重壤土、密实黄土、普通黏土	1.0~1.5
砂壤土或松散土壤	2.0~2.5	密实重黏土	1.0
密实砂壤土、轻黏壤土	1.5~2.0	各种不同硬度的岩石	0.5~1.0
砾石、砂砾石土	1.5		

11.2.3 明渠均匀流的基本公式

均匀流动水头损失的计算公式——谢才公式为

$$v = C\sqrt{RJ}$$

这一公式是均匀流的通用公式，既适用于有压管道均匀流，也适用于明渠均匀流。由于明渠均匀流中，水力坡度 J 与渠道底坡 i 相等，$J = i$，故有

$$v = C\sqrt{Ri} \tag{11-6}$$

流量为

$$Q = Av = AC\sqrt{Ri} = K\sqrt{i} \tag{11-7}$$

式中，K 为流量模数，$K = AC\sqrt{R}$；C 为谢才系数，按曼宁公式计算，$C = \dfrac{1}{n}R^{1/6}$；n 为粗糙系数。

式（11-6）、式（11-7）是明渠均匀流的基本公式。

11.2.4 明渠均匀流的水力计算

明渠均匀流的水力计算，可分为三类基本问题，以梯形断面渠道为例分述如下。

1. 演算渠道的输水能力

因为渠道已经建成，过流断面的形状、尺寸（b、h、m），渠道的壁面材料 n 及底坡 i 都已知，只需算出 A、R、C 值，代入明渠均匀流基本公式，便可算出通过的流量。

$$Q = AC\sqrt{Ri}$$

2. 决定渠道底坡

此时过流断面的形状、尺寸（b、h、m），渠道的壁面材料 n 及输水流量 Q 都已知，只需算出流量模数 $K = AC\sqrt{R}$，代入明渠均匀流基本公式，便可决定渠道底坡。即

$$i = \frac{Q^2}{K^2}$$

3. 设计渠道断面

设计渠道断面是明渠中最常见的水力计算，在已知通过流量 Q、渠道坡度 i、边坡系数 m 及粗糙系数 n 的条件下，决定底宽 b 和水深 h。而用一个基本公式计算 b、h 两个未知量，将有多组解答，为得到确定解，需要另外补充条件。

1）水深 h 已定，确定相应的底宽 b 如水深 h 另由通航或施工条件限定，底宽 b 有确定解，为了避免直接由式（11-7）求解的困难，给底宽 b 以不同值，计算相应的流量模数 $K = AC\sqrt{R}$，作 $K = f(b)$ 曲线（见图 11-11）。再由已知 Q、i，算出应有的流量模数 $K_A = Q/\sqrt{i}$。然后由图 11-11 找出 K_A 所对应的 b 值，即为所求。

2）底宽 b 已定，确定相应的水深 h 如底宽 b 另由施工机械的开挖作业宽度限定，用与上面相同的方法，作 $K = f(h)$ 曲线（见图 11-12），然后找出 $K_A = Q/\sqrt{i}$ 所对应的 h 值，即为所求。

3）宽深比 $\beta = \dfrac{b}{h}$ 已定，确定相应的 b、h 小型渠道的宽深比 β 可按水力最优条件 $\beta = \beta_h = 2(\sqrt{1+m^2} - m)$ 给出，有关水力最优的概念将在后面说明。大型渠道的宽深比 β 通过综合技术经济比较给出。

因宽深比 β 已定，b、h 只有一个独立未知量，用与上面相同的方法，作 $K = f(b)$ 或 $K = f(h)$ 曲线，找出 $K_A = Q/\sqrt{i}$ 对应的 b 或 h 值。

4）限定最大允许流速 $[v]_{max}$，确定相应的 b、h 以渠道不发生冲刷的最大允许流速

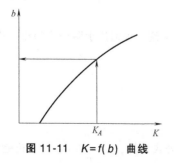

图 11-11　$K = f(b)$ 曲线

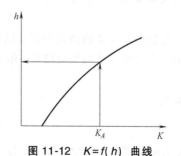

图 11-12　$K = f(h)$ 曲线

$[v]_{max}$ 为控制条件，则渠道的过流断面面积和水力半径为定值，则

$$A = \frac{Q}{[v]_{max}}$$

$$R = \left(\frac{nv_{max}}{i^{1/2}}\right)^{3/2}$$

再由几何关系

$$A = (b+mh)h$$

$$R = \frac{(b+mh)h}{b+2h\sqrt{1+m^2}}$$

两式联立就可解得 b、h。

11.2.5　水力最优断面和允许流速

1. 水力最优断面的概念
由明渠均匀流基本公式

$$Q = AC\sqrt{Ri}$$

式中，谢才系数

$$C = \frac{1}{n}R^{\frac{1}{6}}$$

得

$$Q = \frac{1}{N}AR^{2/3}i^{1/2} = \frac{i^{1/2}}{n}\frac{A^{5/3}}{\chi^{2/3}}$$

上式表明了明渠均匀流输水能力的影响因素，其中底坡 i 随地形条件而定，粗糙系数 n 决定于壁面材料，在这种情况下输水能力 Q 只取决于过流断面面积的大小和形状。从理论上讲，A 越大，则 Q 越大，但显然实际工程中 A 不可能不受限制。因此，定义：当 i、n 和 A 一定，能够使通过的流量 Q 的断面形状达到最大，或者使水力半径 R 最大，即湿周 χ 最小的断面形状定义为水力最优断面。

在土中开挖的渠道一般为梯形断面，边坡系数 m 取决于土体稳定和施工条件，于是渠道的形状只由宽深比 b/h 决定。下面讨论梯形渠道边坡系数 m 一定时的水力最优断面。

由梯形渠道断面的几何关系

$$A = (b+mh)h$$

$$\chi = b+2h\sqrt{1+m^2}$$

将解得的式子 $b = \frac{A}{h}-mh$，代入湿周的关系式中得 $\chi = \frac{A}{h}-mh+2h\sqrt{1+m^2}$，当水力最优断面面积 A 一定时，湿周 χ 最小的断面，对 $\chi=f(h)$ 求极小值，令

$$\frac{d\chi}{dh} = -\frac{A}{h^2}-m+2\sqrt{1+m^2} = 0 \tag{11-8}$$

其二阶导数

$$\frac{d^2\chi}{dh^2} = 2\frac{A}{h^3} > 0$$

故有 χ_{min} 存在。以 $A=(b+mh)h$ 代入式（11-8）求解，便得到水力最优梯形断面的宽深比为

$$\beta_h = \left(\frac{b}{h}\right)_h = 2(\sqrt{1+m^2} - m) \tag{11-9}$$

上式中取边坡系数 $m=0$，便得到水力最优矩形断面宽深比为

$$\beta_h = 2$$

即水力最优矩形断面的底宽为水深的两倍，则 $b=2h$。

梯形断面的水力半径

$$R = \frac{A}{\chi} = \frac{(b+mh)h}{b+2h\sqrt{1+m^2}}$$

将水力最优条件 $b = 2(\sqrt{1+m^2} - m)h$ 代入上式，得到

$$R_h = \frac{h}{2} \tag{11-10}$$

式（11-10）证明，在任何边坡系数 m 的情况下，水力最优梯形断面（包括矩形断面）的水力半径 R_h 为水深 h 的一半。

以上有关水力最优断面的概念，只是按渠道边壁对流动的影响最小提出的，所以"水力最优"不同于"技术经济最优"。对于工程造价基本上由土方及衬砌量决定的小型渠道，水力最优断面接近于技术经济最优断面。大型渠道需由工程量、施工技术、运行管理等各方面因素综合比较，方能定出经济合理的断面。

2. 渠道的允许流速

渠道中流速过大会引起渠道的冲刷，过小又会导致水中悬浮的泥沙在渠道中淤积，从而影响渠道的输水能力。为确保渠道能长期、稳定地通水，渠道设计流速应控制在既不冲刷渠床，也不使水中悬浮的泥沙沉降淤积的不冲不淤的范围之内，因此明渠渠道的流速有上下限值，即

$$[v]_{min} < v < [v]_{max} \tag{11-11}$$

式中，$[v]_{max}$ 为渠道不被冲刷的最大设计流速，即不冲设计流速；$[v]_{min}$ 为渠道不被淤积的最小设计流速，即不淤设计流速。

渠道的不冲允许流速 $[v]_{max}$ 的大小取决于土质情况、衬砌材料以及通过流量等因素。最小设计流速 $[v]_{min}$，为防止水中悬浮泥沙的淤积，防止水草滋生，分别为 $0.4m/s$、$0.6m/s$。

【例 11-1】 欲开挖一梯形断面土渠，已知流量 $Q = 10m^3/s$，边坡系数 $m=1.5$，粗糙系数 $n = 0.02$，为防止冲刷的最大允许流速 $[v]_{max} = 1.0m/s$，试求：（1）按水力最优断面条件设计断面尺寸；（2）渠道的底坡 i。

【解】（1）水力最优宽深比为

$$\frac{b}{h} = (\sqrt{1+m^2} - m)$$

$$\frac{b}{h} = 2(\sqrt{1+1.5^2} - 1.5) = 0.606$$

$$b = 0.606h$$

则

$$A = (b+mh)h = (0.606h + 1.5h)h = 2.106h^2$$

由已知得

$$[v]_{max} = 1.0m/s$$

将 A 和 $[v]_{max}$ 代入基本公式得 $Q = [v]_{max}A = 1.0m/s \times 2.106h^2 = 10m^3/s$

$$h = \sqrt{\frac{10}{2.106}}m = 2.18m, \quad b = 0.606h = 1.32m$$

$$[v]_{\max} = c\sqrt{Ri} = \frac{1}{n}R^{\frac{1}{6}} \times R^{\frac{1}{2}} \times i^{\frac{1}{2}} = \frac{1}{n}R^{\frac{2}{3}}i^{\frac{1}{2}}$$

（2）

$$R = \frac{1}{2}h, \quad n = 0.02$$

代入数值得

$$1 = \frac{1}{0.02} \times \left(\frac{1}{2} \times 2.18\right)^{\frac{2}{3}} \times i^{\frac{1}{2}}$$

解得

$$i = 0.00036$$

【例 11-2】　一路基排水沟需要通过流量 Q 为 $1.0\mathrm{m^3/s}$，沟底坡度 i 为 4/1000，水沟的断面采用梯形，并用小片石干砌护面（$n = 0.020$），边坡系数 m 为 1。按水力最优条件决定排水沟的断面尺寸。

【解】　按水力最优条件

$$\frac{b}{h} = 2(\sqrt{1+m^2} - m) = 2(\sqrt{1+1} - 1) = 2(\sqrt{2} - 1) = 0.828$$

则

$$b = 0.828h$$

$$Q = AC\sqrt{Ri}$$

$$C = \frac{1}{n}R^{\frac{1}{6}}$$

得

$$R = \frac{A}{\chi} = \frac{(b+mh)h}{b+2h\sqrt{1+m^2}}$$

$$Q = \frac{1}{n} \times (b+mh)h \times \left[\frac{(b+mh)h}{b+2h\sqrt{1+m^2}}\right]^{\frac{2}{3}} i^{\frac{1}{2}}$$

代入数值得

$$1.0 = \frac{1}{0.02} \times (0.828h+h)h \times \left[\frac{(0.828h+h)h}{0.828h+2h\sqrt{1+1}}\right]^{\frac{2}{3}} \times 0.004^{\frac{1}{2}}$$

解得

$$h = 0.63\mathrm{m}, \quad b = (0.828 \times 0.63)\mathrm{m} = 0.52\mathrm{m}$$

11.3　无压圆管均匀流

无压圆管是指圆形断面不满流的长管道，主要用于排水管道中。因为水流量时有变化，为避免在流量增大时管道承压，污水涌出排污口污染环境，以及为保持管道内通风，避免污水中溢出的有毒、可燃气聚集，所以排水管道中通常为非满管流。

11.3.1　无压圆管均匀流的特征

无压圆管均匀流只是明渠均匀流特定的断面形式，与明渠均匀流的唯一区别是它的自由液面的相对压强不一定为 0。无压圆管流的形成条件、水力特征以及基本公式都和前述明渠均匀流相同。

$$J = J_p = i$$

$$Q = AC \sqrt{Ri}$$

11.3.2 过断流面的几何要素

无压圆管过流断面的几何要素如图 11-13 所示。其几何要素包括基本量和导出量。基本量包括直径（d）、水深（h）、充满度（α）和充满角（θ）。导出量包括过流断面面积（A）、湿周（χ）和水力半径（R）。

充满度和充满角的关系为

$$\alpha = \sin^2 \frac{\theta}{4} = \frac{h}{d} \qquad (11\text{-}12)$$

过流断面面积为

$$A = \frac{d^2}{8} (\theta - \sin\theta)$$

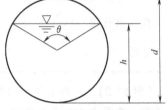

图 11-13　无压圆管过流断面

湿周为

$$\chi = \frac{d}{2} \theta$$

水力半径为

$$R = \frac{d}{4} \left(1 - \frac{\sin\theta}{\theta} \right) \qquad (11\text{-}13)$$

不同充满度的圆管过流断面的几何要素见表 11-2。

表 11-2　圆管过流断面的几何要素

充满度 α	过流断面面积 $A(\text{m}^2)$	水力半径 $R(\text{m})$	充满度 α	过流断面面积 $A(\text{m}^2)$	水力半径 $R(\text{m})$
0.05	$0.0147d^2$	$0.0326d$	0.55	$0.4426d^2$	$0.2649d$
0.10	$0.0400d^2$	$0.0635d$	0.60	$0.4920d^2$	$0.2776d$
0.15	$0.0739d^2$	$0.0929d$	0.65	$0.5404d^2$	$0.2881d$
0.20	$0.1118d^2$	$0.1206d$	0.70	$0.5872d^2$	$0.2962d$
0.25	$0.1535d^2$	$0.1466d$	0.75	$0.6319d^2$	$0.3017d$
0.30	$0.1982d^2$	$0.1709d$	0.80	$0.6736d^2$	$0.3042d$
0.35	$0.2540d^2$	$0.1935d$	0.85	$0.7115d^2$	$0.3033d$
0.40	$0.2934d^2$	$0.2142d$	0.90	$0.7445d^2$	$0.2980d$
0.45	$0.3428d^2$	$0.2331d$	0.95	$0.7707d^2$	$0.2865d$
0.50	$0.3927d^2$	$0.2500d$	1.00	$0.7854d^2$	$0.2500d$

11.3.3 无压圆管的水力计算

无压圆管的水力计算也可以分为三类问题。

1. 经验输水能力

因为管道已经建成，管道直径 d、管壁粗糙系数 n 以及管线坡度 i 都已知，充满度 α 由室外排水设计规范确定。从而只需按已知的 d、α，由表 11-3 查得 A、R，并计算出 $C = \frac{1}{n} R^{\frac{1}{6}}$，代入基本公式便可计算出通过的流量为

$$Q = AC\sqrt{Ri}$$

2. 决定管道坡度

此时管道直径 d、充满度 α、管壁粗糙系数 n 以及输水量 Q 都已知，只需按已知的 d、α，由表 11-2 查得 A、R，并计算出 $C = \frac{1}{n}R^{1/6}$，以及流量模数 $K = AC\sqrt{R}$，代入基本公式便可决定管道坡度为

$$i = \frac{Q^2}{R^2}$$

3. 计算管道直径

这时通过流量 Q、管道坡度 i、管壁粗糙系数 n 都已知，充满度 α 按有关规范预先设定的条件下，求管道直径 d。按所设计的充满度 α，由表 11-3 查得 A、R 与直径 d 的关系，代入基本公式得

$$Q = AC\sqrt{Ri} = f(d)$$

便可解出管道直径 d。

11.3.4 输水性能最优充满度

对于一定的无压管道（d、n、i 一定），流量 Q 随水深 h 变化，由基本公式

$$Q = AC\sqrt{Ri}$$

式中，谢才系数 $C = \frac{1}{n}R^{\frac{1}{6}}$，水力半径 $R = \frac{A}{\chi}$，得

$$Q = A\frac{1}{n}R^{\frac{2}{3}}i^{\frac{1}{2}} = \frac{i^{\frac{1}{2}}}{n} \times \frac{A^{\frac{5}{3}}}{\chi^{\frac{2}{3}}}$$

分析过流断面面积 A 和湿周 χ 随水深 h 的变化。在水深很小时，水深增加，水面增宽，过流断面面积增加很快，接近管轴处增加最快。水深超过半管后，水深增加，水面宽减小，过流断面面积增势减慢，在满流前增加最慢。湿周随水深的增加与过流断面面积不同而不同，接近管轴处增加最慢，在满流前增加最快。由此可知，在满流前（$h<d$），输水能力达到最大值，相应的充满度是最优充满度。

将几何关系 $A = \frac{d^2}{8}(\theta - \sin\theta)$、$\chi = \frac{d}{2}\theta$ 代入前式得

$$Q = \frac{i^{1/2}}{n} \times \frac{\left[\dfrac{d^2}{8}(\theta - \sin\theta)\right]^{5/3}}{\left(\dfrac{d}{2}\theta\right)}$$

对上式求导，并令 $\frac{\mathrm{d}Q}{\mathrm{d}\theta} = 0$，解得水力最优充满角为

$$\theta_h = 308°$$

由式（11-12），得水力最优充满度为

$$\alpha_h = \sin^2\frac{\theta_h}{4} = 0.95$$

用同样方法，可得

$$v = \frac{1}{n}R^{2/3}i^{1/2} = \frac{i^{1/2}}{n}\left[\frac{d}{4}\left(1 - \frac{\sin\theta}{\theta}\right)\right]^{2/3}$$

令 $\frac{\mathrm{d}v}{\mathrm{d}\theta} = 0$ 解得过流速度最大的充满角和充满度分别为

$$\theta_h = 257.5°, \alpha_h = 0.81$$

由以上分析得出，无压圆管均匀流在水深 $h = 0.95d$，即充满度 $\alpha_h = 0.95$ 时，输水能力最优；在水深 $h = 0.81d$，即充满度 $\alpha_h = 0.81$ 时，过流速度最大。需要说明的是，水力最优充满度并不是设计充满度，实际采用的设计充满度，尚需根据管道的工作条件以及直径的大小来确定。

无压圆管均匀流的流量和流速随水深变化，可用无量纲参数图（见图 11-14）表示。图中参数为

$$\frac{Q}{Q_0} = \frac{AC\sqrt{Ri}}{A_0 C_0\sqrt{R_0 i}} = \frac{A}{A_0}\left(\frac{R}{R_0}\right)^{2/3} = f_Q\left(\frac{h}{d}\right)$$

$$\frac{v}{v_0} = \frac{C\sqrt{Ri}}{C_0\sqrt{R_0 i}} = \left(\frac{R}{R_0}\right)^{2/3} = f_v\left(\frac{h}{d}\right)$$

式中，Q_0、v_0 为满流（$h = d$）时的流量和流速；Q、v 为不满流（$h < d$）时的流量和流速。由图 11-14 可见，当 $\frac{h}{d} = 0.95$ 时，$\frac{Q}{Q_0}$ 达到最大值，$\left(\frac{Q}{Q_0}\right)_{\max} = 1.087$，此时管中通过的流量 $Q_{\max}$ 超过管内满管时流量的 8.7%；当 $\frac{h}{d} = 0.81$ 时，$\frac{v}{v_0}$ 达最大值，$\left(\frac{v}{v_0}\right)_{\max} = 1.16$，此时管中流速超过满流时流速的 16%。

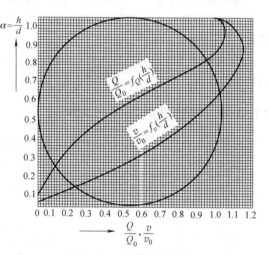

图 11-14　无量纲参数图

11.3.5　最大充满度、允许流速

在工程上进行无压管道的水力计算，还需符合有关的规范规定。对于污水管道，为避免因流量变动形成有压流，充满度不能过大。现行室外排水规范规定，污水管道最大充满度见表 11-3。

表 11-3　最大设计充满度

管径或暗渠高 （d 或 H）/mm	最大设计充满度 $\left(\alpha = \frac{h}{d} \text{ 或 } \frac{h}{H}\right)$	管径或暗渠高 （d 或 H）/mm	最大设计充满度 $\left(\alpha = \frac{h}{d} \text{ 或 } \frac{h}{H}\right)$
200~300	0.55	500~900	0.70
350~450	0.65	≥1000	0.75

至于雨水管道和合流管道，允许短暂承压，按满管流进行水力计算。

为防止管道发生冲刷和淤积，最大设计流速，金属管为 10m/s，非金属管为 5m/s；最小设计流速（在设计充满度下），$d \leq 500$mm 时取 0.7m/s，$d > 500$mm 时取 0.8m/s。

此外，对最小管径和最小设计坡度均有规定。

【例 11-3】 钢筋混凝土圆形污水管，管径 d 为 1000mm，管壁粗糙系数 n 为 0.014，管道坡度 i 为 0.002。求最大设计充满度时的流速和流量。

【解】 由表 11-3 查得管径为 1000mm 的污水管道最大设计充满度为 $\alpha = \dfrac{h}{d} = 0.75$。再由表 11-3 查得 $\alpha = 0.75$ 时过流断面的几何要素为

$$A = 0.6319d^2 = 0.6319\text{m}^2$$

$$R = 0.3017d = 0.3017\text{m}$$

谢才系数

$$C = \frac{1}{n}R^{1/6} = \frac{1}{0.014} \times (0.3017)^{1/6} = 58.5\text{m}^{\frac{1}{2}}/\text{s}$$

流速

$$v = C\sqrt{Ri} = (58.5 \times \sqrt{0.3017 \times 0.002})\text{m/s} = 1.44\text{m/s}$$

流量

$$Q = vA = (1.44 \times 0.6319)\text{m}^3/\text{s} = 0.91\text{m}^3/\text{s}$$

在实际工程中，还需要验算流速 v 是否在允许流速范围之内。本题为钢筋混凝土管，最大设计流速 $[v]_{max}$ 为 5m/s，最小设计流速 $[v]_{min}$ 为 0.8m/s。

11.4　明渠流动状态

前面所述明渠均匀流是等深、等速流动，无须研究沿水深的变化。明渠非均匀流是不等深、不等速流动，水深的变化同明渠流动的状态有关。因此，在继续讨论明渠非均匀流之前，需进一步认识明渠流动状态。观察发现，明渠水流有两种截然不同的流动状态。一种常见于底坡平缓的灌溉渠道，枯水季节的平原河道中，水流流态徐缓，遇到障碍物（如河道的孤石）阻水，则障碍物前水面壅高，逆流动方向向上游传播（见图 11-15a）。另一种多见于陡峭、瀑布、险滩中，水流流态湍急，遇到障碍物阻水，则水面隆起，越过，上游水面不发生壅高，障碍物的干扰对上游来流无影响（见图 11-15b）。以上两种明渠流动状态，前者称为缓流，后者称为急流。掌握不同流动状态的实质，对认识明渠流动现象，分析明渠流动的运动规律，有重要意义。下面从运动学的角度和能量的角度分析明渠流动的流动状态。

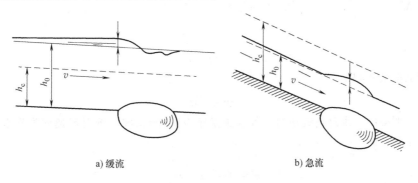

a) 缓流　　　　　　　　　b) 急流

图 11-15　明渠流动状态

11.4.1 微幅干扰波波速和弗劳德数

1. 微幅干扰波波速

缓流和急流遇障碍物干扰，流动现象不同。从运动学的角度看，缓流受干扰引起的水面波动，既向下游传播，也向上游传播；而急流受干扰引起的水面波动，只向下游传播，不能向上游传播。为说明这个问题，首先分析微幅干扰波（简称微波）的波速。设平底坡的棱柱形渠道，渠道内水静止，水深为 h，水面宽为 B，过水断面面积为 A。如用直立薄板 $N—N$ 向左拨动一下，使水面产生一个高为 Δh 的微幅干扰波，以速度 c 传播，波形所到之处，引起水体运动，渠内形成非恒定流（见图 11-16a）。

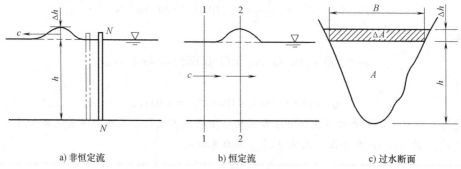

a) 非恒定流　　　　　b) 恒定流　　　　　c) 过水断面

图 11-16　微幅干扰波的传播

取固结在波峰上的动坐标系，该坐标系随波峰做匀速直线运动，因而仍为惯性坐标系。对于这个动坐标系而言，水以波速 c 由左向右运动，渠内水流转化为恒定流（见图 11-16b）。

以底线为基准面，取相距很近的 1—1、2—2 断面，列伯努利方程。其中 $v_1 = c$，由连续性方程 $cA = v_2(A + \Delta A)$，得 $v_2 = \dfrac{cA}{A + \Delta A}$。于是

$$h + \frac{c^2}{2g} = h + \Delta h + \frac{c^2}{2g}\left(\frac{A}{A + \Delta A}\right)^2$$

展开 $(A + \Delta A)^2$，忽略 $(\Delta A)^2$，由图 11-18c 可知，$\Delta h \approx \Delta A / B$。代入上式，整理得

$$c = \pm \sqrt{g\frac{A}{B}\left(1 + \frac{2\Delta A}{A}\right)}$$

微波幅 $\Delta h \ll h$，$\dfrac{\Delta A}{A} \ll 1$，上式近似简化为

$$c = \pm \sqrt{g\frac{A}{B}} \tag{11-14}$$

矩形断面渠道 $A = Bh$，得

$$c = \pm \sqrt{gh} \tag{11-15}$$

在实际的明渠中，水总是流动的，若水流流速为 v，则微波的绝对流速 c' 为静水中的波速 c 与水流流度之和，即

$$c' = v + c = v \pm \sqrt{g\frac{A}{B}} \tag{11-16}$$

式中，微波顺水流方向传播取 "+" 号，逆水流方向传播取 "-" 号。

当明渠中流速小于微幅干扰波的传播速度（后面简称微波波速），$v<c$，c'有正负值，表明干扰波既能向下游传播，又能向上游传播，这种流态是缓流。

当明渠中流速大于微波速度，$v>c$，c'只有正值，表明微幅干扰波只能向下游传播，不能向上游传播，这种状态是急流。

当明渠流速等于微波速度，即 $v=c$，微幅干扰波向上游传播的速度为零，这种临界状态称为临界流。

因此，微波速度 c 可以判别明渠水流的三种流动状态，即：$v<c$，流动为缓流；$v>c$，流动为急流；$v=c$，流动为临界流。

2. 弗劳德数

根据前面以明渠流速和微波速度相比较来判断流动状态的原理，取两种速度之比，就是以平均水深为特征长度的弗劳德数。即

$$\frac{v}{c}=\frac{v}{\sqrt{g\dfrac{A}{B}}}=\frac{v}{\sqrt{g\bar{h}}}=Fr \tag{11-17}$$

故弗劳德数可作为流动状态的判别数，即 $Fr<1$，$v<c$，流动为缓流；$Fr>1$，$v>c$，流动为急流；$Fr=1$，$v=c$，流动为临界流。

由式（11-17）得

$$Fr^2=\frac{v^2}{g\bar{h}}=\frac{\dfrac{v^2}{2g}}{\dfrac{h}{2}}$$

可见，弗劳德数的平方值代表了单位重量液体的动能与平均势能之半的比值。当水流中的动能超过 $\dfrac{1}{2}$ 平均势能时，$Fr>1$，则流动为急流；当水流中的动能小于 $\dfrac{1}{2}$ 平均势能时，$Fr<1$，则流动为缓流。因此，缓流和急流从能量的角度分析，实际上是水流所蕴藏的能量不同的表达形式。

11.4.2 断面单位能量和临界水深

1. 断面单位能量

明渠水流沿程水深、流速的变化，是水流势能、动能沿程转化的表现，这样的认识，引导人们从能量的角度去研究明渠流动状态，由此引入断面单位能量的概念。

假设一明渠为非均匀渐变流，如图 11-17 所示。某断面单位重量液体的机械能为

$$E=z+\frac{p}{\rho g}+\frac{\alpha v^2}{2g}$$

将基准面抬高 z_1，使其通过该断面的最低点，单位重量液体相对于新基准面 0_1—0_1 的机械

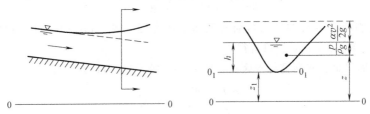

图 11-17 断面单位能量

能,即

$$e = E - z_1 = h + \frac{\alpha v^2}{2g} \tag{11-18}$$

式中定义 e 为断面单位能量,或断面比能,是单位重量液体相对于通过该断面最低点的基准面的机械能。

断面单位能量 e 和以前定义的单位重量液体的机械能 E 是不同的能量概念。单位重量液体的机械能 E 是相对于沿程同一基准面的机械能,其值必沿程减少。而断面单位能量 e 是以通过各自断面最低点的基准面计算的,只和水深、流速有关,与该断面位置的高低无关,其值在顺坡渠道中沿程可能增加 $\left(\frac{de}{ds} > 0\right)$,也可能减少 $\left(\frac{de}{ds} < 0\right)$,在均匀流($h$、$v$ 沿程不变)中,沿程不变 $\left(\frac{de}{ds} = 0\right)$。

明渠非均匀流水深是可变的,一定的流量 Q,可能以不同的水深 h 通过某一过流断面,因而有不同的断面单位能量。在断面形状、尺寸和流量一定时,断面单位能量只是水深 h 的函数,则

$$e = E - z_1 = h + \frac{\alpha v^2}{2g} = h + \frac{\alpha Q^2}{2gA^2} = f(h) \tag{11-19}$$

以水深 h 为纵坐标,断面单位能量 e 为横坐标,作 $e = f(h)$ 曲线(见图 11-18)。

当 $h \to 0$ 时,$A \to 0$,则 $e \approx \frac{\alpha Q^2}{2gA^2} \to \infty$,曲线以横轴为渐近线;当 $h \to \infty$ 时,$A \to \infty$,则 $e \approx h \to \infty$,曲线以通过坐标原点与横轴成45°角的直线为渐近线。其间有极小值 e_{min},该点将 $e = f(h)$ 曲线分为上下两支。

将式(11-19)对 h 求导,得

$$\frac{de}{dh} = 1 - \frac{\alpha Q^2}{gA^3}\frac{dA}{dh} = 1 - \frac{\alpha Q^2}{gA^3}B = 1 - \frac{\alpha v^2}{g\frac{A}{B}} = 1 - Fr^2 \tag{11-20}$$

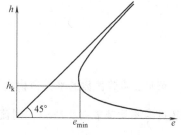

图 11-18 $e = f(h)$ 曲线

对照前面由弗劳德数 Fr 判别流动状态可知,曲线上支:$\frac{de}{dh} > 0$,$Fr < 1$,流动为缓流;曲线下支:$\frac{de}{dh} < 0$,$Fr > 1$,流动为急流;极小点:$\frac{de}{dh} = 0$,$Fr = 1$,流动为临界流。

2. 临界水深

上面由能量分析得出,断面单位能量最小时,明渠水流是临界流,其水深称为临界水深,以 h_k 表示,由式(11-20),得临界水深时

$$\frac{de}{dh} = 1 - \frac{\alpha Q^2}{gA^3}B = 0, \quad \frac{\alpha Q^2}{g} = \frac{A_k^3}{B_k} \tag{11-21}$$

式中,A_k、B_k 为临界水深时的过流断面面积和水面宽度。式(11-21)是隐函数,左边是已知量,右边是临界水深 h_k 的函数,可解得 h_k。

对于矩形断面渠道,水面宽等于底宽,即 $B = b$,代入式(11-21)得

$$\frac{\alpha Q^2}{g} = \frac{(bh_k)^3}{b} = b^2 h_k^3$$

故有

$$h_k = \left(\frac{\alpha Q^2}{gb^2}\right)^{\frac{1}{3}} = \left(\frac{\alpha q^2}{g}\right)^{\frac{1}{3}} \tag{11-22}$$

式中，$q = \dfrac{Q}{b}$ 为单宽流量。

临界流（$h = h_k$）的流速是临界流速 v_k。由式（11-21），得

$$v_k = \sqrt{g\frac{A_k}{B_k}}$$

将渠道中的水深 h 与临界水深 h_k 相比较，同样可以判别明渠水流的流动状态，即 $h > h_k$，$v < v_k$，流动为缓流；$h < h_k$，$v > v_k$，流动为急流；$h = h_k$，$v = v_k$，流动为临界流。

11.4.3　临界底坡

前面已经说明正常水深 h_0 和临界水深 h_k，下面讨论与之相关的临界底坡概念。

由明渠均匀流的基本公式 $Q = AC\sqrt{Ri}$ 可知，在断面形状、尺寸和壁面粗糙度一定，流量也一定的棱柱形渠道中，均匀流的水深即正常水深 h_0 的大小只取决于渠道的底坡 i，不同的底坡 i 有相应的正常水深 h_0，i 越大，h_0 越小。

若正常水深恰好等于该流量下的临界水深，相应的渠道底坡称为临界底坡，以符号 i_k 表示，即 $h_0 = h_k$ 时，$i = i_k$。

按以上定义，在临界底坡时，明渠中的水深同时满足均匀流基本公式和临界水深公式

$$Q = A_k B_k \sqrt{R_k i_k}$$

$$\frac{\alpha Q^2}{g} = \frac{A_k^3}{B_k}$$

联立解得

$$i_k = \frac{g}{\alpha C_k^2} \frac{\chi_k}{B_k} \tag{11-23}$$

宽浅渠道 $\chi_k \approx B_k$，则

$$i_k = \frac{g}{\alpha C_k^2} \tag{11-24}$$

式中，C_k、χ_k、B_k 分别为临界水深 h_k 对应的谢才系数、湿周和水面宽度。

临界底坡是为了便于分析明渠流动而引入的特定坡度。渠道的实际底坡 i 与临界底坡 i_c 相比较，有三种情况：$i < i_k$ 为缓坡；$i > i_k$ 为陡坡（或急坡）；$i = i_k$ 为临界坡。三种底坡的渠道中，均匀流分别为三种流动状态：$i < i_k$，$h_0 > h_k$，均匀流是缓流；$i > i_k$，$h_0 < h_k$，均匀流是急流；$i = i_k$，$h_0 = h_k$，均匀流是临界流。即缓坡渠道中的均匀流是缓流，急坡渠道中的均匀流是急流。

还需指出，因为在断面一定的棱柱形渠道中，临界水深 h_k 与流量有关，则相应的 C_k、χ_k、B_k 各量同流量有关，由式（11-23）可知，临界底坡 i_c 的大小也同流量有关。因此，底坡 i 一定的渠道，是缓坡或是陡坡，会因流量的变动而改变，如流量小时是缓坡渠道，随着流量增大，i_k 减小而变为陡坡。在工程上，为保证渠道通水后保持稳定的流动状态，尽量使设计底坡 i 与设计流量下相应的流量底坡 i_k 相差两倍以上。

综上所述，本节讨论了明渠水流的流动状态及其判别，其中微波速度 C、弗劳德数 Fr 及临界水深 h_k 作为判别标准是等价的，无论均匀流或非均匀流都适用，是普遍标准。临界底坡 i_k 作为标准，适用于明渠均匀流，是专属标准。

【例11-4】 长直的矩形断面渠道，底宽 $b=1\mathrm{m}$，粗糙系数 $n=0.014$，底坡 $i=0.0004$，渠内均匀流正常水深 $h_0=0.6\mathrm{m}$，试判别水流的流动状态。

【解】 （1）用微波速度判别断面平均流速

$$v = C\sqrt{Ri}$$

式中，

$$R = \frac{bh_0}{b+2h_0} = 0.273\mathrm{m}$$

谢才系数

$$C = \frac{1}{n}R^{1/6} = 57.5\mathrm{m}^{\frac{1}{2}}/\mathrm{s}$$

从而得

$$v = 0.601\mathrm{m/s}$$

微波速度

$$c = \sqrt{gh} = 2.43\mathrm{m/s}$$

$v<c$，流动为缓流。

（2）用弗劳德数判别 弗劳德数

$$Fr = \frac{v}{\sqrt{gh}} = 0.25$$

$Fr<1$，流动为缓流。

（3）用临界水深判别 由式（11-22）

$$h_k = \sqrt[3]{\frac{\alpha q^2}{g}}$$

其中

$$q = vh_0 = 0.361\mathrm{m}^2/\mathrm{s}$$

得

$$h_k = 0.237\mathrm{m}$$

实际水深（均匀流即正常水深）$h_0 > h_k$，流动为缓流

（4）用临界底坡判别 由临界水深 $h_k = 0.237\mathrm{m}$，计算相应量

$$B_k = b = 1\mathrm{m}$$

$$\chi_k = b + 2h_k = 1.474\mathrm{m}$$

$$R_k = \frac{bh_k}{\chi_k} = 0.1608\mathrm{m}$$

$$C_k = \frac{1}{n}R_k^{1/6} = 52.7\mathrm{m}^{\frac{1}{2}}/\mathrm{s}$$

临界底坡由式（11-23）得

$$i_k = \frac{g}{\alpha C_k^2}\frac{\chi_k}{B_k} = 0.0052$$

$i<i_k$，为缓坡渠道，均匀流是缓流。

11.5 水跃和水跌

11.4节讨论了明渠水流的两种流动状态——缓流和急流。工程中往往由于明渠沿程流动边界的变化，导致流动状态由急流向缓流或由缓流向急流过渡。如闸下出流，水冲出闸孔后是急流，而下游渠道中是缓流，水从急流过渡到缓流（见图11-19）；渠道从缓坡变为陡坡或形成跌

坎（$i=\infty$），水流将由缓流向急流过渡（见图 11-20）。水跃和水跌就是水流由急流过渡到缓流或由缓流过渡到急流时发生的急变流现象。

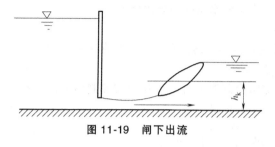 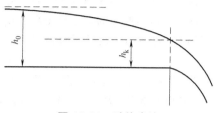

图 11-19　闸下出流　　　　　　　　　　图 11-20　跌坎出流

上述水流由一种状态过渡到另一种流动状态，理论上是水面升降变化经过临界水深的过程，研究水流衔接、流态过渡问题，均需由此入手。

11.5.1　水跃

1. 水跃现象

水跃是明渠水流从急流状态（水深小于临界水深）过渡到缓流状态（水深大于临界水深）时，水面骤然跃起的急变流现象。

水跃区结构如图 11-21 所示。上部是急流冲入缓流所激起的表面旋流，翻腾滚动，饱掺空气，称为"表面水滚"。水滚下面是断面向前扩张的流，确定水跃区的几何要素有：

（1）跃前水深 h'　跃前断面（表面水滚起点所在过水断面）的水深；

（2）跃后水深 h''　跃后断面（表面水滚终点所在过水断面）的水深；

（3）水跃高度　$a=h''-h'$；

图 11-21　水跃区结构

（4）水跃长度 l_j　跃前断面与跃后断面之间的距离。

由于表面水滚大量掺气、旋转、内部极强的湍动掺混作用，以及主流流速分布不断改组，集中消耗大量机械能，可达跃前断面急流能量的 $60\%\sim70\%$，水跃成为主要的消能方式，具有重大的意义。

2. 水跃方程

下面推导平波（$i=0$）棱柱形渠道中水跃的基本方程。

设平坡棱柱形渠道，通过流量 Q 时发生水跃（见图 11-22）。跃前断面水深 h'，平均流速 v_1；跃后断面水深 h''，平均流速 v_2。

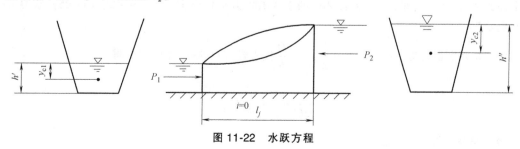

图 11-22　水跃方程

引用假设条件如下：

1）渠道边壁摩擦阻力较小，可忽略不计；

2）跃前、跃后断面为渐变流断面，面上动水压强按静水压强的规律分布；

3）跃前、跃后断面的动量校正系数 $\beta_1 = \beta_2 = 1$。

取跃前断面1—1、跃后断面2—2之间的水体为控制体，列流动方向总流的动量方程

$$\Sigma F = \rho Q(\beta_2 v_2 - \beta_1 v_1)$$

因平坡渠道重力与流动方向正交，又边壁摩擦阻力忽略不计，故作用在控制体上的只有过流断面上的动水压力：$P_1 = \rho g y_{c1} A_1$，$P_2 = \rho g y_{c2} A_2$，代入上式得

$$\rho g y_{c1} A_1 - \rho g y_{c2} A_2 = \rho Q\left(\frac{Q}{A_2} - \frac{Q}{A_1}\right)$$

$$\frac{Q^2}{g A_1} + y_{c1} A_1 = \frac{Q^2}{g A_2} + y_{c2} A_2 \tag{11-25}$$

式中，y_{c1}、y_{c2} 分别为跃前、跃后断面形心点的水深；A_1、A_2 分别为跃前、跃后断面的面积。

式（11-25）就是平坡棱柱形渠道中水跃的基本方程。它说明水跃区单位时间内，流入跃前断面的动量与该断面动水总压力之和，同流出跃后断面的动量与该断面动水总压力之和相等。

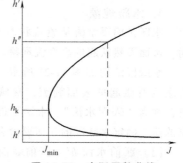

图 11-23　水跃函数曲线

式（11-25）中，A 和 y_c 都是水深的函数，其余量均为常量，所以可写出下式：

$$\frac{Q^2}{g A} + y_c A = J(h) \tag{11-26}$$

式中，$J(h)$ 称为水跃函数，类似断面单位能量曲线，可以画出水跃函数曲线，如图 11-23 所示。

可以证明，曲线上对应水跃函数最小值的水深，恰好也是该流量在已给明渠中的临界水深 h_c，即 $J(h_c) = J_{\min}$。当 $h > h_c$ 时，$J(h_c)$ 随水深增大而增大；当 $h < h_c$ 时，$J(h_c)$ 随水深增大而减小。

这样，水跃方程（11-25）可简写为

$$J(h') = J(h'') \tag{11-27}$$

式中，h'、h'' 分别为水跃前和水跃后水深。使水跃函数值相等的两个水深，这一对水深称为共轭水深。由图 11-23 可以看出，跃前水深越小，对应的跃后水深越大；反之跃前水深越大，对应的跃后水深越小。

3．水跃计算

（1）共轭水深计算　共轭水深计算是各项水跃计算的基础。若已知共轭水深中的一个（跃前水深或跃后水深），算出这个水深相应的水跃函数 $J(h')$ 或 $J(h'')$，再由式（11-26）求解另一个共轭水深。

对于矩形断面渠道，$A = bh$，$y_c = \dfrac{h}{2}$，$q = \dfrac{Q}{b}$ 代入式（11-25），消去 b，得

$$\frac{q^2}{g h'} + \frac{h'^2}{2} = \frac{q^2}{g h''} + \frac{h''^2}{2}$$

经过整理，得二次方程

$$h'h''(h'+h'') = \frac{2q^2}{g} \tag{11-28}$$

分别以跃后水深 h'' 或跃前水深 h' 为未知量，解式（11-28）得

$$h'' = \frac{h'}{2}\left(\sqrt{1+\frac{8q^2}{gh'^3}}-1\right) \tag{11-29}$$

$$h' = \frac{h''}{2}\left(\sqrt{1+\frac{8q^2}{gh''^3}}-1\right) \tag{11-30}$$

式中，

$$\frac{q^2}{gh'^3} = \frac{v_1^2}{gh'} = Fr_1^2$$

$$\frac{q^2}{gh''^3} = \frac{v_2^2}{gh''} = Fr_2^2$$

上述两式可写为

$$h'' = \frac{h'}{2}\left(\sqrt{1+8Fr_1^2}-1\right) \tag{11-31}$$

$$h' = \frac{h''}{2}\left(\sqrt{1+8Fr_2^2}-1\right) \tag{11-32}$$

式中，Fr_1 及 Fr_2 分别为跃前和跃后水流的弗劳德数。

（2）水跃长度计算　水跃长度是泄水建筑物消能设计的主要依据之一。由于水跃现象的复杂性，目前理论研究尚不成熟，水跃长度的确定仍以实验研究为主。现介绍用于计算平底坡矩形渠道水跃长度的经验公式。

1）以跃后水深表示的公式

$$l_j = 6.1h''$$

适用范围为 $4.5 < Fr_1 < 10$。

2）以跃高表示的公式

$$l_j = 6.9(h''-h')$$

3）含弗劳德数的公式

$$l_j = 9.4(Fr_1-1)h'$$

（3）消能计算　跃前断面与跃后断面单位重量液体机械能之差是水跃消除的能量，以 ΔE_j 表示。对于平底坡矩形渠道

$$\Delta E_j = \left(h'+\frac{\alpha_1 v_1^2}{2g}\right) - \left(h''+\frac{\alpha_2 v_2^2}{2g}\right) \tag{11-33}$$

由式（11-28）

$$\frac{2q^2}{g} = h'h''(h'+h'')$$

则

$$\frac{\alpha_1 v_1^2}{2g} = \frac{q^2}{2gh'^2} = \frac{1}{4}\frac{h''}{h'}(h'+h'')$$

$$\frac{\alpha_2 v_2^2}{2g} = \frac{q^2}{2gh''^2} = \frac{1}{4}\frac{h'}{h''}(h'+h'')$$

将以上两式代入式（11-33），经化简得

$$\Delta E_j = \frac{(h''-h')^3}{4h'h''} \tag{11-34}$$

式（11-34）说明，在给定流量下，跃前与跃后水深相差越大，水跃消除的能量值越大。

11.5.2 水跃

水跃是明渠水流从缓流过渡到急流，水面急剧降落的急变流现象。这种现象常见于渠道底坡由缓坡（$i<i_k$）突然变为陡坡（$i>i_k$）或下游渠道断面形状突然改变处，如瀑布，下面以缓坡渠道末端跌坎上的水流为例来说明水跃现象（见图 11-24）。

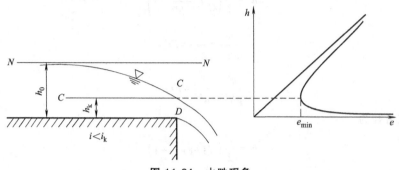

图 11-24 水跌现象

设该渠道的底坡无变化，一直向下游延伸下去，渠道内将形成缓流状态的均匀流，水深为正常水深 h_0，水面线 $N—N$ 与渠底平行。现在渠道在 D 断面截断成为跌坎，失去了下游水流的阻力，使得重力的分布与阻力不相平衡，造成水流加速，水面急剧降低，渠道内水流变为非均匀急变流。

跌坎上水面沿程降落，符合机械能沿程减小，末端断面最小，$E=E_{min}$ 的规律，则

$$E = z_1 + h + \frac{\alpha v^2}{2g} = z_1 + e$$

式中，z_1 为某断面渠底在基准面以上的高度；e 为断面单位能量。

在缓流状态下，水深减小断面单位能量随之减小，坎端断面水深降至临界水深 h_c，断面单位能量达最小值，$e=e_{min}$，该断面的位置高度 z_1 也最小，所以机械能最小，符合机械能沿程减小的规律。缓流以临界水深通过跌坎断面或变为陡坡的断面，过渡到急流是水跃现象的特征。

需要指出的是，上述断面单位能量和临界水深的理论，都是在渐变流的前提下建立的，实际坎端断面附近，水深急剧下降，流线显著弯曲，流动已不是渐变流。由试验得出，实际坎端水深 h_0 略小于按渐变流计算的临界水深 h_c，$h_D \approx 0.7 h_c$。h_c 值发生在距坎端断面约（3～4）h_c 的位置。但在一般的水面分析和计算中，仍取坎端断面的水深是临界水深 h_c 作为控制水深。

11.6 棱柱形渠道非均匀渐变流水面曲线的分析

明渠非均匀流是不等深、不等速的流动。根据沿程流速、水深变化程度的不同，分为非均匀渐变流和非均匀急变流。例如，在缓坡渠道中，设有顶部泄流的溢流坝，明渠的末端为跌坎（见图 11-25）。此时，坝上游的水位抬高，且一定范围的水都会受到影响，这一段为非均匀渐变流，再远的水流受到的影响可以忽略不计，可视为均匀流；则下游的水流收缩断面至水跃前断面，由于水跃上游流段也是非均匀渐变流，而水沿溢流坝面下泄及水跃、水跃均为非均匀急变流。

明渠非均匀渐变流水深沿程变化，自由水面线是和渠底不平行的曲线，称为水面曲线 $h = f(s)$。水深沿程变化的情况，直接关系到河渠的淹没范围、堤防的高度、渠道内的冲淤的变化等

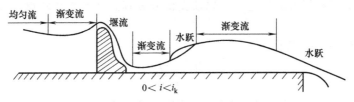

图 11-25　明渠水流流动状态

诸多工程问题。因此，水深沿程变化的规律，是明渠非均匀渐变流主要研究的内容。明渠水深变化规律的研究，可分为定性和定量两方面，前者可给出水深变化的趋势（壅高或降低）；后者定量绘出水面曲线。

11.6.1　棱柱形渠道非均匀渐变流微分方程

设明渠恒定非均匀渐变流段，取过流断面 1—1、2—2，相距 ds，因为是非均匀渐变流，两断面的运动要素相差微小量（见图 11-26）。

列 1—1、2—2 断面伯努利方程

$$(z+h)+\frac{\alpha v^2}{2g}=(z+dz+h+dh)+\frac{\alpha(v+dv)^2}{2g}+dh_w$$

展开 $(v+dv)^2$，并忽略 $(dv)^2$，整理得

$$dz+dh+d\left(\frac{\alpha v^2}{2g}\right)+dh_w=0$$

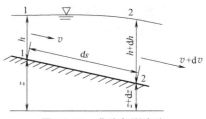

图 11-26　非均匀渐变流

因为是渐变流，局部水头损失忽略不计，所以 $dh_w=dh_f$，各项均除以 ds 得

$$\frac{dz}{ds}+\frac{dh}{ds}+\frac{d}{ds}\left(\frac{\alpha v^2}{2g}\right)+\frac{dh_f}{ds}=0$$

式中，

$$\frac{dz}{ds}=-\frac{z_1-z_2}{ds}=-i \tag{a}$$

$$\frac{d}{ds}\left(\frac{\alpha v^2}{2g}\right)=\frac{d}{ds}\left(\frac{\alpha Q^2}{2gA^2}\right)=-\frac{\alpha Q^2}{gA^3}\frac{dA}{ds} \tag{b}$$

棱柱形渠道过流断面面积只随水深变化，$A=f(h)$，而水深 h 又是流程 s 的函数，则

$$\frac{dA}{ds}=\frac{\partial A}{\partial h}\frac{dh}{ds}=B\frac{dh}{ds}$$

于是

$$\frac{d}{ds}\left(\frac{\alpha v^2}{2g}\right)=-\frac{\alpha Q^2}{gA^3}B\frac{dh}{ds}$$

$$\frac{dh_f}{ds}=J \tag{c}$$

将式（a）~式（c）代入前式得

$$-i+\frac{dh}{ds}-\frac{\alpha Q^2}{gA^3}B\frac{dh}{ds}+J=0$$

$$\frac{dh}{ds}=\frac{i-J}{1-\dfrac{\alpha Q^2}{gA^3}B}=\frac{i-J}{1-Fr^2} \tag{11-35}$$

式（11-35）是棱柱形渠道恒定非均匀渐变微分方程。该式是在顺坡（$i>0$）的情况下得出的。

对于平坡渠道，$i=0$，则有

$$\frac{\mathrm{d}h}{\mathrm{d}s}=\frac{-J}{1-Fr^2} \tag{11-36}$$

对于逆坡渠道，以渠底坡度的绝对值的负值代入式（11-35）中得

$$\frac{\mathrm{d}h}{\mathrm{d}s}=\frac{-|i|-J}{1-Fr^2} \tag{11-37}$$

11.6.2　水面曲线分析

棱柱形渠道非均匀渐变水面曲线的变化，取决于式（11-35）中分子、分母的正负变化。因此，使分子、分母为零的水深，就是水面曲线变化规律不同的区域的分界。实际水深等于正常水深（$h=h_0$）时，$J=i$，分子 $i-J=0$；实际水深等于临界水深（$h=h_k$）时，$Fr=1$，分母 $1-Fr^2=0$。所以分析水面曲线的变化，需要借助 h_0 线（N—N 线）和 h_k 线（C—C 线）将流动空间分区进行。

1. 顺坡（$i>0$）渠道

顺坡渠道分为缓坡（$i<i_k$）、陡坡（$i>i_k$）、临界坡（$i=i_k$）三种，均可由以下微分方程分析水面曲线

$$\frac{\mathrm{d}h}{\mathrm{d}s}=\frac{i-J}{1-Fr^2}$$

（1）缓坡（$i<i_k$）渠道　缓坡渠道中，正常水深 h_0 大于临界水深 h_k，由 N—N 线和 C—C 线将流动空间分成三个区域，明渠水流在不同的区域内流动。水面曲线的变化不同。

1）1 区（$h_k<h_0<h$）：水深 h 大于正常水深 h_0，也大于临界水深 h_k，流动是缓流。该区水深变化的趋势，在式（11-35）中，分子：$h>h_0$，流量模数 $K>K_0$，$J<i$，$i-J>0$；分母：$h>h_k$，$Fr<1$，$1-Fr^2>0$，所以 $\dfrac{\mathrm{d}h}{\mathrm{d}s}>0$，水深沿程增加，水面线是壅水曲线，称为 M_1 型水面线。

两端的极限情况：上游 $h\to h_0$，$J\to i$，$i-J\to0$；$h\to h_0>h_k$，$Fr<1$，$1-Fr^2>0$，所以 $\dfrac{\mathrm{d}h}{\mathrm{d}s}\to0$，水深沿程不变，水面线以 N—N 线为渐近线。下游 $h\to\infty$，流量模数 $K\to\infty$，$J\to0$，$i-J\to i$；$h\to\infty$，$Fr\to0$，$1-Fr^2\to1$，所以 $\dfrac{\mathrm{d}h}{\mathrm{d}s}\to i$，单位距离上水深的增加等于渠底高程的降低，水面线为水平线。

综合以上分析，M_1 型水面线是上游以 N—N 线为渐近线，下游为水平线，形状下凹的壅水曲线（见图 11-27）。

在缓坡渠道上修建溢水坝，抬高水位的控制水深 h 超过该流量的正常水深 h_0，溢流坝上游将出现 M_1 型水面线（见图 11-28）。

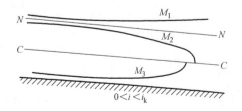

图 11-27　M 型水面线

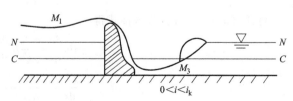

图 11-28　M_1、M_3 型水面线

2) 2 区 ($h_k<h<h_0$)：水深 h 小于正常水深 h_0，但大于临界水深 h_k，流动仍是缓流。该区水深变化的趋势，在式（11-35）中，分子：$h<h_0$，$J>i$，$i-J<0$；分母：$h>h_k$，$Fr<1$，$1-Fr^2>0$，所以 $\dfrac{dh}{ds}<0$，水深沿程减小，水面线是降水曲线，称为 M_2 型水面线。

两端的极限情况：上游 $h\to h_0$，与分析 M_1 型水面线类似，得 $\dfrac{dh}{ds}\to 0$，水深沿程不变，水面线以 N—N 线为渐近线。下游 $h\to h_k<h_0$，$J>i$，$i-J<0$；$h\to h_k$，$Fr\to1$，$1-Fr^2\to0$，所以 $\dfrac{dh}{ds}\to\infty$，水面线与 C—C 线正交，此处已不再是渐变流，而发生水跌现象。

综合以上分析，M_2 型水面线是上游以 N—N 线为渐近线，下游发生水跌，形状上凸的降水曲线（见图 11-29）。

缓坡渠道末端为跌坎，渠道内为 M_2 型水面线，跌坎断面水深为临界水深（见图 11-29）。

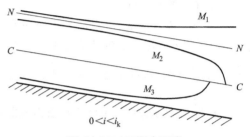

图 11-29　M 型水面线

3) 3 区 ($h<h_k<h_0$)：水深 h 小于正常水深 h_0，也小于临界水深 h_k，流动是急流。该区水深变化的趋势，在式（11-35）中，分子：$h<h_0$，$J>i$，$i-J<0$；分母：$h<h_k$，$Fr>1$，$1-Fr^2<0$，所以 $\dfrac{dh}{ds}>0$，水深沿程增加，水面线是壅水曲线，称为 M_3 型水面线。

两端极限情况：上游水深由出流条件控制，下游 $h\to h_k<h_0$，$J>i$，$i-J<0$；$h\to h_k$，$Fr\to1$，$1-Fr^2\to0$，所以 $\dfrac{dh}{ds}\to\infty$，发生水跃。

综合以上分析，M_3 型水面线是上游由出流条件控制，下游发生水跃，形状下凹的壅水曲线。

在缓坡渠道中修建溢流坝，下泄水流的收缩水深小于临界水深，下泄的急流受下游缓流的阻滞，流速沿程减小，水深增加，形成 M_3 型水面线。

（2）陡坡（$i>i_k$）渠道　陡坡渠道中，正常水深 h_0 小于临界水深 h_k，由 N—N 线和 C—C 线将流动空间分成三个区域（见图 11-30）。

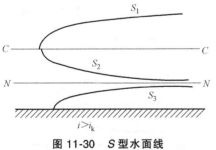

图 11-30　S 型水面线

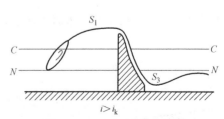

图 11-31　S_1、S_3 型水面线

1) 1 区 ($h_0<h_k<h$)：水深 h 大于正常水深 h_0，也大于临界水深 h_k，流动是缓流。用类似前面分析缓坡渠道水面线的方法，由式（11-35），可得 $\dfrac{dh}{ds}>0$，水深沿程增加，水面线是壅水曲线，称为 S_1 型水面线。当上游 $h\to h_k$ 时，$\dfrac{dh}{ds}\to\infty$，发生水跃；当下游 $h\to\infty$ 时，$\dfrac{dh}{ds}\to i$，水面线为水

平线（见图 11-31）。

2）2 区（$h_0 < h < h_k$）：水深 h 大于正常水深 h_0，但小于临界水深 h_k，流动是急流。由式（11-35），可得 $\dfrac{\mathrm{d}h}{\mathrm{d}s} < 0$，水深沿程减小，水面线是降水曲线，称为 S_2 型水面线，当上游 $h \to h_k$ 时，$\dfrac{\mathrm{d}h}{\mathrm{d}s} \to -\infty$，发生水跌；当下游 $h \to h_0$ 时，$\dfrac{\mathrm{d}h}{\mathrm{d}s} \to 0$，水深沿程不变，水面线以 N—N 线为渐近线。

水流由缓坡渠道流入陡坡渠道，在缓坡渠道中为 M_2 型水面线，在变坡断面水深降至临界水深，发生水跌，与下游陡坡渠道中形成的 S_2 型水面线衔接（见图 11-32）。

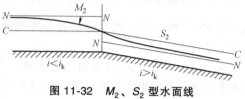

图 11-32　M_2、S_2 型水面线

3）3 区（$h < h_0 < h_k$）：水深 h 小于正常水深 h_0，也小于临界水深 h_k，流动是急流。由式（11-35），可得 $\dfrac{\mathrm{d}h}{\mathrm{d}s} > 0$，水深沿程增加，水面线是壅水曲线，称为 S_3 型水面线。上游水深由出流断面控制，当下游 $h \to h_0$ 时，$\dfrac{\mathrm{d}h}{\mathrm{d}s} \to 0$，水深沿程不变，水面线以 N—N 线为渐近线（见图 11-30）。

在陡坡渠道中溢流坝，下泄水流的收缩水深小于正常水深，也小于临界水深，下游形成 S_3 型水面线（见图 11-31）。

（3）临界坡（$i = i_k$）渠道　临界坡渠道中，正常水深 h_0 等于临界水深 h_k，N—N 线与 C—C 线重合，流动空间分为 1、3 两个区域，无 2 区。水面线分别称为 C_1 型水面线和 C_3 型水面线，都是壅水曲线，且在趋近 N—N（C—C）线时，趋于水平线（见图 11-33）。

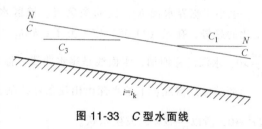

图 11-33　C 型水面线

在临界坡渠道（实际工程不适用）泄水闸门上、下游，可形成 C_1、C_3 型水面线（见图 11-34）。

2. 平坡（$i = 0$）渠道

平坡渠道中，不能形成均匀流，无 N—N 线，只有 C—C 线，流动空间分为 2、3 两个区域。

平坡渠道中水面线的变化，由式（11-36），得到 2 区（$h > h_k$），$\dfrac{\mathrm{d}h}{\mathrm{d}s} > 0$，水面线是降水面曲线，称为 H_2 型水面线；3 区，水面线是壅水曲线，称为 H_3 型水面线（见图 11-35）。

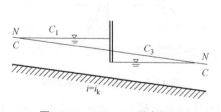

图 11-34　C_1、C_3 型水面线

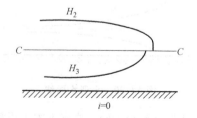

图 11-35　H 型水面线

在平坡渠道中，设有泄水闸门，闸门的开启高度小于临界水深，渠道足够长，末端为跌坎时，闸门下游将形成 H_2、H_3 型水面线（见图 11-36）。

3. 逆坡 ($i<0$) 渠道

逆坡渠道中，不能形成均匀流，无 N—N 线，只有 C—C 线，流动空间分为 2、3 两个区域。

逆坡渠道中水面线的变化，由式（11-37），得到：2 区 ($h>h_k$)，$\dfrac{\mathrm{d}h}{\mathrm{d}s}<0$，水面线是降水曲线，称为 A_2 型水面线；3 区 ($h>h_k$)，$\dfrac{\mathrm{d}h}{\mathrm{d}s}>0$，水面线是壅水曲线，称为 A_3 型水面线（见图 11-37）。

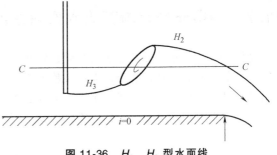

图 11-36　H_2、H_3 型水面线

在逆坡渠道中，设有泄水闸门，闸门下游将形成 A_2、A_3 型水面线（见图 11-38）。

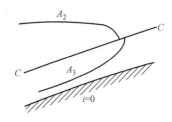

图 11-37　A 型水面线

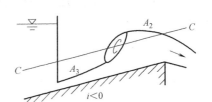

图 11-38　A_2、A_3 型水面线

11.6.3　水面线分析的总结

本节分析了棱柱形渠道可能出现的 12 种渐变流水面曲线。工程中最常见的是 M_1、M_2、M_3、S_2 型四种。总结对水面线的分析，可得出如下结论。

1）棱柱形渠道非均匀渐变流微分方程

$$\frac{\mathrm{d}h}{\mathrm{d}s}=\frac{i-J}{1-Fr^2}$$

是分析和计算水面线的理论基础。通过分析函数的单调增减性，便可得到水面线沿程变化的趋势及两端的极限情况。

2）为得出分析结果，由该流量下的正常水深线 N—N 与临界水深线 C—C，将明渠流动区间分区。这里 N—N、C—C 不是渠道中的实际水面线，而是流动空间分区的界线。

3）微分方程（11-35）在每一区域内的解是唯一的，因此，每一区域内水面线也是唯一确定的。如缓坡渠道 2 区，只可能发生 M_2 型降水曲线，不可能有其他的水面线。

4）在各区域中，1、3 区的水面线（M_1、M_3、S_1、S_3、C_1、C_3、H_3、A_3 型水面线）是壅水曲线，2 区的水面线（M_2、S_2、H_2、A_2 型水面线）是降水曲线。

5）除 C_1、C_2 型外，所有水面线在水深趋于正常水深（$h\to h_0$）时，以 N—N 线为渐近线。在水深趋于临界水深（$h\to h_0$）时，与 N—N 线正交，发生水跃或水跌。

6）因急流的干扰波只能向下游传播，急流状态的水面线（M_3、S_2、S_3、C_3、H_3、A_3 各型）控制水深一定在上游。缓流的干扰影响可以上传，缓流状态的水面线（M_1、M_2、S_1、C_1、H_2、A_2 各型）控制水深在下游。

11.7 明渠非均匀渐变流水面曲线的计算

实际明渠工程除了要求对水面线做出定性分析之外，有时还需定量计算和绘出水面线。水面线常用分段求和计算，这个方法是将整个流程分为若干个流段 Δl，并以有限差式来代替微分方程式，然后根据有限差计算水深和相应的距离。

设明渠非均匀渐变流，取其中某流段 Δl，列 1—1、2—2 断面伯努利方程

$$z_1+h_1+\frac{\alpha_1 v_1^2}{2g}=z_2+h_2+\frac{\alpha_2 v_2^2}{2g}+\Delta h_w$$

$$\left(h_2+\frac{\alpha_2 v_2^2}{2g}\right)-\left(h_1+\frac{\alpha_1 v_1^2}{2g}\right)=(z_1-z_2)-\Delta h_w$$

式中，$z_1-z_2=i\Delta l$；$\Delta h_w \approx \Delta h_f = \overline{J}\Delta l$；渐变流沿程水头损失近似按均匀流公式计算，该流段平均水力坡度为

$$\overline{J}=\frac{\overline{v}^2}{\overline{C}^2\overline{R}}$$

其中

$$\overline{v}=\frac{v_1+v_2}{2}, \overline{R}=\frac{R_1+R_2}{2}, \overline{C}=\frac{C_1+C_2}{2}$$

$$e_1=h_1+\frac{\alpha_1 v_1^2}{2g}$$

$$e_2=h_2+\frac{\alpha_2 v_2^2}{2g}$$

将各项代入前式，整理得

$$\Delta l=\frac{e_2-e_1}{i-\overline{J}}=\frac{\Delta e}{i-\overline{J}} \tag{11-38}$$

式（11-38）就是利用分段求和法计算水面线的计算过程。

以控制断面水深作为起始水深 h_1（或 h_2），假设相邻两断面水深为 h_2（或 h_1），算出 Δe 和 $\overline{J}$，代入式（11-38）即可求出第一个分段的长度 Δl_1。再以 Δl_1 处的断面水深作为下一分段的起始水深，用同样的方法求出第二个分段的长度 Δl_2。依次计算，直至分段总和等于渠道总长，$\sum \Delta l=l$。根据所求各断面的水深及各分段的长度，即可绘制定量的水面线。

由于分段求和法直接由伯努利方程导出，对棱柱形渠道和非棱柱形渠道都适用，是水面线计算的基本方法，此外，对于棱柱形渠道，还可对式（11-35）近似积分计算。

习　题

选择题

11.1　明渠均匀流只能出现在（　　）。

A. 平坡棱柱形渠道

B. 顺坡棱柱形渠道

C. 逆坡棱柱形渠道

D. 天然河道中

11.2　水力最优断面是（　　）。

A. 造价最低的渠道断面　　　　　　　　　B. 壁面粗糙系数最小的断面

C. 对一定的流量具有最大面积的断面　　　D. 对一定的面积具有最小湿周的断面

11.3　水力最优矩形渠道断面，宽深比 b/h 是（　　　）。

A. 0.5　　　　B. 1.0　　　　C. 2.0　　　　D. 4.0

11.4　平坡和逆坡渠道中，断面单位能量沿程的变化是（　　　）。

A. $\dfrac{\mathrm{d}e}{\mathrm{d}s}>0$　　　B. $\dfrac{\mathrm{d}e}{\mathrm{d}s}<0$　　　C. $\dfrac{\mathrm{d}e}{\mathrm{d}s}=0$　　　D. 都有可能

11.5　明渠流动为急流时，（　　　）。

A. $Fr>1$　　　B. $h>h_k$　　　C. $v<c$　　　D. $\dfrac{\mathrm{d}e}{\mathrm{d}h}>0$

11.6　明渠流动为缓流时，（　　　）。

A. $Fr<1$　　　B. $h<h_k$　　　C. $v>c$　　　D. $\dfrac{\mathrm{d}e}{\mathrm{d}h}<0$

11.7　明渠水流由急流过渡到缓流时发生（　　　）。

A. 水跃　　　　B. 水跌　　　　C. 连续过渡　　　D. 都有可能

11.8　在流量一定，渠道断面的形状、尺寸和壁面粗糙系数一定时，随底坡的增大，正常水深将（　　　）。

A. 增大　　　　B. 减少　　　　C. 不变　　　　D. 不定

11.9　在流量一定，渠道断面的形状、尺寸一定时，随底坡的增大，临界水深将（　　　）。

A. 增大　　　　B. 减少　　　　C. 不变　　　　D. 不定

11.10　宽浅的矩形断面渠道，随流量的增大，临界底坡 i_c 将（　　　）。

A. 增大　　　　B. 减少　　　　C. 不变　　　　D. 不定

11.11　明渠梯形过水断面几何要素的基本量为（　　　）。

A. 底宽 b、水深 h 和水力半径 R　　　B. 面积 A、水深 h 和边坡系数 m

C. 底宽 b、水深 h 和边坡系数 m　　　D. 面积 A、湿周 χ 和水力半径 R

11.12　下列各型水面曲线中，降水曲线是（　　　）。

A. M_1 型　　　B. S_1 型　　　C. M_2 型　　　D. C_3 型

11.13　下列明渠中不可能产生均匀流的底坡是（　　　）。

A. 陡坡　　　　B. 缓坡　　　　C. 平坡　　　　D. 临界坡

11.14　断面单位能量 e 随水深 h 的变化特点是（　　　）。

A. e 存在极小值　　　　　　　　B. e 存在极大值

C. e 随 h 增加而单调减少　　　D. e 随 h 增大而单调增加

计算题

11.15　明渠水流如图 11-39 所示，试求 1、2 断面间渠道底坡、水面坡度、水力坡度。

11.16　梯形断面土渠，底宽 $b=3\mathrm{m}$，边坡系数 $m=2$，水深 $h=1.2\mathrm{m}$，底坡 $i=0.0002$，渠道受到中等养护，试求通过的流量。

11.17　修建混凝土砌面（较粗糙）的矩形渠道，要求通过流量 $Q=9.7\mathrm{m}^3/\mathrm{s}$，底坡 $i=0.001$，试求水力最优断面，设计断面尺寸。

11.18　修建梯形断面渠道，要求通过流量 $Q=1\mathrm{m}^3/\mathrm{s}$，边坡系数 $m=1.0$，底坡 $i=0.0022$，粗糙系数 $n=0.03$，试按不冲允许速度 $[v]_{\max}=0.8\mathrm{m/s}$，设计断面尺寸。

11.19　钢筋混凝土圆形排水管，已知直径 $d=1.0$，粗糙系数 $n=0.014$，底坡 $i=0.002$，试校核此无压管道的通过流量。

11.20　三角形断面渠道如图 11-40 所示，顶角为 $90°$，通过流量 $Q=0.8\mathrm{m}^3/\mathrm{s}$，试求临界水深。

11.21　有一梯形土渠，底宽 $b=12\mathrm{m}$，边坡系数 $m=1.5$，粗糙系数 $n=0.025$，通过流量 $Q=18\mathrm{m}^3/\mathrm{s}$，试

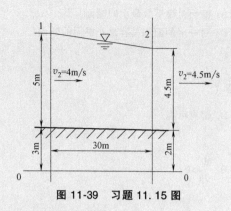

图 11-39　习题 11.15 图

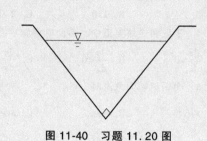

图 11-40　习题 11.20 图

求临界水深及临界底坡。

11.22　有矩形断面平坡渠道中发生水跃，已知跃前断面的 $Fr_1 = \sqrt{3}$，问跃后水深 h'' 是水深 h' 的几倍？

11.23　用矩形断面长渠道向低处排水，末端为跌坎，已知渠道宽度 $b = 1\text{m}$，底坡 $i = 0.004$，正常水深 $h_0 = 0.5\text{m}$，粗糙系数 $n = 0.014$，试求渠道末端出口断面的水深。

11.24　有一梯形断面渠道，已知通过流量 $Q = 5\text{m}^3/\text{s}$，边坡系数 $m = 1.0$，粗糙系数 $n = 0.02$，底坡 $i = 0.0002$，试按水力最优条件设计此渠道断面 $\left[\text{提示}：\beta_h = 2\left(\sqrt{1+m^2} - m\right)\right]$。

11.25　有一梯形断面渠道，已知渠长 $l = 500\text{m}$，底宽 $b = 2\text{m}$，渠中水深 $h = 1\text{m}$，边坡系数 $m = 2$，粗糙系数 $n = 0.02$，测得流量 $Q = 6\text{m}^3/\text{s}$。水的运动黏度 $\nu = 1.01 \times 10^{-6}\text{m}^2/\text{s}$，试判别水流为层流还是湍流，并计算沿程水头损失。

11.26　某梯形断面渠道，已知底宽 $b = 2.2\text{m}$，边坡系数 $m = 1.5$，渠道的粗糙系数 $n = 0.0225$，底坡 $i = 0.002$，实测均匀流水深 $h = 2\text{m}$，求渠道通过的流量 Q。

第 12 章

堰流

12.1 堰流及其特征

12.1.1 堰和堰流

水流受到从河底（渠底）建起的建筑物（堰体）的阻挡，或者受两侧墙体的约束影响，在堰体上游产生壅水，水流经堰体下游，下泄水流的自由表面为连续的曲面，这种水流称为堰流，这种建筑物称为堰。堰顶溢流时，堰流由于堰对来流的约束，使堰前水面壅高，然后堰上水面降落，流过堰顶。

堰流的特征包括：堰的上游发生壅水，堰顶上水面下跌，流速增大，是一种急变流，主要受局部阻力的控制，沿程阻力可忽略。

堰在工程中应用十分广泛，在水利工程中，溢流堰是主要的泄水建筑物；在给水排水工程中，是常用的溢流集水设备和量水设备，也是实验室常用的流量量测设备。

表征堰流的各项特征量如图 12-1 所示。

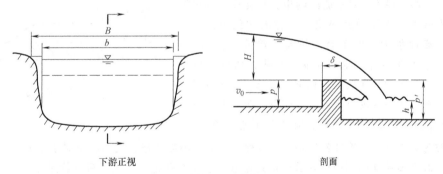

下游正视　　　　　　　　　　剖面

图 12-1　堰流

b—堰宽，水漫过堰顶的宽度　δ—堰顶厚度　H—堰上水头，上游水位在堰
顶上最大超高　p—下游坎高　h—堰下游水深　B—上游渠道宽，
上游来流宽度　v_0—行近流速，上游来流速度

本章主要讨论堰流的流量与其他特征量的关系。

12.1.2 堰的分类

堰顶溢流的水流情况，随堰顶厚度 δ 与堰上水头 H 的比值不同而变化，按 δ/H 比值范围将堰分为三类。

1. 薄壁堰 $\dfrac{\delta}{H}<0.67$

堰前来流由于受堰壁阻挡，底部水流因惯性作用上弯，当水舌回落到堰顶高程时，距上游壁面约 $0.67H$，堰顶厚 $\delta<0.67H$，则堰和过堰水流就只有一条边线接触，堰顶厚度对水流无影响，故称为薄壁堰（见图 12-2）。堰顶常做成锐缘形，其堰口形状有矩形和三角形两种。薄壁堰主要用作测量流量的设备。

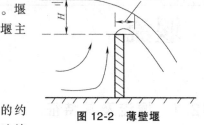

图 12-2　薄壁堰

2. 实用堰 $0.67<\dfrac{\delta}{H}<2.5$

由于堰壁加厚，堰顶厚度大于薄壁堰，水舌受到堰顶的约束和顶托，堰顶厚对水流有一定的影响，但堰上水面仍一次连续下降，这样的堰型称为实用堰。实用堰的剖面有曲线型和折线型两种（见图 12-3），水利工程中的大中型溢流坝一般都采用曲线型实用堰，小型工程常采用折线型实用堰。

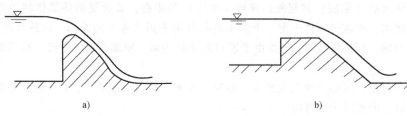

a)　　　　　　　　　　　　　　　b)

图 12-3　实用堰

3. 宽顶堰 $2.5<\dfrac{\delta}{H}<10$

这种情况堰顶厚度 δ 对水流的约束和顶托作用变得很明显，进入堰顶的水流受到堰顶垂直方向的约束，过水断面减小，流速加大，由于动能增加，势能必然减小；再加上水流进入堰顶时产生局部能量损失，所以进口处形成水面跌落。与堰上水头的比值超过 2.5，堰顶厚对水流有显著影响，在堰坎进口水面发生降落，堰上水流近似于水平流动，至堰坎出口水面再次降落与下游水流衔接，

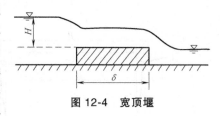

图 12-4　宽顶堰

这种堰型称为宽顶堰。堰宽增至 $\delta>10H$，沿程水头损失不能忽略，流动已不属于堰流。

工程上有许多流动如闸门全开放时的过闸水流、小桥孔过流、无压短涵管过流等，也都属于宽顶堰流。

12.2　宽顶堰溢流

12.2.1　基本公式

堰流的基本公式是指薄壁堰、实用堰和宽顶堰均适用的普通流量公式。宽顶堰的溢流现象，随 δ/H 而变化，综合实际溢流情况，得出代表性的流动图形，如图 12-5 所示。

由于堰顶上过流断面小于来流的过流断面，流速增大，动能增大，同时水流进入堰口有局部

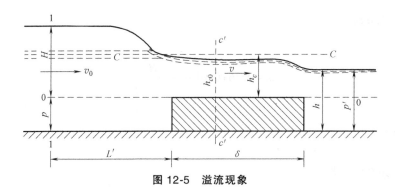

图 12-5 溢流现象

水头损失，造成堰上水流势能减小，水面降落。在堰进口不远处形成小于临界水深的收缩水深 $h_{c0} < h_c$，堰上水流保持急流状态，水面近似平行堰顶。在出口（堰尾）水面第二次降落与下游连接。

以堰顶为基准面，列上游断面 1—1、收缩断面 $c'—c'$ 伯努利方程

$$H + \frac{\alpha_0 v_0^2}{2g} = h_{c0} + \frac{\alpha v^2}{2g} + \zeta \frac{v^2}{2g}$$

令 $H_0 = H + \frac{\alpha_0 v_0^2}{2g}$，为包括行近流速水头。又 h_{c0} 与 H_0 有关，表示为 $h_{c0} = kH_0$，k 是堰口形式和过流断面的（变化用 p/H 表示）有关的系数。将 H_0 及 $h_{c0} = kH_0$ 代入前式，得

流速

$$v = \frac{1}{\sqrt{\alpha + \zeta}} \sqrt{1-k} \sqrt{2gH_0} = \varphi \sqrt{1-k} \sqrt{2gH_0}$$

流量

$$Q = vkH_0 b = \varphi k \sqrt{1-k}\, b \sqrt{2g}\, H_0^{3/2} = mb \sqrt{2g}\, H_0^{3/2} \tag{12-1}$$

式中，φ 为流速系数，$\varphi = \frac{1}{\sqrt{\alpha + \zeta}}$，这里局部阻力系数 ζ 与堰口形式和过流断面的变化（用 p/H 表示）有关；m 为流量系数，$m = \varphi k \sqrt{1-k}$，由决定系数 k、φ 的因素可知，m 取决于堰口形式和相对堰高 p/H。

别列津斯基（Berezinskii）根据实验，提出经验公式：对于矩形直角进口宽顶堰（见图 12-6a），

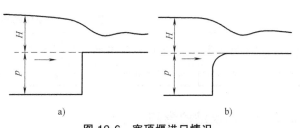

图 12-6 宽顶堰进口情况

当 $0 \leqslant \dfrac{p}{H} \leqslant 3.0$ 时，

$$m = 0.32 + 0.01 \frac{3 - \dfrac{p}{H}}{0.46 + 0.75 \dfrac{p}{H}} \tag{12-2}$$

当 $\dfrac{p}{H} > 3.0$ 时，$m = 0.32$

对于矩形修圆进口宽顶堰（见图 12-6b），

当 $0 \leqslant \dfrac{p}{H} \leqslant 3.0$ 时，

$$m = 0.36 + 0.01 \frac{3 - \dfrac{p}{H}}{1.2 + 1.5 \dfrac{p}{H}} \tag{12-3}$$

当 $\dfrac{p}{H} > 3.0$ 时， $m = 0.36$

12.2.2   淹没的影响

下游水位较高，顶托过堰水流，造成堰上水流性质发生变化。堰上水深由小于临界水深变为大于临界水深，水流由急流变为缓流，下游干扰波能向上游传播，此时为淹没溢流（见图 12-7）。下游水位高于堰顶 $h_s = h - p' > 0$，是形成淹没溢流的必要条件。形成淹没溢流的充分条件是下游水位影响到堰上水流由急流变为缓流。据实验得到淹没溢流的充分条件是

$$h_s = h - p' > 0.8 H_0 \tag{12-4}$$

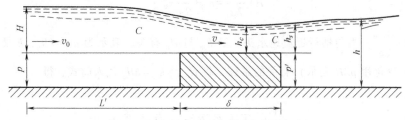

图 12-7   宽顶堰淹没溢流

淹没溢流由于受下游水位的顶托，堰的过流能力降低。淹没的影响用淹没系数表示，淹没宽顶堰的溢流量

$$Q = \sigma_s m b \sqrt{2g} H_0^{3/2} \tag{12-5}$$

式中，σ_s 为淹没系数。随淹没程度 $h_s / H_0 DE$ 增大而减小，见表 12-1。

表 12-1   宽顶堰的淹没系数

$\dfrac{h_s}{H_0}$	0.80	0.81	0.82	0.83	0.84	0.85	0.86	0.87	0.88	0.89	0.90	0.91	0.92	0.93	0.94	0.95	0.96	0.97	0.98
σ_s	1.00	0.995	0.99	0.98	0.97	0.96	0.95	0.93	0.90	0.87	0.84	0.82	0.78	0.84	0.80	0.65	0.59	0.50	0.40

12.2.3   侧收缩的影响

堰宽小于上游渠道宽 $b < B$，水流流进堰口后，在侧壁发生收缩，使堰流的过流断面宽度实际上小于堰宽（见图 12-8），同时也增加了局部水头损失，造成堰的过流能力降低。侧收缩的影响用收缩系数表示，非淹没式有侧收缩的宽顶堰溢流量

$$Q = m \varepsilon b \sqrt{2g} H_0^{3/2} = m b_c \sqrt{2g} H_0^{3/2} \tag{12-6}$$

式中，b_c 为收缩堰宽，$b_c = \varepsilon b$；ε 为侧收缩系数，与相对堰高 p/H、相对堰宽 b/H、墩头形状（以墩形系数 α 表示）有关。对单孔宽顶堰有经验公式

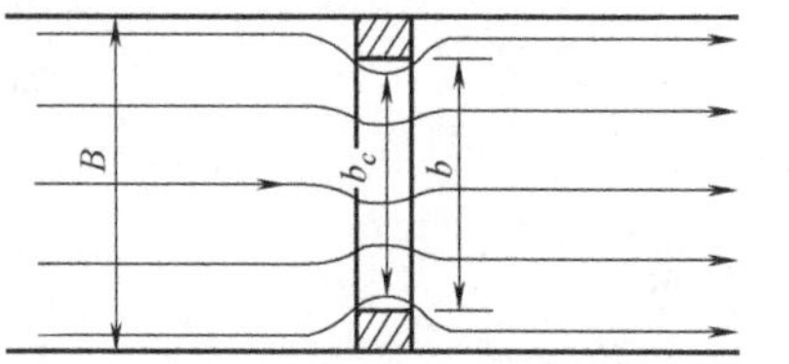

图 12-8   宽顶堰的侧收缩

$$\varepsilon = 1 - \frac{\alpha}{\sqrt[3]{0.2+\frac{p}{H}}} \sqrt[4]{\frac{b}{B}} \left(1-\frac{b}{B}\right) \tag{12-7}$$

式中，α 为墩形系数，矩形墩，$\alpha = 0.19$；圆弧墩，$\alpha = 0.10$。

淹没式有侧收缩宽顶堰溢流量

$$Q = \sigma_s m \varepsilon b \sqrt{2g} H_0^{3/2} = \sigma_s m b_c \sqrt{2g} H_0^{3/2} \tag{12-8}$$

【例 12-1】　某矩形断面渠道，为引水灌溉修筑宽顶堰（见图 12-9）。已知渠道宽度 $B = 3\text{m}$，堰宽 $b = 2\text{m}$，坝高 $p = p' = 1\text{m}$，堰上水头 $H = 2\text{m}$，堰顶为直角进口，墩头为矩形，下游水深 $h = 2\text{m}$，试求过堰流量。

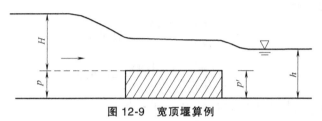

图 12-9　宽顶堰算例

【解】　（1）判别出流形式

$$h_s = h - p' = 1\text{m} > 0$$

$$0.8H_0 > 0.8H = 0.8 \times 2\text{m} = 1.6\text{m} > h_s$$

满足淹没溢流的必要条件，为自由式溢流。

$b < B$，有侧收缩。综上所述，本堰为自由溢流有侧收缩的宽顶堰。

（2）计算流量系数 m　堰顶为直角进口，$\frac{p}{H} = 0.5 < 3$，由式（12-2）

$$m = 0.32 + 0.01 \frac{3-\frac{p}{H}}{0.46+0.75\frac{p}{H}} = 0.35$$

（3）计算侧收缩系数　单孔宽顶堰，由式（12-7）

$$\varepsilon = 1 - \frac{\alpha}{\sqrt[3]{0.2+\frac{p}{H}}} \sqrt[4]{\frac{b}{B}} \left(1-\frac{b}{B}\right) = 0.936$$

（4）计算流量　自由溢流有侧收缩宽顶堰，由式（12-6）

$$Q = m \varepsilon b \sqrt{2g} H_0^{3/2}$$

其中　　　　　　　　$H_0 = H + \frac{\alpha v_0^2}{2g}$，　$v_0 = \frac{Q}{b(H+p)}$

用迭代法求解 Q，第一次近似，取　　　　　$H_{0(1)} \approx H$

$$Q_{(1)} = m \varepsilon b \sqrt{2g} H_{0(1)}^{3/2} = 0.35 \times 0.936 \times 2 \sqrt{2g} \, 2^{3/2}$$

$$= (2.9 \times 2^{3/2}) \, \text{m}^3/\text{s} = 8.2 \, \text{m}^3/\text{s}$$

第二次近似，取 $H_{0(2)} = H + \frac{\alpha v_{0(1)}^2}{2g} = \left(2 + \frac{1.37^2}{19.6}\right)\text{m} = 2.096\text{m}$

$$Q_{(2)} = 2.9 H_{0(2)}^{3/2} = \left[2.9 \times (2.096)^{3/2} \right] \text{m}^3/\text{s} = 8.80 \text{m}^3/\text{s}$$

$$v_{0(2)} = \frac{Q_{(2)}}{6} = \frac{8.80}{6} \text{m/s} = 1.47 \text{m/s}$$

第三次近似，取 $H_{0(3)} = H + \dfrac{\alpha v_{0(2)}^2}{2g} = 2.11 \text{m}$

$$Q_{(3)} = 2.9 H_{0(3)}^{3/2} = 8.89 \text{m}^3/\text{s}$$

$$\frac{Q_{(3)} - Q_{(2)}}{Q_{(3)}} = \frac{8.89 \text{m}^3/\text{s} - 8.80 \text{m}^3/\text{s}}{8.89 \text{m}^3/\text{s}} = 0.01$$

已达到本题计算误差限定要求1%，因此过堰流量为

$$Q = Q_{(3)} = 8.89 \text{m}^3/\text{s}$$

（5）校核堰上游流动状态

$$v_0 = \frac{Q}{b(H+p)} = \frac{8.89}{6} \text{m/s} = 1.48 \text{m/s}$$

$$F = \frac{v_0}{\sqrt{g(H+p)}} = \frac{1.48}{\sqrt{9.8 \times 3}} = 0.27 < 1$$

上游来流为缓流，流经障壁形成堰流，上述计算有效。

用迭代法求解宽顶堰流量高次方程，是一种基本的方法，但计算烦琐，可编程用计算机求解。

12.3　薄壁堰和实用堰溢流

薄壁堰和实用堰虽然堰型和宽顶堰不同，但堰流的受力性质（受重力作用，不计沿程阻力）和运动形式（缓流经障壁顶部溢流）相同，因此具有相似的规律性和相同结构的基本公式。

12.3.1　薄壁堰溢流

薄壁堰常用于实验室和小型渠道量测流量，常用的薄壁堰的堰口形状有矩形和三角形两种。三角堰通常用于量测较小流量，矩形堰和梯形堰用于量测较大的流量。

1. 矩形薄壁堰

矩形薄壁堰溢流如图12-10所示。

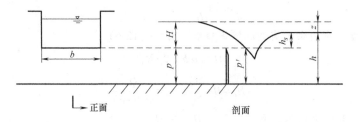

图 12-10　矩形薄壁堰溢流

因水流特点相同，基本公式的结构形式同式（12-1），对自由式溢流

$$Q = mb \sqrt{2g} H_0^{3/2}$$

为了能以实测的堰上水头 H 直接求得流量，将行近流速水头 $\frac{\alpha v_0^2}{2g}$ 的影响计入流量系数内，则基本公式改写为

$$Q = m_0 b \sqrt{2g} H^{3/2} \tag{12-9}$$

式中，m_0 是计入行近流速水头影响的流量系数，需由实验确定。1898 年法国工程师巴赞（Bazin）提出经验公式

$$m_0 = \left(0.405 + \frac{0.0027}{H}\right)\left[1 + 0.55\left(\frac{H}{H+p}\right)^2\right] \tag{12-10}$$

式中，H、p 均以 m 计，公式适用范围 $H \leq 1.24\mathrm{m}$，$p \leq 1.13\mathrm{m}$，$b \leq 2\mathrm{m}$。

当下游水位超过堰顶 $h_s > 0$，且 $\frac{z}{p'} < 0.7$ 时，形成淹没溢流，此时堰的过水能力波动较大，溢流不稳定，所以用于量测流量用的薄壁堰，不宜在淹没条件下工作。

当堰宽小于上游渠道的宽度 $b < B$ 时，水流在平面上受到收缩，堰的过水能力降低，流量系数可用修正的巴赞公式计算

$$m_c = \left(0.405 + \frac{0.0027}{H} - 0.03\frac{B-b}{B}\right)\left[1 + 0.55\left(\frac{H}{H+p}\right)^2\left(\frac{b}{B}\right)^2\right] \tag{12-11}$$

2. 三角形薄壁堰

用矩形堰量测流量，当为小流量时，堰上水头 H 很小，量测误差增大。为使小流量仍能保持较大的堰上水头，就要减小堰宽，为此采用三角形堰（见图 12-11）。

设三角形堰的夹角为 θ，自顶点算起的堰上水头为 H，将微元宽度 $\mathrm{d}b$ 看成薄壁堰流，则微元流量的表达式为

$$\mathrm{d}Q = m_0 \sqrt{2g} h^{3/2} \mathrm{d}b$$

式中，h 为 $\mathrm{d}b$ 处的水头，由几何关系 $b = (H-h)\tan\frac{\theta}{2}$，则

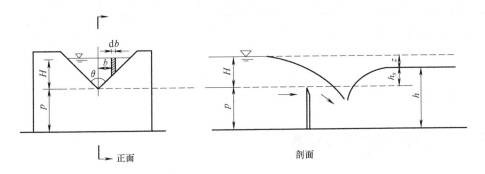

图 12-11　三角形堰溢流

$$\mathrm{d}b = -\tan\frac{\theta}{2}\mathrm{d}h$$

代入上式

$$\mathrm{d}Q = -m_0 \sqrt{2g} h^{3/2} \mathrm{d}h$$

堰的溢流量

$$Q = -2m_0\tan\frac{\theta}{2}\ \sqrt{2g}\int_H^0 h^{3/2}\mathrm{d}h = \frac{4}{5}m_0\tan\frac{\theta}{2}\ \sqrt{2g}H^{5/2}$$

当 $\theta = 90°$，$H = 0.05 \sim 0.25\mathrm{m}$ 时，由实验得出 $m_0 = 0.395$，于是

$$Q = 1.4H^{5/2} \tag{12-12}$$

式中，H 为堰口顶点算起的堰上水头，单位以 m 计，流量 Q 的单位以 $\mathrm{m^3/s}$ 计。

当 $\theta = 90°$，$H = 0.25 \sim 0.55\mathrm{m}$ 时，另有经验公式

$$Q = 1.343H^{2.47} \tag{12-13}$$

式中符号和单位与式（12-12）相同。

12.3.2　实用堰溢流

实用堰是水利工程中用来挡水同时又能泄水的水工建筑物，它的剖面形式是由工程的要求所决定的。按剖面形状分为曲线型实用堰（见图 12-3a）和折线型实用堰（见图 12-3b）。曲线型实用堰的剖面，是按矩形薄壁堰自由溢流水舌的下缘面加以修正定型的，折线型实用堰以梯形剖面居多。实用堰基本公式的结构形式同式（12-1），即

$$Q = mb\ \sqrt{2g}H_0^{3/2}$$

实用堰的流量系数 m 变化范围较大，视堰壁外形、水头大小及首部情况而定。初步估算，曲线型实用堰可取 $m = 0.45$，折线型实用堰可取 $m = 0.35 \sim 0.42$。

当下游水位超过堰顶 $h_s > 0$，实用堰成为淹没溢流时，淹没影响用淹没系数 σ_s 表示，即

$$Q = \sigma_s mb\ \sqrt{2g}H_0^{3/2}$$

式中，σ_s 为淹没系数，随淹没程度 h_s/H 的增大而增大，见表 12-2。

表 12-2　实用堰的淹没系数

$\dfrac{h_s}{H}$	0.05	0.20	0.30	0.40	0.50	0.60	0.70	0.80	0.90	0.95	0.975	0.995	1.00
σ_s	0.997	0.985	0.972	0.957	0.935	0.906	0.856	0.776	0.621	0.470	0.319	0.100	0

当堰宽小于上游渠道的宽度 $b < B$，过堰水流发生侧收缩，造成过流能力降低。侧收缩的影响用收缩系数表示，则有

$$Q = m\varepsilon b\ \sqrt{2g}H_0^{3/2}$$

式中，ε 为侧收缩系数，初步估算时常取 $\varepsilon = 0.85 \sim 0.95$。

12.4* 小桥孔径的水力计算

12.4.1　小桥过流的水力特性

小桥过流的水力现象与宽顶堰相同。这种堰流是在缓流的河道中，由于桥墩或桥的边墩在侧向约束了水流的过水断面而引起的。一般没有底坎，即 $p = p' = 0$。

小桥过流分为自由出流和淹没出流两种情况。

1. 自由出流

当桥的下游水深 $h < 1.3h_c$（h_c 是桥孔水流的临界水深）时，下游水位不影响过桥水流，水面有两次降落，桥下的水深为 h_{c0}，$h_{c0} < h_c$，水流为急流，如图 12-12 所示。

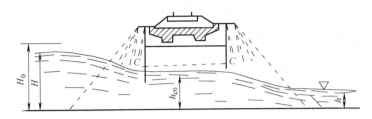

图 12-12　自由式小桥过流

对 1—1、2—2 断面列伯努利方程

$$H+\frac{\alpha_0 v_0{}^2}{2g}=h_{c0}+\frac{\alpha v^2}{2g}+\zeta\frac{v^2}{2g}$$

令 $H_0=H+\dfrac{\alpha_0 v_0{}^2}{2g}$；$h_{c0}=\psi h_c$，其中 $\psi<1$，视小桥进口形状而定，平滑进口 $\psi=0.80\sim0.85$，非平滑进

口 $\psi=0.75\sim0.80$；$\varphi=\dfrac{1}{\sqrt{\alpha+\zeta}}$，$\varphi$ 为小桥的流速系数。则

$$v=\varphi\sqrt{2g(H-\psi h_c)}\tag{12-14}$$

$$Q=vA=\varepsilon b\psi h_c\varphi\sqrt{2g(H_0-\psi h_c)}\tag{12-15}$$

式中，ε 为小桥的侧收缩系数。

系数 φ 和 ε 的经验值列于表 12-3。

表 12-3　小桥的流速系数和侧收缩系数

桥台形状	流速系数 φ	侧收缩系数 ε
单孔,有锥体填土(锥体护坡)	0.90	0.90
单孔,有八字翼墙	0.90	0.85
多孔,或无锥体填土多孔,或桥台伸出	0.85	0.80
拱脚浸水的拱桥	0.80	0.75

2. 淹没出流

当桥的下游水深 $h\geqslant 1.3h_c$ 时，下游水位影响过桥水流，此时为淹没出流。水面只有进口一次水位降落，忽略出口的动能恢复，则桥下水深 h_{c0} 等于下游水深 h，水流为缓流，如图 12-13 所示。

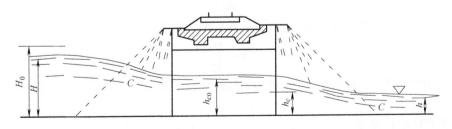

图 12-13　淹没式小桥过流

淹没出流的水力计算公式为

$$v=\varphi\sqrt{2g(H_0-h)}\tag{12-16}$$

$$Q = \varepsilon b h \varphi \sqrt{2g(H_0 - h)} \tag{12-17}$$

12.4.2 小桥孔径水力计算原则

为了小桥设计的安全与经济，水力计算应满足下列三方面要求：

1）小桥的设计流量由水文计算确定，水力计算应保证通过设计流量所需要的孔径 b。

2）小桥通过设计流量时，应保证桥基不发生冲刷，即桥孔处的流速 v 不超过河床土壤或铺砌材料的最大允许流速 v'。

3）桥前壅水水位 H，不大于规范允许的壅水水深 H'。该值由路肩标高及桥梁底部标高决定。

12.4.3 小桥孔径计算方法

1. 计算临界水深 h_c

一般情况下桥孔过水断面是矩形，宽度为 b，由于侧收缩影响，有效宽度为 εb。临界水深为

$$h_c = \sqrt[3]{\frac{\alpha Q^2}{(\varepsilon b)^2 g}}$$

水深等于临界水深时，流速为临界流速 v_c，则

$$Q = \varepsilon b h_c v_c$$

可得

$$h_c = \frac{\alpha v_c^2}{g} \tag{12-18}$$

当以允许流速 v' 进行设计时，自由出流桥下的水深为 ψh_c，有

$$Q = \varepsilon b \psi h_c v' = \varepsilon b h_c v_c$$

则

$$v_c = \psi v'$$

代入式（12-18），得临界水深与允许流速的关系

$$h_c = \frac{\alpha \psi^2 v'^2}{g} \tag{12-19}$$

2. 计算小桥孔径 b

将下游水深 h 与临界水深 h_c 比较，如 $h < 1.3 h_c$，则小桥水流为自由出流，此时桥孔水深 $h_{c0} = \psi h_c$，则

$$b = \frac{Q}{\varepsilon \psi h_c v'} \tag{12-20}$$

如 $h \geq 1.3 h_c$，则小桥水流为淹没出流，桥孔水深为 h，则

$$b = \frac{Q}{\varepsilon h v'} \tag{12-21}$$

实际工程中常采用标准孔径，小桥的标准孔径有 4m、5m、6m、8m、10m、12m、16m、20m 等多种。

3. 选用标准孔径 B

应重新计算临界水深

$$h_c = \sqrt[3]{\frac{\alpha Q^2}{(\varepsilon B)^2 g}} \tag{12-22}$$

用此实际流速验算出流型式，并计算实际桥孔流速

$$v = \frac{Q}{\varepsilon B \psi h_c} \quad （自由出流） \tag{12-23}$$

或

$$v = \frac{Q}{\varepsilon B h} \quad （淹没出流） \tag{12-24}$$

v 应小于 v'，以保证桥基不发生冲刷。

4. 验算桥前壅水水深

由自由出流

$$v = \varphi \sqrt{2g(H_0 - \psi h_c)}$$

解出

$$H_0 = \frac{v^2}{2g\varphi^2} + \psi h_c \tag{12-25}$$

式中，v 为行近流速，且

$$v = \frac{Q}{BH}$$

则

$$H = H_0 - \frac{\alpha_0 Q^2}{2g(BH)^2} \tag{12-26}$$

或近似用

$$H \approx H_0$$

H 应小于 H'。

淹没出流

$$v = \varphi \sqrt{2g(H_0 - h)}$$

解出

$$H_0 = \frac{v^2}{2g\varphi^2} + h \tag{12-27}$$

其他验算与上相同。

【例 12-2】　由水文计算已知小桥设计流量 $Q = 30\text{m}^3/\text{s}$。根据下游河段流量-水位关系曲线，求得该流量时下游水深 $h = 1.0\text{m}$。由规范，桥前允许壅水水深 $H' = 2\text{m}$，桥下允许流速 $v' = 3.5\text{m/s}$。由小桥进口形式，查得各项系数：$\varphi = 0.90$；$\varepsilon = 0.85$；$\psi = 0.80$。试设计此小桥孔径。

【解】　（1）计算临界水深

$$h_c = \frac{\alpha \psi^2 v'^2}{g} = \frac{1.0 \times 0.80^2 \times 3.5^2}{9.8}\text{m} = 0.8\text{m}$$

$1.3 h_c = 1.3 \times 0.8\text{m} = 1.04\text{m} > h = 1.0\text{m}$，此小桥过流为自由出流。

（2）计算小桥孔径

$$b = \frac{Q}{\varepsilon \psi h_c v'} = \frac{30}{0.85 \times 0.80 \times 0.8 \times 3.5}\text{m} = 15.8\text{m}$$

取标准孔径 $B = 16\text{m}$。

（3）重新计算临界水深

$$h_c = \sqrt[3]{\frac{\alpha Q^2}{(\varepsilon B)^2 g}} = \sqrt[3]{\frac{1 \times 30^2}{(0.85 \times 16)^2 \times 9.8}}\text{m} = 0.792\text{m}$$

$1.3 h_c \approx 1.3 \times 0.8\text{m} = 1.04\text{m} > h = 1.0\text{m}$，仍为自由出流。桥孔的实际流速

$$v = \frac{Q}{\varepsilon b \psi h_c} = \frac{30}{0.85 \times 16 \times 0.80 \times 0.792}\text{m/s} = 3.48\text{m/s}$$

$v < v'$ 不会发生冲刷。

（4） 验算桥前壅水水深

$$H \approx H_0 = \frac{v^2}{2g\varphi^2} + \varphi h_c = \left(\frac{3.48^2}{19.6 \times 0.90^2} + 0.90 \times 0.792 \right) \mathrm{m} = 1.476 \mathrm{m}$$

$H < H'$ 满足设计要求。

习　题

选择题

12.1　堰流是：（a）缓流经障壁溢流；（b）急流经障壁溢流；（c）无压均匀流动；（d）有压均匀流动。

12.2　符合以下条件的堰流是宽顶堰溢流：（a） $\frac{\delta}{H} < 0.67$；（b） $0.67 < \frac{\delta}{H} < 2.5$；（c） $2.5 < \frac{\delta}{H} < 10$；（d） $\frac{\delta}{H} > 10$。

12.3　自由式宽顶堰的堰顶水深：（a） $h_{c0} < h_c$；（b） $h_{c0} > h_c$；（c） $h_{c0} = h_c$；（d）不定（ h_c 为临界水深）。

12.4　堰的淹没系数 σ_s：（a） $\sigma_s < 1$；（b） $\sigma_s > 1$；（c） $\sigma_s = 1$；（d）都有可能。

12.5　小桥孔自由出流，桥下水深 h_{c0}：（a） $h_{c0} < h_c$；（b） $h_{c0} > h_c$；（c） $h_{c0} = h_c$；（d）不定（ h_c 为临界水深）。

12.6　小桥孔淹没出流的充分必要条件是下游水深 h：（a） $h > 0$；（b） $h \geqslant 0.8 h_c$；（c） $h \geqslant h_c$；（d） $h \geqslant 1.3 h_c$。

计算题

12.7　自由溢流矩形薄壁堰，水槽宽 $B = 2\mathrm{m}$，堰宽 $b = 1.2\mathrm{m}$，堰高 $p = p' = 0.5\mathrm{m}$，试求堰上水头 $H = 0.25\mathrm{m}$ 时的流量。

12.8　一直角进口无侧收缩宽顶堰，堰宽 $b = 4.0\mathrm{m}$，堰高 $p = p' = 0.6\mathrm{m}$，堰上水头 $H = 1.2\mathrm{m}$，堰下游水深 $h = 0.8\mathrm{m}$，求通过的流量。

12.9　设题 12.8 的下游水深 $h = 1.70\mathrm{m}$，求流量。

12.10　一圆进口无侧收缩宽顶堰，堰宽 $b = 1.8\mathrm{m}$，堰高 $p = p' = 0.8\mathrm{m}$，流量 $Q = 12\mathrm{m^3/s}$，下游水深 $h = 1.73\mathrm{m}$，求堰顶水头。

12.11　矩形断面渠道宽 2.5m，流量为 $1.5\mathrm{m^3/s}$，水深 0.9m，为使水面抬高 0.15m，在渠道中设置低堰，已知堰的流量系数 $m = 0.39$，试求堰的高度。

12.12　水面面积 $50000\mathrm{m^2}$ 的人工水池，通过宽 4m 的矩形堰泄流，溢流开始时堰顶水头为 0.5m，堰的流量系数 $m = 0.4$，试求 9h 后堰顶水头。

12.13　用直角三角形薄壁堰测量流量，如测量水头有 1% 的误差，则所造成的流量计算误差是多少？

12.14　小桥孔径设计，已知设计流量 $Q = 15\mathrm{m^3/s}$，允许流速 $v' = 3.5\mathrm{m/s}$，桥下游水深 $h = 1.3\mathrm{m}$，取 $\varepsilon = 0.9$，$\varphi = 0.9$，$\psi = 1.0$，允许壅水高度 $H' = 2.2\mathrm{m}$，试设计小桥孔径 B。

12.15　图 12-14 所示为一圆柱形容器，直径 $d = 300\mathrm{mm}$，高 $H = 500\mathrm{mm}$，容器内装水，水深 $h_1 = 300\mathrm{mm}$，使容器绕垂直轴做等角速旋转。

（1） 试确定水正好不溢出时的转速 n_1；

（2） 求刚好露出容器底面时的转速 n_2；这时容器停止旋转，水静止后的深度 h_2 等于多少？

12.16　如图 12-15 所示，一圆柱形容器，直径 $d = 1.2\mathrm{m}$，充满水，并绕垂直轴做等角速度旋转。在顶盖上 $r_0 = 0.43\mathrm{m}$ 处安装一开口测压管，管中的水位 $h = 0.5\mathrm{m}$。问此容器的转速 n 为多少时顶盖所受的静水总压力为零？

12.17　如图 12-16 所示，圆柱形容器的直径 $d = 600\mathrm{mm}$，高 $H = 500\mathrm{mm}$，盛水至 $h = 400\mathrm{mm}$，余下的容

器盛满密度 $\rho = 800\,\text{kg/m}^3$ 的油，容器顶盖中心有一小孔与大气相通。若此容器绕其主轴旋转，问转速多大时油面开始接触到底板？求此时顶盖和底板上的最大和最小计示压强〔提示：油水分界面为等压面〕。

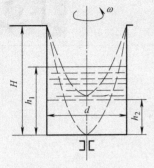　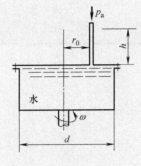　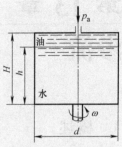

图 12-14　题 12.15　　　　图 12-15　题 12.16　　　　图 12-16　题 12.17

第 13 章

渗流

13.1 概述

流体在多孔介质中的流动称为渗流，水在土孔隙中的流动即地下水流动，是自然界最常见的渗流现象。渗流理论在水利、石油、采矿、化工等领域有着广泛的应用，在土木工程中最常见的是地下水的流动，所以渗流为土木工程中地下水源的开发、降低地下水位、防止建筑物地基发生渗流变形提供理论依据。

13.1.1 水在土中的状态

水在土中的存在可分为气态水、附着水、薄膜水、毛细水和重力水等不同状态。气态水以蒸汽状态散逸于土孔隙中，存在量极少，不需考虑。附着水和薄膜水也称结合水，其中附着水以极薄的分子层吸附在土颗粒表面，呈现固态水的性质；薄膜水则以厚度不超过分子作用半径的薄层包围土颗粒，性质和液态水相似，结合水数量很少，在渗流运动中可不考虑。毛细水因毛细管作用保持在土孔隙中，除特殊情况外，一般也可忽略。当土含水量很大时，除少许结合水和毛细水外，大部分水是在重力的作用下，在土孔隙中运动，这种水就是重力水。重力水是渗流理论研究的对象。

13.1.2 渗流模型

由于土孔隙的形状、大小及分布情况极其复杂，要详细地确定渗流在土孔隙通道中的流动情况极其困难，也无必要。工程中所关心的是渗流的宏观平均效果，而不是孔隙内的流动细节，为此引入简化的渗流模型来代替实际的渗流。

渗流模型是渗流区域（流体和孔隙介质所占的空间）的边界条件保持不变，略去全部土颗粒，认为渗流区连续充满流体，而流量与实际渗流相同，压强和渗流阻力也与实际渗流相同的替代流场。

按渗流模型的定义，渗流模型中某一过水断面面积 ΔA（其中包括土颗粒面积和孔隙面积）通过的实际流量为 ΔQ，则 ΔA 上的平均速度（简称为渗流速度）为

$$u_渗 = \frac{\Delta Q}{\Delta A}$$

而水在孔隙中的实际平均速度

$$u_孔 = \frac{\Delta Q}{\Delta A'} = \frac{u_渗 \Delta A}{\Delta A'} = \frac{1}{n}u_渗 > u_渗$$

式中，$\Delta A'$ 为 ΔA 中孔隙面积；$n = \frac{\Delta A'}{\Delta A}$ 为土的孔隙率，$n<1$。

可见，渗流速度小于土孔隙中的实际速度。

渗流模型将渗流作为连续空间内连续介质的运动，使得前面基于连续介质建立起来的描述液体运动的方法和概念，能够直接应用于渗流中，使得在理论上研究渗流问题成为可能。

13.1.3　渗流的分类

在渗流模型的基础上，渗流也可按欧拉法的概念进行分类，例如，根据各渗流空间点上的运动要素是否随时间变化，分为恒定渗流和非恒定渗流；根据运动要素与坐标的关系，分为一元、二元、三元渗流；根据流线是否平行直线，分为均匀渗流和非均匀渗流，而非均匀渗流又分为渐变渗流和急变渗流。此外，从有无自由水面，可分为有压渗流和无压渗流。

13.1.4　不计流速水头

渗流的速度很小，流速水头 $\dfrac{\alpha v^2}{2g}$ 更小而忽略不计，则过流断面的总水头等于测压管水头，即

$$H = H_p = z + \frac{p}{\rho g}$$

或者说，渗流的测压管水头等于总水头，测压管水头差就是水头损失，测压管水头线的坡度就是水力坡度，$J_p = J$。

13.2　渗流的达西定律

流体在孔隙中流动时，必然有能量损失。法国工程师达西（Darcy）在 1852 年通过实验研究，总结出渗流水头损失与渗流速度之间的关系，后人称之为达西定律。

13.2.1　达西定律

达西渗流实验装置如图 13-1 所示。该装置为上端开口的直立圆筒，筒壁上、下两断面装有测压管，圆筒下部距筒底不远处装有滤板 C。圆筒内充填均匀砂层，由滤板托住。水由上端注入圆筒，并以溢水管 B 使水位保持恒定。水渗流即可测量出测压管水头差，同时透过砂层的水经排水管流入计量容器 V 中，以便计算实际渗流量。

由于渗流不计流速水头，实测的测压管水头差即为两断面间的水头损失

$$h_w = H_1 - H_2$$

水力坡度　　$$J = \frac{h_w}{l} = \frac{H_1 - H_2}{l}$$

达西由实验得出，圆筒内的渗流量 Q 与过流断面面积（圆筒面积）A 及水力坡度 J 成正比，并和土的透水性能有关，基本关系式为

$$Q = kAJ \qquad (13\text{-}1)$$

或　　　　$$v = \frac{Q}{A} = kJ \qquad (13\text{-}2)$$

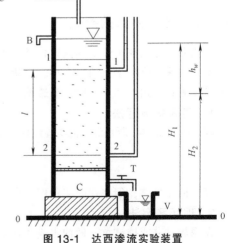

图 13-1　达西渗流实验装置

式中，v 为渗流断面平均流速，称为渗流速度；k 是反映土性质和流体性质综合影响渗流的系数，

具有速度的量纲，称为渗透系数。

达西实验是在等直径圆筒内均质砂土中进行的，属于均质渗流，可以认为各点的流动状况相同，各点的速度等于断面平均流速，式（13-2）可写为

$$u = kJ \tag{13-3}$$

式（13-3）称为达西定律，该定律表明渗流的水力坡度，即单位距离上的水头损失与渗流的一次方成比例，因此也称为渗流线性定律。

达西定律推广到非均匀、非恒定渗流中，其表达式为

$$u = kJ = -k\frac{\mathrm{d}H}{\mathrm{d}s} \tag{13-4}$$

式中，u 为点流速；J 为该点的水力坡度。

13.2.2　达西定律的适用范围

达西定律是渗流线性定律，它表明渗流的水头损失和流速的一次方成正比。后来范围较广的实验指出，随着渗流速度的加大，水头损失将与流速的 1~2 次方成比例。当流速大到一定数值后，水头损失和流速的 2 次方成正比，可见达西定律有一定的适用范围。

关于达西定律的适用范围，可用雷诺数进行判别。因为土孔隙的大小、形状和分布在很大的范围内变化，当流动的雷诺数很小时，黏滞力对流动起主要作用，而惯性作用可以忽略，这种流动形态都是层流。所以达西定律是层流渗流的水头黏性损失规律。但若流体的惯性不能完全忽略，尽管渗流仍属层流或非层流型态，达西定律已不适用。所以惯性不起作用是适用线性定律的条件。

由于土壤的透水性质很复杂，对于线性渗流和非线性渗流很难找到确切的判别标准。相应的判别雷诺数为

$$Re = \frac{vd}{\nu} \leqslant 1 \sim 10 \tag{13-5}$$

式中，v 为渗流断面平均流速；d 为土颗粒的有效直径，一般用 d_{10}，即筛分时占 10% 重量的土粒所通过的筛孔直径；ν 为水的运动黏度。

为安全起见，可把 $Re = 1.0$ 作为线性定律适用的上限。本章所讨论的内容，仅限于符合达西定律的渗流。

13.2.3　渗透系数的确定

渗透系数是反映土性质和流体性质综合影响渗流的系数，是分析计算渗流问题最重要的参数。由于该系数取决于土颗粒大小、形状、分布情况及地下水的物理化学性质等多种因素，要准确地确定其数值相当困难。确定渗透系数的方法，大致分为三类。

1. 实验室测定法

利用类似图 13-1 所示的渗流实验设备，实测水头损失 h_w 和流量 Q，按式（13-1）求得渗透系数

$$k = \frac{Ql}{Ah_w}$$

该法简单可靠，但往往因实验用土样受到扰动，和实际土有一定差别。

2. 现场测定法

在现场钻井或挖试坑，做抽水或注水实验，再根据相应的理论公式，反算渗透系数。

3. 经验方法

在有关手册或规范资料中，给出各种土的渗透系数值或计算公式，大都是经验性的，各有其

局限性，可作为初步估算用。现将各类上的渗透系数列于表 13-1。

表 13-1　各类土的渗透系数

土名	渗透系数 k		土名	渗透系数 k	
	m/d	cm/s		m/d	cm/s
黏土	<0.005	$<6×10^{-6}$	粗砂	20~50	$2×10^{-2}~6×10^{-2}$
粉质黏土	0.1~0.5	$6×10^{-5}~1×10^{-4}$	均质粗砂	60~75	$7×10^{-2}~8×10^{-2}$
粉土	0.25~0.5	$1×10^{-4}~6×10^{-4}$	圆砾	50~100	$6×10^{-2}~1×10^{-1}$
黄土	0.5~1.0	$3×10^{-4}~6×10^{-4}$	卵石	100~500	$1×10^{-1}~6×10^{-1}$
粉砂	1.0~5.0	$6×10^{-4}~1×10^{-3}$	无填充物卵石	500~1000	$6×10^{-1}~1×10$
细砂	5.0~20.0	$1×10^{-3}~6×10^{-3}$	稍有裂隙岩石	20~60	$2×10^{-2}~7×10^{-2}$
中砂	35~50	$6×10^{-3}~2×10^{-2}$	裂隙多的岩石	>60	$>7×10^{-2}$
均质中砂		$4×10^{-2}~6×10^{-2}$			

注：本表资料引自中国建筑工业出版社出版的《工程地质手册》，1975 年版。

13.3　地下水的渐变渗流

在透水地层中的地下水流动，很多情况是具有自由液面的无压渗流。无压渗流相当于透水地层中的明渠流动，水面线称为浸润线。同地上明渠流动的分类相似，无压渗流也可能有流线是平行直线，等深、等速的均匀渗流，均匀渗流的水深称为渗流正常水深，以 h_0 表示。但由于受自然水文地质条件的影响，无压渗流更多的是运动要素沿程缓慢变化的非均匀渐变渗流。

因渗流区地层宽阔，无压渗流一般可按一元流动处理，并将渗流的过流断面简化为宽阔的矩形断面计算。

通过对渐变渗流的分析，可以得出地下水位变化规律、地下水的动向和补给情况，作为工程建设的依据。

13.3.1　裘皮依公式

设非均匀渐变渗流，如图 13-2 所示。取相距为 ds 的过流断面 1—1、2—2，根据渐变流的性质，过流断面近于平面，面上各点的测压管水头皆相等。又由于渗流的总水头等于测压管水头，所以，1—1 与 2—2 断面之间任一流线上的水头损失相同，即

$$H_1-H_2=-dH$$

因为渐变流的流线近于平行直线，1—1 与 2—2 断面间各流线的长度近于 ds，则过流断面上各点的水力坡度相等，即

$$J=-\frac{dH}{ds}$$

根据达西定律式（13-4），过流断面上各点的流速相等，因而断面平均流速也等于各点流速

$$v=u=kJ=-k\frac{dH}{ds} \qquad (13\text{-}6)$$

式（13-6）称裘皮依（Dupuit）公式，它是法国

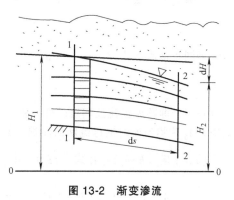

图 13-2　渐变渗流

学者裴皮依在 1857 年首先提出的。公式形式虽然和达西定律一样，但含义已是渐变渗流过流断面上，平均速度与水力坡度的关系。

13.3.2 渐变渗流基本方程

设无压非均匀渐变渗流，不透水地层坡度为 i，取过流断面 1—1、2—2，相距为 ds，水深和测压管水头的变化分别为 dh 和 dH（见图 13-3）。

1—1 断面的水力坡度

$$J = -\frac{dH}{ds} = -\left(\frac{dz}{ds} + \frac{dh}{ds}\right) = i - \frac{dh}{ds}$$

将 J 代入式（13-6），得 1—1 断面的平均渗透流速度

$$v = k\left(i - \frac{dh}{ds}\right) \quad (13\text{-}7)$$

渗流量为

$$Q = kA\left(i - \frac{dh}{ds}\right) \quad (13\text{-}8)$$

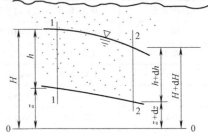

图 13-3 渐变渗流断面

式（13-8）是无压恒定渐变渗流的基本方程，是分析和绘制渐变渗流浸润曲线的理论依据。

13.3.3 渐变渗流浸润曲线的分析

同明渠非均匀渐变流水面曲线的变化相比较，因渗流速度很小，流速水头忽略不计，所以浸润线既是测压管水头线，又是总水头线。由于存在水头损失，总水头线沿程下降，因此，浸润线也只能沿程下降，不可能水平，更不可能上升，这是浸润线的主要几何特征。

渗流区不透水基底的坡度分为顺坡（$i>0$）、平坡（$i=0$）、逆坡（$i<0$）三种。只有顺坡存在的均匀流，有正常水深。渗流无临界水深及缓流、急流的概念。因此浸润线的类型大为简化。

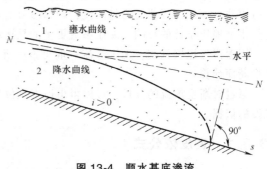

图 13-4 顺水基底渗流

1. 顺坡渗流

对顺坡渗流，以均匀流正常水深 N—N 线，将渗流区分为上、下两个区域（见图 13-4）。

由渐变渗流基本方程（13-8）

$$\frac{dh}{ds} = i - \frac{Q}{kA}$$

为便于同正常水深比较，式中流量用均匀流计算式 $Q = kA_0 i$ 代入，得

$$\frac{dh}{ds} = i\left(1 - \frac{A_0}{A}\right) \quad (13\text{-}9)$$

式（13-9）即顺坡渗流浸润线微分方程。

式中，A_0 为均匀流时的过流断面面积；A 为实际渗流的过流断面面积。

（1）1 区（$h>h_0$）在式（13-9）中 $h>h_0$，$A>A_0$，$\frac{dh}{ds}>0$，浸润线是渗流壅水曲线。其上游端 $h \to h_0$，$A \to A_0$，$\frac{dh}{ds} \to 0$，以 N—N 线为渐近线；下游端 $h \to \infty$，$A \to \infty$，$\frac{dh}{ds} \to i$，浸润线以水平线为

渐近线。

（2）2 区（$h<h_0$） 在式（13-9）中，$h<h_0$，$A<A_0$，$\dfrac{\mathrm{d}h}{\mathrm{d}s}<0$，浸润线是渗流降水曲线。其上游端 $h\to h_0$，$A\to A_0$，$\dfrac{\mathrm{d}h}{\mathrm{d}s}\to 0$，浸润线以 N—N 为渐近线；下游端 $h\to 0$，$A\to 0$，$\dfrac{\mathrm{d}h}{\mathrm{d}s}\to -\infty$，浸润线与基底正交。由于此处曲率半径很小，不再符合渐变流条件，式（13-6）已不适用，这条浸润线的下游端实际上取决于具体的边界条件。

设渗流区的过流断面是宽度为 b 的宽阔矩形，$A=bh$，$A_0=bh_0$ 代入式（13-9），并令 $\eta=\dfrac{h}{h_0}$，得到

$$\frac{i\,\mathrm{d}s}{h_0}=\mathrm{d}\eta+\frac{\mathrm{d}\eta}{\eta-1}$$

将上式从断面 1—1 到 2—2 进行积分，得

$$\frac{il}{h_0}=\eta_2-\eta_1+2.3\lg\frac{\eta_2-1}{\eta_1-1} \tag{13-10}$$

式中，$\eta_1=\dfrac{h_1}{h_0}$；$\eta_2=\dfrac{h_2}{h_0}$。

此式可用以绘制顺坡渗流的浸润线和进行水力计算。

2. 平坡渗流

平坡渗流区域如图 13-5 所示。令式（13-8）中底坡 $i=0$，即得平坡渗流浸润线微分方程

$$\frac{\mathrm{d}h}{\mathrm{d}s}=-\frac{Q}{kA} \tag{13-11}$$

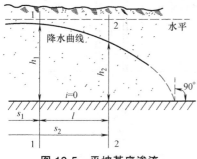

图 13-5　平坡基底渗流

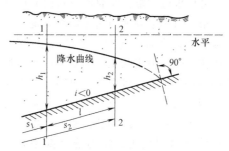

图 13-6　逆坡基底渗流

在平坡基底上不能形成均匀流。上式中 Q、k、A 皆为正值，故 $\dfrac{\mathrm{d}h}{\mathrm{d}s}<0$，只可能有一条浸润线，为渗流的降水曲线。其上游端 $h\to\infty$，$\dfrac{\mathrm{d}h}{\mathrm{d}s}\to 0$，以水平线为渐近线；下游端 $h\to 0$，$\dfrac{\mathrm{d}h}{\mathrm{d}s}\to -\infty$，与基底正交，性质和上述顺坡渗流的降水曲线末端类似。

设渗流区的过流断面是宽度为 b 的宽阔矩形，$A=bh$，$\dfrac{Q}{b}=q$（单位流量）。代入式（13-11），整理得

$$\frac{q}{k}\,\mathrm{d}s=-h\,\mathrm{d}h$$

将上式从断面 1—1 到 2—2 积分得

$$\frac{ql}{k} = \frac{1}{2}(h_1^2 - h_2^2)$$ (13-12)

式（13-12）可用于绘制平坡渗流的浸润曲线和进行水力计算。

3. 逆坡渗流

在逆坡基底上，也不可能产生均匀渗流。对于逆坡渗流也只可能产生一条浸润线，为渗流的降水曲线，如图 13-6 所示。其微分方程和积分式，这里不详述。

13.4 井和井群

井是汲取地下水源和降低地下水位的集水构筑物，应用十分广泛。

在具有自由水面的潜水层中凿的井，称为普通井或潜水井，井贯穿整个含水层。井底直达不透水层者称为完整井，井底未达到不透水层者称为不完整井。

含水层位于两个不透水层之间，含水层顶面压强大于大气压强，这样的含水层称为承压含水层。汲取承压地下水的井，称为承压井或自流井。

下面讨论普通完整井和自流井的渗流计算。

13.4.1 普通完整井

水平不透水层上的普通完整井如图 13-7 所示。管井的直径为 $50 \sim 1000\text{mm}$，井深可达 1000m 以上。

设含水层中地下水的天然水面 $A—A$，含水层厚度为 H，井的半径为 r_0。从井内抽水时，井内水位下降，四周地下水向井中补给，并形成对称于井轴的漏斗形浸润面。如抽水流量不过大且恒定时，经过一段时间，向井内渗流达到恒定状态。井中水深和浸润漏斗面均保持不变。对均质各向同性的土壤而言，当井的周围范围很大且无其他干扰时，井的渗流具有轴对称性，通过井中心线沿径向的任何剖面上，流动情况都是相同的，故可简化成平面问题。如果再进一步忽略水力要素垂直方向的变化，井的渗流可近似认为是一元渐变渗流，可运用裘皮依公式进行分析。

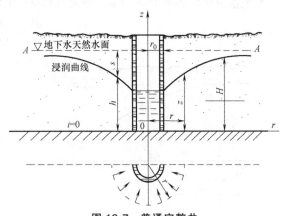

图 13-7 普通完整井

取距井轴为 r，浸润面高为 z 的圆柱形过流断面，除井周附近区域外，浸润曲线的曲率很小，可看作是恒定渐变渗流。

由裘皮依公式

$$v = kJ = -k\frac{\mathrm{d}H}{\mathrm{d}s}$$

将 $H = z$，$\mathrm{d}s = -\mathrm{d}r$ 代入上式得

$$v = k\frac{\mathrm{d}z}{\mathrm{d}r}$$

渗流量 $Q = Av = 2\pi rk \dfrac{\mathrm{d}z}{\mathrm{d}r}$

分离变量并积分

$$\int_h^z z\mathrm{d}z = \int_{r_0}^r \frac{Q}{2\pi k}\frac{\mathrm{d}r}{r}$$

得到普通完整井浸润线方程

$$z^2 - h^2 = \frac{Q}{\pi k}\ln\frac{r}{r_0} \tag{13-13}$$

或

$$z^2 - h^2 = \frac{0.732Q}{k}\lg\frac{r}{r_0} \tag{13-14}$$

从理论上讲，浸润线是以地下水天然水面线为渐近线，当 $r \to \infty$，$z = H$。但从工程实用观点来看，认为渗流区存在影响半径 R，R 以外的地下水位不受影响，即 $r = R$，$z = H$。代入式 (13-14)，得

$$Q = 1.366\frac{k(H^2 - h^2)}{\lg\dfrac{R}{r_0}} \tag{13-15}$$

以抽水降深 s 代替井水深 h，$s = H - h$，式 (13-15) 整理得

$$Q = 2.732\frac{kHs}{\lg\dfrac{R}{r_0}}\left(1 - \frac{s}{2H}\right) \tag{13-16}$$

当 $\dfrac{s}{2H} << 1$，式 (13-16) 可简化为

$$Q = 2.732\frac{kHs}{\lg\dfrac{R}{r_0}} \tag{13-17}$$

式中，Q 为产水量；h 为井水深；s 为抽水降深；R 为影响半径；r_0 为井半径。

影响半径 R 可由现场抽水试验测定，估算时，可根据经验数据选取，对于细砂 $R = 100 \sim 200\mathrm{m}$，中等粒径砂 $R = 250 \sim 500\mathrm{m}$，粗砂 $R = 700 \sim 1000\mathrm{m}$。或用以下经验公式计算

$$R = 3000s\sqrt{k} \tag{13-18}$$

或

$$R = 575s\sqrt{Hk} \tag{13-19}$$

式中，k 以 m/s 计；R、s 和 H 均以 m 计。

13.4.2　自流完整井

自流完整井如图 13-8 所示。含水层位于两不透水层之间，设底板与不透水层底面齐平，间距为 t。凿井穿透含水层。未抽水时地下水位上升到 H，为自流含水层的总水头，井中水面高于含水层厚度 t，有时甚至高出地表面向外喷涌。

自井中抽水，井中水深由 H 降至 h，井周围测压管水头线形成漏斗形曲面。取距井轴 r 处，测压管水头为 z 的过水断面，由裘皮依公式

$$v = k\frac{\mathrm{d}z}{\mathrm{d}r}$$

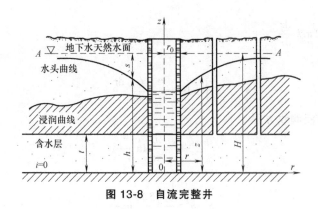

图 13-8　自流完整井

流量 $Q=Av=2\pi rtk\dfrac{\mathrm{d}z}{\mathrm{d}r}$

分离变量积分

$$\int_h^z \mathrm{d}z = \frac{Q}{2\pi kt}\int_{r_0}^r \frac{\mathrm{d}r}{r}$$

自流完整井水头线方程为

$$z-h=0.366\frac{Q}{kt}\lg\frac{r}{r_0}$$

同样引入影响半径概念，当 $r=R$ 时，$z=H$，代入上式，解得自流完整井涌水量公式

$$Q=2.732\frac{kt(H-h)}{\lg\dfrac{R}{r_0}}=2.732\frac{kts}{\lg\dfrac{R}{r_0}} \tag{13-20}$$

13.4.3　井群

在工程中为了大量汲取地下水源，或更有效地降低地下水位，常需在一定范围内开凿多口井共同工作，这种情况称为井群。因为井群中各单井之间距离不很大，每一口井都处于其他井的影响半径之内，由于相互影响，使渗流区内地下水浸润面形状复杂化，总的产水量也不等于按单井计算产水量的总和。

设由 n 个普通完整井组成的井群如图 13-9 所示。各井的半径、出水量、至某点 A 的水平距离分别为 r_{01}、r_{02}、$\cdots$、r_{0n}，Q_1、Q_2、$\cdots$、Q_n 及 r_1、r_2、$\cdots$、r_n。若各井单独工作时，它们的井水深分别为 h_1、h_2、$\cdots$、h_n，在点 A 形成的渗流水位分别为 z_1、z_2、$\cdots$、z_n，由式（13-14）可知各自的浸润面方程为

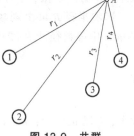

图 13-9　井群

$$z_1^2=\frac{0.732Q_1}{k}\lg\frac{r_1}{r_{01}}+h_1^2$$

$$z_2^2=\frac{0.732Q_2}{k}\lg\frac{r_2}{r_{02}}+h_2^2$$

$$\vdots$$

$$z_n^2=\frac{0.732Q_n}{k}\lg\frac{r_n}{r_{0n}}+h_n^2$$

各井同时抽水，在点 A 形成共同的浸润面高度 z，按势流叠加原理，其方程为

$$z^2 = \sum_{i=1}^{n} z_i^2 = \sum_{i=1}^{n} \left(\frac{0.732Q}{k} \lg \frac{r_i}{r_{0i}} + h_i^2 \right)$$

当各井抽水状况相同，$Q_1 = Q_2 = \cdots = Q_n$，$h_1 = h_2 = \cdots = h_n$ 时，则

$$z^2 = \frac{0.732Q}{k} \left[\lg(r_1 r_2 \cdots r_n) - \lg(r_{01} r_{02} \cdots r_{0n}) \right] + nh^2 \qquad (13-21)$$

井群也具有影响半径 R，若点 A 处于影响半径处，可认为 $r_1 \approx r_2 \approx \cdots \approx r_n = R$，而 $z = H$，得

$$H^2 = \frac{0.732Q}{k} \left[n\lg R - \lg(r_{01} r_{02} \cdots r_{0n}) \right] + nh^2 \qquad (13-22)$$

式（13-21）与式（13-22）相减，得井群的浸润面方程

$$z^2 = H^2 - \frac{0.732Q}{k} \left[n\lg R - \lg(r_1 r_2 \cdots r_n) \right]$$

$$= H^2 - \frac{0.732Q_0}{k} \left[\lg R - \frac{1}{n}\lg(r_1 r_2 \cdots r_n) \right] \qquad (13-23)$$

式中，$R = 575s\sqrt{Hk}$；s 为井群中心水位降深，以 m 计；$Q_0 = nQ$，为总出水量。

【例 13-1】　有一普通完整井，其半径为 0.1m，含水层厚度（即水深）H 为 8m，土的渗透系数为 0.001m/s，抽水时井中水深 h 为 3m，试估算井的出水量。

【解】　最大抽水降深 $s = H - h = 8\text{m} - 3\text{m} = 5\text{m}$。由式（13-18）求影响半径

$$R = 3000s\sqrt{k} = (3000 \times 5\sqrt{0.001})\text{m} = 474.3\text{m}$$

由式（13-15）求出水量

$$Q = 1.366 \frac{k(H^2 - h^2)}{\lg \dfrac{R}{r_0}} = \left[1.366 \times \frac{0.001(8^2 - 3^2)}{\lg \dfrac{474.3}{0.1}} \right] \text{m}^3/\text{s} = 0.02\text{m}^3/\text{s}$$

【例 13-2】　为了降低基坑中的地下水位，在基坑周围设置了 8 个普通完整井，其布置如图 13-10 所示，已知潜水层的厚度 $H = 10\text{m}$，井群的影响半径 $R = 500\text{m}$，渗透系数 $k = 0.001\text{m/s}$，井的半径 $r_0 = 0.1\text{m}$，总抽水量 $Q_0 = 0.02\text{m}^3/\text{s}$，试求井群中心点 O 地下水位降深多少。

【解】　各单井至点 O 的距离

$$r_4 = r_5 = 30\text{m}, \quad r_2 = r_7 = 20\text{m}$$

$$r_1 = r_3 = r_6 = r_8 = \sqrt{30^2 + 20^2}\text{m} = 36\text{m}$$

代入式（13-23），$n = 8$

$$z^2 = H^2 - \frac{0.732Q_0}{k} \left[\lg R - \frac{1}{8}\lg(r_1 r_2 \cdots r_8) \right]$$

$$= 10^2 - \frac{0.732 \times 0.02}{0.001} \left[\lg 500 - \frac{1}{8}\lg(30^2 \times 20^2 \times 36^4) \right]$$

$$= 82.09 \text{ m}^2$$

$$z = 9.06\text{m}$$

点 O 地下水位降落

$$s = H - z = 0.94\text{m}$$

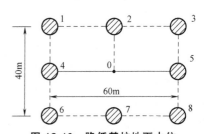

图 13-10　降低基坑地下水位

习　题

选择题

13.1　地下水渐变渗流，过流断面上的渗流速度按：（a）线性分布；（b）抛物线分布；（c）均匀分布；（d）对数曲线分布。

13.2　普通完整井的出水量：（a）与渗流系数成正比；（b）与井的半径成正比；（c）与含水层的厚度成正比；（d）与影响半径成正比。

计算题

13.3　在实验室中用达西实验装置（见图13-1）来测定土样的渗流系数。如圆筒直径为20cm，两测压管的间距为40cm，测得渗流量为100mL/min，两测压管的水头差为20cm，试求土样的渗透系数。

13.4　某工地以潜水为给水水源。由钻探测知含水层为夹有砂粒的卵石层，厚度为6m，渗透系数为0.00116m/s，现打一个普通完整井，井的半径为0.15m，影响半径为150m，试求井水中水位降低3m时，井的涌水量。

第 14 章

计算流体力学基础

以流体力学发展的历史来看，流体力学的研究方法主要是实验法和理论法。17 世纪的时候，英、法两国的科学家奠定了实验流体力学的基础，18、19 世纪理论流体力学在欧洲开始发展起来。这两种方法在整个流体力学的发展过程中有巨大的贡献。

理论分析方法的特点在于所得的结果具有普遍性，各种因素的影响清晰明确，是实验的基础。但是，如果采用理论方法研究问题，局限性在于，需要将复杂的流体控制方程简化到我们能利用现有的数学知识进行求解的方程，而困难就在于通常只有少数的简单流动才能抽象简化到这样的数学方程。这就造成了理论求解的局限性。

实验方法得到的实验结果真实可信，可以用于研究复杂问题，然而实验往往受到各种条件所制约，例如模型尺寸、环境干扰和测量精度的限制，因此有时可能很难通过实验方法得到结果。此外，实验通常要求大量的经费、人力和物力，以及耗时周期长等问题。

随着计算机的诞生，计算机成为研究流体力学问题一种新的而且非常重要的方法，成为流体力学研究的第三种方法，利用计算机求得微分方程的数值解，称之为计算流体力学（Computational Fluid Dynamics），简称 CFD。

14.1 计算流体力学的基本原理

很多流体力学问题都可以用偏微分方程或积分-微分方程来描述，但是只有在非常特殊的情况下才能得到解析解。为了得到流体力学微分方程的数值解，我们用离散的方法，把原来的微分方程近似成一个代数方程组，使其能在计算机上进行求解。近似公式应用在空间和时间的小域上，从而通过求解微分方程的数值解，得到离散空间各个小域上具体物理量的数值，给出数值结果，这就是计算流体力学的基本数学指导思想。

利用计算流体力学对流动问题进行数值模拟时，通常包括如下四个步骤：

1）建立能正确反映物理问题的数学模型。流体的基本控制方程是质量守恒方程、动量守恒方程、能量守恒方程。对于不同的物理问题可能还需要考虑其他相关方程，如对于燃烧问题，需要考虑化学方程。

2）建立物理模型，离散数学方程，处理边界条件。这一部分是计算流体力学的核心内容。

3）编写程序和进行计算。这是一个技术工作，需要通过长期的反复练习。

4）显示和分析计算结果。

经过这四个步骤我们就完成了利用数值方法对物理问题的研究工作。

14.2 计算流体力学的基本要素

1. 数学模型

数学模型是 CFD 的基础，通常需要为特定的工程问题建立专门的偏微分方程和边界条件。

这些特定的模型通常包含一些合理的简化和理想化。

2. 离散方法

在建立数学模型之后，需要将微分方程或积分方程转化成有限点上函数值的代数方程组后才能在计算机上进行数值求解，离散方法解决了如何将微分方程或积分方程转化成代数方程组的问题。

常用的离散方法有有限差分法、有限体积法和有限元法以及其他的特殊方法，如边界元法、有限解析法、谱方法等。

3. 坐标和矢量系统

流体力学的基本方程是与坐标无关的，但是其具体形式在不同的坐标系下有不同的表达形式，因此在进行数值计算时必须选择一个合适的坐标系，此外，矢量在该坐标系下的表达形式也必须事先予以确定。

4. 数值网格

数值网格定义了所求物理量在空间的位置。数值网格是求解域的离散化表达，它将求解域划分成若干个小的子域。数值网格的种类大致可分为：

（1）结构化网格（structured/regular grid） 结构化网格由多族网格线构成，同族的网格线互不相交，并且和其他族网格线的任意一条有且只有一个交点。结构化网格在二维情况下每个网格节点有四个相邻节点，每一个子域都是四边形。相邻节点的连续性简化了编程并使得代数方程族具有规则的结构性，使得代数方程组的求解非常的高效，但其缺点在于只能用于几何形状简单的求解域，并且很难控制网格点在空间的分布，由此可能产生的狭长单元，会影响迭代的收敛性。

（2）非结构化网格（unstructured grid） 非结构化网格是指网格区域内的内部点不具有相同的毗邻单元，即与网格剖分区域内的不同内点相连的网格数目不同。从定义上可以看出，结构化网格和非结构化网格有相互重叠的部分，即非结构化网格中可能会包含结构化网格的部分。非结构化网格可以灵活地、任意地求解域边界。

5. 有限近似

在选定数值网格以后，还必须确定数值离散过程中的近似方法。例如，有限差分法必须选择节点处导数的近似公式，有限体积法必须选择面积分和体积分的近似方法，有限元法必须选择单元函数和权函数。

近似程度决定了数值求解的精度以及求解的难度和费用。通常高精度格式的方程中包含了更多网格节点数，因此求解的工作量和难度也相应地增加。因此必须在两者之间找到平衡点。

6. 求解方法

偏微分方程离散化后生成的非线性代数方程组的求解方法是多种多样的，不同的问题会有不同的解法。由于 CFD 的代数方程组系数矩阵为大型稀疏矩阵，通常采用迭代方法求解。

7. 收敛判据

由于求解代数方程组通常采用迭代法，因此必须给出迭代终止条件，即收敛判据。

14.3 计算流体力学的离散方法

1. 有限差分法（Finite Difference Method，FDM）——点近似

有限差分法是偏微分方程（Partial Differential Equation，PDE）数值求解的最为古老的方法，是欧拉在 18 世纪提出的。对于简单几何形体，这也是最简单的方法。

有限差分法的出发点是守恒型方程的微分形式，求解域用网格覆盖，在每一个网格节点上，通过将偏导数近似为节点函数值的代数方程来近似。最终在每一个节点上都有一个代数方程，方程的未知数是中心节点以及相邻节点上的变量值。虽然 FDM 理论上可用于任意网格，但是采用结构化网格最为方便，在结构化网格中，网格线可作为局部坐标系的坐标线。

2. 有限体积法（Finite Volume Method，FVM）——控制体内的平均近似

FVM 的出发点是守恒型方程的积分形式，求解域被分成若干连续的控制体。在每一个控制体上满足守恒方程。在每一个控制体的中心作为计算节点，计算该点上的物理量。控制体边界上的函数值用节点函数值的插值获得。体积分和面积分用适当的求积公式近似。结果在每个控制体上都有一个代数方程，未知数是中心节点以及相邻节点上变量的值。

3. 有限元法（Finite Element Method，FEM）——函数逼近

有限元法在很多地方和 FVM 非常类似，有限元法也将空间分成连续的控制体，但是通常采用非结构网格。FEM 的最明显特点是方程在整个域内积分之前被乘上了一个权函数，在最简单的 FEM 中，每个控制体内的函数被假设成线性的，并且保证解在边界上的连续性。

14.4　计算流体力学的控制方程组

CFD 无论具有什么形式，都是建立在流体力学的基本控制方程上的。这些方程是连续性方程、动量方程、能量方程。这些方程代表的是任何流动都必须要遵守的三个基本物理学原理，它们是这些原理的数学描述。这些方程所代表的物理定律有：

1. 连续性方程——质量守恒定律

在本书的第 8 章中，我们经过推导，得到了不可压缩流体的连续性方程

$$\frac{\partial u_x}{\partial x}+\frac{\partial u_y}{y}+\frac{\partial u_z}{\partial z}=0 \tag{14-1}$$

2. 动量方程——牛顿第二定律

同样在本书的第 8 章中，我们经过推导，得到了不可压缩流体三维流动的运动方程，也就是著名的 N-S 方程

$$\left.\begin{array}{l}
f_x-\dfrac{1}{\rho}\dfrac{\partial p}{\partial x}+v\left(\dfrac{\partial^2 u_x}{\partial x^2}+\dfrac{\partial^2 u_x}{\partial y^2}+\dfrac{\partial^2 u_x}{\partial z^2}\right)=\dfrac{\partial u_x}{\partial t}+u_x\dfrac{\partial u_x}{\partial x}+u_y\dfrac{\partial u_x}{\partial y}+u_z\dfrac{\partial u_x}{\partial z} \\[3mm]
f_y-\dfrac{1}{\rho}\dfrac{\partial p}{\partial y}+v\left(\dfrac{\partial^2 u_y}{\partial x^2}+\dfrac{\partial^2 u_y}{\partial y^2}+\dfrac{\partial^2 u_y}{\partial z^2}\right)=\dfrac{\partial u_y}{\partial t}+u_x\dfrac{\partial u_y}{\partial x}+u_y\dfrac{\partial u_y}{\partial y}+u_z\dfrac{\partial u_y}{\partial z} \\[3mm]
f_z-\dfrac{1}{\rho}\dfrac{\partial p}{\partial z}+v\left(\dfrac{\partial^2 u_z}{\partial x^2}+\dfrac{\partial^2 u_z}{\partial y^2}+\dfrac{\partial^2 u_z}{\partial z^2}\right)=\dfrac{\partial u_z}{\partial t}+u_x\dfrac{\partial u_z}{\partial x}+u_y\dfrac{\partial u_z}{\partial y}+u_z\dfrac{\partial u_z}{\partial z}
\end{array}\right\} \tag{14-2}$$

3. 能量方程——能量守恒定律

根据能量守恒定律得到的流体能量方程为

$$\frac{\partial \rho e}{\partial t}+\nabla(\rho eV)=P\dot{q}-\left[\frac{\partial}{\partial x}\left(-k\frac{\partial T}{\partial x}\right)+\frac{\partial}{\partial y}\left(-k\frac{\partial T}{\partial y}\right)+\frac{\partial}{\partial z}\left(-k\frac{\partial T}{\partial z}\right)\right]+$$

$$\tau_{xx}\frac{\partial u_x}{\partial x}+\tau_{yx}\frac{\partial u_x}{\partial y}+\tau_{zx}\frac{\partial u_x}{\partial z}-P_x\frac{\partial u_x}{\partial x}+$$

$$\tau_{yy}\frac{\partial u_y}{\partial y}+\tau_{xy}\frac{\partial u_y}{\partial x}+\tau_{zy}\frac{\partial u_y}{\partial z}-P_y\frac{\partial u_y}{\partial y}+$$

$$\tau_{zz}\frac{\partial u_z}{\partial z}+\tau_{yz}\frac{\partial u_z}{\partial y}+\tau_{xz}\frac{\partial u_z}{\partial x}-P_z\frac{\partial u_z}{\partial z} \qquad (14\text{-}3)$$

式中，e 表示流体的内能；P 表示质量力和表面力对流体微团做功的功率；$\dot{q}$ 表示流入微团的净热流量；T 表示流体的温度；k 表示流体的导热系数。

对这三个基本方程进行合理的离散化，对具体的研究对象选择适合的网格进行划分，然后求解基本方程，再加上边界条件，我们就可以研究对象的数值解。

参 考 文 献

[1]   陈文义，张伟. 流体力学 [M]. 天津：天津大学出版社，2004.
[2]   赵毅山，程军. 流体力学 [M]. 上海：同济大学出版社，2004.
[3]   周光，严宗毅，许世雄. 流体力学：上册 [M]. 北京：高等教育出版社，2000.
[4]   孔珑. 流体力学 [M]. 北京：高等教育出版社，2003.
[5]   刘鹤年. 流体力学 [M]. 北京：中国建筑工业出版社，2001.
[6]   张兆顺，崔桂香. 流体力学 [M]. 北京：清华大学出版社，1999
[7]   龙天渝，蔡增基. 流体力学 [M]. 北京：中国建筑工业出版社，2004.
[8]   林建忠，阮晓东，陈邦国. 流体力学 [M]. 北京：清华大学出版社，2005.
[9]   王松岭，吴本元，傅松，等. 流体力学 [M]. 北京：中国电力出版社，2007.
[10]   刘立. 流体力学泵与风机 [M]. 北京：中国电力出版社，2004.
[11]   FINNEMORE E J, FRANZINI J B. 流体力学及其工程应用：第 10 版 [M]. 影印版.
       北京：清华大学出版社，2003.
[12]   俞永辉，张桂兰. 流体力学和水力学实验 [M]. 上海：同济大学出版社，2003.
[13]   陈克诚. 流体力学实验技术 [M]. 北京：机械工业出版社，1983.
[14]   PLINT M A, BOSWIRTH L. 流体力学实验教程 [M]. 康振黄，等译. 北京：中国计
       量出版社，1986.
[15]   莫乃榕，槐文信. 流体力学水力学题解 [M]. 武汉：华中科技大学出版社，2002.
[16]   朱爱民. 流体力学基础 [M]. 北京：中国计量出版社，2004.
[17]   张也影. 流体力学 [M]. 北京：高等教育出版社，1999.
[18]   蒋宝军，刘辉. 流体力学 [M]. 北京：化学工业出版社，2015.
[19]   朱立明，柯葵. 流体力学 [M]. 上海：同济大学出版社，2009.
[20]   李大鸣，范玉. 计算流体力学 [M]. 天津：天津大学出版社，2014.